枯竭油气藏型储气库开发建设系列丛书

# 地质与钻采设计

刘中云　编著

中国石化出版社

**图书在版编目（CIP）数据**

地质与钻采设计 / 刘中云编著 . —北京 ：中国
石化出版社，2020.6
ISBN 978-7-5114-5847-6

Ⅰ . ①地… Ⅱ . ①刘… Ⅲ . ①油气钻井 - 研究 Ⅳ.
①TE2

中国版本图书馆 CIP 数据核字（2020）第 085287 号

**中国石化出版社出版发行**

地址：北京市东城区安定门外大街 58 号
邮编：100011　电话：(010)57512500
发行部电话：(010)57512575
http://www.sinopec-press.com
E-mail：press@sinopec.com
北京科信印刷有限公司印刷

\*

787×1092 毫米 16 开本 18.25 印张 437 千字
2021 年 6 月第 1 版　2021 年 6 月第 1 次印刷
定价：108.00 元

# 序

我国天然气行业快速发展，天然气消费持续快速增长，在国家能源体系中的重要性不断提高。但与之配套的储气基础设施建设相对滞后，储气能力大幅低于全球平均水平，成为天然气安全平稳供应和行业健康发展的短板。

中国石化持续推进地下储气库及配套管网建设，通过文96储气库、文23储气库、金坛储气库、天津 LNG 接收站、山东 LNG 接收站、榆林—济南输气管道、鄂安沧管道以及山东管网建设，形成了贯穿华北地区的"海陆气源互通、南北管道互联、储备设施完善"的供气格局，为保障华北地区的天然气供应和缓解华北地区的冬季用气紧张局面、改善环境空气质量发挥了重要作用。

目前，国内地下储气库建设已经进入高峰期，中国石化围绕天然气产区和进口通道，计划重点打造中原、江汉、胜利等地下储气库群，形成与我国消费需求相适应的储气能力，以保障天然气的长期稳定供应，解决国内天然气季节性供需矛盾。

通过不断的科研攻关和工程建设实践，中国石化在储气库领域积累了丰富的理论和实践经验。本次编写的《枯竭油气藏型储气库开发建设系列丛书》即以中原文96储气库、文23储气库地面工程建设理论和实践经验为基础编著而成，旨在为相关从业人员提供有益的参考和帮助。

希望该丛书的编者能够继续不断钻研和不断总结，希望广大读者能够从该丛书中获得有益的帮助，不断推进我国储气库建设理论和技术的发展。

中国工程院院士

# 前　言

地下储气库是天然气产业中重要的组成部分，储气库建设在世界能源保障体系中不可或缺，尤其在天气变冷、极端天气、突发事件以及战略储备中发挥着不可替代的作用，对天然气的安全平稳供应至关重要。

近年来，我国天然气消费量连年攀升，但储气库调峰能力仅占天然气消费量的 3% 左右，远低于 12% 的世界平均水平，由于储气库建设能力严重不足，导致夏季压产及冬季压减用户用气量，甚至部分地区还会出现"气荒"，因此加快储气库建设已成业界共识。

利用枯竭气藏改建储气库，在国际上已有 100 多年的发展历史。这类储气库具有储气规模大、安全系数高的显著特点，可用于平衡冬季和夏季用气峰谷差，应对突发供气紧张，保障民生用气。国外枯竭气藏普遍构造简单，储层渗透率高，且埋藏深度小于 1500m。我国枯竭气藏地质条件复杂，主体为复杂断块气藏，构造破碎、储层低渗、非均质性强、流体复杂、埋藏深，这些不利因素给储气库建设带来巨大挑战。

我国从 1998 年就已经开始筹建地下储气库，20 多年来已建成 27 座储气库，形成了我国储气设施的骨干架构，储气库总调峰能力约 $120 \times 10^8 m^3$，日调峰能力达 $1 \times 10^8 m^3$，虽在一定程度、一定区域发挥了重要作用，但仍然无法满足日益剧增的天然气消费需求。

据预测，2021 年和 2025 年全国天然气调峰量约为 $360 \times 10^8 m^3$ 和 $450 \times 10^8 m^3$，现有的储气库规划仍存在较大调峰缺口。季节用气波动大，一些城市用气波峰波谷差距大，与资源市场距离远，管道长度甚至超过 4000km，进口气量比例高，等等。这些都对储气库建设提出了迫切要求。

中石化中原石油工程设计有限公司（原中原石油勘探局勘察设计研究院）是中国石化系统内最早进行天然气地面工程设计和研究的院所之一，40 年来在天然气集输、长输、深度处理和储存等领域积累了丰富的工程和技术经验，尤其在近 10 年，承担了中国石化 7 座大型储气库——文 96、文 23、卫 11、文 13 西、白 9、清溪、孤家子的建设工程，在枯竭油气藏型储气库地面工程建设领域形成了完整、成熟的技术体系。

本丛书是笔者在中国石化工作期间，在主要负责中国石化储气库规划和文 23 储气库开发建设的工作过程中，基于从事油气田开发研究 30 多年来在储层精细描述、提高油气采收率、钻采工艺设计、地面工程建设等领域的工程技术经验，按照实用、简洁和方便的原则，组织中原设计公司专家团队编纂而成的。旨在全面总结中国石化在枯竭油气藏型储气库开发建设中取得的先进实践经验和技术理论认识，以期指导石油工程建设人员进行相关设计和安全生产。

本丛书共包含六个分册。《地质与钻采设计》主要包括地质和钻采设计两部分内容，详细介绍了储气库地质特征及设计、选址圈闭动态密封性评价、气藏建库关键指标设计，以及储气库钻井、完井和注采、动态监测、老井评价与封堵工程技术等。该分册主要由沈琛、张云福、顾水清、张勇、孙建华等编写完成。《调峰与注采》主要包括储气库地面注采与调峰工艺技术，详细介绍了地面井场布站工艺、注气采气工艺计算、储气库群管网布局优化技术、调峰工况边界条件、紧急调峰工艺等。该分册主要由高继峰、孙娟、公明明、陈清涛、史世杰、尚德彬、范伟、宋燕、曾丽瑶、赵菁雯、王勇、韦建中、刘冬林、安忠敏、李英存、陈晨等编写完成。《采出气处理、仪控与数字化交付》详细介绍了采出气脱水及净化处理工艺技术、井场及注采站三维设计技术、储气库数字化交付与运行技术。该分册主要由宋世昌、丁锋、高继峰、公明明、陈清涛、郑焯、吉俊毅、史世杰、王向阳、黄巍、王怀飞、任宁宁、考丽、白宝孺等编写完成。《设计案例：文96储气库》为中国石化投入运营的第一座储气库——文96储气库设计案例，主要介绍了文96储气库设计过程中的注采工艺、脱水系统、放空、安全控制系统以及建设模式等内容。该分册主要由公明明、丁锋、李光、李风春、龚金海、龚瑶、宋燕、史世杰、刘井坤、钟城、郭红卫、李慧、段其照、孙冲、李璐良、荣浩然等编写完成。《设计案例：文23储气库》为文23储气库设计案例，主要介绍了文23储气库建设过程中采用的布站工艺、注采工艺、处理工艺及施工技术。该分册主要由孙娟、陈清涛、高继峰、李丽萍、曾丽瑶、罗珊、龚瑶、李晓鹏、赵钦、王月、张晓楠、张迪、任丹、刘胜、孙鹏、李英存、梁莉、冯丽丽等编写完成。《地面工程建设管理》详细介绍了储气库地面工程EPC管理模式和管理方法，为储气库建设提供管理参考。该分册主要由银永明、刘翔、高山、胡彦核、仝淑月、温万春、郑焯、晁华、刘秋丰、程振华、许再胜、孙建华、徐琳等编写完成。全书由刘中云、沈琛进行技术审查、内容安排、审校定稿。

本丛书自 2017 年 12 月启动编写至 2021 年 2 月定稿，跨越了近 5 个年头，编写过程中共有 40 多人在笔者的组织下参与了这项工作，编写团队成员大都亲身参与了相关储气库开发建设过程中的地面工程设计或管理，既有丰富的现场实践经历，又有扎实的理论功底。他们始终本着高度负责的态度，在完成岗位工作的同时，为本丛书的付梓倾注了大量的时间和精力，力争全面反映中国石化在储气库建设领域的技术水平。

此外，本丛书在编纂过程中还得到了中国石化科技部、国家管网建设本部、中国石化天然气分公司、中石化石油工程建设有限公司和中国石化出版社等单位的大力支持，杜广义、王中红、靳辛在本丛书编写过程中给予了充分的关心和指导。在此，笔者表示衷心的感谢！

当前，我国的储气库建设已进入快速发展期，在本丛书编写过程中，由中原设计公司承担的中原油田卫 11、白 9、文 13 西储气库群，以及普光清溪、东北油田孤家子储气库建设也已全面启动，储气库开发建设的经验和技术正被不断地应用在新的储气库地面工程建设中。

限于笔者水平，书中不妥之处在所难免，敬请各位专家、同行和广大读者批评指正。

编著者

# 目　　录

# 第一章 概　述

天然气作为一种热值高、经济效益好、环境污染小的优质新能源气体，在全球范围内已经被广泛应用。在 20 世纪末到 21 世纪初的一次能源消费中，天然气所占比例达到 20%，并随着全球各国对环境问题越来越重视，天然气作为清洁能源其消费有逐年升高的趋势，因此提高天然气工业及其相关配套技术和设施的发展对能源消费结构优化、城市环境污染的减少、人民生活质量的提高，以及实现社会经济可持续发展具有重要意义。

天然气在具体消费的结构中也暴露出了一些具体问题，比如由于用户的多样化导致用气量随时间季度变化较大，出现了用气量日峰谷差、季峰谷差和年峰谷差，天然气供应量与用户消费需求量在时间轴上表现出不均衡，严重时会导致无法正常供气。人们在天然气工业发展初期，主要通过改变干支管线输送压力、控制气源产量及配置球罐等手段解决用气供需不平衡问题，但随着天然气等能源国际贸易化及边际气田开发使得输气距离加大，造成供需矛盾加剧，峰谷差值逐渐扩大，之前传统的调节手段不足以从根本上解决天然气供需矛盾带来的问题。人们为达到稳定供气的期望，对天然气实行储备，即当天然气供应量大于市场需求时，将剩余的天然气放入储气库储存，而当天然气供应量小于市场需求时，出现的供需缺口由存入储气库的天然气进行弥补。同时，能源战略储备计划既保障了国家经济安全，还保障了社会稳定，中央政府采取直接投资等方式来实施控制并拥有一定数量的天然气、成品油和原油储备。

国家天然气消费对外依存度与天然气战略储备联系紧密。目前，全球许多能源消费大国均相继建立起天然气战略储备基地，各国战略储备一般能自给自足 3~6 个月的天然气消费量。其中，有约占年消费量的 10%~20% 的天然气作为商业储备使用。根据前几年数据预测，2020 年中国天然气消费需求量将达 $(3500~4000)\times10^8 m^3$，按照世界储气库工作气量平均值占有值计算，按约占天然气消费总量的 15% 计算，这意味着国内天然气储量应达到 $(700~1000)\times10^8 m^3$。2010 年，我国国内天然气调峰使用储备量仅约 $18.7\times10^8 m^3$。

枯竭油气藏型地下储气库是目前应用最广泛的储存天然气设施，这种类型的储气库在全球已经建成 400 多座。与其他类型储气库相比，枯竭油气藏型地下储气库具有安全性、可靠性高，投资费用较少，建造周期较短，以及周边配有输送管线(利用便利性)等特点。

## 第一节　储气库的发展

地下储气库的起源可追溯到 20 世纪初期，1915 年加拿大在开采完原始饱和油气藏后的孔隙性渗透地层中加压注入天然气，这是人类最早尝试将天然气存储到地下的实践。第二次世界大战以前，储气库以废弃气田为主，发展缓慢，战后随着世界经济的复苏，地下储气库的数量及存储容量急剧增长。据统计，截至 1998 年，全世界在用的储气库有 596 个，容量 3078×10⁸m³，占当时世界天然气消费量的 13%。目前，全球地下储气库总容量约达 5000×10⁸m³。美国是世界上拥有地下储气库最多的国家，截至 2003 年，其共建地下储气库 410 座，库容量达 2277×10⁸m³，有效气量为 1113×10⁸m³，相当于其年消费量的 20.3%。俄罗斯地下储气库建设工作起步较晚（1959 年，在莫斯科附近修建了肯卢什地下储气库），但发展很快，截至 1990 年，已建成 46 座，目前全俄地下气库总的有效容积为 950×10⁸m³。此外，西欧地区地下储气库也比较发达，特别是法国、德国、意大利和英国，其储气容量达 100×10⁸m³，占该地区用气量的 25%。

1969 年，我国在大庆改造了萨尔图地下储气库用于该地区民用气的季节性调峰。我国地下储气库虽起步较晚，但发展却十分迅速，目前我国已在大港油田北部利用枯竭凝析气藏先后建成了大张坨、板 876、板中北、板中南、板 808、板 828 等地下储气库，形成了与陕京线、陕京二线配套的地下储气库群，总库容达到了 69.6×10⁸m³，设计工作气量达到了 30.3×10⁸m³。为促进天然气业务快速、安全和有序发展，保障天然气"产、运、销、储"平衡，有关部门规划在全国开展天然气地下储气库建设，2020 年前建成有效工作气量 450×10⁸m³ 的地下储气库，其中在 2011～2015 年，先后在六个油田（大港油田、华北油田、辽河油田、西南油气田、新疆油田、长庆油田）建设 10 座总工作气量达 240×10⁸m³ 的地下储气库。未来几年内，中原油田、江苏油田金坛盐矿、华北和江汉油田将建成 30 座以上的地下储气库，中国将形成四大区域性联网协调的储气库群：东北储气库群、长江中下游储气库群、华北储气库群、珠江三角洲储气库群。

全球天然气使用量不断增加，导致地下储气库的发展有了以下趋势：

（1）战略储备储气库向大型化的方向发展。目前，世界上最大的枯竭油气藏改造的储气库的容量高达 400×10⁸m³，工作气量也达到 200×10⁸m³；最大的含水层改造的储气库容量也已达到 200×10⁸m³，工作气量达 90×10⁸m³，这类大型储气库作为战略储备使用有许多的优点和特点，具体体现在储气量大、建设周期长、调峰能力强、一次性投资大及总体经济效益好。

（2）民用储气库向灵活性大、周转率高的方向发展。如生产及调峰能力强，见效快的盐穴或矿穴改造的储气库不断增加。在美国，70% 以上的储气库容量仅在（0.028～2.83）×10⁸m³，但其储气库的调峰能力很强，效果也非常好。

（3）向多个气库"联网"的方向发展，使储气库连成一片，统一控制、统一调度，更方便于管理。

# 一、国外地下储气库的发展现状

## （一）美国地下储气库现状

从全世界地下储气库拥有量来看，美国是世界上拥有量最多的国家，同时也是地下储气库运行经验最丰富和设施最全的国家。由 FERC（美国能源监管委员会）的相关数据得知，目前在运行的地下储气库已经达到 400 多座，总的有效工作气量已经达到约 1158×10⁸m³。在美国的 400 多座地下储气库中，枯竭油藏型地下储气库和枯竭气藏型地下储气库就占了 326 座，其余的主要是含水型地下储气库（43 座）以及盐穴型地下储气库（31 座），剩下的小部分则是废弃矿山型地下储气库等。美国是世界上发展地下储气库最早的国家，同时该国内南加州的储气库储量全国最多，同时也是规模最大的，该州的地下储气库水平象征性地代表了全美国的地下储气库能力和技术水平。因此，全美国的这些天然地下储气库中基本上都是枯竭油藏型地下储气库和枯竭气藏型地下储气库，由于受中西部地区的地质构造影响，该地区是含水层型地下储气库的主要分布场所。而在墨西哥湾靠海的几个州则适合建设盐穴地下储气库，该类型的地下储气库主要分布在那儿。对于中西部和东北部，由于矿山较多，所以就利用该地区的废弃矿山作天然的地下储气库，同时密封性能较好的岩石洞也可以考虑作为天然的地下储气库，但现还处在试验当中。

### （二）俄罗斯地下储气库现状

目前，俄罗斯的地下储气库总储气量达 $700 \times 10^8 m^3$，按最大日取气量 $6.2 \times 10^8 m^3$ 计算，储量也足够有效支持 3 个月以上。目前，俄罗斯天然气工业股份公司主要经营着 17 座由枯竭型凝析气田发展成的地下储气库（即枯竭气藏型地下储气库）和 7 座建在水层的天然地下储气库（即水层型地下储气库），一共有 24 地下储气库。俄罗斯现在已基本达到了 2010 年计划的 $159 \times 10^8 m^3$ 有效容积，储气库周围的 312 口气井投产，目前该国在采气季节中的地下储气库的日采气量基本已达到 $7 \times 10^8 m^3$ 的水平。俄罗斯计划在 2030 年前投资约 92 亿美元（约 2000 亿卢布，1 卢布 = 0.0457 美元）的资金用来发展自己国家的地下储气库系统，将会有约合 32 亿美元（约 700 亿卢布）用于对目前拥有的地下储气库进行改造。

### （三）法国地下储气库现状

法国能源比较缺乏，特别是天然气，严重依赖于周边或较远的能源大国。该国的第一座地下储气库于 1956 年建造，为含水层地下储气库，建造完成后，由于其他技术方面的原因未能立即投入运营。到了 1965 年，法国的第一座地下储气库才正式投入运营。10 年后，该国政府就提出了用天然气作战略储备的概念。经过近半个世纪的发展，法国目前拥有已投入运营的 2 座盐穴型地下储气库和 13 座含水层型地下储气库，共计 15 座地下储气库，是欧洲国家中拥有地下储气库数量最多的国家。法国天然气公司运营管理着其中的 13 座地下储气库，剩下的 2 座则由道达尔公司运营和管理。

### （四）加拿大地下储气库现状

世界上第一座地下储气库于 1915 年建成，地点是在加拿大的韦林特，加拿大是世界上第一个建设地下储气库的国家，该国已有近 100 年的建设储气库的历史了。现在，该国总的有效工作气体量已超过了 $195 \times 10^8 m^3$，由于加拿大地大物博，地质构造也有利于天然地下储气库的建设，目前拥有不少的地下储气库，总共有 41 座。

### （五）西欧地下储气库现状

欧洲西部的德国、意大利、英国等 16 个国家总共运营着 110 座左右的地下储气库。其中，德国就占了 41 座，该国总的有效工作气量达到 $198 \times 10^8 m^3$。意大利拥有 10 座总的有效工作气量超过 $112 \times 10^8 m^3$ 的地下储气库，日高峰供气量已超过 $29 \times 10^4 m^3$。意大利也是世界上较早建设地下储气库的国家，1964 年，该国在 Cortemaggiore（科尔泰马焦雷）建成了国内第一座地下储气库。几年来，意大利为了应对严寒季节，同时减少对能源大国进口天然气的依赖，决定把 5 个废弃的天然气气田改造成地下储气库。

作为发达国家的英国是欧洲众多国家中重要的能源消费国，同时由于该国能源比较丰富，也是重要的天然气生产国。有数据显示，英国 2008 年的天然气消费量为 $939 \times 10^8 \mathrm{m}^3$，生产量达到 $626 \times 10^8 \mathrm{m}^3$。英国地下储气库的发展也比较早，20 世纪 60 年代，靠近英国的北海气田的开发促进了天然气工业的迅速发展，同时地下储气库设施作为新兴事物出现。英国与许多国家不同，该国没有把地下储气库归入国家战略储备范畴，而基本上用来调峰，但是全国的地下储气库都是由国内公司来运营管理的。目前，英国公司有 12 座地下储气库，其中 SSE 公司拥有的最多，管理着位于东约克郡的 9 座盐穴储气库。Transco 公司运营 2 座小型的盐穴储气库。而该国的枯竭气藏型储气库则由 Edinburgh 天然气公司和 Scottish Power 公司共同管理和运营。

### （六）中欧地下储气现状

捷克建有 2 座储气库，总工作气容量 $3.55 \times 10^8 \mathrm{m}^3$；波兰建有 1 座枯竭油藏型储气库，容量为 $21 \times 10^8 \mathrm{m}^3$；澳大利亚的 4 个储气库全是枯竭气藏型的，储气能力为 $12 \times 10^8 \mathrm{m}^3$。

世界主要国家拥有的储气库数量和有效储量统计如表 1-1-1 和图 1-1-1、图 1-1-2 所示。

表 1-1-1　世界主要国家拥有储气库数量和有效储量

| 世界主要国家 | 中国 | 美国 | 俄罗斯 | 法国 | 加拿大 | 德国 | 意大利 | 英国 | 捷克 | 波兰 | 澳大利亚 |
|---|---|---|---|---|---|---|---|---|---|---|---|
| 储气库数量/座 | 27 | 400 | 24 | 15 | 41 | 41 | 10 | 12 | 2 | 1 | 4 |
| 有效储量/$10^8 \mathrm{m}^3$ | 30.3 | 1158 | 159 | 100 | 195 | 198 | 112 | 32 | 3.55 | 21 | 12 |

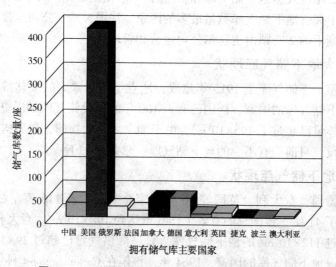

图 1-1-1　世界主要国家拥有储气库有效数量情况

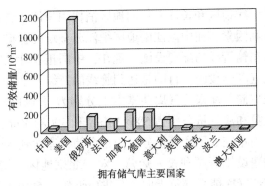

图 1-1-2　世界主要国家储气库有效储量情况

　　地下储气库是天然气调峰急供系统的理想设施，它不仅储存量大，而且经济性和安全性相对于其他设施都高，远远高出一般储罐等储气设施吞吐量。目前，世界上共有 36 个国家和地区建设有 630 座地下储气库，总工作气量的 78% 分布于气藏型气库中，5% 分布于油藏型储气库中，12% 分布于含水层储气库中，5% 分布于盐穴储气库中，另有约 0.1% 分布于废弃矿坑和岩洞型气库中，如表 1-1-2 与图 1-1-3 所示。

表 1-1-2　世界五种类型地下储气库数量

| 类　型 | 气藏型储气库 | 油藏型储气库 | 含水层储气库 | 岩穴储气库 | 废弃坑矿和岩洞型气库 |
|---|---|---|---|---|---|
| 数量/座 | 491 | 32 | 74 | 32 | 1 |

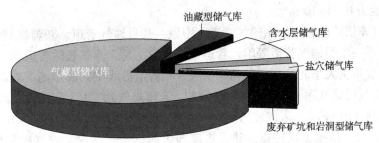

图 1-1-3　世界五种类型地下储气库数量分布图

## 二、中国地下储气库的发展现状

　　中国地下储气库在全世界储气库发展史上讲起步相对较晚。中国第一座自行研究和建成的天然气地下储气库是大张坨地下储气库。大张坨原本是中国 1975 年发现的凝析油气藏，后来中国相关部门和工作人员考虑到当时的国家能源策略，建议将其改建为地下储气库，再加上大张坨凝析油气藏地质构造较为良好，库容达到 $16×10^8 m^3$。随后，在华北地区开展地下储气库的建设，其中主要有华北油田京 58 气顶油藏、文 23 气田储气库、大港板桥凝析油气田等。由于大港油田具有比较良好的地质构造，中国在该油田发展建设了大张坨地下储气库、板 876 地下储气库，还有板中北储气库，这三个储气库组成的储气库群的总调峰气量达到 $20×10^8 m^3$。由于近几年中国西气东输工程的实施，为了保证从西部输送过来的天然气在相关沿线地区和长江三角洲地区消费用户能正常使用，利用地质构造和改造可行性等方面的有利因素，在中国江南地区把江苏金坛的盐矿和刘庄气田发展建成了地下储气库，作为西气东输管线的配套设施。现在，中国正在计划筹建忠武（忠县—武汉）天然气输气管线地下储气配套设施，目的是达到管线的持续、平稳、安全供气。

目前，在役的大张坨储气库采注气周期基本上分别为每年 120d 和 200d，在采注气期间，该库的日调峰采气量和注气量分别为 $500 \times 10^4 m^3$ 和 $300 \times 10^4 m^3$。2001 年，该库建成注气部分并开始注气，于当年完成了注气任务，使整个储气库达到 $6 \times 10^8 m^3$ 的储气能力，并且完成了整个储气库的建设工程顺利投入运营。对于北京地区，用气高峰基本为 11 月至次年 2 月这 4 个月，该储气库能平均每天向北京供应天然气 $500 \times 10^4 m^3$。

板 876 地下储气库于 2001 年 5 月开工建设，至 2002 年 3 月完成注气工程，该储气库的构造属于背斜圈闭构造。该地下储气库一共有 7 口注采气井：2 口老井和 5 口新钻井。考虑到注气的安全性，在注气期间，该库均用新钻井进行工作，日注气量为 $180 \times 10^4 m^3$，注气周期为每年 220d，在采气期间，则利用 5 口新钻井和 2 口老井共同进行工作，主要为了提高日采气量，日采气量达到 $300 \times 10^4 m^3$，采气天数 120d。该库的总有效工作气量为 $2.17 \times 10^8 m^3$。该储气库是陕京长输气管线的配套工程设施，它的建成不仅保证了陕京长输气管线在高负荷情况下的安全、高效运行，也分担和帮助解决了北京地区高峰用气调峰以及突发紧急情况时供气的安全性问题。

文 96 气藏属于中孔-中渗、低压气藏，发育两套含油气层系，储气库最大库容量 $5.88 \times 10^8 m^3$，共 14 口井（文 96-储 1 井—文 96-储 14 井），年调峰能力 $2.95 \times 10^8 m^3$，其中主块钻新井 13 口（均为注采井），调峰能力 $2.61 \times 10^8 m^3$；文 92-47 块钻新井 1 口（均为注采井），调峰能力 $0.34 \times 10^8 m^3$。

文 23 储气库依托榆林—济南输气管道、中原—开封输气管道、新疆煤制气外输管道、鄂尔多斯—安平—沧州输气管道等附近管道配套建设，是天然气长输管道供应链中的重要组成部分，主要负责大华北地区及新疆煤制气外输管道沿线中南部市场季节调峰、应急供气任务。文 23 气田储气库，包括注采井 114 口、8 座集气站、1 座集注站及配套工程，设计注气能力 $2500 \times 10^4 m^3/d$、采气能力 $4800 \times 10^4 m^3/d$，最大库容量 $104.21 \times 10^8 m^3$，工作气量 $44.68 \times 10^8 m^3/a$；依据工程特点、建设进度与天然气资源情况，储气库分垫底气注入、储气库达产两个阶段建设，第一阶段工程以支撑中国石化华北油气分公司天然气达产、稳产与山东、天津 LNG 工程平稳运行为首要任务，设计注气能力 $1800 \times 10^4 m^3/d$、采输气能力 $3600 \times 10^4 m^3/d$。

# 第二节　地下储气库的类型

## 一、储气库分类

地下储气库类型包括天然地质构造型和人工岩洞型两种，根据地质条件或地层条件，又可将储气库分为枯竭油气藏型、地下含水岩层型、盐穴型和废弃矿坑型，下面对几种天然地下储气库分别进行介绍：

## （一）枯竭油气藏型地下储气库

枯竭油气藏型地下储气库是目前世界上应用最广泛的一种地下储气库，它是在原有油气田的生产井上注、采天然气的一种储气库，这种类型地下储气库既有含水层特征，又有油气藏特征。其优点较多：一是油气田的地质构造都已经清楚，所以建设这种地下储气库的周期会比较短。二是它的投资费用少，需要的垫层气量也比较少。三是油气田的地面设备可以用于这类地下储气库。尽管这种地下储气库使用广泛，优点颇多，但还是有不足之处，如这种地下储气库需要对注入的天然气进行干燥处理，且密封性的要求也要高于其他类型的地下储气库。

## （二）地下含水岩层型地下储气库

地下含水岩层型地下储气库是利用含水的岩石层建造的，其原理是将地下含水的岩层中的水排出后形成的空间直接作为储气库。这种地下储气库的优点是钻井一次即可，本身的构造非常完整；缺点是建库的风险大，周期也比较长，另外就是投资费用也比较高。

## （三）盐穴型地下储气库

盐穴型地下储气库是在天然的盐层中进行钻穿，形成一定体积的空间来储存天然气的储气库。这种地下储气库的操作机动性很强，可以在短时间内完成注、采天然气，其生产效率是非常高的。但这种地下储气库也有它自身的缺点，如该种地下储气库的投资费用很高，而储气量要比其他类型的地下储气库小。

## （四）废弃矿坑型地下储气库

废弃矿坑型地下储气库是用废弃的煤矿或金属矿等矿洞来对天然气进行储存，但此种地下储气库目前应用还比较少，因为其本身有很多的不足之处，如由于矿洞很难进行密封，会导致储气库有泄漏的情况发生。其次，矿洞里不可能开采完全，或多或少都会在洞穴中留下部分的矿物质，当天然气存入其中时，可能会有部分的残留矿物质融入天然气中，再抽出天然气时，天然气的质量可能会发生变化，从而导致热值降低。四种不同类型的地下储气库在应用上各有优缺点，表1-2-1将各类型地下储气库的储气技术做了对比。

**表 1-2-1　不同类型地下储气库**

| 类　型 | 储存介质 | 储存方法 | 工作原理 | 优　点 | 缺　点 | 用　途 |
|---|---|---|---|---|---|---|
| 枯竭油气藏型 | 原始饱和油、气、水的孔隙性渗透地层 | 由注入气体把原始液体加压并驱动 | 气体压缩膨胀及液体的可压缩性，结合流动特点注入采出 | 油气量大，可利用油气田原有设施 | 地面处理工艺要求高，垫气量大，部分垫气无法进行回收 | 季节调峰战略储备 |
| 含水层型 | 原始饱和水的孔隙性渗透地层 | 由注入气体把原始液体加压并驱动 | 气体压缩膨胀及液体的可压缩性，结合流动特点注入采出 | 储气量大 | 勘探风险大，垫气不能完全收回 | 季节调峰战略储备 |

| 类 型 | 储存介质 | 储存方法 | 工作原理 | 优 点 | 缺 点 | 用 途 |
|---|---|---|---|---|---|---|
| 盐穴型 | 利用水溶形成洞穴 | 气体压缩挤出卤水 | 气体压缩与膨胀 | 工作气量比例高，可完全回收垫气 | 卤水排放处理困难，会出现漏气 | 日、周、月、季节调峰 |
| 废弃矿坑型 | 采矿后形成的洞穴 | 冲水后气体压缩挤出水 | 气体压缩与膨胀 | 工作气量比例高，可完全回收垫气 | 容易发生漏气现象，容量小 | 日、周、月、季节调峰 |

## 二、主要技术术语

（1）总库容量：地下储气库的最大储气容值。

（2）总库存量：特定时间内地下储气库的储气总量。

（3）工作气量：地下储气库中可用于销售的天然气气量。

（4）垫底气量：为了保持储气层合适的压力和足够的采气能力而永久储存在地下储气库中的天然气气量。储气库在调峰采出运行时，这部分气体是不被采出的。垫底气量越大，所维持的储气库地层压力就越高，可以减少采气井的数量，但垫底气量增加，储气库的工作气量会减少。世界上现有储气库的垫底气约占总库容量的 15%~75%。

（5）运行上限压力：储气层中所允许的最大运行压力。

（6）运行下限压力：储气层中所允许的最小运行压力。

（7）供气能力：地下储气库每天所能供应的天然气气量。地下储气库的供气能力并非一成不变，影响其变化的主要因素有储气量、地层压力、压缩机的额定压力及系统配套能力。地下储气库的供气能力随着内部储气量的变化而变化。当地下储气库全充满时，供气能力最大。随着工作气量的减少，供气能力也逐步减小。

（8）注气能力：地下储气库每天能够注入的天然气量。与供气能力相似，注气能力也同样受到与供气能力类似因素的影响。注气能力与储气库的总库存量成反比：当储气库全充满时，注气能力最小，并随着工作气量的减少而增加。

（9）注采井：储气库中用于注入天然气和采出天然气的井。由于同一口井在注气期用于注气，在采气期用于采气，因此合称为注采井。

（10）老井：在将油气藏改建成储气库之前，在油气藏上已经存在的井。这些井，有的年代久远已经报废，有的刚刚投产不久。无论哪种情况，由于在建库以前它们已经存在，因此统称为老井。

# 第三节　地下储气库的作用及特征

## 一、地下储气库的作用

自 20 世纪 90 年代起，天然气在能源消费中的比重持续快速增长。世界石油和天然气储运领域出现了两个令人瞩目的变化：一是世界天然气管道的总长度首次超过原油管道总长度。二是地下储气库的建设有了明显发展。究其原因，除了天然气资源探明储量明显增长外，主要是由于天然气是一种有利于生态环境的优质、高效、清洁的能源。随着人们对大气污染的日益重视，有专家甚至预言 21 世纪能源领域将进入天然气时代，天然气将占能源消费结构的 60%。

天然气的生产、运输和消费是一个完整、独立的体系。通常，油气田生产的天然气是通过长输管道送往用户集中的地区，然后通过地区分销网络送至终端用户。天然气储存和运输是联系产地与用户的纽带和中间环节，其工作状态受生产和消费的调控。

不均衡性是天然气消费的一大特征。天然气消费的不均衡性可分为两大类：

（1）由偶然事件引发的天然气消费不均衡性。气候条件突然变化、天然气供应或整个供应系统的事故是典型的偶然事件。

（2）由规律性现象导致的天然气消费不均衡性。主要有日不均衡、周不均衡、季不均衡和年不均衡。夏季天然气的月均需求量与冬季的月均需求量相比，可相差 2~3 倍；如果按最大日需求量计算，则冬夏之间的需求量可相差 10~15 倍。如图 1-3-1 所示为 2002 年亚美尼亚共和国和美国佐治亚州天然气平均月消耗量。

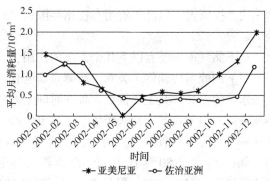

图 1-3-1　2002 年亚美尼亚共和国和美国
佐治亚州天然气平均月消耗量

天然气在其生产、运输和销售过程中，存在着用气需求的不均衡性和储存的特殊性。解决好充分利用管道运输能力与下游用户峰谷用气不均衡之间的矛盾，是保障天然气上、中、下游协调发展，提高行业总体经济效益的核心问题。

天然气长输管道一般都是按照恒定输气量均衡输气设计，其输气调节范围不大，往往只能调节下游用户的日不均衡和周不均衡，很难适应季节性调峰需求。若按夏季天然气最小需求量设计输气管道的供气能力，一年内供气系统一直处于满负荷运转状态，但大部分时间仍不能满足用户对天然气的需求。若按冬季天然气最大需求量设计输气管道的供气能力，在大部分时间内供气能力得不到发挥，导致管道运行效率降低，天然气成本增加。因此，一般输气管道的供气能力按略高于平均需求量进行设计，所产生的不均衡问题采用以下几种办法解决：

（1）将需求的不平衡性"拉平"。推行强制配气计划，规定冬季一些企业用其他燃料代替天然气。一般，发电厂可充当这类缓冲用户。这种解决方法会带来煤的储存、改装燃烧室和配备、补充服务人员等额外的问题和额外支出，不是最好的解决办法。

（2）采用季节性差价的方法。冬季天然气的价格比夏季高，这时某些用户会主动放弃在冬季使用天然气。这种方法可以使冬季需求量在某种程度上得到缓解，但不能从根本上解决问题。

（3）建造储气装置。为了能够平稳地向用户供气，建造天然气储气装置，在用气低峰时把输气系统中富余的天然气储存在消费中心附近，在用气高峰时采出以补充供应气量的不足。但是，为了解决季节性用气不均衡的问题，需要建造数亿乃至数十亿立方米的调峰设备，在地面或地下建造如此巨大的储气罐，因其造价甚高、金属容量过大、容易爆炸和占地面积过大等原因，是不可取的。例如，在莫斯科要建造这样一个满足季节调峰需要的储气罐，需消耗约 $250×10^4$ t 钢材，占用数百公顷场地。能力小的装置既不能满足冬季对气体用量的需要，又十分昂贵。在德国，小装置的储气成本是大装置储气成本的 3.5~4 倍。

（4）建造专门的地下储气库。在地下某些天然地质构造或人工构筑的洞穴中储存天然气的方案，缓解了地面储罐占地面积大、造价高、工艺复杂和防灾问题突出的矛盾，有效地利用了地下空间资源，具有重大的工业价值。利用地下储气库进行调峰比建设地面储气装置进行调峰具有以下优点：一是储存量大、机动性强、调峰范围广。二是经济合理，虽然一次性投资大，但经久耐用，使用年限长。三是安全系数高，其安全性要远远高于地面储气装置。

地下储气库主要有以下几个方面的作用：

（1）调峰与协调供求关系。缓解负荷变化产生的供气不均衡性和周围不同用户对天然气需求量的差异，其主要特点表现在时间上的冬夏两季、月、日，以及昼夜和不同小时的不均衡性。由于在冬季是取暖季节，热电中心、取暖燃气装置、工业企业锅炉房、家庭和地区锅炉房等用气负荷明显增大，使得冬季天然气使用的季节性不均衡性表现得尤为突出。如在 20 世纪 80 年代中期，每年苏联各个城市用气中，夏季使用天然气量最低时只为管道输气量的 74%，但是在冬季，耗气量为每年最大，大约为管道输气量的 133%～156%，在 21 世纪这种供需不均衡性比 20 世纪 80 年代增大 1 倍多。全球许多国家，随着经济发展，这种供需不均衡性也不断加剧。如法国在 1987 年年度各月高低耗气量之比为5：1，然而到 2003 年竟达到 14：1。由上述例子可知，仅靠管道输气系统是无法解决用气量如此之大的变化浮动问题的，必须依靠其他储气手段如地下储气库进行调峰，进而有效缓解供气不平稳问题。

（2）保证供气的连续性和可靠性，实施战略储备。当气源或上游输气设施系统发生故障和停产检修、政治动荡、国家内乱等情况出现时，都可能造成供气中断，作为补充气源的地下储气库便可发挥作用。当供气中断时，抽取地下储气库中的天然气用来向固定用户连续供气，使供气的可靠性提高，这对主要依赖天然气进口的国家尤为重要。如今，法国的战略能源储备量相当于将近 4 个月的平均消费量，西欧国家的储气能力为能提供至少 6 个月的连续供气。为了履行长期供气合同，对天然气出口国而言，不允许出现中断供气问题，为用户提供平稳、安全、连续的天然气。作为天然气出口大国的俄罗斯是全球建设地下储气库活动最活跃的国家之一。

（3）有助于输气管网和生产系统的优化运行。地下储气库可使管道系统的运行和上游气田生产系统的操作避免受市场消费量变化的影响，利用储气设施均衡输气和生产，降低运营成本，提高管道和上游气田的运行效率。地下储气库可使输气管网的运行和天然气生产系统的操作不受天然气消费淡季或者消费高峰的影响，有助于降低输气成本，提高管网的输气效率和利用系数，充分利用输气设施的能力，有助于均衡作业和生产。

（4）为需求国家提供商业性储气服务。地质条件好可大力发展地下储气库的国家可以为找不到适合建造地下储气库地质条件的国家提供富余储气租赁，使得租用国满足天然气储备的战略要求。提供地下储气库商业储气服务在欧洲很普遍，如法国的 EBEZ 储气库、奥地利的 ZWEMDORF 储气库、斯洛伐克的一些储气库等。

（5）影响气价。可以说，天然气的价格直接被地下储气库影响。大力发展地下储气库增强了用气高峰时期的供气能力，增加了可供气量。随着大量现货市场的出现和供气竞争的加剧，天然气价格会产生越来越大的差异。用气淡季时，下调气价，用气高峰时，上调气价。用气与供气双方利用天然气季节性价格波动造成的差价获取可观的利润。供气方在天然气供应淡季时增加储气量或储气不售，待用气高峰出现天然气价格上涨时售出；用气方在天然气供应淡季时购进储存，待用气高峰出现天然气价格上涨时抽出使用，这样避免高价购气，也可以出租储气库。

（6）提供应急服务。地下储气库的出现会降低或减少因井口供气或输气中断带来的合同风险。地下储气库可对长期用户或临时用户临时增加的天然气需求提供应急供气服务。储气合同在当今的天然气贸易中常与输气合同结合起来签订。FEAC 636 号命令作出规定（Faderal Energy Regulatory Commission，FEAC 即美国联邦能源调节委员会简称），要求各用气大户和配气公司必须建立自己输、供气范围内的储气设施。储气库系统已成为美国天然气工业的基础设施和输气网的重要组成部分。

## 二、地下储气库特点及运行特征

地下储气库须根据城市调峰需求量的变化确定储气库内各个注采井的注采量，不是定产源注采。一方面，要求储气库设施必须保证整个冬季用气高峰期天然气需求量；另一方面，天然气的需求量具有较高程度的波动性和随意性。

地下储气库的特殊工作性质使得其频繁交替注采气周期，天然气在地层和井筒之间双向流动，造成单个季节内储气库总储量的 40%～60% 气体要被注采，一般气藏采出率在同样时间内不超过 3%～5%，否则会造成地下流体流量、温度、压力等发生大范围变化。所以，既要防止在注入时储层局部温度、压力高于原始储层最大允许温度、压力，导致天然气溢出迁移；又要避免采出过程中局部温降、压降过大，采出垫层气，使储气库库容减少、衰退。

据统计，世界已有枯竭油气藏型地下储气库等各类地下储库 630 多座，可以用来进行调峰的气量达 $3100×10^8 m^3$。在各类地下储气库当中，枯竭油藏型储气库具有较大的优势，具有如下特点：

（1）保障能源安全的重要措施之一就是建设地下储油气库。重要经济目标是现代战争中的重点打击对象，油气能源设施具有重要地位，俨然成为战争中的首要打击对象。从战略角度看，地下储油气库是有效保护油气资源的重要手段。

（2）地下储油气库是有效防止恐怖袭击油气资源的手段。恐怖分子袭击的重点是油气地面设施如油库，而地下储油气库容易管理，不易暴露，不易发生爆炸，安全指数高，可有效地防患于未然。国外如美国将战略石油均埋藏于地下深 600～1200m 的盐穴巨型储油气库中，这样的深度足以防御任何战争人为的伤害破坏。

（3）建设地下储油气库为国家节省大量土地资源，达到保护环境、节约能源、实现可持续发展的战略目标。在中国面临可利用土地逐年减少和土地资源缺乏、环境污染日益严重、生态破坏的背景下，枯竭油气藏型地下油气储备设施比一般传统地面储备方式节约土地达40%以上。

（4）地下储油气库建设成本低，因此可节省大量建设资金。美国建设地面油库储存每桶石油成本大概为15~18美元，若开凿山体岩洞来储存石油每桶成本会高达30多美元，而在墨西哥湾沿海地区储油库储存石油每桶成本仅需1.5美元。可见，地下储油气库建设成本约为地面储油气设施成本的1/10，约为开凿地下岩体储油气库建设成本的1/20。

（5）使用地下储气库方式进行天然气调峰，是确保天然气平稳、安全供气的有效途径。长距离输送天然气须通过调控储气库进行，以确保长距离管道运输天然气的安全运行。由于在能源储备方面的巨大需求，中国枯竭油藏型地下储气库的大规模兴建已经正式开始。

# 第二章 地质特征及设计

## 第一节 气藏地质特征

### 一、储集层基本特征

#### (一)储集层的概念

储集层是这样定义的：凡是能够储集和渗滤流体的岩层，均称为储集层。在储集层的这个概念中，除了指明储集层的储集能力外，还同样重要地强调了储集层的渗流能力。为什么要强调储集层的渗流能力呢？这是因为油气从生油层运移进入储集层时，需要储集层具备一定的渗流能力，而在油气开采时，更需要相当的渗流能力才能形成工业产能。可以这样说，只有储集空间而没有渗流能力的岩层，是不可能成为储集层的。

储集层的含义只强调了岩层储渗油气的能力，这并不意味着储集层中一定有油气。如果储集层中含有油气，则称为"含油气层"。含有工业(商业)价值油气的储集层称为"油层"。已投入开发的油层称为"产层"。

#### (二)储集层的特征

储集层必须具备储集空间与渗流能力，才能担当储集油气的重任。也就是说，储集层必须具备孔隙性与渗透性。孔隙性与渗透性是储集层的两大基本特征。

1. 岩石的孔隙性

严格说来，地壳上所有岩石都具有孔隙空间。即使像花岗岩、片麻岩那样致密坚硬的岩石，也不可能毫无孔缝。但是，不同岩石的孔隙空间，在其大小、形状和发育程度方面差异巨大。作为储集层的岩石必须具备良好的孔隙性。孔隙度则是表征岩石孔隙性的主要指标。

1)总孔隙度(总孔隙率)

岩石所有孔隙体积占岩石总体积的百分比，称为该岩石(岩样)的总孔隙度，又称绝对孔隙度。它显示岩石总体积中孔隙、裂缝、孔洞等所有非固体物质的孔隙空间的体积比例。岩石的总孔隙度越大，表明岩石的孔隙空间体积越大，但并不说明其对油气的储渗能力就一定大。因为岩石的孔隙空间比较复杂，有些孔隙空间对油气的储集并无意义。根据岩石中孔隙的大小和对流体的作用，可以将岩石孔隙划分为以下三类：

(1)超毛细管孔隙：此类孔隙直径大于 0.5mm(>500μm)，裂缝宽度大于 0.25mm(>250μm)。在自然条件下，流体在其中可以自由流动，服从水力学的一般规律。岩石中一些大的裂缝、溶洞及未胶结或胶结疏松的砂岩孔隙大部分属于此种类型。

（2）毛细管孔隙：此类孔隙直径介于 $0.5\sim0.0002mm（500\sim0.2\mu m）$之间，裂缝宽度介于 $0.25\sim0.0001mm（250\sim0.1\mu m）$之间。流体在这种孔隙中，由于受毛细管力的作用，已不能在其中自由流动，只有在外力大于毛细管阻力的情况下，流体才能在其中流动。微裂缝和一般砂岩中的孔隙多属于这种类型。

（3）微毛细管孔隙：此类孔隙直径小于 $0.0002mm（<0.2\mu m）$，裂缝宽度小于 $0.0001mm（<0.1\mu m）$。在这种孔隙中，由于流体与周围介质分子之间的巨大引力，在通常温度和压力条件下，流体在其中不能流动。黏土、致密页岩中的一些孔隙即属于此种类型。

显然，只有那些互相连通的超毛细管孔隙和毛细管孔隙才具有实际的储渗意义。那些孤立的互不连通的孔隙和微毛细管孔隙，即使其中储存有油气，在现代工艺条件下，也不能开采出来，所以这些孔隙是没有实际意义的。因此，在生产实践中，又提出了有效孔隙度（率）的概念。

2）有效孔隙度

有效孔隙度是指那些互相连通，并在一般压力条件下流体可在其中流动的孔隙体积与岩石总体积之比。

显然，同一岩石，其有效孔隙度小于其总孔隙度。对于未胶结砂岩和分选较好、胶结疏松的砂岩，两者相差不大；对于胶结致密的砂岩和碳酸盐岩，两者的差别可能很大。在石油勘探、开发界所用的"孔隙度"，都是指有效孔隙度，但习惯上多称为孔隙度（或孔隙率）。

3）分析孔隙度与解释孔隙度

储集层岩石孔隙度资料的获取，有两个基本的来源：其一，来自储集层岩石样品的分析测定，称为分析孔隙度。其二，来自储集层测井资料的综合解释，主要根据声波、密度、电阻率等测井曲线，结合岩心资料建立相关关系或图版解释得出，称为解释孔隙度。分析孔隙度的优点在于直接、真实，在岩心样品代表性好时准确、可靠，但当岩心样品代表性差时（例如，取心井数少或平面分布局限、岩心收获率低、储集层岩心疏松破碎厉害、储集层裂缝或大孔大洞发育、非均质性严重难以获取有代表性缝洞样品等），其可靠性大为降低。解释孔隙度是一定探测范围内岩石孔隙空间的总体反映，由于影响因素较多，准确解释的难度很大。但在对该地层的岩性、物性及电性有一定认识，具备一定解释经验的情况下，解释孔隙度的准确性可以大大提高。由于解释孔隙度综合利用了地质与测井两个方面的资料，在岩心样品代表性较差时，解释孔隙度的可靠性可能超过分析孔隙度而成为十分有用的孔隙度资料。对于孔隙性砂岩储集层，一般以分析孔隙度为准，解释孔隙度只作参考。但对于裂缝或大孔大洞发育、非均质性严重的储集层（例如，大多数碳酸盐岩储集层，一些块状砂砾岩储集层，少数层状砂岩储集层，几乎全部火山岩、变质岩储集层与泥质岩储集层），则大多采用解释孔隙度值，而将分析孔隙度作为参考。

2. 岩石的渗透性

渗透性是指岩石在一定压差下允许流体通过的能力。从严格意义上讲，只要有足够大的压差，自然界的一切岩石都具有渗透性。但在地层条件下，能施加于地层岩石的压力差通常是极其有限的，因此不渗透或渗透性极差的岩石是大量存在的。一般而言，砂岩、砾岩、多孔灰岩、白云岩等渗透性较好，而泥岩、页岩、石膏、盐岩、泥灰岩等渗透性较差或不具渗透性。

1）渗透率概念

岩石渗透性的好坏是以渗透率来表征的，而渗透率则是依据达西（Henry Darcy，1856）公式定义的。渗透率的单位为 $\mu m^2$。由于此单位较大，一般以 $10^{-3} \mu m^2$ 作为渗透率的常用单位。

2）有效渗透率与相对渗透率

在一种（单相）流体存在的情况下，依据达西公式求得的渗透率称为绝对渗透率，它只与岩石本身的渗透性能有关。但在地层岩石中，更多的是油水、油气、气水甚至油气水多相共存、共渗的情况。在多相流体共存的情况下，岩石对其中某一相的渗透率，称为有效渗透率，又称相渗透率。油、气、水的相渗透率分别用符号 $K_o$、$K_g$、$K_w$ 来表示。显然，岩石对任何一相流体的有效渗透率总是小于该岩石的绝对渗透率。

有效渗透率不仅与岩石自身的渗流能力有关，也与其中流体的相数和流体本身性质有关。在实际应用中，常采用有效渗透率与绝对渗透率的比值（称为相对渗透率）来表征岩石多相渗流的特征。

油、气、水的相对渗透率分别记为 $K_{ro}$、$K_{rg}$、$K_{rw}$，岩石的绝对渗透率记为 $K$，则有

原油的相对渗透率为：

$$K_{ro} = K_o / K \tag{2-1-1}$$

水的相对渗透率为：

$$K_{rw} = K_w / K \tag{2-1-2}$$

天然气的相对渗透率为：

$$K_{rg} = K_g / K \tag{2-1-3}$$

实验表明，多相渗流时，岩石的有效渗透率与相对渗透率不仅与岩石的绝对渗透率有关，还与岩石孔隙喉道中的流体饱和度有关。当某相流体的饱和度低于其临界值时，此时该相流体的有效渗透率与相对渗透率均为零，不发生渗流；当其饱和度达到或超过临界值时，该相流体才能流动，并且随流体饱和度的增加，其有效渗透率与相对渗透率逐渐增大，直至全部饱和，其有效渗透率等于绝对渗透率，其相对渗透率等于1时为止，如图2-1-1所示。

3）分析渗透率、测井解释渗透率与试井解释渗透率

储集层渗透率资料的获取有三个基本的来源。其一，通过储集层岩心样品分析测定获取，称为分析渗透率（因现场多采用压缩空气流过岩样测定渗透率，因而又称空气渗透率）。其二，通过测井曲线资料解释得出渗透率，称为测井解释渗透率。其三，通过生产井的压力

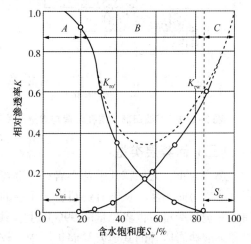

图 2-1-1 油水相对渗透率曲线

恢复曲线或注水井的压力降落曲线，用试井理论解释得出的渗透率，称为试井渗透率或有效渗透率。在这三种渗透率资料中，分析渗透率直接、真实，但并非多数井都有（取心井总是少数）。测井解释渗透率的准确性较差（渗透率解释是由测井资料解释出孔隙度再用间接方法得出的，因此测井渗透率解释较孔隙度解释的精度要差很多），但却是每井、每层、每段、每小段都有。试井解释渗透率反映的是整个储集层（或多个生产层段）宏观上大范围的渗透率总和，最能代表整个产层或油藏的渗透率。不足之处在于难于反映各细分层段的渗透率，而且在多相渗流的情况下，解释得出的渗透率将受流体饱和度影响。由于地层流体的饱和度难于确定，因此储集层渗透率难于求准。

对于岩样代表性较好的储集层，比如孔隙性砂岩储集层，其分析渗透率可靠性较高，一般以分析渗透率为准，测井解释渗透率仅作参考。对于岩样代表性较差的储集层，比如裂缝性储集层、岩样疏松破碎厉害的储集层等，分析渗透率可靠性较差，但这时的测井解释渗透率一般也差，倒是试井渗透率尤其早期的试井渗透率较为可靠。此时，应分别根据具体情况，综合应用这三种渗透率资料作出尽可能准确的推断。

3. 油气储集层的孔、渗标准

对于石油和天然气来说，不是稍具孔隙度和渗透率的岩石就可成为其储集层的。作为油气储集层，它对孔隙度与渗透率有一定标准。低于其低限标准，只能排除在储集层之外，视为非储集层。

4. 储集层孔隙度与渗透率的关系

储集层岩石的孔隙度与渗透率之间通常没有严格的函数关系，因为影响储集层岩石孔隙度和渗透率的因素复杂而多样。两个极端的例子可以说明这一特点：一是一些黏土岩的绝对孔隙度可达 30%~40%，但由于孔喉太小而使渗透率极低，只能作为非储集层甚至油气的封隔层。二是一些裂缝性致密灰岩，其分析孔隙度可低至 2%~3% 甚至以下，但由于裂缝渗流能力极高而使其渗透率可高达数百上千毫达西。尽管如此，就一般情况而言，孔隙度高的储集层，其渗透率大都较高，尤其对非裂缝性储集层及裂缝发育较差的储集层更是如此。图 2-1-2 显示某油田砂岩孔隙度与分析渗透率的关系。可以看出，虽然不同砂岩间的变化关系大有差别，但总的正相关关系是存在的。

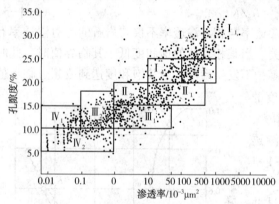

图 2-1-2　某油田储集层孔隙度与渗透率关系

## （三）储集层类型

迄今为止，人们在几乎各类岩石中都找到了油气。也就是说，地壳上的各种岩类，都有可能成为储集层。从现有资料看，主要的储集层类型为碎屑岩和碳酸盐岩，两者控制的油气储量与产量占世界总量的99%以上，其他岩类所控制的油气储量不足1%。在除碎屑岩和碳酸盐岩以外的其他岩类储集层中，较多的是火山岩类储集层，此外尚有变质岩类储集层、泥质岩类储集层。

由于储集层是油气聚集赋存的场所和油气勘探追踪的目标，因此需要对储集层进行分类并详加研究。对于储集层的分类，一般均是按岩石类型划分为三大类：碎屑岩储集层、碳酸盐岩储集层和其他岩类储集层。

## 二、盖层特征与地层层序

要形成油气藏，除需要生油层、储集层之外，还需要阻隔油气逸散，使之达到工业聚集的盖层。只有在具备一定的生油、储油和盖层条件之后，才有可能形成工业油气藏。因此，盖层与生储盖组合在油藏地质研究中具有十分重要的意义。

### （一）盖层的定义

石油与天然气是一种流体矿物，在地层中易于流动，要使其聚集成藏，必须要有能对油气不渗透、可起封隔遮挡作用的岩层置于其上，才能使之集聚成藏而免于逸散。这种位于储集层之上，能够封隔储集层中的油气使之免于向上逸散的不渗透地层，就是盖层。

盖层条件的好坏直接影响油气的聚集与保存。世界上绝大多数油气田都有良好的盖层，当然也不乏因盖层不好导致油气部分或全部散失的例子。

自然界中没有绝对不渗透的岩层，但在一定条件下对某种流体不渗透或近于不渗透的岩层则是广泛发育的。自然界中大量油气藏的存在，说明这种盖层确是大量存在的。

### （二）盖层的基本特征

封隔性是盖层必须具备的基本条件，也是盖层所具有的基本特征。不具封隔性显然不能成为盖层。具封隔性的岩层必须岩性致密、无裂缝、渗透率极低，或者按现代的观点，封隔性岩层应具有较高的排驱压力，达到"不渗透"的程度。在这里，"不渗透"是相对的，它有以下含义：

（1）对于溶解气较少的纯油藏而言，其盖层只要求对油"不渗透"，就可作为油藏的盖层；对于纯气藏来说，其盖层的"不渗透"性显然要求更高；对于具有高气油比的轻质油藏，其盖层的"不渗透"性介于两者之间。也就是说，对于油或气，其盖层封隔条件的要求是不一样的。

（2）对于不同油气柱高度的油藏或者气藏，其对盖层的封隔性要求也有差异。油藏高度较大者，其盖层封隔性要求较高；油藏高度较小者，其盖层封隔性要求较低。对异常高压油气藏而言，压力偏高的程度越大，盖层的封隔条件要求越高。

（3）对于具体盖层来说，能否担当盖层是由其封隔能力和岩层厚度两个方面决定的。若岩层封隔性好，其厚度可以较薄；但若盖层封隔性较差，则必须有更大的厚度。根据松辽盆地的经验，泥岩厚度小于20m者，不能作为盖层。国内盖层最薄者可能是川南地区的长垣坝气田和高木顶气田，其盖层为6~10m厚的石膏层。

### （三）盖层的岩石类型和分布特征

常见盖层的岩石类型有三类：泥质岩类盖层、膏盐类盖层和致密灰岩类盖层。它们各有其封隔特点和分布规律，现简述如下：

#### 1. 泥质岩类盖层

泥质岩类盖层包括泥岩、页岩、黏土岩等岩石类型。泥质岩类盖层常与碎屑岩储集层互层共生。由于地壳的升降振荡和水流的变换摆动，常形成砂、泥岩层在剖面上的交替出现，砂岩可以作为储集层，泥岩可以作为盖层。

**2. 膏盐类盖层**

膏盐类盖层包括石膏、盐岩两种岩石类型。石膏、盐岩均为致密化学岩，孔隙极不发育，本身又具可塑性，不易产生裂缝，具有良好的封隔性，是理想的盖层岩石类型。膏盐类盖层多发育在碳酸盐岩剖面中，为湖盆萎缩继碳酸盐岩析出之后最后析出的化学岩。它常覆盖在碳酸盐岩剖面之上而成为碳酸盐岩储集层的良好盖层。

**3. 致密灰岩盖层**

除上述盖层岩石类型外，致密的泥灰岩和石灰岩也可作为盖层。在某些碳酸盐岩储集层剖面中，致密灰岩紧密配置在碳酸盐岩储集层之上，成为该碳酸盐岩储集层的盖层。在一些裂缝性碳酸盐岩油气藏中，常可见到致密灰岩作为盖层的实例。

此外，尚有"永冻层"作为盖层的罕见情况，在俄罗斯西西伯利亚盆地北部的大片地区，其白垩系砂岩的干气被圈闭在永冻层之下。

H. D. 克莱姆(Kleme, 1977)统计了世界上334个大油气田的盖层岩性：页岩、泥岩作盖层的占总数的65%，盖层为盐岩、石膏的占33%，致密灰岩作盖层的占2%。我国油气田的盖层多为泥页岩，在四川、江汉盆地有以膏盐作为盖层的油气田。

## （四）地层层序及沉积特征

在中、古生界基底之上，文留地区沉积了巨厚的新生代地层，包括下第三系沙河街组、东营组，上第三系馆陶组、明化镇组和第四系平原组，总厚度达8000m以上。其中，沙河街组经历了两个沉积旋回(沙四段—沙三段、沙二段—沙一段)，发育多套盐、膏岩韵律层和多类型砂体，厚度5000m左右，为主要含油气层系。主要沉积特征如下：

（1）沙四段：分上、下两个亚段。其中，沙四下亚段为紫红、棕红色粉细砂岩、泥质粉砂岩和粉砂质泥岩不等厚互层，为浅水湖泊环境下的漫湖沉积，厚度150~200m，下部在户部寨北部有缺失；沙四上亚段厚度130~150m，分布稳定，为灰色、深灰色泥岩与泥质粉砂岩、粉砂岩互层，顶部出现膏盐沉积，是淡水、微咸水湖泊向盐湖沉积发展的过渡阶段。

（2）沙三段：分上、中、下三个亚段。其中，沙三下亚段主要为灰白色盐岩、盐膏层夹灰、深灰色泥岩、含膏泥岩(文23盐)，顶部间夹成组性较好的粉砂岩，总厚最大1800m，是沙四段天然气良好区域盖层，对文23气田的富集成藏起着重要作用。沙三中亚段厚度500~700m，中下部为灰色砂泥岩韵律层，间夹成组油页岩；上部主要为灰色泥岩、油页岩、盐岩、石膏及碳酸盐类(文9盐下段)。沙三上亚段厚度300~550m，下部灰色、灰白色盐岩、含膏泥岩、灰白色泥膏岩和深灰色、褐色油页岩(文9盐上段)，中上部灰色、深灰色泥岩与灰色粉细砂岩、灰色灰质(泥质)粉砂岩不等厚互层。

（3）沙二段：分上、下两个亚段。其中，沙二下亚段为紫红色泥岩与浅灰色砂岩互层，砂岩发育不稳定，地层厚度300~500m；沙二上亚段中下部为紫红色泥岩夹含膏泥岩或与含膏泥岩互层，上部为含膏泥岩段，地层厚度300~400m，为区域盖层。

（4）沙一段：沙一下亚段是第二次盐湖沉积物，为盐岩、石膏夹灰色泥岩及薄层碳酸盐岩和油页岩组合，盐类沉积范围较第一旋回更广泛；沙一上亚段为淡水湖泊环境，灰色泥岩夹薄层碳酸盐岩和油页岩组合。地层总厚度 200~250m，是区域盖层。

沙河街组突出的沉积特点是发育三套盐岩、膏岩韵律层，横向发生相变，纵向与砂泥岩间互，构成良好的储盖组合。这一沉积发育特征，成为油气富集特别是天然气得以很好保存的重要条件。

## 三、构造特征研究

### (一) 构造研究的方法

油气田勘探阶段构造研究的重点是构造与油气聚集的关系，而进入油气田开发后，构造研究的内容更多、更细，主要是进行微构造的分析，以便对构造进行精细描述，准确地掌握地下构造的性质、形态特征及分布范围等。另外，就是对断层的性质、封闭性及裂缝的分布和发育规律的研究。总之，油气田地下构造的研究成果是勘探部署、储量计算、开发设计及动态分析的重要依据。

油气田地下构造特征的研究有多种手段，各有其特点：

#### 1. 地震方法

地震勘探可以提供油藏的测线剖面图及构造图，如图 2-1-3 所示。利用这些图件可分析一个地区的构造形态、高点位置、闭合面积、闭合高度及断层特征，其具有完整、齐全、连续的特点，但准确性较差，因此必须用钻井资料校正才能较真实地反映构造特征。

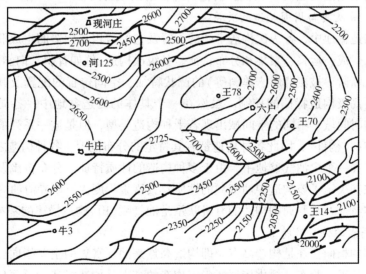

图 2-1-3 东营凹陷 $T_4$ 反射层构造图

#### 2. 钻井和测井方法

通过钻井能够得到各井各层的分层数据、岩性特征、层位的重复与缺失及断层断点的深度等资料。利用这些资料不仅可以建立起钻井地层剖面，还可恢复地下构造。由于钻井资料可靠，用它去校正地震构造图，就能为详探和开发提供与实际情况相吻合的构造特征图件。在钻井资料较多的情况下，通过钻井剖面的地层对比，可获得各地层界面的实际高程、起伏状况、岩性特征，以及含油、气、水情况和断点的位置、层位、落差等资料。据此绘制而成的构造图件，能进一步加深对地下构造的认识。

### 3. 动态方法

生产过程中可以获得井下地层的含油、气、水资料，以及井间油水动态资料等。应用这些资料既可检验构造研究成果的准确性，如断层的连通与否、分层是否正确等，又可为构造研究提出问题，如构造的形态及局部变化等，以便配合其他资料使构造的解释更准确，更符合地下的真实情况。在注水开发的油田中其作用尤其明显。这是一种构造特征分析的辅助方法。

以上各种研究手段所获得的资料途径不同，其构造解释成果的精度就存在差异。而勘探开发的阶段不同，各项资料的贫富相差悬殊，也影响构造特征解释的准确性。资料的丰富程度及精度决定了构造解释的可靠程度，如钻井资料虽然准确，但在勘探初期，由于打井少，资料的控制点不足，也会降低构造图的可信度。因此，油气藏构造特征的分析往往是采用多种手段进行综合研究，这样才能使研究成果与真实情况接近或吻合。只有获得准确的信息，才能对油气田地下构造的形态、细微变化等特征作出正确的判断。

## （二）构造描述的内容

油气藏（田）构造描述是采用地震、地质、测井等资料，尽可能地把油气藏（田）的构造特征描述清楚。地下油气藏（田）的主体描述是油气藏（田）构造描述的主要任务。下面以背斜型或断块型油气藏（田）为例，讨论构造描述的主要内容。

### 1. 构造位置及其与周围构造的关系

在一个构造盆地中，各级次构造空间的配置及它们与相邻构造的生成联系，决定了该盆地中油气的生成、运移、聚集和分布特征。各级次构造（例如背斜、向斜、地堑、地垒、断鼻、断块、断阶、被覆背斜、单斜等）的产状特征、空间位置的配置及其与周围构造的关系，受到更高级构造特征的控制。虽然在一个具体的构造盆地中，各局部构造千差万别，在不同的时间域、不同的空间域出现若干种构造类型，但是这一系列的局部构造又是一个有机整体的"构件"，因此各种构造都有其特定的分布范围，各种构造之间存在着特定的内在联系。在一个含油气盆地中，由于多种构造的性质特征、分布范围及其所处位置等参数不同，往往决定了该构造中油气藏的性质及其富集程度，所以弄清油气藏（田）所处局部构造的基本特征及其与周围构造的有机联系是油气藏（田）构造描述的基本任务之一。

### 2. 构造高点的位置及特点

油气运移的指向往往是构造高点，即构造高点是油气富集的主要指向，所以必须确定构造高点所处位置，为布井提供依据，确定构造的高点是构造描述的首要任务。此外，构造高点离油源区距离远近不同，油气富集程度亦不同。有些"高点"只是一个点，如倾伏背斜；有些"高点"为一个面，如箱形背斜；还有些"高点"为一条线，如单斜断块体。因此，构造高点位置不同、特点不同，油气藏（田）的富集程度就可能不同，油气藏（田）的性质也可能有差别。对于一个局部构造而言，例如一个单斜断块，其构造高点应在目的层与控制断层高点交会处呈线状特征；而对于一个倾伏背斜而言，其构造高点应在背斜枢纽轴最大弯曲处为一个"点"。由此可见，构造样式决定了"高点"特征，所以构造高点在构造本体中的位置及其在含油区中的位置的标定有着重要的石油地质意义。

### 3. 圈闭范围及幅度

圈闭范围及幅度决定油气藏(田)的大小。大型油气藏(田)是油气在范围较大及(或)幅度较高的圈闭(群)中富集的结果。不同圈闭范围参数的确定方法不同,例如背斜型圈闭是以该背斜的等高线深度的最低围限值为标准,其幅度等于构造高点与最低围限等高线值之差;而断块圈闭情形要复杂得多,如断鼻形圈闭,其范围是构造等高线最低限与控制断层围限区域,而圈闭幅度等于断鼻构造高点与最低围限等深线值之差。事实上,自然界中圈闭类型是十分丰富的,就上述断层圈闭而言,除断鼻外,还有弯曲断层与单斜相结合型、交叉断层与单斜相结合型、两个弯曲断层相交结合型等。因此,圈闭范围及幅度的确定方法亦是多种多样,必须根据具体的圈闭类型具体分析。

### 4. 围斜部位的产状

圈闭描述中,围斜部位产状的精细描述是立体标定圈闭的重要途径之一。在不考虑断层因素的情况下,一般可以认为存在七种基本构造,即水平层、低倾角单斜层、高倾角单斜层、无倾没褶皱、倾没褶皱、双倾没褶皱和穹隆。这七种基本构造式样可以标定圈闭围斜部位的产状特征,一般局部围斜以双倾没褶皱为特征,断层构造以倾没褶皱为其基本形态,而单斜断块具有高倾角的单斜。根据地震资料及地层倾角测井资料,可以判断围斜部位的构造形态,其中地震资料较为直观,通过剖面特征能基本反映。但是,随着勘探程度的深入及开发工作的展开,当有些"微型"圈闭不能在地震资料上明显显示时,可以借助地层倾角测井资料进行分析。一般采用五种图件,即倾角与倾斜方位关系图、倾斜方位角与深度关系图、倾角与深度关系图、东西向视倾角与深度关系图、南北向视倾角与深度关系图,其中最基本的是倾角与倾斜方位关系图。

### 5. 构造的性质

从理论上讲,构造的性质是受该构造形成条件制约的。常见的背斜构造形成条件是多样的,其形成可能与褶皱作用、基底活动、地下柔性物质活动、剥蚀作用及压实作用、同生断层活动等诸因素有关。同样,断块构造亦具有复杂的形成条件,在压性条件下可以形成逆掩构造、推覆体,也可沿压剪切面产生走滑断块,而张性条件下则可产生各种张性断块。所以,构造性质是复杂的,相似的样式可以有完全不同的构造形成环境,可以是压性的或是张性的,亦可以是垂向拱升或重力作用的结果。而同样的构造环境可以产生不同的构造样式,例如水平压性环境下可以产生背斜、向斜构造,但亦可以产生逆掩断块乃至推覆体等,褶皱拱曲部位还会有派生的张性断块等。因此,准确描述构造性质不仅有助于确定该构造的样式,而且有助于指导相邻区域的勘探、开发。

### 6. 构造内的断层

勘探和开发的实践表明,断层活动几乎无所不在,尤其是在断陷盆地中几乎所有的构造都可能存在断层。断层不仅破坏了地层连续性,而且对油气藏的形成和破坏具有非常重要的意义。在《石油地质学》中就已对断层的封闭作用、通道和破坏作用及油源通道进行了详细的描述。断层描述的主要内容有在三维空间上的位置[即基本产状、要素(走向、倾向、倾角、落差、水平位移等)]、主断层的精细描述、断裂系统及空间组合等。

7. 构造纵向的继承性、复合性

地质构造是在漫长的地质历史过程中逐渐形成的，随着时间的推移，构造变动方式亦在不停地转换。尽管构造变动变化纷繁，但是由于空间上具有统一性及时间演化上具有连续性，因而不同地质时代的构造在前后次序上必然存在一定的联系，这就是所谓构造的复合叠加。事实上，继承性构造对油气的生成聚集更为有利，如大型继承性地堑往往是多套油源岩系有利的发育场所。而长期继承性突起(地垒)往往为凹(洼)陷群围限，是长期的油气运移指向，有利于形成大型油气藏(田)，济阳凹陷的孤岛、孤东等油气田就是分布在这种大型继承性突起之上。

8. 建立构造总体几何形态的三维数据体

以上从不同方面论述了含油构造的研究内容。油藏描述工作最终要体现在构造的定量化描述上。当有了较为详细的构造地质资料时，则可建立构造总体几何形态的三维数据体。

(1) 建立统一的三维坐标系。

(2) 建立构造顶面深度数据组。

(3) 建立遮挡物(断层、不整合面)深度数据组。

(4) 采集含油砂体顶面、底面深度数据组。

钻井、测井及地震资料在统一的大地坐标系下，可以获取各项要素的深度资料及合适的采样密度。这样，一个较为完整的构造几何形态描述就可在计算机上实现。

## (三) 井下断层的识别

钻井过程中有可能钻遇断层，那如何进行识别？实际上，断裂活动将引起一系列地层与构造变化，将改变油气层的埋藏条件，引起流体性质和压力的变异。利用与断层共存的各种标志，有助于判断地下断层的存在。

1. 井下地层的重复与缺失

将单井综合解释的地层剖面与该区的综合柱状剖面进行对比，可以确定该井剖面上地层的重复或缺失，以及同层厚度的急剧增厚或减薄。在地层倾角小于断层面倾角的情况下，钻遇正断层出现地层缺失，钻遇逆断层出现地层重复，如图 2-1-4 所示。反之，当断层面倾角小于地层倾角且断层面倾向与地层倾向一致的情况下，穿过正断层则地层重复，穿过逆断层则地层缺失。

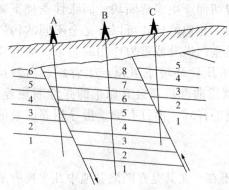

图 2-1-4　断层产生的地层
重复与缺失示意图

当井下断层的性质确定后，还应进一步确定断点井深及断距大小。图 2-1-5 中，乙井是正常剖面，甲井剖面中的 $D_1$、$D_2$、E、F 地层重复，表明它钻遇了逆断层，断点在第一次出现的 F 层底界，井深为 851m。两次出现的 F 层底界之差(876~851m)，即重复地层钻厚为 25m。如果是铅直井，此厚度就是地层铅直断距。正断层断点确定方法与此相同，缺失层段的起始点即为断点。对于铅直井，缺失层段的厚度为垂直断距,亦称断层落差。

倒转背斜也可造成地层重复,那如何区分正断层与倒转背斜所造成的地层重复可从图2-1-6可以发现,钻遇倒转背斜时,地层层序由新到老,再由老到新,反序重复。而钻遇逆断层,地层层序则由新到老,再由新到老,正序重复。据此,两者是不难区别的。

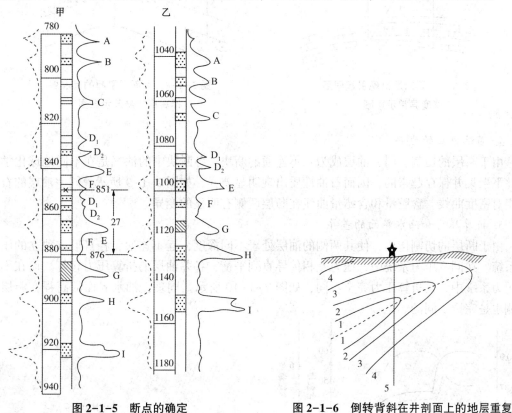

图 2-1-5　断点的确定　　　　　图 2-1-6　倒转背斜在井剖面上的地层重复

此外,还必须注意区分不整合面上地层超覆造成的地层缺失。在新探区,仅凭一口井的地层缺失来判断是正断层还是不整合面是困难的,但在研究了区域地层剖面后是不难区别的。断层仅在钻遇它的部分井中出现地层缺失;不整合面具有区域性,更多的井中都出现地层缺失,而且它们缺失地层的层序是不同的。正断层造成的地层缺失,当与断层面的走向不一致时,缺失地层有规律地变化;不整合造成的地层缺失的多少和新老由剥蚀程度决定,是按平面分布的。

另外,断层往往伴有牵引、摩擦、挤压等现象及破裂作用造成的岩石破碎带,而不整合面上常有砾岩、粗砂岩及风化产物,地质录井中应细心观察,注意区别。

2. 在短距离内同层厚度突变

地层部分重复或缺失造成同层厚度突变如图2-1-7所示,可以通过地层的细分对比把这种小断层判断出来。

3. 在近距离内标准层海拔高程相差悬殊

断层从井间通过造成的高程差如图2-1-8所示,它可能是单斜挠曲造成的,这就必须参考其他资料综合区别。

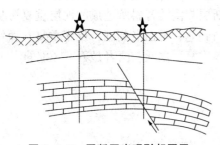 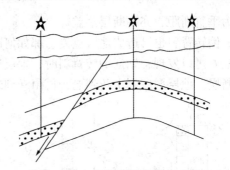

图 2-1-7　因断层出现引起同层　　　　　　图 2-1-8　因断层引起的标准层
　　　　厚度异常示意图　　　　　　　　　　　　　标高相差悬殊示意图

**4. 石油性质的变异**

由于断层的切割，同一油层成为互不连通的断块，各断块中的油气是在不同地球化学条件下聚集并保存起来的，因而石油性质出现明显差异，如图 2-1-9 所示。同一油层的石油相对密度曲线、含胶量和含蜡量曲线在断层两侧有明显的变异。

**5. 折算压力和油水界面的差异**

由于断层的切割作用，使其两侧的油层处于不同深度，互不连通，各自形成独立的压力系统。在同一压力系统中，压力互相传导直到平衡，各井油层的折算压力相等。而在不同压力系统中，其折算压力完全不同，如图 2-1-10 所示。同理，油水界面的高程在断层两侧也是完全不同的。

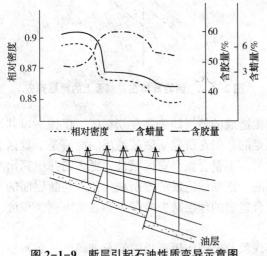 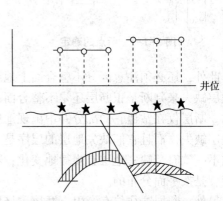

图 2-1-9　断层引起石油性质变异示意图　　　　图 2-1-10　断层造成折算压力差示意图

**6. 断层在地层倾角测井矢量图上的特征**

由于断裂作用，使断层上、下盘的地层产状发生变化，在倾角矢量图上表现出明显的差异。构造力使岩石破裂，在断层面附近形成破碎带，在倾角矢量图上呈现杂乱模式或空白带。由于构造应力的作用，通常在断层附近发生牵引现象，使局部地层变陡或变缓，这种畸变带在倾角矢量图上表现为红模式或蓝模式。根据倾角矢量图的变异特征，可以比较准确地确定断点位置、断层走向及断面产状，如图 2-1-10 所示。

利用地层倾角矢量图判断断层的最大优点是直观，仅一口井资料便可以作断层产状预测。然而，应用地层倾角测井资料判断断层具有多解性，应结合其他测井曲线和地质资料进行综合分析。

### （四）断点组合

在单井剖面上确定了断点，只能说明钻遇了断层，还不能确切掌握整条断层的特征。在多断层地区，几口井都钻遇了几个断点，哪些断点属于同一条断层？几条断层之间的关系如何？这些都需要对断点进行研究。把属于同一条断层的各个断点联系起来，全面研究整条断层的特征，这项工作称为断点组合。

1. 断点组合的一般原则

在组合井间断点时，应遵循如下基本原则：

（1）各井钻遇的同一条断层的断点，其断层性质应一致，断层面产状和铅直断距应大体一致或有规律地变化。

（2）组合起来的断层，同一盘的地层厚度不能出现突然变化。

（3）断点附近的地层界线，其升降幅度与铅直断距应基本符合，各井钻遇的断缺层位应大体一致或有规律地变化。

（4）断层两盘的地层产状要符合构造变化的总趋势。

2. 断点组合方法

断点组合的首要原则是将性质相同的断点组合起来，不同性质的断点自然就分开。某种性质的断层往往是区域性分布的，如大庆油田、胜利油田主要是正断层，四川地区主要是逆断层。同一性质的断点往往分属于不同的断层，因此断点组合应按组合的原则进行。

（1）作构造剖面图组合断点。断裂切割作用把完整构造分割成许多断块，在每个断块内（即断面的一侧）各地层界面的高低关系是相对的，厚度是稳定的或渐变的；而不同断块（即断面两侧）的同一地层界面的高低和厚度可能是变化的。根据这些特征就能够把同一条断层的各个断点组合起来。

（2）作断面等值线图组合断点。断层面等值线图可以表现一条断层的倾向、倾角、走向及分布范围。同一断层的这些要素在它的分布范围内是渐变的，其断面等值线也是有规律地分布的。不同的断层，其断面等值线的变化趋势则是不同的。

因此，为了区分复杂区同井钻遇的多个断点，可以在远离复杂区的单断点区先编制断面等值线图，在获得该断层的基本要素后，再由已知的走向、倾向、倾角、落差等，逐渐向复杂区延伸，把多断点区分开，进而作出各条断层的断面等值线图，如图2-1-11所示。

（3）综合分析。在地下构造复杂的地区，井下断点多，断点组合往往具多解性，需要综合分析各项资料，互相验证，选出较合理的断点组合方案。首先将断面等值线图、构造剖面图和构造草图互相验证，同时参考地震资料所提供的区域构造特征和

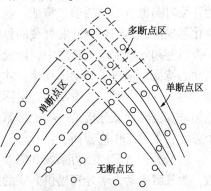

**图 2-1-11 利用断面等值线组合断点示意图**

分布模式，若有矛盾，查明原因，调整断点组合方案，直到前述各项原则与各种构造图件互相吻合为止。只要有条件，还应尽量利用地层流体性质，油、气、水分布关系和压力恢复曲线特征来验证所组合成的断层。

### （五）断层形成时期和发育历史的研究

断层形成的相对时期是根据被它切割的地层、岩体的时代关系来确定的。断层总是形成于被错断的最新一套地层时代之后。这种方法对于确定一次性断裂活动所形成的断层是适用的，但对同生断层就显得太笼统了。

同生断层是沉积盆地发育过程中边断裂、边沉降、边沉积形成的。这种断层在我国东部油区特别发育，虽然它的成因是多方面的，但其共同特征为：断层下降盘地层厚度明显增大，落差一般随深度增加而增大。

同生断层的活动可根据断层两侧同层厚度的变化来分析，若断层两侧同层厚度发生明显变化，表明断层在该层沉积时期是活动的。地层沉积期间断层的垂直位移(古落差)大约等于断层两侧的地层厚度之差。同生断层的活动强度通常用"生长指数"来表征，即生长指数＝下角盘地层厚度/上升盘地层厚度。

当生长指数小于或等于 1 时，表明断层停止活动或无断裂活动；当生长指数大于 1 时，表明断层发生或有断裂活动。生长指数越大，断裂活动越强烈。

对同生断层发育史的研究应从一条断层开始。在横切同一条断层的各个剖面上，统计出各个时期的生长指数。由于断层的位置不同，开始断裂的层位及活动强度(生长指数的出现和大小)是不同的。通常一条大断层的发展具有方向性，是多次活动形成的。这就是说，它是在受应力最大的部位开始破裂，然后逐渐延伸；随着应力的减小，开始断裂的层位变新，生长指数变小，直到逐渐消失。

## 第二节　气藏动态特征

任何类型的气藏当钻开第一口井投产后，就失去了原来的静止平衡状态，转变为运动状态。气藏内部很多因素都要发生变化，这些变化都将通过气井产量、压力、产出物性质的变化表现出来，这就是气藏的动态特征。不同的气藏有不同的动态表现，同一气藏不同的开采时期也有不同的动态特征。通过对这些特征的分析，可以掌握气藏在开采过程中的变化和规律，达到合理开发气藏的目的。气藏动态分析是气藏开发的核心工作，贯穿气藏工程研究和气藏生产管理之中，涉及面广，内容丰富，方法众多。只有深入地分析了气藏的动态特征，掌握了其动态规律，才能深化对气藏的认识，从而制定最佳的开发方案、调整方案、挖潜方案，或编制切合实际的气藏生产规划和改造措施，实现气田勘探开发的良性循环。气藏动态分析是一项十分繁杂的工作，它以渗流力学为基础，涉及气藏工程的各个方面，主要工作内容如下：

(1) 分析气藏的压力系统和驱动类型，核实气藏分区、分层的地质特征和水动力学参数，为气藏水动力学计算提供必要的数据。

(2) 分析影响气藏最终采收率的因素，落实气藏可采储量，为气藏合理开发提供依据。

（3）确定气井产能，分析气藏生产规模，提出气藏合理生产方案。

（4）查明气藏内部气、油、水运动状况，各相饱和度及地层压力的变化情况，所实施的方案符合程度，以便及时进行方案修正工作。

（5）预测未来气藏的生产状况和开发效果，提出进一步提高气藏开发效益的措施。

（6）不断复核气藏储量，分析气藏储量动用程度和剩余储量分布状况，为气藏开发方案的修正提供依据。

气井生产状况分析是气藏动态分析工作的基础，为了要深入、细致地分析一口气井的生产状况，并且进一步把它和整个气藏的动态联系起来，有如下具体要求：

（1）收集每一口井的全部地质和技术资料，编制气井井史并绘制采气曲线。

（2）已经取得的地震、测井、岩心、试油及物性等资料是气藏动态分析的重要依据，动态分析工作需要在取得初步综合认识的基础上进行。

（3）分析气井油、气、水产量与地层压力、生产压差之间的关系，找出它们之间的内在联系和规律，并推断气藏内部的变化。

（4）通过气井生产状况和试井资料推断井周围储层地质情况，并结合静态资料分析整个气藏的地质情况，判断气藏边界和驱动类型。

（5）分析气井产能和生产情况，建立气井生产方程式，评价气井和气藏的生产潜力。

（6）提供气藏动态分析工作所需的各项资料，包括地层压力、地层温度及流体性质变化等。

## 一、裂缝-孔隙型气藏动态特征

四川碳酸盐岩气藏其储层特征主要属于裂缝-孔隙型，一般又称为双重介质，即储层中发育孔隙和裂缝两类储集空间。由于这两类储集空间的储集性能和渗透性能的差异，使其有独特的开发动态特征。

通常，这类储层孔隙空间的储集性能远远大于裂缝空间，而渗透性能又远远低于裂缝空间，形成在这类气藏中的孔隙是主要的储集空间，裂缝是主要的渗滤通道，低渗孔隙中的流体通过高渗透的裂缝流向井底，按照孔隙介质的渗透能力，裂缝的发育程度与分布状况以及裂缝与孔隙间流体交换方式的差别，流体通过双重孔隙介质的流动特征有所差异。

自1960年通过连续系统方法建立双重介质的流动模型和渗流方程以来，至今已有较深入的研究，基本上展现了不同条件下双重介质渗流动态特征，这方面可参见有关的专门著作。在四川气田大量开发实践基础上，通过渗流机理的分析，这类气藏有以下主要的动态特征。

1. 井间连通范围大，气井产量稳定性好

在裂缝-孔隙型气藏中，虽然孔隙介质渗透性能一般较差，但均连通，整个气藏为统一水动力学系统，形成所谓"整装"气藏。目前，四川碳酸盐岩储层大多为裂缝-孔隙型，已发现不少的"整装"气藏。

这种连通的气藏天然气的理化性质基本一致。天然气组分非常接近，相对密度、临界压力和临界温度基本一致。

这类气藏由于裂缝分布不均，使储层显示出较强的非均质性。在裂缝发育部位一般气井产量高，连通范围大，生产稳定性好。通常，在构造轴部和陡带裂缝发育，而在平缓的翼部裂缝不发育，因而高产气井往往分布在构造轴部，翼部气井产量低，稳定性相对较差。井网部署随裂缝发育程度而变化，一般井网密度在1.0~3.0平方千米/井，井距在500~2500m，对储渗性能较好的气藏，还可采用大井距、稀井网进行开采。

由于气井都具有一定的控制储量，气产量总有一个相对稳定的时期。气井稳定生产的能力，取决于井周围储层的储渗性能、井筒条件和生产条件。其中，生产条件是确定气井合理产量的重要选择因素。一般气藏都是采用衰竭方式开采，主要依靠天然气的弹性能量，因此确定气井稳定生产的合理产量，就是在气井产能范围内充分利用气藏的自然能量，提高单井的采出程度。气井有一个稳定生产时间，且随着产量的提高，气井稳定生产年限缩短，采出程度减小，开发效果变差。过低的产量虽然可以使气井稳定生产年限增加，但要达到一定的采气规模需要增加井数，气藏的经济效益也随之降低。因此，要合理安排气井产量，优化选择气井的稳产年限。

2. 含气面积清晰、气-水界面规则

裂缝-孔隙型气藏由于其储集空间主要是孔隙，因而与均质砂岩气藏一样，都具有确定的含气面积和基本规则的气-水界面。已开发气藏表明，大多存在统一的原始气-水界面。不同的圈闭条件，气、水分布也存在差异。构造-断层复合圈闭气藏一般有统一的气-水界面；构造、断层和地层岩性的复合圈闭气藏由于岩性变化很大甚至尖灭，物性变得很差，出现毛管的侧向遮挡，使得气-水界面出现高低不一的情况。严格说来，气藏内的气-水界面实际上并不是一个截然分界面，而存在一个气-水过渡带。过渡带的大小取决于毛管压力与地层压力之间的差值，因此确定气-水界面的位置时，应考虑到过渡带的距离。对这类气藏通常都可利用气-水层的压力交会来确定气-水界面的位置。

3. 边水一般不活跃，大多呈气驱特征

勘探实践表明，这类气藏大多具有边水，且为封闭有限水体，边水能量有限。同时，这类气藏在翼部和边部由于构造较为平缓，裂缝相对不发育，因而渗透性能差，边水入侵困难，这样大多数表现为气驱特征，可视为气驱气藏。

4. 开采过程中高、低渗透区之间出现明显的压降漏斗

裂缝-孔隙型气藏通常都具有较强的非均质性，在裂缝发育部位渗透性好，气井产量高，是气藏开发的主要生产区。随着气藏的开发在高渗区采气量多，压降快，而低渗区采气量少，压降慢，必然形成以高渗区为中心的压降漏斗。

5. 开采中后期低渗透区天然气补给明显出现低压小产量阶段

在高、低渗透之间形成的压差，随着开采程度越来越高。在这个压差的作用下，低渗透区的天然气将向高渗透区流动，并通过高渗透区的气井采出。由于低渗透区的气不断向高渗透区补给，使得所计算的压降储量不断增加。

6. 气藏采气速度与稳产期有直接关系但不影响最终采收率

气藏开发一般都是采取衰竭式开采方式。对一个气藏来说，储量是个定数，采气速度大，气藏能量消耗快，由于补给能量的不足，造成气藏稳产时间短，递减快，特别是气藏范围内存在高、中、低渗透区更是如此。采气速度与稳产年限呈反比关系，即采气速度大，稳产期短。稳产期末采出程度与稳产年限呈指数曲线关系，早期采出程度随稳产年限

的增长较快，以后增加速度变缓。

采气速度与稳产年限呈反比关系，即采气速度大，稳产期短。稳产期末采出程度与稳产年限呈指数曲线关系，早期采出程度随稳产年限的增长较快，以后增加速度变缓。

## 二、多裂缝系统的动态特征

多裂缝系统是指由于受岩性、褶曲和断层的控制，在一个气田内形成多个互不连通的圈闭良好的裂缝系统，每一个系统的压力系数、气-水储量、气-水界面等各不相同。这类气田有别于裂缝-孔隙型气藏在于储层岩块低孔、低渗不具备储渗意义，缝洞是主要的储集空间和渗滤通道。岩层在构造力作用下产生了裂缝并形成网络，裂缝在地下水溶蚀下形成了溶孔、溶洞，岩溶化孔洞具有较高的孔隙度。这些裂缝和洞穴组成了良好的储集空间和渗滤通道。由于裂缝发育的分散性和不均质性，造成产层的极不均质性。实际产层的厚薄往往与钻井揭示的裂缝段的宽窄有密切的关系，形成产出层段薄且分散，产层部位高低不一，横向不能对比，气井大多互不连通，具有多个独立开采系统。

1. 气井初产量大递减快

这类气田气井的产量受裂缝控制，井钻遇大缝、大洞出现放空、井漏、井喷现象，则可能获得高产气井。若钻遇裂缝不发育区域，则不产气或产微气。

2. 气藏气水关系复杂

大多数裂缝系统都存在地层水的活动，这些有水裂缝系统不论在构造哪一个部位，水的性质都基本一致。由于受溶蚀和沉淀作用，裂缝的形状和平面分布范围极为复杂，很难预测，造成在同一气田、同一气藏无统一的气-水界面，水的分布受裂缝系统控制。

3. 裂缝系统是独立的开发单位

由于受岩性、褶曲和断层的控制，使得大部分生产井在开采过程中互不连通，形成多个独立的开采系统。

4. 排水采气能实现产水气井"三稳定"生产

所谓"三稳定"生产是指出水气井达到压力、产量、气水比均稳定的生产。根据生产资料计算，"三稳定"的气水同产井，在生产制度上采水速度都比采气速度大。因此，可以认为气水同产井稳定条件是：其一，地层水的弹性能量要比气体小。其二，采水速度要比采气速度大。由于裂缝系统封闭，气体储量小，水体能量也是有限的。

"三稳定"生产制度就是优选井口合适的开度，用合理的气产量把气藏流入井筒的水全部带出地面，气藏、井筒内气水流动达到相对稳定的动态平衡。对多裂缝系统，大多数井通过精心管理都能建立"三稳定"生产制度。

5. 滚动勘探开发是这类气田的最佳方式

由于技术条件的限制，对多裂缝系统气田不可能在投入开发前就有较为完整和明确的认识。对于每一个裂缝系统只有在开采过程中了解它，也只有通过对一个裂缝系统的认识和了解，才会更有目的地寻找下一个裂缝系统，这是多裂缝系统气田开发的必然过程。所谓滚动勘探开发，是当构造在获得工业气流的气井后，即可就近铺设输气管线试采，且设计留有余地。构造见气就是气田开发的开始。气田开发的全过程也是认识气藏、发现新产层和新气藏或新裂缝系统的过程。同时，气田开发促进了勘探程度的深化，为勘探提供新的依据。勘探不断获得新的储量及气井，为开发提供了产能的补充接替。勘探开发互相有机衔接，交替进行，滚动前进。

滚动勘探开发的关键在于勘探，要实现气田稳产就必须不断地有新的产层、新的裂缝系统和新的气井接替。单个裂缝系统储量小，虽然初期产量较大，但递减很快，因此探井成功率直接影响着气田产能变化。勘探的成效取决于对裂缝的发育和分布的掌握。地震资料的精度越高，提供的构造形态和断层展布越准，精选的缝洞发育部位就符合地下客观情况，钻井成功率就越高。因此，进行高质量的地震详查，应是这类气田勘探开发的首要工作和前提。同时，要研究裂缝分布规律，精选井位。

## 三、裂缝-孔洞底水气藏动态特征

裂缝-孔洞型储层其储集空间以孔隙为主，依次为洞穴和裂缝，孔、洞、缝互相穿插。孔隙层的孔隙度低，喉道小，渗透能力差，洞穴稀疏分散，只有通过裂缝连通才能形成良好的储渗体。

气藏具有底水，原始气-水界面在气藏各部位基本一致。由于孔、洞、缝的不均匀分布，造成底水不均匀入侵，增大了气藏开发的难度。通过对其开发历程的剖析及渗流机理的探讨，归纳出这类气藏开采有如下动态特征：

1. 气井出水类型多

由于气藏各井、各井区孔、洞、缝的发育程度和组合方式的差异，导致各井出水情况和水侵特征不同。通过对威远气田震旦系气藏出水气井出水前后动态变化的分析，对这种类型气藏出水气井可分为三类：一是底水沿微细裂缝和孔隙侵入井底的出水气井，称为慢型出水气井或水锥型。二是底水沿大缝、大洞上窜至井底的出水气井，称为快型出水气井或纵窜型。三是底水沿平缝或高渗孔洞层横向侵入井底的出水气井，称为横侵型出水气井。通过对水侵机理的分析研究，可建立气井不同出水类型的水侵模式。

1）水锥型

井下存在大量微细裂缝且呈网状分布，测井解释呈双重介质特征。微观上底水沿裂缝上窜，宏观上呈水锥推进，类似于均质地层的水锥。

这类井产水量小且上升平缓，大多出现在气藏低渗地区，对气井生产和气藏开采的影响不大。

2）纵窜型

这类井多位于高角度大缝区或附近，甚至有大缝直接通过井筒，底水沿高角度大缝直接窜入井内，产水迅猛且量大，有时甚至表现为管流特征，对气井生产影响极大，短期内可使气井水淹。

这种类型的井危害性极大，特别是可能造成水的横侵，危害附近一片。另外，气井附近低角度裂缝发育，且与高角度缝相通，水由横向侵入井内。这类出水井底水活动差别较大，大多不活跃，主要分布在中、高渗透地带。

3）纵窜横侵型

该类型的出水井井底附近存在高渗孔洞层，同时有高角度大缝与高渗孔洞层相连接，底水通过大缝上窜，再沿高渗孔洞层横侵造成气井出水。这种类型水侵对气井生产和气藏开采危害最大，它使小范围的纵窜水危害至一大片，且主要发生在高渗地带主产气区。

**2. 气井出水极大地降低了气井产量**

随着气藏的开发，底水沿裂缝不规则上窜，进入气藏后污染了气层，使气层内的单一气相流动变为气-水两相流动，增大了流动阻力，降低了气相渗透率，导致气井产量大幅下降。

**3. 气藏非均质性导致开采不均衡和水侵不均一**

裂缝-孔洞型储层由于孔、洞、缝发育和分布极不均匀，造成储层具有极强的非均质性，控制了气井产能，导致气藏开采不均衡。在裂缝发育部位，储渗性能较好，一般能获得产气量较大的气井。在裂缝不发育部位，储渗性能差，气井产气量小。高产气井部位采出量大，地层压力下降快，小产量气井部位采出量小，地层压力下降慢。这样在高、低渗透部位形成压差，且随着开采的继续，压差逐年增大，形成以高渗部位气井为中心的压降漏斗。储层非均质性越强，开采所形成的压降漏斗越多，高、低渗透区渗透性能差别越大，压降漏斗越深。

沿裂缝上窜的底水，由于裂缝发育的不均匀性和生产造成的压差不同，水窜极不均一，纵向上气层、水层交互出现，横向上呈不规则分布，井与井之间很难对比，在气藏内已不存在一个相对规则、连续的气-水界面。

**4. 气藏开采可划分为无水采气、带水自喷和排水采气三个阶段**

裂缝-孔洞型底水气藏的开采效果，主要受水的影响，按照水活动情况，将其开发阶段划分为无水采气、带水自喷采气和排水采气三个阶段。大多数气井从投入开采到产地层水之间，都有一段无水开采的时间，从而整个气藏也具有一个无水开采阶段。在同类型气井中，无水采气期长的气井比无水采气期短的气井产气量大；同一口气井，无水采气阶段比带水采气阶段平均日产气量高。因此，延长无水采气期可提高这类气藏的开采效果。影响气藏无水采气期长短的重要因素是采气速度，选取一个适当的采气速度可降低水侵强度，使地层水缓慢地均匀推进，从而提高气藏的采出程度。

## 四、气藏动态分析中常用方法

气藏动态分析涉及面广，内容丰富，方法众多，贯穿于气藏开发的全过程。这里仅介绍一些必需的，在生产实践中常用的方法。

**1. 气藏压力系统划分**

压力系统又称为水动力系统，对裂缝性气藏称为裂缝系统。在同一压力系统内压力可以相互传递，任一点压力变化将传播到整个系统。

在一个气田中常包含许多气层，当各气层互相隔绝时，每一个气层各自成为独立的压力系统。同一个气层在横向上也可能因断层、岩性尖灭、渗透性的变化及裂缝发育不均匀等原因，被分割成几个独立的压力系统。

每一个独立的压力系统即为一个气藏，因而正确划分压力系统是气田开发的首要问题。通常，利用气层的地质、压力和温度资料进行划分。

**1) 气层温度和地温梯度**

气藏中气体的温度即为气层温度。由于天然气性质受温度影响很大，因而温度是气藏开发的重要参数。气层温度在气藏开发过程中变化微小，可以认为是恒定的，仅仅随埋藏深度而变化。温度每升高 1℃ 所增加的深度称为地热增温率，其倒数称为地温梯度。由于地球的热力场并不是均匀的，故地热增温率或地温梯度有区域性。

在同一压力系统中，具有相同的温度场和同样的地温梯度。

2）气层压力和压力梯度

在气层中，气、水都承受一定的压力，这种压力称为气层压力。对气体来说，气层压力表示气层中各个点上气体所具有的压能，它是推动气、水在气层中流动的动力。气层压力随深度的变化率称为压力梯度。

在同一压力系统中，同一深度有相同的气层压力和同样的压力梯度。

3）气层折算压力

将气层中各点的压力折算到某一个基准面上，这个压力称为折算压力。气层折算压力按式（2-2-1）计算。

$$P = P_1 + 0.01\rho_g D \qquad (2-2-1)$$

式中   $P$——折算压力，MPa；

       $P_1$——实测压力，MPa；

       $\rho_g$——气体密度，g/cm³；

       $D$——折算高度，m。

通常，选用原始气-水界面作为折算时的基准面。同一压力系统在原始状态下具有相同的折算压力。

4）压力系数

气藏压力系数是指气藏原始地层压力与同深度的静水柱压力的比值，在同一压力系统内具有相同的压力系数。

5）气藏连通性分析

在气藏连通范围内应属同一压力系统，因此判断气藏连通性是划分气藏压力系统最直接的方法。目前，通常采用井间干扰分析，在连通的同一压力系统中，任一口井的产量、压力发生变化，必将引起其他井的压力和产量发生变化。观察这些变化可判断井间连通性，划分压力系统。干扰试井、脉冲试井是专门的井间干扰试验。对于有一定生产历史的气藏，可通过对比各井产量和压力的变化，判断气藏的连通性。

2. 气-水界面计算方法

气层中气-水界面位置对圈定气藏的含气面积，确定含气高度，测算地质储量是极为重要的。除了可以通过测井解释、地震推算、岩心含量测定和试井分析确定外，还可通过探井测得的原始地层压力与其相应深度的关系加以确定。

根据牛顿第二定律有：

$$F = AD\rho g \qquad (2-2-2)$$

式中   $F$——重力，N；

       $D$——深度，m；

       $A$——面积，m²；

       $\rho$——地层流体密度，kg/m³；

       $g$——重力加速度，m/s²。

将式(2-2-2)除以面积 $A$ 得到压力表达式，用 SI 制实用单位表示为：

$$P = 0.01\rho D \tag{2-2-3}$$

可求得地层压力梯度为：

$$G_D = dP/dD = 0.01\rho \tag{2-2-4}$$

由此可以看出，地层压力梯度与地层流体密度成正比。这样，在地层压力与相应深度的关系图上，不同的地层流体具有不同斜率的压力梯度直线段。两条直线段的交点处，就是两种地层流体的界面位置。

3. 气藏驱动类型的判断

气藏在开采过程中，由于驱动气体流向井底的能量不同而具有不同的驱动类型。通常，对于气藏主要是弹性气驱和弹性水驱两种。

在气藏开采过程中，没有边水、底水或边水、底水不运动，或者水的运动速度大大落后于气体运动的速度，驱气的主要动力为被压缩气体自身的弹性膨胀能，这种就称为弹性气驱气藏。由于是单相流动，而且作为能量来源的气体又是开采的对象，因而开采效率比较高。

存在封闭的边水或底水的气藏，在开采过程中由于含水层的岩石和流体的弹性膨胀，使储气孔隙体积缩小，地层压力下降缓慢，这种驱动方式称为弹性水驱。由于气、水物性差别较大，储层的非均质性使得水在气藏中难以均匀推进，往往沿裂缝或高渗区突进，将大量的天然气封存在水中。同时，尚有气体溶入水中和毛细管的俘留作用等，造成有水气藏的开采效率大大低于气驱气藏。

利用气井试井资料可以很好地判断气藏含气边界的性质，并确定边界位置。但是，具有边水、底水的气藏，不一定是水驱气藏。因而，判断气藏驱动类型主要是利用气藏开采动态特征。

对于非均质性极强或裂缝发育不均匀的弹性气驱气藏，压降线一般会出现初始段、直线段、上翘段三段。开采初期主要是由高渗区裂缝供气，往往产量大、采速高，但低渗区补给不足，形成初始段陡降。随着地层压差增大，低渗区的补给相对增高，采速逐渐减低，产量减少，形成中期直线段和后期上翘段。这与弹性水驱气藏有类似的压降特征，往往容易产生混淆。区别压降曲线后期上翘是由于水驱作用还是低渗区的补给，只能利用其他资料判断。

试井资料通常可判断气藏含气范围以外有无水存在，而对水井压力变化的观察则可判断有无水侵。另外，地震研究资料、测井研究资料、储层研究资料都有助于分析判断。

# 第三节　储集层研究与描述

## 一、沉积微相

从沉积的角度分析，沉积环境和沉积条件控制着砂体的发育程度、空间分布状况及内部结构，不同沉积环境中形成的砂体具有不同的储集特征，对油、气的运移、聚集和开发均有不同的影响。许多油田的勘探、开发实践证实，同一沉积环境中不同部位的砂体，其岩石的结构、储集层物性及孔隙结构等存在明显的差异，直接影响油层的开发效果。因此，从砂体的成因入手，进行沉积微相分析，才有利于从成因上揭示储集层的本质特征，进而了解砂体的几何形态、大小、展布、纵横向连通性及非均质性等。这是目前国内外普遍采用的研究方法。

## （一）沉积微相的概念

沉积相是指沉积环境及其在该环境下形成的沉积物(岩)特征的总和。相和环境的含义是不相同的，也就是说沉积相是沉积环境的产物，是沉积环境的物质表现。由于油田开发中对储集层沉积相的研究主要是为了研究清楚岩石特性、微细构造及其对流体流动的控制和影响，以便提高油田开发效果，因此，它与区域性沉积相研究相比，其差异主要体现在"细"上。这个"细"包括：纵向划分沉积相的地层单元要细，即在单层中划分；横向上对沉积环境要逐级划分到微环境，并识别出微相。所谓"微环境"，是指控制砂体的成因单元，即具有独特储集层性质的最小一级砂体的环境。

例如，一条古河流从其形成、活动到改道废弃，这一活动期间沉积的河道砂体就是油田开发需要对比圈定的最小河道砂体单元，它不仅包括河道沉积的主砂体部分，也包括了全部底层和顶层部分。河道砂体的厚度反映了古河流的满岸深度，其顶界反映满岸泛滥时的泛滥面，其底面为冲刷面。这样圈定的砂体是河道内最小的砂体单元，控制这一单元砂体的环境就是河流活动中的微环境。这种微环境及在该环境中形成的沉积物的组合就是微相。也就是说，微相是在沉积亚相带内具有独自的岩性、岩石结构和构造、厚度、韵律性及一定的平面分布规律的最小沉积组合。若把整个河流相沉积作为大相，那么河流相可分出河床、堤岸、河漫滩、牛轭湖四个亚相，每个亚相又进一步分为若干微相，如图2-3-1所示。这些微环境中沉积的砂体，其油层特性可能完全不同，并具有不同的开发特征。

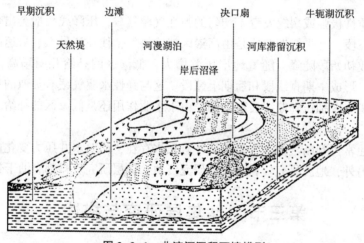

图 2-3-1　曲流河沉积环境模型

## （二）沉积微相研究方法

储集层沉积微相识别一般是在沉积相或亚相确定的前提下逐级划分的，若脱离大相的控制，直接进行微相划分，则容易出现"串相"的现象。因此，在沉积微相划分之前，应进行区域沉积背景分析，确定大的沉积环境。然后再利用岩心及野外露头等资料划分沉积微相，恢复古砂体的形成环境，建立沉积模式。油田沉积相研究的程序及方法大致归纳如下。

**1. 确定区域沉积环境**

根据盆地区域沉积相研究成果，了解本区总的沉积环境、沉积相类型及分布状况，进而确定油田所处的沉积体系和相带位置。区域沉积相的研究除用传统的方法外，还可利用地震资料进行划相。地震相分析是利用地震反射波的特征来识别的，这些特征包括地震相的外形、内部结构、顶底接触关系、振幅、连续性、视周期、层速度、反射特征的横向变化等。由于不同的沉积相具有不同的岩石组合及结构，它们就具有不同的地震波的反射特征；反过来利用地震波特征的差异，就可以划分地震相，并转化为沉积相。目前，这项工作已取得了良好的效果，并引起了人们极大的注意。随着地震分辨力的提高，还可以进一步用来识别微相。

**2. 微相划分**

油层微相分析主要是利用岩心及露头等资料进行的，工作的重点是寻找相标志。那些用来恢复沉积环境的沉积岩的一系列特征，称为成因标志（相标志）。相分析就是从详细观察和描述相标志开始的。

1）相标志

相标志可归纳为三大类，即岩石学标志、古生物标志和地球化学标志。

（1）岩石学标志：最有意义的是指示成因的那些原生沉积标志和少数具有继承性的成岩标志。常用的有如下一些成因标志：

① 成分：包括岩石类型和矿物成分，如原生沉积的自生矿物可指示沉积环境，岩屑和重矿物可指示来源区母岩性质。岩石类型除了在一定程度上可以指示沉积环境外，还可反映沉积盆地的构造状况和古气候条件。

② 结构：其中应用比较广泛的是粒度分布特征。粒度分布资料可用来解释沉积环境，常用的有概率累计粒度曲线、C-M 图、粒度参数散点图。

（2）古生物标志：古生物和古生态资料是确定沉积环境的最有效标志，而且还可指示沉积时的水深、盐度、浊度。

（3）地球化学标志：应用岩石或生物介壳中的微量元素（如 B、B/Ba、Sr/Ba、Br 等）、同位素（C、S、O）及有机地化资料来解释环境。应当指出的是，由于大部分标志的环境解释有多解性，因此在环境分析中必须采取综合分析方法，用多种标志互相补充和验证，才能获得准确的古环境分析结论。

2）相分析的基本方法

相分析一般首先解释产生相的沉积过程，然后再解释发生这些过程的环境。这个方法的实质是通过沉积过程的分析把相和环境联系起来。其具体步骤是：

（1）详细观察和描述露头或岩心剖面的岩石特征，并根据所采集的样品测得实验数据，综合分析岩性、粒度、沉积构造和古生物等岩石特征。

（2）分析沉积过程，查明可能的形成条件，如携带各种颗粒的水流强度、方向、沉积速度以及可能的水化学性质等，说明它们是如何与所产生的沉积物相联系的。

（3）建立垂向层序，了解相邻岩石纵向和横向的相互关系及地层接触关系，利用这些关系作为限制因素排除某些环境，减少选择项目。

（4）进行观察特征的比较，与现代环境或相模式进行分析对比，检验所得出的初步认识，最后作出环境解释的结论。

3）相分析的一般程序

相分析的一般程序分为三个阶段：单井相分析、剖面对比相分析和平面相分析。

（1）单井相分析：从所研究地层的露头和岩心剖面入手，通过观察和描述岩石的成分、结构、沉积构造及古生物等一系列特征，建立垂向层序，分析可能的形成条件，了解相邻相的相互关系，利用相模式与分析剖面的垂向层序进行对比，确定沉积相类型，最后给出单井剖面相分析综合图。

（2）剖面对比相分析：在单井剖面相分析的基础上，建立各单井剖面之间的联系，通过对比确定沉积相在二维空间的展布特征。

（3）平面相分析：通过绘制一系列剖面图和平面图等基础图件，分析全区沉积相类型和展布。这些基础图件包括综合柱状图、单井剖面相分析图、剖面相分析图、地层等厚图、砂层等厚图、砂泥比图、岩石类型或泥岩类型图。根据这些基础图件的综合分析，绘制出反映区域沉积相类型及其展布的平面相分析图。

# 二、储集层非均质性

储集层非均质性研究是储集层描述和表征的核心内容。所谓储集层的非均质性是指油气储集层在沉积、成岩及后期构造作用的综合影响下，储集层的空间分布及内部属性的不均匀变化。这种非均匀变化具体地表现在储集层空间分布形态、储集层岩性和厚度、泥岩夹层的多少及厚薄，以及储集层内部的物性、孔隙结构及所含流体的性质等方面。当然，这种非均匀的变化绝对不是无条件的，它受许多因素的控制，如陆相储集层要比海相储集层的非均质性强，这是因为陆相沉积的储集层稳定性差，岩性、厚度及物性等变化大。储集层研究的重点是描述储集层的非均质性，储集层评价是在非均质性描述的基础上，指出主力储集层的分布区域，以便为油气的勘探与开发提供可靠的地质依据。我国目前已发现的油气储量中 90%来自陆相沉积地层，且绝大多数都为注水开发，了解和掌握储集层的非均质性特征尤为重要，这对提高油气采收率的影响极大。

## （一）储集层非均质性的分类

由于储集层在宏观及微观上均具有非均质性，但不是随机的，那如何来进行科学的分类？现有的储集层分类的方案较多，不同的学者根据不同的研究目的、研究对象，对非均质性的分类也有所不同。目前，国际上有 Pettjohn、Weber、Haldorsend 等的分类，但不太适用国内油田的实际情况，一般采用较少。裘怿楠等（1992）根据我国陆相沉积盆地的特点，提出了一套较完整且实用的分类方案，目前国内已普遍采用。该方案既考虑非均质性的规模，也考虑开发生产的实际，将碎屑岩的储集层非均质性由大到小分成四类。其分类方法如下：

（1）层间非均质性。包括层系的旋回性、砂层间渗透率的非均质程度、隔层分布、特殊类型层的分布。

（2）平面非均质性。包括砂体成因单元的连通程度、平面孔隙度、渗透率的变化和非均质程度，以及渗透率的方向性。

（3）层内非均质性。包括粒度韵律性、层理构造序列、渗透率差异程度及高渗透段位置、层内不连续薄泥质夹层的分布频率和大小，以及其他的渗透隔层，全层的水平、垂直渗透率的比值等。

（4）孔隙非均质性。主要是指孔隙结构的非均质性，包括砂体孔隙、喉道大小及均匀程度，以及孔隙与喉道的配置关系和连通程度。综合各种分类方案，将储集层的非均质性分为宏观及微观非均质性两大类。

## （二）宏观非均质性

### 1. 层内非均质性

层内非均质性是指一个单砂层在垂向上的储集层性质变化，包括层内垂向上渗透率的差异程度、高渗透率段所处的位置、层内粒度韵律、渗透率韵律，以及渗透率的非均质程度、层内不连续的泥质薄夹层的分布。

1）粒度韵律

单砂层内碎屑颗粒的粒度大小在垂向上的变化称为粒度韵律。它受沉积环境和沉积方式的控制，具有不同韵律的单砂层的渗透率在单砂层剖面上的变化特征不一样的特性。

（1）正韵律：颗粒粒度自下而上由粗变细，常常导致物性自下而上变差。

（2）反韵律：颗粒粒度自下而上由细变粗，往往导致岩石物性自下而上变好。

（3）复合韵律：即正、反韵律的组合。正韵律的叠置称为复合正韵律，反韵律的叠置称为复合反韵律。上、下粗，中间细者，称为正反韵律。

（4）均质韵律：颗粒粒度在垂向上变化无韵律或均质韵律。

2）沉积构造

在碎屑岩储集层中，层理是常见的沉积构造，有平行层理、斜层理、交错层理、波状层理、递变层理、块状层理、水平层理等。层理类型受沉积环境和水流条件的控制，层理的方向决定渗透率的方向。因此，需要研究各类纹层的岩性、产状、组合关系及分布规律，以便了解渗透率的方向。

3）渗透率韵律

渗透率在纵向上的变化受韵律性的控制，不同的韵律层具有不同的渗透率韵律。同粒度韵律一样，渗透率韵律可分为正韵律、反韵律、复合韵律等，如图 2-3-2 所示。

4）垂直渗透率与水平渗透率的比值（$K_e/K_l$）

这一比值对油层注水开发中的水洗效果有较大的影响。$K_e/K_l$ 小，说明流体垂向渗透能力相对较低，层内水洗波及厚度可能较小。

### 2. 平面非均质性

平面非均质性是指一个储集层砂体的几何形态、规模、连续性，以及砂体内孔隙度、渗透率的平面变化所引起的非均质性。

1）砂体几何形态

砂体几何形态是砂体各向大小的相对反映。砂体几何形态的地质描述一般以长宽比进行分类。一般情况下，砂体越不规则，其非均质性越强。

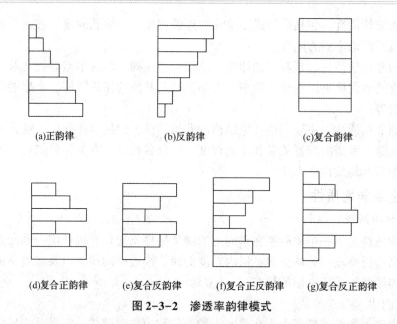

(a)正韵律　　　　　　(b)反韵律　　　　　　(c)复合韵律

(d)复合正韵律　　(e)复合反韵律　　(f)复合正反韵律　　(g)复合反正韵律

图 2-3-2　渗透率韵律模式

（1）席状砂体：长宽比近似于 1∶1，平面上呈等轴状。

（2）土豆状砂体：长宽比小于 3∶1。

（3）带状砂体：长宽比为 3∶1~20∶1。

（4）鞋带状砂体：长宽比大于 20∶1。

（5）不规则砂体：形态不规则，一般有一个主要延伸方向。

2）砂体规模及各向连续性

重点研究砂体的侧向连续性。一般砂体的规模大、连续性强，则非均质性较好。

按延伸长度可将砂体分为以下五级：

（1）一级：砂体延伸大于 2000m，连续性极好。

（2）二级：砂体延伸 1600~2000m，连续性好。

（3）三级：砂体延伸 600~1600m，连续性中等。

（4）四级：砂体延伸 300~600m，连续性差。

（5）五级：砂体延伸小于 300m，连续性极差。

实际研究中往往用钻遇率来表示。钻遇率反映在一定井网密度下对砂体的控制程度。钻遇率越高，砂体的延伸性越好。

$$钻遇率 = (钻遇砂层井数/总井数) \times 100\% \qquad (2-3-1)$$

3）砂体的连通性

指砂体在垂向上和平面上的相互接触连通，可用砂体配位数、连通程度和连通系数表示。

（1）砂体配位数：与某一个砂体连通接触的砂体数。

（2）连通程度：指连通的砂体面积占砂体接触总面积的百分数。

（3）连通系数：连通的砂体层数占砂体总层数的百分数。连通系数也可以用厚度来表示，称为厚度连通系数。

4）砂体孔隙度、渗透率的平面变化及方向性

通过编制孔隙度、渗透率的平面等值线图来反映其在平面上的变化，重点研究渗透率的方向性。

3. 层间非均质性

层间非均质性是指一套含油层系内的砂层非均质性，即砂体的层间差异、层系规模的储集层描述，包括各种沉积环境的砂体在剖面上交互出现的规律性，以及泥质岩隔层的发育和分布规律。

1）分层系数 $A_n$

指某一层段内砂层的层数，以单井的钻遇率表示。

$$A_n = \sum_{i=1}^{n} N_{bi}/n \qquad (2-3-2)$$

式中　　$A_n$——分层系数；

　　$N_{bi}$——某井的砂层层数；

　　　$n$——统计井数。

2）砂层密度 $S_n$

指剖面上砂岩总厚度与地层总厚度之比，以百分数表示。

$$S_n = (砂岩总厚度/地层总厚度) \times 100\% \qquad (2-3-3)$$

4. 隔层

隔层是指油田开发过程中对流体运动具有隔挡作用的不渗透岩层，是非均质多油层油田正确划分开发层系，进行各种分层工艺措施时必须考虑的一个重要因素。因此，进行有关隔层的研究是油藏描述的一个重要内容。

1）确定隔层的标准

（1）隔层的岩石类型。在自然界中绝对不渗透的岩石是不存在的，所以隔层是一个相对概念。一般来说，在碎屑岩储集层中的隔层以泥质岩类为主，除较纯的泥岩外，还有部分砂泥质过渡类型的岩石，如泥质粉砂岩、粉砂质泥岩等。砂泥质过渡类型的岩石能否作为隔层，应以岩心资料为基础，观察它们的含油（流体）情况，不含油的砂泥岩可作为隔层。

可以成为隔层的还有致密胶结岩类、盐类沉积及沥青充填岩石等。这些岩类很容易通过岩心观察、薄片鉴定和物性测定，确定其是否可作为隔层。

（2）隔层的物性标准。岩石的渗透率应用以下方法确定：

① 通过岩性、物性及含油性的关系确定隔层标准。

a. 对砂泥岩过渡类型岩石和泥岩分别取一定数量岩心样品进行物性、粒度和胶结物含量分析。

b. 分别绘制渗透率与孔隙度、泥质含量、钙质含量，以及粒级等的交会图。

c. 分析各类交会图，选出与渗透率相关关系较密切的交会图，图 2-3-3 上曲线出现明显拐点时，拐点处对应的渗透率值即为隔层渗透率的上限值。

② 通过水驱实验研究隔层界限。

③ 通过试油确定隔层的物性上限值。一般可采用储集层的物性下限值作为隔层的物性上限值。

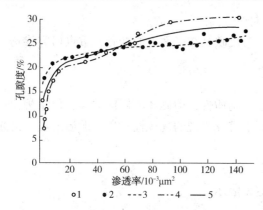

图 2-3-3 低渗透岩性孔隙度与渗透率关系曲线

1—孔隙度区间平均渗透率；2—渗透率区间平均孔隙度；

3—渗透率随孔隙度变化曲线；4—孔隙度随渗透率变

化曲线；5—平均曲线

（3）应用测井曲线划分隔层：隔层的岩性、物性标准确定后，必须进一步研究岩性、物性、电性关系，以确定隔层在测井曲线上的响应及划分标准。

① 典型曲线对比法：通过岩心观察，找出各类隔层岩石在测井曲线上的响应特征，并分岩类建立典型剖面，利用典型剖面作为确定隔层岩性的依据。

② 定量解释法：在测井资料解释的物性连续剖面中，按隔层物性截取。

（4）隔层厚度标准：主要从工程技术条件出发，根据射孔技术水平及井下作业技术条件来确定。不足标准厚度者，不能视为隔层。如大庆油田，初期开发井网划分层系的隔层厚度标准为 5m，一次加密调整时为 3m，二次加密调整时为 1.5~2.0m，下封隔器分层作业时为 3m，限流压裂时为 1.0~1.5m。

2）隔层的分布状况

（1）隔层在剖面上的分布：主要描述所研究储集层剖面上隔层出现的位置、岩性及其厚度，用剖面图表示。

（2）隔层在平面上的分布：主要描述隔层厚度在平面上的变化，一般以等厚图表示，也可用不同等级厚度所占井数的分布频率表示。

3）隔层调整

储集层之间的隔层，由于局部地区存在隔层厚度不足或隔层尖灭现象，为保证储集层在注水开发过程中能够独立开采，互不干扰，因此对不符合隔层条件的地区必须采取措施，确保注水开发过程中储集层间不发生窜流，即对隔层进行调整。其调整的原则为：

（1）调整的范围应大于隔层厚度不足的范围。

（2）尽量保证占有主要储量的潜力层在注采系统上的完整性，如图 2-3-4 所示。

隔层调整的方式应利用储集层及隔层的研究成果，视隔层和储集层的具体情况而定。

## （三）微观非均质性

储集层的微观非均质性是指微观孔道内影响流体流动的地质因素，主要包括孔隙、喉道的大小、分布、配置及连通性，以及岩石的组分、颗粒排列方式、基质含量及胶结物的类型等。油层微观非均质性的研究是了解水驱油效果及剩余油分布的基础。组成岩石的储集空间为孔隙、喉道及裂缝。仅从岩石基质而言，孔隙的多少反映岩石的储集能力，而喉道为流体的主要渗流通道，其大小则反映岩石的渗透能力。

### 1. 碎屑岩喉道的非均质性

对于油层开采而言，油层的渗透率对油气的产能影响极大，而喉道的大小及形状又会形成不同的毛细管压力，进而影响渗透率。因此，喉道的非均质性又明显地影响储集层渗透率的非均质性。根据显微镜镜下观察，每一喉道可以连通两个孔隙，而每一个孔隙至少和三个以上的喉道相连通，有的甚至和多个喉道相连通。这种连通的形式与岩石颗粒的接触关系、颗粒大小、形状及胶结类型有关。常见的喉道类型有以下四种：

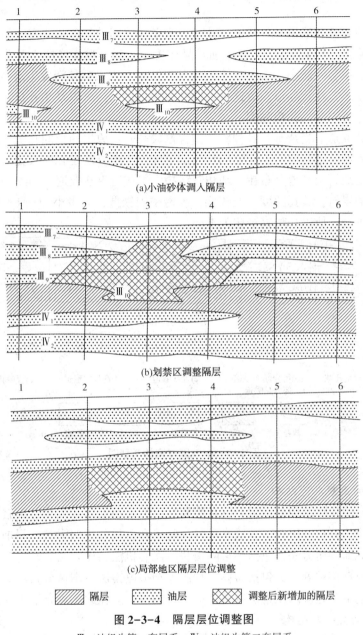

(a)小油砂体调入隔层

(b)划禁区调整隔层

(c)局部地区隔层层位调整

隔层  油层  调整后新增加的隔层

图 2-3-4 隔层层位调整图

Ⅲ—油组为第一套层系；Ⅳ—油组为第二套层系

（1）孔隙缩小型喉道。喉道为孔隙的缩小部分，如图 2-3-5（a）所示。这种喉道类型往往发育于以粒间孔隙为主的砂岩储集岩中，且胶结物较少，其孔隙与喉道较难区分。此类孔隙结构属于大孔粗喉型。

（2）缩颈型喉道。喉道为颗粒间可变断面的收缩部分，如图 2-3-5（b）所示。当砂岩颗粒被压实时，虽然保留下来的孔隙较大，但颗粒间的喉道却变窄。此时，虽然储集岩的孔隙度可能较高，但渗透率却可能较低，属大孔细喉型。部分孔隙因喉道小而无法连通，成为无用孔隙。

（3）片状或弯片状喉道呈片状或弯片状，为颗粒之间的长条状通道，如图2-3-5(c)、图2-3-5(d)所示。当砂岩压实程度较强且晶体再生长时，喉道实际上是晶体之间的晶间隙。其张开度较小，一般小于1μm，个别为几十微米。当沿颗粒间发生溶蚀作用时，亦可形成较宽的片状或宽片状喉道。故这种类型喉道变化较大，可以是小孔极细喉型。受溶蚀作用改造后，亦可以是大孔粗喉型。

（4）管束状喉道。当杂基及各种胶结物含量较高时，原生的粒间孔隙有时可以完全被堵塞，杂基及各种胶结物中的微孔隙($<0.5\mu m$ 的孔隙)本身既是孔隙又是喉道，这些微孔隙像一支支微毛细管交叉地分布在杂基和胶结物中组成管束状喉道，如图2-3-5(e)所示。具有此类喉道的岩石，其孔隙度一般较低，渗透率则极低，大多小于 $0.1\times10^{-3}\mu m^2$。由于孔隙就是喉道本身，所以孔喉直径比为1。

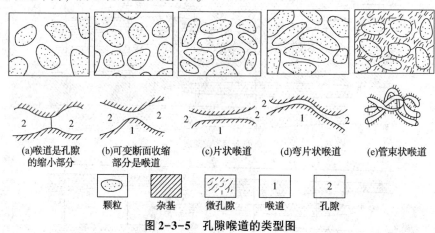

(a)喉道是孔隙　(b)可变断面收缩　(c)片状喉道　(d)弯片状喉道　(e)管束状喉道
的缩小部分　　部分是喉道

颗粒　　杂基　　微孔隙　　1 喉道　　2 孔隙

图 2-3-5　孔隙喉道的类型图

2. 碎屑岩的微观孔隙结构

所谓储集岩的孔隙结构是指岩石的孔隙和喉道的几何形状、大小、配置及其相互连通关系。孔隙结构的分析方法较多，通常可分为间接和直接分析两大类。目前，国内使用的间接分析法为毛细管压力法，包括半渗隔板法、离心机法、压汞法和动力学法，但常用压汞法。另一类为直接观测法，包括铸体薄片法、扫描电镜法、图像分析法。当前进行孔隙结构的定量描述主要是应用压汞法及铸体法求得的参数。在此重点介绍压汞法：

1）压汞法研究孔隙结构

压汞法用于储集层研究已有多年，现已成为研究孔隙结构的经典方法。

（1）应用压汞法测定储集层的孔隙结构的基本原理如下：

① 对岩石而言，水银为非润湿相，如欲使水银注入岩石孔隙系统内，则必须克服孔隙、喉道所造成的毛细管阻力。因此，求出与之平衡的毛细管压力和压入岩样内汞的体积，便能得到毛细管压力和岩样含汞饱和度的关系。

② 由于毛细管压力 $P_c=2\sigma\cos\theta/R$，即与孔隙、喉道半径 $R$ 成反比，因此根据注入水

银的毛细管压力就可计算出相应的孔隙、喉道半径。基于上述原理，可应用压汞法测定孔隙系统中的两项参数：各种孔隙、喉道的半径及与其相应的孔隙容积。

计算孔隙结构参数的基本公式为：

$$P_c = 2\sigma\cos\theta/R \qquad (2-3-4)$$

式中　$P_c$——毛细管压力，$10^{-5}\text{N/cm}^2$；

$\sigma$——水银的表面张力，$10^{-5}\text{N/cm}^2$；

$\theta$——水银的润湿接触角，（°）；

$R$——孔隙喉道半径，cm。

若 $P_c$ 的单位为 $\text{kg/cm}^2$，$R$ 的单位为 $\mu\text{m}$，而水银润湿接触角 $\theta$ 为 $146°$，水银的表面张力 $\theta$ 为 $480\times10^{-5}\text{N/cm}^2$，则

$$P_c = 7.5/R \qquad (2-3-5)$$

式（2-3-5）是应用压汞法计算孔隙、喉道半径的基本公式。

（2）毛细管压力曲线分析利用实测的各点水银注入压力及进汞量资料，将进汞量转化为汞饱和度后，就可绘制毛细管压力、孔隙喉道半径与水银饱和度的关系曲线，即毛细管压力曲线，如图 2-3-6 所示。

毛细管压力曲线的形态多种多样。它实际上是反映在一定驱替压力下水银进入喉道的大小，以及这种喉道所连通的孔隙容积。影响毛细管压力曲线的主要因素是孔隙、喉道的集中分布趋势及分布的均匀性，它们可以用孔隙、喉道歪度和分选系数来表征，即粗歪度代表喉道粗，分选好表示孔隙、喉道均匀。

图 2-3-7 为一组具有不同歪度和分选系数的典型理论毛细管压力曲线，它们代表

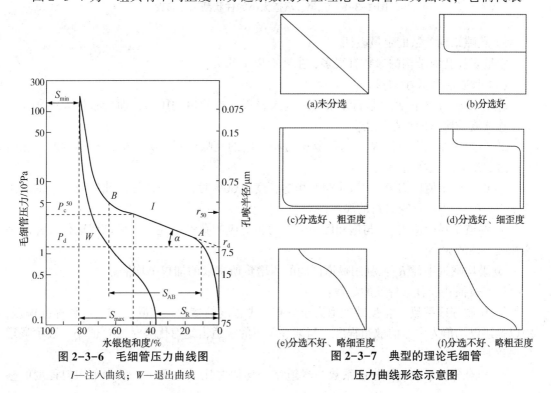

图 2-3-6　毛细管压力曲线图

I—注入曲线；W—退出曲线

图 2-3-7　典型的理论毛细管

压力曲线形态示意图

(a)未分选　(b)分选好

(c)分选好、粗歪度　(d)分选好、细歪度

(e)分选不好、略细歪度　(f)分选不好、略粗歪度

了可能存在于实际中的各类储集层的毛细管压力曲线形态。从图2-3-7中可以看出，具有分选好、粗歪度的储集层应具有较好的储渗能力；而分选好、细歪度的储集层，虽具有较均匀的孔喉系统，但因孔隙、喉道太小，其渗透性可能很差。因此，根据实测毛细管压力曲线的形态特征，可以对储集层的储渗性能作出定性的判别。

　　2）孔隙、喉道的分布特征

　　在毛细管压力曲线上等分若干个压力区间，根据毛细管压力公式再转化为相应的喉道半径区间，同时计算出各区间的汞饱和度差值，然后应用喉道半径及汞饱和度差值作孔隙、喉道频率分布直方图，如图2-3-8所示。从图2-3-8上可以直观地发现主要喉道的分布区间及百分比，这对了解储集层的微观孔隙结构非常有用。

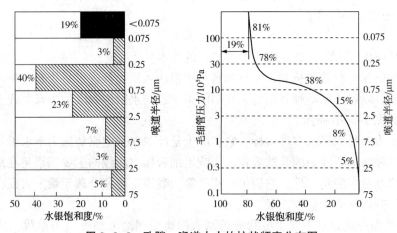

图 2-3-8　孔隙、喉道大小的柱状频率分布图

　　3）孔隙结构参数的定量表征

　　定量表征孔隙结构的参数有很多，主要有以下几类：

　　（1）反映孔喉大小的参数：

　　① 排驱压力 $P_d$：表示非润湿相开始进入岩石孔隙的启动压力，即岩石最大连通孔喉中，连续流动所需的最小压力。

　　② 最大连通孔喉半径 $R_d$：与排驱压力相对应的孔喉半径，为非润湿相驱替润湿相时所经过的最大连通喉道半径。

　　③ 饱和度中值压力 $P_{50}$：指非润湿相饱和度为50%时，相应的注入曲线所对应的毛细管压力。$P_{50}$ 愈小，反映岩石的渗滤性能愈好。

　　④ 喉道半径中值 $R_{50}$：与饱和度中值压力相对应的孔喉半径。它可近似地代表样品平均孔喉半径的大小。

　　⑤ 平均喉道半径 $R_m$：利用喉道区间的汞增量所求取的加权平均值。

　　（2）表征孔喉分选特征的参数：

　　① 孔喉分选系数 $S_p$：反映喉道大小分布集中程度的参数。实际上它是一种标准偏差，用以描述以均值为中心的散布程度。当某一等级的喉道占绝对优势时，$S_p$ 值小，表示喉道分选程度好。

　　② 相对分选系数 $D$：分选系数与喉道半径均值之比，是反映孔喉分布均匀程度的参

数，其物理意义相当于数理统计中的变异系数。相对分选系数愈小，孔喉分布愈均匀。

③ 均值系数 $a$：表征储集岩孔隙介质中每个喉道半径 $r_i$ 与最大喉道半径 $r_{max}$ 的偏离程度对汞饱和度的加权值。$a$ 的变化范围在 $0\sim1$。$a$ 愈大，孔喉分布愈均匀；当 $a=1$ 时，为极均匀。

④ 偏态 $S_{kp}$：偏态又称歪度，是表示喉道大小分布的对称性参数。当 $S_{kp}=0$ 时，为对称分布；当 $S_{kp}>0$ 时，为正偏态(粗歪度)；当 $S_{kp}<0$ 时，为负偏态(细歪度)。

⑤ 峰态 $K_g$：反映喉道分布频率陡峭程度的参数。当 $K_g=1$ 时，为正态分布曲线；当 $K_g>1$ 时，为高尖峰曲线；当 $K_g<1$ 时，为缓峰或双峰曲线。

⑥ 峰值 $V_m$：孔喉分布频率曲线上最高峰的百分数，反映某连通喉道区间所控制的孔喉体积的最高值。

（3）反映孔喉连通性及控制流体运动特征的参数：

① 退汞效率 $W_e$：在限定的压力范围内，以最大注入压力降到最小压力时，从岩样内退出的水银体积占降压前注入的水银总体积的百分数。它反映了非润湿相毛管效应的采收率。

水银注入、退出、再注入曲线与毛细管压力的关系如图 2-3-9 所示。根据大量的实验分析，孔隙结构是影响退汞效率的极其重要的因素，其中毛管束和纯裂缝型样品的退汞效率最高，粒间孔隙样品次之，溶洞型样品最差。

② 最小非饱和孔喉体积百分数 $S_{min}$：表示注入水银压力仪器达最高工作压力时，未被水银侵入的孔喉体积百分数。$S_{min}$ 越大，表示岩石小孔喉所占体积越大。

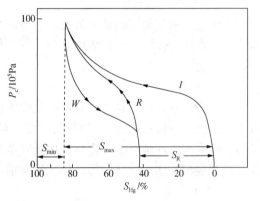

图 2-3-9 水银注入（$I$）、退出（$W$）、再注入（$R$）曲线与毛细管压力的关系图

③ 迂曲度 $L$：反映孔喉的连通和复杂程度，即喉道的弯曲程度。迂曲度越大，孔隙结构越复杂，驱油效率越低。

④ 孔隙结构综合评价系数 $B_z$：综合反映孔隙结构好坏的参数。$B_z$ 愈大，渗流特征愈好。

⑤ 视孔喉体积比 $V_R$：量度孔隙体积与喉道体积的数值。根据沃德洛（Wardlaw）实验，认为水银的退出主要从喉道中退出，而孔隙中仍保持充满水银。

⑥ 结构均匀度（$a \cdot W_e$）：表征岩石孔隙结构的均匀、连通程度的参数，较完整地反映了注入曲线与退出曲线的特征。

⑦ 孔喉配位数：配位数定义为连通每一个孔隙的喉道数量，它是孔隙系统连通性的一种量度。在单一个六边形的网络中，配位数为 3；而在三重六边形网络中，配位数就等于 6，如图 2-3-10 所示。

由于碳酸盐岩的成岩作用的改造，造成储集层的储集空间复杂多样，其次生变化非常明显。碳酸盐岩不仅具有孔隙类型多、储集空间形态和大小变化大、发育不均一的特点，而且岩石的储集物性(非均质性)特别强，表现出既可以与岩石组构有关，又可以与岩石组构无关的特点。因此，对碳酸盐岩储集层微观孔隙结构的描述有利于发现高孔、高渗带的分布区，有利于提高油气勘探的成功率，也有利于油气的合理开采。

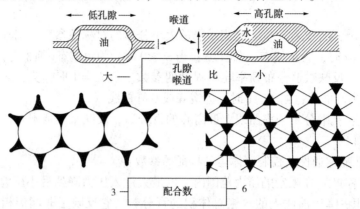

**图 2-3-10　孔隙和喉道大小的比值和配位数及其对非润湿相采收率的影响图**

碳酸盐岩的储集空间可分为孔隙、溶洞及裂缝三大类。裂缝的空间体积较小，它主要起渗流的作用。孔隙类型按成因可分为原生孔隙和次生孔隙两大类，但储集层中次生孔隙的数量较大。

3. 黏土杂基

指作为杂基充填于碎屑岩储集层孔隙内的黏土矿物，包括碎屑的和自生的。由于存在较大的表面积和极强的活性(如吸附能力、对外来流体的敏感性等)，对各种注入剂的注入能力、吸附及改性都有很大影响，加上它本身的变化，极大地影响着驱替效果，因此它是油藏微观规模描述的重点内容之一。通常描述下列几方面的内容：

1) 黏土含量

在粒度分析中粒径小于 $5\mu m$ 者皆称黏土，其含量即为黏土总含量。

2) 黏土矿物类型

黏土矿物类型较多，常见的有蒙脱石、高岭石、绿泥石、伊利石，以及它们的混层黏土。不同物源、不同沉积环境出现的黏土矿物的类型和含量不同，不同类型黏土矿物对流体的敏感性不同，因此要分别测定不同储集层出现的黏土矿物类型，以及各类黏土矿物的相对含量。目前，国内各油田常采用 X 射线衍射法分析黏土矿物。

3) 黏土矿物产状

黏土矿物产状对储集层内油水运动影响较大，其产状一般分为分散状(充填式)、薄层状(衬垫式)和搭桥状，如图 2-3-11 所示。黏土矿物的产状一般是通过扫描电镜来观察鉴定的。

(1) 分散状：黏土矿物在孔隙中以分散存在的形式分布。

(2) 薄层状：黏土矿物黏附于孔壁，形成一个相对连续和薄的黏土矿物覆盖。

(3) 搭桥状：黏土矿物黏附于孔壁表面，伸长较远，横跨整个孔隙，像搭桥一样，把粒间孔分隔为大量微孔。

4) 黏土矿物对流体的敏感性

黏土矿物与原始油层中的流体通常处于平衡状态，当不同流体进入时，它们的平衡会遭受破坏。由于这些流体与储集层流体和储集层矿物不匹配而导致储集层渗流能力下降，这就是对流体的敏感性。黏土矿物对流体敏感性的研究包括速敏、水敏、酸敏、盐敏、碱敏等实验。

（1）速敏性：指因流体流动速度变化引起地层微粒运移，堵塞通道，导致渗透率下降的现象。

① 速敏性强弱用岩样渗透率损害率 $D_k$ 表示：

$$D_k = \frac{K_{max} - K_{min}}{K_{max}} \qquad (2-3-6)$$

式中　$D_k$——速敏性导致的渗透率损害率；

$K_{max}$——临界流速前岩样渗透率的最大值，$10^{-3} \mu m^2$；

$K_{min}$——岩样渗透率的最小值，$10^{-3} \mu m^2$。

② 速敏性评价指标：

强速敏：$D_k \geq 0.7$；

中等偏强速敏：$0.50 \leq D_k < 0.7$；

中等偏弱速敏：$0.30 \leq D_k < 0.5$；

弱速敏：$0.05 < D_k < 0.3$；

无速敏：$D_k \leq 0.05$。

（2）水敏性：储集层中的黏土矿物在接触低盐度流体时可能产生水化膨胀，从而降低储集层的渗透率。水敏性是指当与储集层不配的外来流体进入储集层后引起黏土膨胀、分散和运移，从而引起渗透率下降的现象。水敏性评价实验的目的是了解这一膨胀、分散及运移的过程，以及最终使储集层渗透率下降的程度，即研究水敏性矿物的水敏特征。

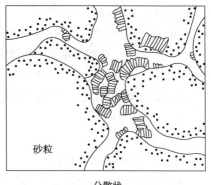

分散状

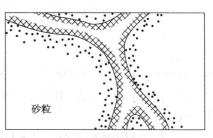

薄膜状

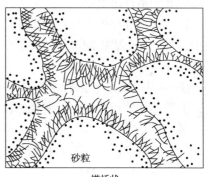

搭桥状

图2-3-11　孔隙内黏土矿物的
产状典型图版

① 岩样的水敏性采用水敏指数 $I_w$ 评价：

$$I_w = \frac{K_i - K_w}{K_i} \qquad (2-3-7)$$

式中　$I_w$——水敏指数；

$K_w$——用蒸馏水测定的岩样渗透率，$10^{-3} \mu m^2$；

$K_i$——用标准盐水或地层水测定的岩样渗透率，$10^{-3} \mu m^2$。

② 水敏性评价指标。水敏性强度与水敏指数的对应关系如下：

极强水敏：$I_w \geq 0.90$；

强水敏：$0.70 \leq I_w < 0.90$；

中等偏强水敏：$0.50 \leq I_w < 0.70$；

中等偏弱水敏：$0.30 \leq I_w < 0.50$；

弱水敏：$0.05 < I_w < 0.30$；

无水敏：$I_w \leqslant 0.05$。

（3）酸敏性：是指酸液进入储集层后与储集层中的酸敏性矿物发生反应，产生沉淀或释放出颗粒，导致储集层渗透率下降的现象。

① 流动酸敏性用流动酸敏指数 $I_a$ 评价：

$$I_a = \frac{K_i - K_{ia}}{K_i} \qquad\qquad (2-3-8)$$

式中　$I_a$——流动酸敏指数；

　　　$K_i$——酸化前用标准盐水（或地层水）测定的岩样渗透率，$10^{-3}\mu m^2$；

　　　$K_{ia}$——酸化后用标准盐水（或地层水）测定的岩样渗透率，$10^{-3}\mu m^2$。

② 酸敏性评价指标。酸敏指数与酸敏性的关系如下：

无酸敏：$I_a \leqslant 0.05$；

弱酸敏：$0.05 < I_a < 0.30$；

中等酸敏：$0.30 \leqslant I_a \leqslant 0.70$；

强酸敏：$I_a > 0.70$。

酸敏性的预测比较复杂，目前只能根据酸敏实验中残酸中的酸敏性离子含量的变化定性预测其酸敏性。

（4）盐敏性评价指标：盐敏性是地层耐受低盐度流体的能力量度，是指储集层系列盐液中，由于黏土矿物的水化、膨胀而导致渗透率下降的现象。表征盐敏性强度的参数为临界盐度 $S_C$。

① 临界盐度 $S_C$：指岩样渗透率随着注入流体盐度下降开始较大幅度下降时对应的盐度。盐敏性评价指标适用于絮凝法盐敏性实验及岩性驱替法盐敏性实验。

② 盐敏性评价指标：

用标准盐水（复合盐）评价盐敏性：

无盐敏：$I_w \leqslant 0.05$；

弱盐敏：$S_C \leqslant 1000$；

中等偏弱盐敏：$1000 < S_C < 2500$；

中等盐敏：$2500 \leqslant S_C < 5000$；

中等偏强盐敏：$5000 < S_C < 10000$；

强盐敏：$10000 \leqslant S_C < 30000$；

极强盐敏：$S_C \geqslant 30000$。

用 NaCl 盐水（单盐）评价盐敏性：

无盐敏：$I_w \leqslant 0.05$；

弱盐敏：$S_C \leqslant 5000$；

中等偏弱盐敏：$5000 < S_C < 10000$；

中等盐敏：$10000 \leqslant S_C \leqslant 20000$；

中等偏强盐敏：$20000 < S_C < 40000$；

强盐敏：$40000 \leqslant S_C < 100000$；

极强盐敏：$S_C \geq 100000$。

临界盐度的单位为 mg/L。

（5）碱敏性：指碱性液体进入地层后与地层中的碱敏性矿物及地层流体发生反应而导致渗透率下降的现象。

① 采用碱敏指数 $I_b$ 评价岩样的碱敏性：

$$I_b = \frac{K_s - K_{sb(min)}}{K_s} \qquad (2-3-9)$$

式中　$I_b$——碱敏指数；

　　　$K_s$——KCl 盐水测定的岩样渗透率，$10^{-3} \mu m^2$；

　　$K_{sb(min)}$——不同 pH 值碱溶液测定的岩样渗透率最小值，$10^{-3} \mu m^2$。

② 碱敏性评价指标：

无碱敏：$I_b \leq 0.05$；

弱碱敏：$0.05 < I_b < 0.30$；

中等碱敏：$0.30 \leq I_b < 0.70$；

强碱敏：$I_b \geq 0.70$。

# 三、储集层地质模型与储集层综合评价

经过储集层描述可以获得储集层各方面的信息，为了直观地显示储集层的各项特征，应建立储集层地质模型，它是储集层描述最终成果的体现。储集层地质模型可定量地描述储集层的几何形态和各项参数的三维空间分布，它是油田开发中油藏工程分析和数值模拟的基础。

## （一）储集层地质模型

1. 储集层地质模型概述

一个完整的储集层地质模型应具有下列特点：

（1）满足油田不同开发阶段的需要。

（2）能够反映储集层中的孔隙度、渗透率、流体特征及动态特征的变化，并能进行预测。

（3）能够预测地质体的规模。

因此，它实质上是储集层特征在三维空间上的动态和静态特征的综合反映。但由于研究的层次及重点不同，一般见到的储集层地质模型往往只反映某个或某几个方面的问题，因而也就出现了不同的分类方案。按照开发阶段的需要划分为概念模型、静态模型和预测模型。

按照研究对象的层次性分为层系规模、砂体规模、微观孔隙规模等不同级别的地质模型，或者划分为油田规模、油藏规模、成因砂体规模，以及小范围规模的地质模型（W. J. E. Van De Graaff，1989）。

按储集层的建筑结构分为千层饼状地质模型、拼合状地质模型及迷宫式地质模型（Weber K. J. 和 L. C. Van，Geuens，1989）。为了预测油藏中不同的储集层参数，还有沉积模型、成岩模型、构造模型、地球化学模型。在建立具体地质模型时，还采用骨架模型

(反映砂体形态或内部结构)和参数模型，在骨架中填入参数即构成了完整地质模型。在条件模拟过程中常需要建立一个原型模型，然后建立预测模型。由于建模的思路不同，可以分为随机模型和确定性模型。

1) 根据模型的精度分类

由于油田不同开发阶段的任务不同，对油藏地质模型的精细程度要求也不同。依此，通常可以把油藏地质模型分为以下三类：

(1) 概念模型。根据所描述的储集层各种地质特征，将其典型化、概念化，抽象成为具有代表性的地质模型。只追求储集层总的地质特征和关键性的地质特征的描述基本符合实际，并不追求每一局部的客观描述。这样的地质模型可作为油田开发的战略指导路线，或进行开采机理研究。

(2) 静态模型。也称实体模型，把所描述的储集层地质面貌，依据资料控制点实测的数据，加以如实地描述，并不追求控制点间的预测精度。建立这样的地质模型必须有一定密度的资料控制点(井网密度)才有意义。一般是在开发井网完成后进行，为油田早期开发服务，过去油田实际应用的静态资料即属于这一类型。

(3) 预测模型。预测模型不仅忠实于资料控制点的实测数据，还追求控制点间的内插、外推值有相当的精确度，即对无资料点有一定的预测能力。实际上，这是追求高精细度的储集层地质模型，一般为二次采油中后期调整及三次采油实施所需求。

2) 依据储集层描述的规模分类

为了配合油藏模拟进行不同开发问题的研究，实际工作中经常需要建立不同规模的地质模型，常用的有一维单井地质模型、二维砂体剖面模型、二维砂体平面模型、三维砂体模型、二维层系剖面模型、三维井组模型、三维储集层整体模型、二维层内隔层模型、三维层内隔层模型。另外，还可以根据实际需要设计专门的地质模型。

2. 建模方法

储集层地质模型建模技术的关键点是如何根据已知的控制点资料进行资料点间的内插与外推，以表现储集层的整体特性。根据这一特点，建立储集层地质模型的方法可分两大类：确定性和随机性方法。

1) 确定性建模方法

确定性建模方法认为资料控制点间的插值是唯一的、确定性的。传统地质工作方法的内插编图就属于这一类，克里格作图和一些数学地质方法作图也属于这一类建模方法。开发地震的储集层解释成果和水平井沿层直接取得的数据或测井解释成果，都是确定性建模的重要依据。

2) 随机性建模方法

随机性建模方法承认地质参数的分布有一定的随机性，而人们对它的认识总会存在一些不确定的因素，因此，在建立地质模型时，应考虑这些随机性引起的多种可能出现的实现，以供地质人员选择。

随机性建模方法中又有条件模拟和非条件模拟之别。条件模拟是所建立的地质模型对已有的资料控制点完全忠实不做任何修改；非条件模拟则相反，对于已有的控制点会做一定的变动。

当前地质统计学的重点是发展随机性建模方法，已有不少模型和相应软件问世。但是如何提高精度，取得实用效果，还有待地质工作者大量实践与检验。

3. 建模程序

建立储集层地质模型一般必须经过三个步骤，即建立井模型、建立层模型、建立参数模型。

实际工作中还要进行第四步，即地质模型网块的粗化，因为测井分辨率可达 0.2m，地质模型网块可以细到这个尺寸，但数值模拟实际上还不可能以分米级尺寸的网块进行计算。因此，一般需要把地质模型的网块尺寸按数值模拟需要和可能进行合并，即所谓粗化。这一步目前一般都按算术平均或几何平均等常规方法处理，完善的方法还处在攻关阶段。

1) 建立井模型

(1) 把井筒中得到的各种信息转换为开发地质特征参数，建立每口井显示各种开发地质特征的一维柱状剖面。

(2) 建立将各种储集层信息转换成开发地质特征参数的解释模型。现阶段测井是获得储集层信息的主要手段。

(3) 井筒一维剖面中最基本的九个参数是：渗透层、有效层、隔层、含油层、含气层、含水层、孔隙度、渗透率和饱和度。

(4) 将井筒的基本储集层参数绘制成连续柱状剖面，连同井位坐标、高程等井位数据即可完成了井模型的建立。

在实际工作中，由于测井解释井柱参数是一项独立的操作过程，在现有地质模型软件中一般不包括这一步骤，而是以数据库方式与测井处理成果连接。

2) 建立层模型

(1) 把每口井中的每个储集层地质单元通过井间等时对比线连接起来，即把井筒的一维柱状剖面变成三维的地质体，建成储集体的空间格架。

(2) 正确进行小单元的等时对比，对比单元愈小，建立储集体格架愈细。

(3) 利用建模软件建立层模型。一般先依靠地质人员手工对比到某一个单元(如单砂层或砂组)，将数据输入计算机；单元内的进一步细分层则按一定地质规律给定指令，由计算机机械劈分，如垂向加积、侧向加积、超覆、等厚对比、均匀加厚减薄对比等；然后根据同一单元不同井的数据绘制储集层的二维或三维图件。在大井距情况下，往往要利用层序地层学和地震横向追踪的成果来建立层模型。

3) 建立参数模型

(1) 定量地给出储集体内空间各点的各种储集层属性参数。

(2) 根据上述层模型，按层内已知井点(控制点)的参数值内插或外推，以确定井间未钻井区域储集层的各种属性参数。内插误差愈小，地质模型精度就愈高。

(3) 目前，由于直接解释渗透率的地球物理方法还未成熟，一般先建立孔隙度模型，然后利用岩心分析测得的孔隙度与渗透率关系，由孔隙度模型转换成渗透率模型。

(4) 对于一些建立连续参数场的随机性建模方法及相应软件，必须慎重选用。对不同沉积类型砂体，应采用适用于本类砂体的方法，并应作相应的检验。

### （二）储集层综合评价

根据勘探、开发不同的阶段，将储集层评价划分为区域储集层评价和开发储集层评价。区域储集层评价贯穿含油气盆地勘探的全过程，以寻找及探明油气田为主，主要应用区域地质和地震资料，结合少量钻井和测井资料，对盆地内可能的油气储集层进行评价。在盆地的不同勘探阶段，区域储集层评价的对象、内容也不相同。勘探初期，是以全盆地为对象，以"定凹选带"为目标的储集层评价；发现工业油气流后，是以区（带）为对象的储集层评价；随着勘探程度的深入，储集层评价要紧密围绕寻找隐蔽的非构造油气藏和深部油气藏来进行。开发储集层评价是指从油田发现开始直至开发结束，在整个过程中进行的所有储集层评价，包括详探评价、开发可行性研究、编制开发设计方案、开发过程中的管理、各阶段的调整、各种提高采收率方法的应用等。

油气田开发阶段储集层评价侧重于储集层非均质性的研究，主要目的是合理部署注采井网和提高采收率，因而开发储集层评价对储集层的研究更加详细、深入，资料更丰富，研究的难度也更大。开发储集层评价对我国东部地区高含水油田提高采收率来讲，显得更为重要。

各开发阶段储集层综合评价的内容如下：

1. 油藏评价阶段

油田发现工业油气流之后，即进入油藏评价阶段。其主要任务是提高勘探程度，提交探明储量，进行开发的可行性研究。评价阶段的资料来自少量探井、评价井和地震详查（或细测），因此要充分利用每口录井、地层测试、测井、试油及垂直地震剖面测量等资料，多方面获取地质信息。开展可行性研究的主要内容是：

（1）计算评价区的探明地质储量和预测可采储量。

（2）提出规划性的开发部署。

（3）对开发方式和采油工程设施提出建议。

（4）估算可能达到的生产规模，并作经济效益评价。

评价阶段要求建立储集层的概念模型。建模主要依靠储集层沉积相分析，利用少数井孔一维剖面上的地质信息，结合地震相解释和砂组连续性追踪，对储集层三维空间分布和内部参数变化作出基本预测，保证开发可行性研究的正确结论。其重点内容有以下几点：

（1）明确主力储集层，初步取得岩性、物性、含油性和微观孔隙结构参数。

（2）确定储集层沉积亚相，预测储集层有利相带的分布。

（3）建立反映主力储集层层内非均质性的剖面模型。

（4）预测主力储集层的砂体几何形态和侧向连续性，建立反映平面物性变化的平面模型。

由于资料不足，如对砂体的连续性及连通性等地质因素难以进行准确的预测，因此，应当给出变化范围，以供决策者参考。

2. 开发设计阶段

油田经过开发可行性研究，被确认具有开发价值后，要进行开发前的工程准备，进入开发设计阶段。油田开发前期工程准备主要是补充必要的资料，开展各种室内实验及试采或现场先导试验，进一步提高对油藏的认识程度，保证开发方案设计的进行。此阶段仅有少量稀井网的评价井，但一般已增补了部分开发资料井，对开辟先导试验区的大型油田则有一个小面积的密井网钻井区，供储集层典型解剖。在地震方面，至少已完成地震细测，部分油田可能完成三维地震测量工作，可供各种特殊处理，以辅助评价储集层。

本阶段的任务是编制油田开发方案，进行油藏工程、钻井工程、采油工程、地面建设工程的总体设计，对开发方式、开发层系、井网和注采系统、合理采油速度、稳产年限等重大开发战略问题进行决策，优选的总体设计要达到最好的经济技术指标。因此，储集层评价必须保证这些重大开发战略决策的正确性。本阶段开发储集层评价的重点内容是：

（1）开展储集层微相分析，确定微相类型。

（2）进行"四性"关系研究，确定各种测井解释方法及解释模型，划分储集层和非储集层界线，对储集层进行分类分级，建立测井相标准。

（3）明确各类储集层在剖面上和平面上的分布规律以及储量分布状况。

（4）对储集层进行层组划分，确定详细对比原则和方法。

（5）预测各类储集层成因单元几何形态及规模，预测成因单元间连通程度，评估各层组（或单层）流体流动单元的连续性。特别需要强调的是，不仅应评估含油区，还应评估含水区的连续性，以估计水体能量。

（6）对各种岩类（或微相）储集层作出微观孔隙结构评价，特别是各种伤害源和保护措施的评估。

（7）以层组和单层为单元，综合储油物性、渗流特性、连续性、微观孔隙结构及储量丰度，逐级作出储集层评价。

（8）建立各类储集层的概念模型，供模拟计算用。

# 第四节　储气库主要参数论证

## 一、单井采气能力计算

产能试井不稳定测试数据处理方法：

稳定试井是在满足测试条件下进行的，而实际上，在录取测试井的产量和井底压力时，其产量和井底压力并未稳定，用稳定试井解释的方法求取产能方程，必然会导致较大的误差。因此，需要对不稳定的测试数据进行修正，以得到相应的稳定测试数据。

考虑均质气藏，在 $t_0 \sim t_1$ 时间段以产量 $Q_{sc1}$ 进行测试（令 $t_0 = 0$），在 $t_1 \sim t_2$ 时间段以产量 $Q_{sc2}$ 进行测试，以此类推，在 $t_{n-1} \sim t_n$ 时间段以产量 $Q_{scn}$ 进行测试，而每一时段压力均没有达到稳定。在不稳定条件下，压力平方形式的产能方程为：

$$P_r^2 - P_{wf}'^2 = \frac{0.01466T\bar{\mu}\bar{Z}}{Kh}\left(\lg\frac{K}{\phi\mu C_t r_w^2} + 0.9077 + 0.87S\right)Q_{scn} + \frac{0.01275TD}{Kh}Q_{scn}^2 \quad (2-4-1)$$

式中：

$$P_{wf}'^2 = P_{wf}^2 + \frac{0.01466T\bar{\mu}\bar{Z}}{Kh}\sum_{i=1}^{n}\{[Q_{scn} - Q_{sc(n-1)}]\lg(t_i - t_{i-1})\} \quad (2-4-2)$$

令

$$A = \frac{0.01466T\bar{\mu}\bar{Z}}{Kh}\left(\lg\frac{K}{\phi\mu C_t r_w^2} + 0.9077 + 0.87S\right) \quad (2-4-3)$$

$$B = \frac{0.01275TD}{Kh} \quad (2-4-4)$$

则式（2-4-1）可改写成气藏不稳定产能方程：

$$P_{\mathrm{r}}^2-P_{\mathrm{wf}}'^2=AQ_{scn}+BQ_{scn}^2 \tag{2-4-5}$$

式（2-4-2）可改写成：

$$P_{\mathrm{wf}}^2=P_{\mathrm{wf}}'^2-\frac{0.01466T\bar{\mu}\,\bar{Z}}{Kh}\sum_{i=1}^{n}\left\{\left[Q_{scn}-Q_{sc(n-1)}\right]\lg(t_i-t_{i-1})\right\} \tag{2-4-6}$$

令

$$y=P_{\mathrm{wf}}^2 \tag{2-4-7}$$

$$x=\sum_{i=1}^{n}\left[\left(Q_{scn}-Q_{scn-1}\right)\lg(t_i-t_{i-1})\right] \tag{2-4-8}$$

$$m=-\frac{0.01466T\bar{\mu}\,\bar{Z}}{Kh} \tag{2-4-9}$$

式（2-4-6）最终改写成井底流动压力校正方程：

$$y=P_{\mathrm{wf}}'^2+mx \tag{2-4-10}$$

根据式（2-4-10），可作出 $y$-$x$ 关系曲线，回归分析每个产量下的 $y$-$x$ 曲线，其直线斜率为 $m$，截距为 $P_{\mathrm{wf}}'^2$，根据每一产量下的 $P_{\mathrm{wf}}'^2$，作 $[(P_{\mathrm{r}}^2-P_{\mathrm{wf}}'^2)/Q_{scn}]$-$Q_{scn}$ 关系曲线，得到如式（2-4-5）的二项式产能方程。根据二项式产能方程求出实际无阻流量，绘制流入动态关系曲线。

由于无法获得地层压力 $P_{\mathrm{r}}^2$，通过每个工作制度的测试产量 $Q_{scn}$ 和校正后井底流压 $P_{\mathrm{wf}}'^2$，得到各测点的联立方程：

$$\begin{cases}P_{\mathrm{r}}^2-P_{\mathrm{wf1}}'^2=AQ_{cs1}+BQ_{sc1}^2\\P_{\mathrm{r}}^2-P_{\mathrm{wf1}}'^2=AQ_{cs2}+BQ_{sc2}^2\\\vdots\\P_{\mathrm{r}}^2-P_{\mathrm{wfn}}'^2=AQ_{csn}+BQ_{scn}^2\end{cases} \tag{2-4-11}$$

对式（2-4-11）进行整理，可得 $[P_{\mathrm{wf}i}'^2-P_{\mathrm{wf}(i+1)}'^2]/[Q_{cs(i+1)}-Q_{sci}^2]$，$Q_{cs(i+1)}+Q_{cs1}$ 的关系式：

$$\frac{P_{\mathrm{wf}i}'^2-P_{\mathrm{wf}(i+1)}'^2}{Q_{cs(i+1)}-Q_{sci}^2}=A+B\left[Q_{cs(i+1)}+Q_{cs1}\right] \tag{2-4-12}$$

根据系统试井实测数据，可以得出 $[P_{\mathrm{wf}i}'^2-P_{\mathrm{wf}(i+1)}'^2]/[Q_{cs(i+1)}-Q_{sci}^2]$、$Q_{cs(i+1)}+Q_{cs1}$ 值，通过式（2-4-12），可得 $A$、$B$ 值，最终得到二项式产能方程。

## 二、单井注气能力计算

注气井注气能力与采气井的生产能力相反。当注气井口压力一定时，随着气层压力的上升而下降，在气库压力达下限时，注气能力最大，气层压力上升到上限压力时，注气能力最小。根据垂直管流规律，当井口注气压力一定时，注气量越大，井底流压越小，而气层的吸气能力降低。井筒注气量与气层吸气能力呈负相关，二者的交点就是注气、吸气平衡点，即为该井口压力下实际最大注气量。

## 三、气库运行参数研究

### 1. 气库运行周期

地下储气库的主要作用是调节季节性用气峰谷差，或者是输气干线、气田短时间发生意外时能够保证不可停气用户供气的连续性。所以，根据中国石化向河南、山东两省供气量和用户用气不均匀系数，确定出气藏储气库的运行周期。

2. 上限压力

气库上限压力确定的原则：不破坏储气库的封闭性，同时兼顾气库的目标工作气量与气井产能，以及对注气压缩机性能参数的影响。考虑这些因素，一般选取气藏的原始地层压力作为气库的上限压力。

3. 下限压力

气库下限压力确定的原则：首先是气库有效工作量（即上限、下限压力内的库容）必须满足总的调峰量。其次是气库到达下限压力时，气井有较高的产量，满足调峰能力。最后是下限压力要考虑尽量避免边水对气库运行的影响，如对库容量、气井生产能力的影响。

4. 库容参数设计

就地下储气库而言，注采过程完全遵守物质守恒原理，在气藏工程方法上的表现形式就是物质平衡方程式。因此，选用定容气藏的物质平衡方程式进行该气库库容量的分析计算。具体关系式为：

$$P/Z = P_i/Z_i [1-(G_{LP}/G_L)] \tag{2-4-13}$$

式中  $G_{LP}$——气库累计产出烃类体积，$10^8 \mathrm{m}^3$；

$G_L$——气库原始烃类体积，$10^8 \mathrm{m}^3$。

$Z$——天然气偏差系数。

（1）最大库容量。最大库容量反映了储气库的储气规模，它是指当气库压力为上限压力时的库容量。

（2）基础垫气量。当气库压力下降到气藏废弃时，气库内残存气量称为基础垫气量。

（3）附加垫气量。在基础垫气量的基础上，为提高气库的压力水平，进而保证采气井能够达到设计产量所需要增加的垫气量为附加垫气量。

（4）总垫气量。总垫气量为气库基础垫气量与附加垫气量之和。

（5）有效工作气量。有效工作气量是气库压力从上限压力下降到下限压力时的总采气量，它反映了储气库的实际调峰能力，即储气库最大库容减去总垫气量。

# 第五节  文 23 地下储气库地质特征及设计

## 一、气田概况

1. 地理位置

文 23 气田地处河南省濮阳市文留镇，黄河下游北岸。东经 114°52′~116°5′，北纬 35°20′~36°12′。地理地貌系中国第三级阶梯的中西部，属于黄河冲积平原的一部分，地面地势平坦，自西南向东北略有倾斜，海拔 50m 左右。

2. 地质概况

文 23 气田构造上位于东濮凹陷中央隆起带北部文留构造高部位，构造总体为基岩隆起背景上继承发育的断层复杂化的背斜，区域Ⅲ级断层将气田分割为主块、东块、西块、南块四个独立断块区；含气层系为下第三系沙河街组沙四段，埋藏深度 2750~3120m；储层发育，砂层厚，平面分布比较稳定，内部连通性好；物性以低孔、低渗为主，储层孔隙度 8.86%~13.86%，渗透率 $(0.27~17.12)\times10^{-3}\mu m^2$；甲烷含量 89.28%~97.13%，凝析油含量 10~20g/m³；原始地层压力 38.62~38.87MPa，原始地层温度 113~120℃。为具有块状特征的层状砂岩干气藏。

3. 开发历程

1977 年 1 月，文 4 井在钻遇下第三系沙河街组地层时发生强烈井喷，从而揭开了文 23 气田勘探开发的序幕。

文 23 气田的勘探开发历程分为 5 个阶段：开发准备阶段(1977~1987 年)、产能建设阶段(1988~1990 年)、稳产开发阶段(1991~1998 年)、调整上产阶段(1999~2006 年)和产量递减阶段(2007 年至目前)，如图 2-5-1 所示。

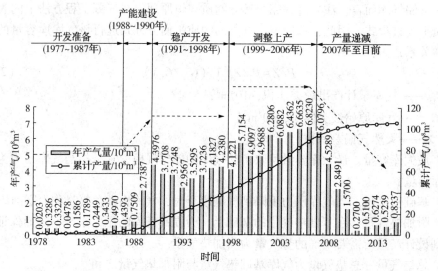

图 2-5-1　文 23 气田开发曲线

截至 2015 年 12 月，文 23 气田主块总井数 57 口，累计产气 94.07×10⁸m³，地质储量采出程度 81.0%，处于低压、低产枯竭阶段。主力采气层地层压力已降至 4~5MPa。

4. 上报储量情况

文 23 气田于 1986 年在平面上分东、西两块上报探明含气面积 12.2km²，天然气地质储量为 149.4×10⁸m³，此后经过 30 多年的试采、开发，多次对储量进行评价，气田储量逐渐落实，最终评价文 23 气田含气面积 11.76km²，天然气地质储量 132.79×10⁸m³，其中主块含气面积 8.15km²，储量为 116.10×10⁸m³。

## 二、地层特征

### (一)地层层序及特征

气田地层层序自下而上为：中生界(Mz)、新生界下第三系沙河街组(Es)、东营组(Ed)、新生界上第三系馆陶组(Ng)、明化镇组(Nm)及第四系平原组。沙河街组又细分为沙四段、沙三段、沙二段、沙一段，见表 2-5-1、图 2-5-2。

表 2-5-1　文 23 气田地层层序表

| 地层层序 | | | 厚度/m | 岩性描述 | 油气分布 |
|---|---|---|---|---|---|
| 系 | 组 | 段 | | | |
| 第四系 | 平原组 | | 200~400 | 土黄色、棕红色黏土、砂质黏土及砂层 | |
| 上第三系 | 明化镇组 | | 800~1000 | 棕黄色粉砂岩、泥岩、砂质泥岩互层 | |
| | 馆陶组 | | 200~400 | 灰黄色、棕红色、灰绿色砾状砂岩、砾岩、粉砂岩、泥岩不等厚互层 | |
| 下第三系 | 东营组 | | 300~600 | 棕红色、灰绿色泥岩与浅灰色、棕红色粉砂岩 | 文 122 井有 3.4m/1 层油层 |
| | 沙河街组 | 沙一段 | 100~300 | 上部灰色泥岩、白云质泥岩；下部灰质岩、盐岩 | 文 64 井有 4.4m/1 层油层 |
| | | 沙二段上 | 200~250 | 紫红色泥岩夹少量薄层灰色泥岩及含膏泥岩 | |
| | | 沙二段下 | 300~400 | 紫红色泥岩及少量灰色泥岩，褐色粉砂岩、灰色粉砂岩不等厚互层 | 文 104—文 1 井、濮深 1—文 22 井有油层分布 |
| | | 沙三段上 | 400 左右 | 灰色泥岩和含油粉砂岩、页岩、油页岩 | 文 19—文 63-3、文 23-3—文 105 井一带有油层分布 |
| | | 沙三段中 | 200~250 | 上部盐岩、膏盐层、泥膏岩夹灰色泥、页岩层；下部灰色泥岩夹粉砂岩、页岩、油页岩 | 东部有油层分布 |
| | | 沙三段下 | 700 | 盐岩、盐膏层、泥膏岩夹灰色泥岩及少量粉砂岩 | 文 26、文 23-3 等井有零星气层分布 |
| | | 沙四段上 | 200 左右 | 上部灰色泥岩夹薄层白云质粉砂岩；下部灰黄色粉砂岩夹泥岩 | 文 23 气田主要产气层 |
| | | 沙四段下 | 250 | 棕红色粉砂岩、细砂岩夹薄层泥岩 | 文 23 气田主要产气层 |
| 中生界 | | | >300 | 棕色砂、泥岩互层 | |

1. 气田含气层系

沙河街组沙四段，细分为上、下 2 个亚段，又各细分 4 个砂层组。其中，沙四段上（包括 $Es_4^{1-4}$），厚 170~244m，上部以泥岩、盐膏岩为主，夹暗色油页岩和白云质粉砂岩，中、下部地层以灰色、灰黄色粉砂岩为主，夹灰色薄层泥岩，沙四段上地层北部较薄，向南变厚；沙四段下（包括 $Es_4^{5-8}$），厚约 250m，以紫红色细、粉砂岩、泥质粉砂岩为主，粉砂质泥岩、泥岩呈薄层状。

结合砂层纵向、横向展布规律及砂、泥岩在测井曲线上的显示特征，进一步将 8 个砂层组划分为 35 个小层，见表 2-5-2。

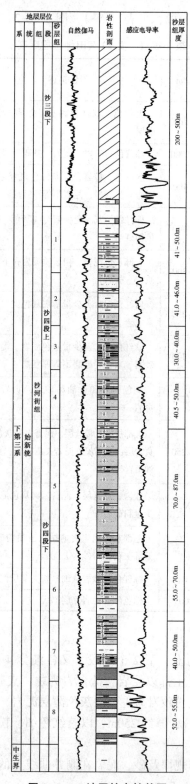

图 2-5-2　地层综合柱状图

表 2-5-2 沙四段小层划分情况表

| 亚 段 | 砂层组 | 小层数 | 小层序号 |
|---|---|---|---|
| Es₄ 上 | 1 | 4 | 1~4 |
| | 2 | 4 | 1~4 |
| | 3 | 4 | 1~4 |
| | 4 | 3 | 1~3 |
| Es₄ 下 | 5 | 6 | 1~6 |
| | 6 | 6 | 1~6 |
| | 7 | 4 | 1~4 |
| | 8 | 4 | 1~4 |

2. 气田盖层

文 23 气田顶部为一套沙三段早期的湖盆深水盐类沉积，主要为沙三段下亚段沉积的灰白色盐岩，盐膏层夹灰、深灰色泥岩，以及含膏泥岩(即文 23 盐)，该套盐膏岩厚度大(一般为 300~600m，书中即文 23 地区在 300~500m)、分布广(在整个文留地区发育，以文东地区最厚，至文南地区逐渐变薄尖灭)、封堵性强，且在多次构造运动中，由于盐膏岩塑性强，即使在断层发育时期其连续性也不易遭到破坏。因此，在该地区断层十分发育的情况下，大面积分布的上百米厚的盐膏岩是文 23 气田沙四段天然气良好的区域盖层，具有很好的气密性，对文 23 气田富集成藏起着重要作用，完全能达到文 23 储气库良好盖层的要求。

## (二)盖层评价

文 23 气田顶部为一套沙三段早期的湖盆深水盐类沉积，主要为沙三下亚段沉积的灰白色盐岩，盐膏层夹灰、深灰色泥岩，以及含膏泥岩。

1. 盖层岩性

盐盖层主要以三种形态存在，既纯盐层、石膏-泥岩薄互层和盐岩充填裂缝。

纯盐层：单层沉积厚度一般为 10~90cm，常呈灰白色，部分因混有铁质而呈棕红色，具玻璃光泽，有一定透明度，晶体大小为 8~12mm，个别可达 20mm。纯盐一般夹于深暗色泥页岩和油页岩中间，或夹有具水平层理的泥岩、泥膏岩或页岩。

石膏-泥岩薄互层：常表现为灰白色膏岩，泥膏岩和灰黑色泥岩互层，石膏晶体多呈雪花状或纤维状，部分见挤压变形。

盐岩充填裂缝：由于盐岩易溶、易变形，当砂泥岩因构造应力作用形成裂缝后，盐岩常在裂缝中重结晶而充填缝隙空间。

2. 盖层分布

文 23 盐主要分布于文留地区，在其沉积阶段，地形相对平坦，沉积主要集中在湖盆中央，南到濮深 7 井附近，北到新卫 12 井附近，西到新胡 4 井、新胡 5 井以南，东可达前梨园洼陷中部，面积约 450km²，最大深度在濮深 7 井附近，厚 600m左右。

文 23 盐膏岩厚度大（一般为 300~600m，书中文 23 地区在 300~500m）、分布广（在整个文留地区发育，以文东地区最厚，至文南地区逐渐变薄尖灭）、封堵性强（盐膏岩塑性强，即使在断层发育时期其连续性也不易遭到破坏）。因此，在该地区断层十分发育的情况下，大面积分布的上百米厚的盐膏岩是文 23 气田沙四段天然气良好的区域盖层，具有很好的气密性，良好的区域盖层对文 23 气田的天然气富集成藏起着重要作用，也为储气库的建设提供了得天独厚的封闭条件，如图 2-5-3 所示。

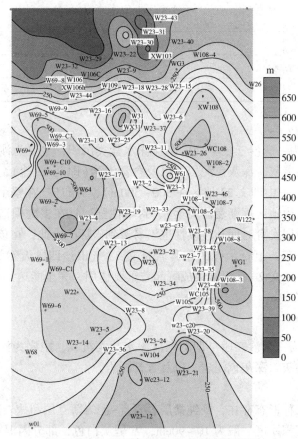

**图 2-5-3　文 23 气田文 23 盐厚度等值线**

（图中 W 即代表井名汉字文）

目前，文 23 盐在文 23 气田分布具有如下特征：

（1）在气田北部（文 23-29 井—文 23-9 井—文古 3 井—文 108-4 井一线），由于受到文西断层的切割，气井钻遇盐层的厚度较小，在 50~250m。

（2）气田在西部和东部各有一条带状盐厚层区域展布，其中西部（文 69-5 井—文 69-2 井—文 22 井—文 23-5 井一线）平均盐层厚度 500m，东部（新文 108 井—文 108-2 井—文古 1 井—文 108-3 井一线）平均盐层厚度 450m，分析其形成原因是盐层沉积时水体较深所致。

（3）气田主块中部（文 23-11 井—文 23-33 井—文 23-34 井—文 23-24 井一线）盐层较薄，厚度在 250~300m。

## 三、构造特征

### (一) 构造形态

文 23 气田位于东濮凹陷中央隆起带北部文留构造的北端，为东、西两侧分别受文东、文西断层夹持的地垒，东部过濮深 1 断层与户部寨构造相接。构造形态为在基岩隆起背景上继承性发育起来的背斜，后期构造进一步上隆并被内部断层复杂化，形成目前的复杂断块构造形态，如图 2-5-4、图 2-5-5 所示。

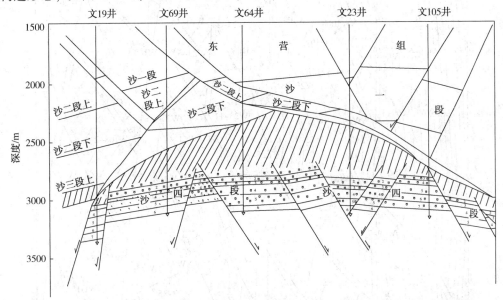

图 2-5-4 文 23 气田文 19 井—文 105 井气藏剖面图(主测线 1242)

气田中部和西部地层西倾，东部地层东倾。断层作用使气田中部具有两个构造高点：北高点在新文 103 井附近，$Es_4^5$ 顶面埋深在 2820m 左右；南高点在文侧 105 井一带，$Es_4^5$ 顶面埋深在 2840m 左右。南部地层以南倾为主，文 22 井与文 23 井一线地层略低。

### (二) 主要断层特征及区块划分

依据断层发育的规模及对构造形成的控制作用，将断层分为三类，包括 II 级区域断层、III 级分块断层和断块内部 IV 级、V 级小断层，见图 2-5-6、表 2-5-3。

1. 主要断层特征

1) 区域断层

区域断层是凹陷内控制局部构造及构造带形成的二级断层，穿过整个局部构造，断层落差达数百米甚至上千米，主要包括文西、文东两条断层。

(1) 文西断层：位于文 23 气田北部，长约 8km，它是一条断至基底的 II 级大断层，落差较大，最大 1400m。它控制着文留构造亚带早、中期的发育，具有继承性和多期性活动特点。主要活动期为 $Es_3^3$—$Es_2$ 上沉积期，结束于 Ed 或 $Es_1$ 沉积期，活动性强。该断层断面平缓，倾角 5°~75°，倾向为北西西-北北西，走向为北北东。

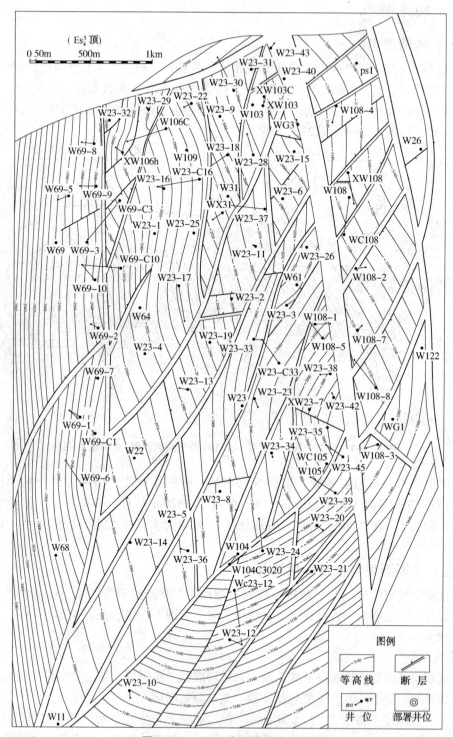

图 2-5-5　文 23 气田构造井位图

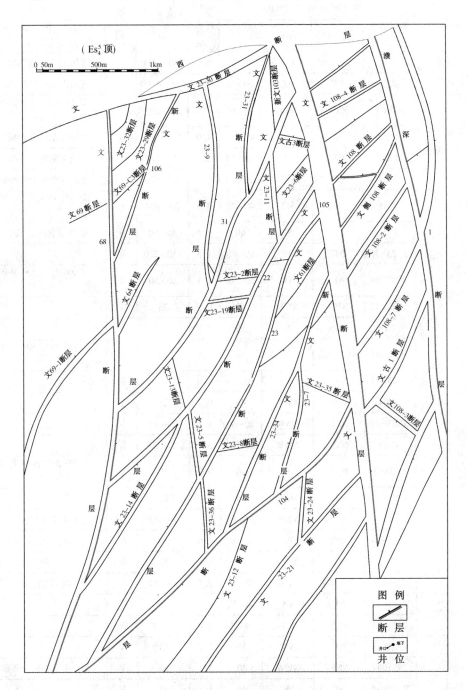

图 2-5-6　文 23 气田构造纲要图

## 表 2-5-3　文 23 气田断层要素统计表

| 序号 | 断层分类 | 断层名称 | 断层产状 | | | 延伸距离/km | 落差/m | 级别 | 作　用 |
|---|---|---|---|---|---|---|---|---|---|
| | | | 走向 | 倾向 | 倾角/(°) | | | | |
| 1 | Ⅱ级区域断层 | 文西 | NEE-NNE | NWW-N | 5~75 | 8.0 | 250~1500 | Ⅱ | 气田北部边界断层 |
| 2 | | 文东 | NE | SE | 10~50 | 8.0 | 500~1400 | | 气田南部边界断层 |
| 3 | Ⅲ级分块断层 | 濮深1 | NNW | NEE | 40~60 | 3.5 | 30~200 | Ⅲ | 文 23 井区与户部寨分界断层 |
| 4 | | 文105 | N | E | 45~70 | 4.0 | 150~300 | | 主块与东块分界断层 |
| 5 | | 文104 | NE | SE | 35~70 | 3.0 | 65~85 | | 主块与南块分界断层 |
| 6 | | 文68 | NNE | SEE | 40~70 | 6.0 | 40~175 | | 主块与西块分界断层 |
| 7 | 断块内部Ⅳ级小断层 | 主块 | 文31 | NNE | SEE | 40~70 | 3.5 | 50~100 | Ⅳ | 文 109 与文 23 井区分界断层 |
| 8 | | | 文22 | NE | SE | 60 | 2.5 | 30~50 | Ⅳ | 文 23-5 井区北部边界断层 |
| 9 | | | 文23-30 | NE | NW | 60~80 | 1.5 | 150~220 | Ⅳ | |
| 10 | | | 新文106 | NE | NW | 50~70 | 1.3 | 30~50 | Ⅳ | 文 106 与文 109 井区分界断层 |
| 11 | | | 文23-32 | NNE | NWW | 60 | 0.9 | 25 | Ⅴ | |
| 12 | | | 文23-9 | N-S | E | 50 | 1.8 | 20 | Ⅴ | |
| 13 | | | 新文103 | NE-NNE | NW | 40 | 1.5 | 20 | Ⅳ | 文 103 与文 109 井区分界断层 |
| 14 | | | 文23-11 | N-S | E | 50~70 | 1.0 | 60 | Ⅳ | |
| 15 | | | 文64 | NNE | NWW | 40 | 0.7 | 26 | Ⅴ | |
| 16 | | | 文23-26 | NEE | NNW | 30~60 | 1.3 | 20~30 | Ⅴ | |
| 17 | | | 文23 | NNE | NWW | 50~70 | 3.7 | 40~50 | Ⅳ | |
| 18 | | | 文23-5 | N-S | E | 50 | 0.7 | 10 | Ⅴ | 文 23-5 井区东北部边界断层 |
| 19 | | | 文23-14 | NE | NW | 50 | 1.8 | 15 | Ⅴ | |
| 20 | | | 新文23-7 | NNE | NWW | 20~40 | 2.4 | 30~40 | Ⅳ | 文 104 井区东部边界断层 |
| 21 | | | 文23-34 | NNE | NWW | 20~40 | 1.6 | 30 | Ⅳ | 文 104 井区西部边界断层 |
| 22 | | 西块 | 文69 | NEE | NNW | 40 | 0.5 | 15 | Ⅳ | 北、中部井区分界断层 |
| 23 | | | 文69-1 | NE-NNE | NWW | 50~70 | 2.5 | 30~40 | Ⅳ | 中、南部井区分界断层 |
| 24 | | 南块 | 文23-12 | NE | NW | 30~50 | 1.2 | 45 | Ⅳ | |
| 25 | | | 文23-21 | NEE | SE | 50~70 | 3.0 | 50~80 | Ⅳ | |
| 26 | | 东块 | 文108-4 | NE | NW | 50 | 0.7 | 15 | Ⅴ | |
| 27 | | | 文108 | NNE | NWW | 40 | 1.1 | 20 | Ⅴ | 北、中部井区分界断层 |
| 28 | | | 文108-2 | NE | SE | 40 | 1.1 | 45 | Ⅴ | |
| 29 | | | 文108-7 | NE | SE | 60 | 1.3 | 110 | Ⅳ | 中、南部井区分界断层 |
| 30 | | | 文古1 | NE | SE | 30~60 | 1.3 | 45 | Ⅳ | |
| 31 | | | 文108-3 | NW | SW | 40 | 0.5 | 30 | Ⅴ | |

（2）文东断层：该断层在文 23 气田内沿北东向延伸约 7.5km，断距大，落差最大达 1450m，它控制文留构造亚带中、晚期的发育。断层形成时间较晚，发生于 $Es_3^2$ 或 $Es_3^1$ 沉积期，结束于 Ed 沉积期，在纵向上文东断层切割文西断层，活动性较强。断层上陡下缓，在沙三段盐间顺向滑动，倾角 10°～50°，倾向为南东，走向为北东。

2）分块断层

在区域构造应力作用下，构造内较大岩体之间相互作用引起的构造应力或局部构造应力形成的三级断层，断距较大，是发育于构造内部的主要断层，对天然气分布起关键作用，也是气田分块断层。

（1）文 68 断层：在文 69-3 井附近，是东濮凹陷内一条贯穿于整个气田的三级断层，断距 40～175m，走向为北北东，落差 40～175m，落差由北向南逐渐加大，是划分主块与西块的分块断层。

（2）文 105 断层：该断层走向为南北，倾向为东，北起文西断层，向南交于文东断层，长度 3.5km，落差 150～380m，是划分主块与东块的分块断层。

（3）文 104 断层：西起文 68 断层，向东北延伸，经文 104 井交于文 105 断层。长度约 3.0km，落差 65～85m，是划分主块与南块的分块断层。

（4）濮深 1 断层：东濮凹陷内一条三级断层，断距 30～250m，走向为北西西，南起文东断层，向北偏西延伸交于文西断层之上，是文 23 构造与户部寨构造的分界断层，长度约 3.5km。

2. 区块划分

根据文 23 气田构造研究成果，结合气藏静态和动态特征，将气田划分为主、东、西、南四个断块区。其中，文西、文 68、文 104、文 105 四条断层组成的断块区为主块；文 105 断层以东、濮深 1 断层以西的断块区为东块；文 104 断层以南的断块区为南块；文 68 断层以西的断块区为西块。断块内部小断层发育，断层较多。相对而言，西块构造相对简单，主块、东块、南块内部断层多，构造较复杂。

## （三）断层封闭性评价

1. 分块断层封闭性

1）静态分析证实分块断层具有封闭性

按照断层两盘接触关系分段判断断层封闭性方法来评价断块内部小断层的封闭性。通过分析断层两盘岩性配置关系，认为文 23 气田存在四种接触关系，分别为气砂–盐接触、气砂–泥接触、气砂–气砂接触、气砂–水砂接触。

其中，气砂–盐接触、气砂–泥接触方式表现出断层具有明显的封闭性；气砂–水砂接触方式由于气、水流动性质的差异和断层泥的作用，使水难以逾越断层而与气层连通；气砂–气砂接触方式可能会使断层不具有封闭性，但由于涂抹作用、碎裂作用和成岩胶结作用，塑性的泥质物或其他非渗透性岩层被拖拽进断层带敷在断层面上，降低了断层带的渗透性，也会使断层具有封闭性。

根据行业标准 SY/T 6365—1998，属于同一压力系统的各储集层必须满足地层压力基本一致、流体性质基本一致、流体界面基本一致的要求。

文 23 气田三条分界断层将气田分成文 23 主块、西块、南块、东块四个断块区，其中边块内部断层封闭性较好，而主块内部断层封闭性较差，它们为各自独立的水动力系统，边界断层和分块断层封闭性均较好。

文23气田文68、文105、文104三条三级断层，断距较大（40～300m），是构造内部的分块断层，控制着天然气分布。纵向上，断层上升盘沙四段的储层与下降盘沙三段下的盐岩接触，呈气砂-盐接触关系，因此断层具有较强的封闭性。

南部分块断层文104断层断距65～85m，主块 $Es_4^4$ 以上地层与南块盐层对接，明显具有封闭性。$Es_4^4$ 以下地层与南块气砂-气砂接触，但两盘相接触的地层呈明显的层状特征，两块之间的气-水界面有较大的差异，南块比主块高50m以上，明显属于两个压力系统。因此，文104断层具有较强的封闭性。

东块与主块分块断层文105断层断距150～300m，主块 $Es_4^4$ 以上砂泥岩地层与东块盐层对接，具有封闭性；$Es_4^4$ 以下地层与东块气砂-气砂、气砂-泥接触，其中 $Es_4^4$ 和东块 $Es_4^{1-2}$ 接触，东块 $Es_4^{1-2}$ 砂地比较低，渗透性较差，同样作为层状特征明显的两盘气-水界面相差20m以上，不属于同一个流动单元。因此，文105断层具有较强的封闭性。

西块与主块分块断层文68断层断距40～175m。其中，西块中南部 $Es_4^3$ 以上地层与主块盐层对接，$Es_4^3$ 以下地层与主块为气砂-气砂接触关系。西块北部 $Es_4^2$ 以上地层与主块为砂-泥接触，$Es_4^2$ 以下地层与主块为气砂-气砂接触关系。西块与主块气砂-气砂接触层位均为物性差、渗透率较低的地层。西块与主块的气-水界面具有明显的差异，从南到北均在50m以上，因此不属于同一个压力系统。文68断层具有良好的封闭性。

2）动态资料证实分块断层具有封闭性

大量动态资料也已证实这三条分块断层具有封闭性。主块于1978年投入试采，边块第一口有RFT测压数据的气井分别在1986～2002年完钻，测压显示均保持原始状态。如1986年7月文69-1井和1989年12月文69-3井RFT测试结果表明，西块压力保持在原始状态，不受主块早期试采文31井、文23井、文104井的生产影响。

压力恢复试井资料表明，靠近分块断层的气井具有明显的断层边界，文69-2井、文69-3井历年压力恢复解释存在封闭边界，距离为12.7～24.7m，证实西块与主块不连通，文68断层属封闭性断层。文108-1井压力恢复解释有一条距井70m左右的断层，证实东块与主块不连通，文105断层属封闭性断层。

3）封闭性试验证实分块断层具有封闭性

为验证断层的封闭性，于2013年6～8月进行了断层封闭性先导试验。选取3条分块断层中断距最小的部位——文68断层北段（40m），在主块内选择一口井（文23-32井）注气，在主块和西块分别选择一口邻井（新文106h井、文69-8井）下入检波器，利用微地震进行监测，监测注气能否穿过断层，以验证断层的封闭性。

注气试验共计进行了58天，注气压力11MPa左右，累计注气 $89.52×10^4m^3$。通过监测表明，因注气在地层中造成的微地震信号都发生在文68断层以东，表明气体波及位置未能穿越分块断层，断层表现出封闭性。

**2. 内部断层封闭性**

文23气田经过十几年的开发，录取了大量RFT和生产资料，综合分析认为，主块内部断层由于断距较小（20～100m），特别是砂层沉积厚，泥岩不稳定，加上气田整体压裂，使断层整体上不具有封闭性，多数生产井压力恢复曲线没有不渗透边界反映。但因断层两盘 $Es_4^{1-2}$ 以上和 $Es_4^{7-8}$ 以下地层的侧向封堵，使断层在局部具有封闭性。

1) 主块内部断层整体上不具封闭性

文 23 气田从 1978 年 12 月在文 23 井进行间断试采，到 1985 年 4 月文 109 井 RFT 测压，地层压力从原始的 38.44MPa 整体下降到 37.24 ~ 37.52MPa，至少反映文 23-9 断层不封闭；到 1985 年 12 月文 104 井投入正规试采后，于 1988 年气田第一批开发井实施 4 口井（文 23-1 井、文 23-2 井、文 23-3 井、文 23-4 井）RFT 测压，地层压力普遍下降 1 ~ 3MPa。如图 2-5-7 所示，每口井基

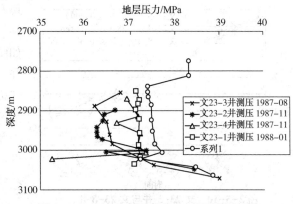

图 2-5-7　文 23 气田部分井 RFT 测压剖面

本具有同一压力水平，明显表现出 $Es_4^{3-6}$ 受到生产井的影响，说明断层对其封堵性差。

2) 少数断层在局部又具有封闭性，形成三个相对封闭的小断块

气田主块整体虽具有一定的连通性，但因断层两盘 $Es_4^{1-2}$ 以上和 $Es_4^{7-8}$ 以下地层的侧向封堵，使断层在局部具有封闭性。分析认为，文 23-31 断层与文 31 断层东北段局部封闭，新文 106 断层局部封闭，文 22、文 23 两条断层的西南段及文 23-5 断层具有一定的封闭性。因此，平面上文 103 块、文 106 块和文 23-5 块相对封闭。

（1）文 103 块。位于主块东北部，由文 31 断层和文 23-31 断层夹持而成，文 103 块气水关系、压力降落与邻块均有很大不同，如图 2-5-8 所示，判断其分界断层封闭，为相对封闭断块。

（2）文 106 块。位于主块西北部，被新文 106 断层和文 68 断层夹持而成。通过文 106 井投产前地层压力的降落，说明该块与气田主力井区有一定的连通性，但从文 106 块和文 109 块的文 23-1 井、文 109 井历年地层压力对比来看，如图 2-5-9 所示，两井历年地层压力相差较大。

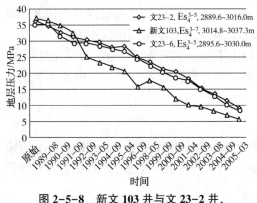

图 2-5-8　新文 103 井与文 23-2 井、
文 23-6 井历年地层压力对比图

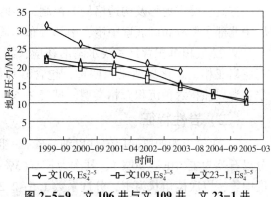

图 2-5-9　文 106 井与文 109 井、文 23-1 井
历年压力对比图

差值在5~9MPa，说明两块不连通，证实该块具有一定的封闭性。

（3）文23-5块。位于主块的西南部，北邻文22断层，东邻文23-5断层，南邻文23断层。从该块的气水关系和生产后的压力情况与主力井区相差较大，推断该断块可能与邻块有一定的封闭性。文23-5井与文23-8井、文22井的历年的地层压力不匹配，如图2-5-10所示。文23-5井、文23-8井、文22井均为1989年投产，但文23-5井历年地层压力与邻块的气井文23-8井和文22井相比，压力变化不同，压力差逐渐加大，目前压力差达到3MPa左右，可认为文22断块南部与文23断层对该块具有封隔性。

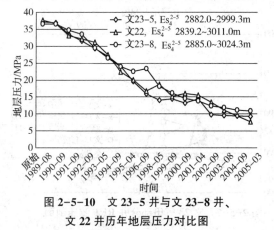

图2-5-10　文23-5井与文23-8井、
文22井历年地层压力对比图

综合分析认为，文23气田分块断层具有封闭性，而主块内部次一级断层不具有封闭性，块内整体连通，同时主块又是最大的开发区块，因此选择主块作为储气库建设的目标区块。主块进一步细分为四个相对不连通的井区，其中文106井区、文103井区、文23-5井区规模较小，中部储量规模较大。

# 四、储层特征

## （一）沉积微相

东濮凹陷早第三纪沙四段早期为干旱、半干旱气候，这种气候条件有利于母岩的机械风化和季节性洪水的形成。因此，在沙四段下部反映为湖退的进积沉积旋回，沉积微相以砂坪、混合坪为主，沉积了较厚的紫红色粉砂岩特别发育的碎屑岩地层。

随着构造活动地壳下沉，沙四段中晚期反映为湖进的退积沉积旋回，湖水逐渐加深。沙四段上部湖底扇发育，沉积微相以浅水浊流、滑塌浊流沉积为主，沉积了以灰色粉砂岩为主的砂泥岩地层，形成了沙四段上灰下红的典型特征。沙四段沉积期物源主要来自本区北西方向，受古地形及构造格局的控制，沙四段地层呈现北高南低的地层产状。因此，本区中北部主要分布湖底扇中扇，南部分布远端扇、咸化深湖及半深湖相沉积地层。

文23气田沉积背景属浅水湖泊环境，沙四段由下至上发育湖坪亚相、滨-浅湖亚相、湖底扇亚相、咸化深湖亚相四种，包含砂坪微相、混合坪、砂质湖滩、中扇浊积、远端扇、滑塌浊积六种沉积微相类型，见表2-5-4。

## （二）岩性特征

文23气田沙四段储层岩性以细粉砂岩-粗粉砂岩为主，部分井段偶见细砂岩。岩石成分以石英为主（70%~90%），其次为长石（3%~20%）、岩屑（3%~17%）。岩石的颗粒磨圆度中等，以次棱角状为主，分选系数1.5~2.2。

表 2-5-4　文 23 气田沙四段沉积相特征表

| 砂层组 | | 沉积相 | | | 厚度/m | 主要岩性 | 代表性沉积构造 | 砂岩占比/% |
|---|---|---|---|---|---|---|---|---|
| | | 相 | 亚相 | 微相 | | | | |
| 沙四上亚段 | 1 | | 咸化深湖相 | | 15 | 浅灰泥岩、白云质泥岩 | 水平纹理、互层层理 | 13 |
| | | 湖底扇相 | | 外扇 | 44 | 暗色泥岩、页岩夹浅灰色粉砂岩 | 水平纹理、递变层理 | 39 |
| | 2 | | 中扇 | 前缘 | 72 | 浅灰色粉砂岩、泥质粉砂岩和泥岩的不等厚互层 | 递变层理、平行层理、浪成波痕层理、波痕层理、水平纹理、底面印痕 | 54 |
| | 3 | | | 辫状水道 | 2 | 块状灰黄色含泥砾粉砂岩和粉砂岩为主,夹浅灰色泥岩 | 递变层理、变形层理、滑塌构造、底面印痕 | 76 |
| | 4 | | 滨湖 | 砂质湖滩岩 | 34 | 块状灰黄色粉、细砂岩夹浅灰色泥岩薄层 | 浪成波痕及其层理、平行层理、冲刷面 | 84 |
| 沙四下亚段 | 5~8 | 湖坪岩相 | | 砂坪 | 78 | 块状紫红色、灰黄色粉砂岩为主,夹泥质粉砂岩、粉砂质泥岩及泥岩混杂 | 大量块状层理,少量波状层理、干涉波痕、平行层理、冲刷面、冲淤构造 | 73 |
| | | | | 混合坪 | 50 | 紫红、浅棕、灰黄色粉砂岩、泥质粉砂岩、粉砂质泥岩、泥岩的不等厚互层 | 大量块状层理,少量波状层理、干涉波痕、平行层理、冲刷面、冲淤构造、水平纹理、互层层理 | 51 |

根据文 109 井和文 23-33 井 X-衍射分析,$Es_4^{2-5}$ 砂组的黏土矿物均以伊利石为主,平均含量为 58.9%。其次为伊/蒙混层,平均含量为 27.3%;绿泥石,平均含量为 10.0%。另有 $Es_4^5$ 砂组中含高岭石,平均含量为 3.8%。

### (三) 物性特征

#### 1. 孔隙类型

根据岩心观察、铸体薄片、电镜扫描等资料的研究分析,文 23 气田储层的孔隙类型多种多样,主要有原生粒间孔、溶蚀粒间孔、溶蚀特大孔、溶蚀伸长孔、粒内溶蚀孔、微孔隙和裂缝。主要的储集空间是次生粒间溶蚀孔。

#### 2. 孔隙结构特征

1) 反映孔喉大小的参数

砂岩排驱压力为 0.07~4.0MPa,平均为 0.79MPa,分布较为集中。平均孔喉半径 0.046~4.20μm,平均为 1.03μm。排驱压力与岩石的孔隙度和渗透率有密切关系,一般来说,孔隙度越高,渗透率越好的岩样,其排驱压力值越低。

2) 表征孔喉分选特征的参数

(1) 均值系数。微观均值系数为 0.017~0.91,平均为 0.25。说明孔喉分布不均匀。

(2) 歪度。歪度为 0.90~2.17,平均为 1.67。反映了孔喉分布相对于平均值偏大。

(3) 分选系数。分选系数为 1.65~5.57,平均为 2.74。反映了孔喉均一程度较差。

3）反映孔喉连通性及控制流体特征的参数

储层的最大进汞饱和度在 30.67%~99.72%，平均为 86.79%；退出效率在 12.89%~93.30%，平均为 36.84%。主要反映了孔喉连通性和喉道大小特征。

4）压汞曲线特征

文 23-33 井和文 109 井所做压汞实验较多，因此筛选出 4 条具有代表性的典型压汞曲线分析各自反映的储层特征，如图 2-5-11 所示。

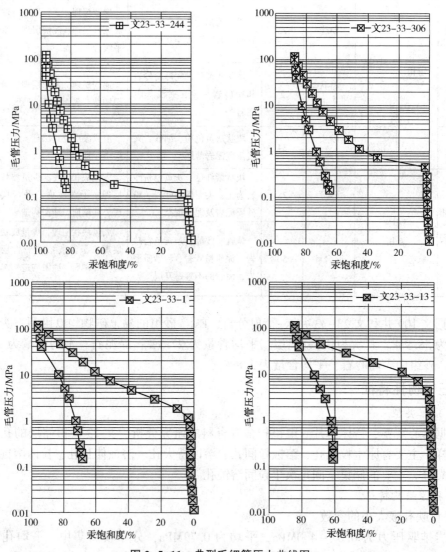

图 2-5-11　典型毛细管压力曲线图

文 23-33 井 244 号样的储层毛管压力曲线平台较宽，位置靠下，排驱压力和中值压力值都很低，孔喉分选较好。代表好储层的毛管曲线特征。

文 23-33 井 306 号样的储层毛细管压力曲线的排驱压力和中值压力都较 244 号样代表的好储层高很多，为较窄的平台，反映为较好储层。

文 23-33 井 1 号、13 号样的毛细管压力曲线的排驱压力和中值压力都较大。13 号样进汞曲线呈细歪度型，略向右凸。具有这两种毛细管压力曲线的储集岩的孔隙度一般均小于 8.00%，渗透率值很小，储渗性能极差，均为差储层。

3. 储层物性特征

1）岩心实测物性

根据文 23 气田文 109 井、文 61 井和文 22 井取心测定的孔隙度和渗透率资料，得到各层段的孔隙度和渗透率值，见表 2-5-5。总体上，$Es_4^{3-8}$ 储层物性要明显好于 $Es_4^{1-2}$ 砂组，储层物性中-差，主要为中-低渗储层。$Es_4^{3-4}$ 储层的物性较好，$Es_4^{5-6}$ 储层物性次之，$Es_4^{1-2}$ 最差。从文 109 井向南到文 22 井，$Es_4^{3-4}$ 储层物性变差，而 $Es_4^{5}$ 储层物性有变好的趋势。文 109 井 $Es_4^{1-2}$ 孔隙度 8.86%~10.32%，平均空气渗透率（0.27~1.77）×$10^{-3}$ μm²，为低孔、低渗储层；$Es_4^{3-8}$ 实测孔隙度 11.4%~13.86%，平均渗透率（3.79~17.12）×$10^{-3}$ μm²，为低孔、中低渗储层。文 23 气田整体上属于中-低渗透层。

表 2-5-5　文 23 气田文 109 井、文 61 井、文 22 井物性分析结果统计表

| 层　位 | 文 109 井 | | 文 61 井 | | 文 22 井 | |
|---|---|---|---|---|---|---|
| | 孔隙度/% | 渗透率/$10^{-3}$ μm² | 孔隙度/% | 渗透率/$10^{-3}$ μm² | 孔隙度/% | 渗透率/$10^{-3}$ μm² |
| $Es_4^1$ | 8.86 | 0.27 | | | | |
| $Es_4^2$ | 10.32 | 1.77 | 14.4 | 10.5 | 7.6 | 0.68 |
| $Es_4^3$ | 13.39 | 12.32 | 12.05 | 11.26 | 11.74 | 4.02 |
| $Es_4^4$ | 13.86 | 17.12 | 13.48 | 3.53 | 10.55 | 2.94 |
| $Es_4^5$ | 12.41 | 3.62 | 11.03 | 1.94 | 12.6 | 12.55 |
| $Es_4^6$ | 11.4 | 3.79 | 13.33 | 3.74 | | |

2）物性分布特征

通过测井资料计算各砂层孔、渗值，研究储层物性变化特征：纵向上，$Es_4^{1-2}$ 砂组砂岩发育程度差，物性较差，储层孔隙度为 10.4%，平均渗透率为 2×$10^{-3}$ μm²；$Es_4^{3-5}$ 砂组砂体发育，储层物性较好，平均孔隙度为 10.6%~13.6%，平均渗透率（3.0~5.9）×$10^{-3}$ μm²；$Es_4^{6-8}$ 砂组物性较 $Es_4^{3-5}$ 差，平均孔隙度 9.4%~11.4%，平均渗透率为（0.8~1.2）×$10^{-3}$ μm²。

平面上，受砂体展布控制，中部、北部和东南部物性较好，主块中北部（文 22 井区、文 23-7 井区和文 106 井区）$Es_4^{3-6}$ 砂组平均孔隙度大于 12%，渗透率大于 3×$10^{-3}$ μm²，南至文 23-8 井附近储层物性逐渐变差。西块、南块物性较差，但局部有物性较好的层段。

4. 储层分类评价

根据砂岩储层分类标准，结合文 23 气田储层特征，将该气田储层分为三类：Ⅰ类储层孔隙度>15%，渗透率>10×$10^{-3}$ μm²；Ⅱ类储层孔隙度在 10%~15%，渗透率为（1~10）×$10^{-3}$ μm²；孔隙度<10%，渗透率<1×$10^{-3}$ μm² 的储层为Ⅲ类、Ⅳ类储层（见表 2-5-6）。其中，Ⅰ类、Ⅱ类储层为常规储层，即用常规手段能够开采。

表 2-5-6　文 23 气田储层分类标准表

| 储层分类 | | I 类 | II 类 | III 类 | IV 类 |
|---|---|---|---|---|---|
| 物性 | $\phi/\%$ | >15 | 10~15 | 8~10 | <8 |
| | $K/10^{-3}\mu m^2$ | >10 | 1~10 | 0.2~1 | <0.2 |
| 孔隙结构 | $X/\mu m$ | <9 | 9~10 | >10 | |
| | $P_d/MPa$ | <0.3 | 0.3~1.5 | >1.5 | |
| | $R_{50}/\mu m$ | >1.5 | 0.3~1.5 | 0.1~0.3 | <0.1 |
| | $S_{min}/\%$ | <15 | 15~25 | 25~50 | >50 |
| 电性 | $R_t/\Omega \cdot m$ | ≥4.0 | 3.0~4.0 | 2~3.5 | ≤2.0 |
| | $\Delta t/(\mu s/m)$ | ≤255 | 250~255 | 230~250 | <230 |
| 单位产能/$[10^4 m^3/(d \cdot m)]$ | | >0.5 | 0~0.5 | 通过压裂实现工业气流 | 难以开采 |

统计文 23 气田 $Es_4^{3-5}$ 砂层组储集性能最好，I 类储层有效厚度占总有效厚度的 63%，物性较差的 III 类储集层仅占 17%，$Es_4^{3-5}$ 砂层组是本区主要含气层。$Es_4^{1-2}$ 砂层组物性最差，几乎无 I 类储集层，以 II 类、III 类为主，III 类储集层占 54%，分布较广，主要在文 106 井区、文 69 井区、文 108 井区发育，该层岩性较细，渗透性能差，胶结物中白云质含量高。

从国内外枯竭砂岩气藏储气库建设标准来看，储层孔隙度一般大于 15%，渗透率一般大于 $100 \times 10^{-3}\mu m^2$，才能满足强注强采、高产的要求。文 23 气田储层物性差、产能低，但该气田储层厚度大，又经过多次压裂，储层的物性得到改善，渗流能力得到一定程度的提高，也可以满足强注强采的要求。

## （四）敏感性特征

### 1. 速敏性评价

根据文 23-33 井 $Es_4^4$、$Es_4^5$ 取心测定速敏性实验数据，速敏损害率在 5%~35%，$Es_4^4$ 砂组 24 号样速敏损害率为 33%，损害程度为中等偏弱，$Es_4^5$ 砂组 10 块样品速敏损害率为 5%~35%，损害程度为弱-中等偏弱，储层岩心渗透率受速敏性影响为弱-中等偏弱。从岩石速度敏感性实验曲线中可以看出，在多数样品中速敏实验曲线临界流速不明显，随着流速的增加，岩样渗透率无明显变化，说明岩样内部未固结的小颗粒很少，不会随着流速的增加而运移堵塞孔道。

### 2. 盐敏性评价

盐敏实验的目的是研究储层岩样在系列盐溶液的盐度不断变化条件下渗透率变化的过程和程度，找出盐度递减系列盐溶液中渗透率明显下降的临界盐度，以及各种工作液在盐度曲线中的位置。

通过对文 23-33 井 15 个岩样实验分析，总体上岩样的渗透率随盐水矿化度下降而下降，临界盐度均为 160000mg/L。

### 3. 酸敏性评价

酸敏性评价实验目的是检验岩样与盐酸、氢氟酸等接触后的反应产物对储层渗透能力的影响。从文 23-33 井实验数据计算结果中可以看出，15 块岩心样品的酸敏损害率在 10.15%~49.23%，其中 4 块样品酸敏损害程度为中等偏弱，占总样品数的 26.7%，11 块样品酸敏损害程度为弱，占总样品数的 73.3%，总体来看酸敏损害程度较弱。

4. 碱敏性评价

碱敏性评价实验的目的是研究储层岩石与不同 pH 值盐水接触作用下岩石渗透率的变化过程，找出碱敏损害发生的条件(临界 pH 值)，以及由碱敏引起的气层损害程度，为各种工作液 pH 值的确定提供依据。通过对文 23-33 井实验数据计算，$Es_4^4$、$Es_4^5$ 砂组 15 个岩心样品的碱敏指数在 20%~30%，渗透率变化值不大，碱敏损害程度均属于弱碱敏。

5. 水敏性评价

通过对文 23-33 井水敏评价实验数据可以看出，$Es_4^4$ 砂组 2 个岩心样品的水敏指数在 44%~47%，水敏损害程度属于中等偏弱，$Es_4^5$ 砂组 13 个岩心样品中有 11 个样品的水敏指数在 30%~47%，水敏损害程度属于中等偏弱，只有 2 个样品(水层)的水敏指数在 53%~63%，水敏损害程度属于中等偏强。

储层的速敏、盐敏、酸敏、碱敏和水敏的敏感性流动实验研究表明，储气主力空间 $Es_4^4$、$Es_4^5$ 砂组储层岩心渗透率受速敏性、碱敏性影响较弱，酸敏、水敏损害程度属于中等，受盐敏影响较强，临界盐度为 160000mg/L。在储气库注气投产时，应有针对性地避免储层伤害的发生。

## (五) 砂体展布特征

砂体发育程度受沉积微相的控制，由于沙四段沉积物源位于北西部，因此，中部、北部砂体发育程度好，向南随着沉积微相的变化及物源距离的加大，砂体发育逐渐变差。平面上，主块砂体发育程度好于边块。纵向上，$Es_4^{1-2}$ 砂体发育较差，为层状气藏；$Es_4^{3-8}$ 砂体极为发育，以块状气藏为主，如图 2-5-12 所示。

1. $Es_4^{1-2}$ 砂体分布

$Es_4^{1-2}$ 自下而上分别为湖底扇远端扇微相和咸化深湖亚相，砂体不发育。由北向南砂体发育程度逐渐变差，砂体呈层状展布，砂体厚度较小，砂岩占比 13%~40%。主块中部为砂体发育有利部位，单井最大钻遇厚度可达 15m(文 23-2 井)，而主块南部文 23-8 井、文 23-5 井以南逐渐相变为盐膏层，砂层发育稳定性较差，井距为 300~500m 的井间连通率为 3%~40%。

2. $Es_4^{3-8}$ 砂体分布

$Es_4^{3-8}$ 自下而上依次为混合坪、砂坪、滨浅湖和湖底扇中扇浊积微相，砂体非常发育，砂岩厚度大，并具有稳定的横向展布。纵向上，砂岩占比达 50%~90%，其中 $Es_4^{4-5}$ 砂岩占比高达 70%~90%；平面上，主块砂岩发育程度高于西块、东块和南块，$Es_4^{3-4}$ 砂岩厚度多超过 60m，砂岩占比 60%~90%，3 个边块砂岩厚度略小，多在 35~50m，砂岩占比 50%~70%。因此，主块 $Es_4^{3-8}$ 砂体比 $Es_4^{1-2}$ 更有利于储气。

## (六) 储层纵向连通性评价

判别各层系、砂组储层在纵向上是否连通，其分析的主要指标是其层间压力系统是否保持一致，以及断块断盘两侧储层砂体的接触关系。对于文 23 气田主块储层的纵向连通性研究，主要采用了泥岩隔层分析法、井层生产状况对比法、断层两盘储层配置分析法来综合分析判断。

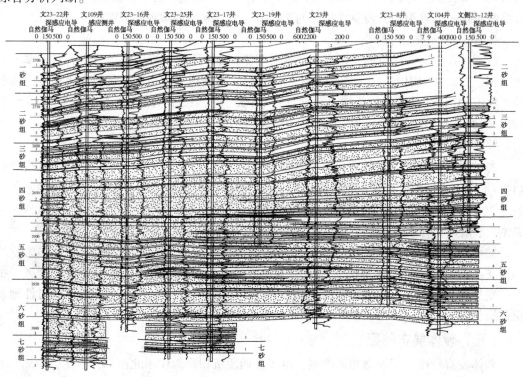

**图 2-5-12　文 23 气田南北方向沙四段砂层对比**

1. 泥岩封闭性评价

1987 年编制文 23 气田开发方案时，西南石油大学所做文 23 气田系统取心井——文 109 井泥岩击穿实验。实验样品取自文 109 井 $Es_4^2$ 泥岩，取样深度分别是 2803.5m、2805.3m，上段为浅灰色泥岩，下段为浅灰色粉砂质泥岩。实验方法是把制备好的岩样置于岩心夹持器中，用高压手摇泵挤水加环压，然后用高压计量油泵将煤油送入岩心，测试煤油在什么压力下通过岩心。

实验结果见表 2-5-7，文 23 气田 0.94cm 的泥岩隔(夹)层，在没有裂缝的条件下，在加压 15MPa 时泥岩无渗透性，说明泥岩本身只要分布连续，在 15MPa 压差之下，均可以作为良好的隔层。

**表 2-5-7　文 109 井泥岩击穿实验结果表**

| 岩心位置/<br>m | 岩心号 | 岩心直径/<br>cm | 岩心厚度/<br>cm | 实验压力/(kg/cm²) | | | 情况 |
| --- | --- | --- | --- | --- | --- | --- | --- |
| | | | | 上流压力 | 下流压力 | 环压 | |
| 2803.5 | 1 | 2.5 | 0.94 | 150 | 0 | 210 | 不渗透 |
| | 2 | 2.5 | 1.24 | 150 | 0 | 210 | 不渗透 |
| | 3 | 2.5 | 2.66 | 150 | 0 | 210 | 不渗透 |
| | 4 | 2.5 | 2.665 | 150 | 0 | 210 | 不渗透 |
| 2805.3 | 1 | 2.5 | 1.39 | 150 | 0 | 210 | 不渗透 |

2. 有效隔层确定

说明泥岩本身只要分布连续，在15MPa压差之下，可以作为良好的隔层。确定隔层标准为：

（1）岩性。根据岩心岩性统计及岩心观察，认为文23气田隔层岩性主要为泥岩、云灰质泥岩、粉砂质泥岩及云灰质含量高的泥质粉砂岩。

（2）电性。根据不同类型岩性的隔层在文109系统取心井测井曲线上的电性响应特征，分类建立岩性-电性典型曲线，以这些典型曲线作为气田其他未取心井利用测井资料确定隔层岩性的依据。统计结果表明，隔层的自然伽马相对值 $\Delta GR>0.70$，自然电位相对值 $\Delta SP>0.65$。

（3）泥质含量。根据隔层自然伽马相对值 $\Delta GR$ 的下限标准，利用 $V_{sh}=0.083(2^{3.7\times\Delta GR}-1)$ 公式（$V_{sh}$ 为岩石中泥质的体积含量），求得文23气田隔层泥质含量下限标准：$V_{sh}>42.0\%$。

（4）厚度。隔层厚度标准的确定主要从工程技术条件出发，考虑到目前限流压裂时要求隔层厚度在 $1.0\sim1.5m$，因而确定气田隔层的厚度下限值为1m。

根据文23气田泥岩隔层分析结果：$Es_4^{1-3}$ 砂组为典型的层状特征；$Es_4^{4-5}$ 砂组块状特征明显，砂组之间及砂组内部隔层薄；$Es_4^{6-8}$ 砂组隔层变厚，层状特征较为明显。依据泥岩隔层发育情况，可将文23气田沙四段储层纵向上大致划分为 $Es_4^{1-3}$、$Es_4^{4-5}$、$Es_4^{6-8}$ 3个连通层段。

$Es_4^{1-2}$ 砂组为远端扇微相沉积，泥岩发育，厚度大且分布稳定，泥岩隔层对气层有较强的分割作用；$Es_4^{3-8}$ 砂组砂层发育且连通性好，由于沉积微相在平面上的差异，砂体具有非均质性，泥岩平面分布稳定性不同，对流体的封隔程度不同。根据隔层厚度、分布范围的不同，将隔层分为3类，即Ⅰ类、Ⅱ类和Ⅲ类隔层，3类隔层的划分标准见表2-5-8。

表2-5-8 泥岩隔层分类标准表

| 参 数 | Ⅰ类隔层 | Ⅱ类隔层 | Ⅲ类隔层 |
|---|---|---|---|
| 分布面积占比/% | >80 | 50~80 | <50 |
| 厚度/m | 3~8 | 1~5 | <1 |
| 封隔能力 | 封隔性强 | 有一定封隔性 | 封隔性差 |

3. 有效隔层分布情况评价

1）$Es_4^{1-2}$ 砂组为典型的层状特征

$Es_4^{1-2}$ 砂组之间隔层厚度除北部文109井区附近在4m以下，普遍在 $5\sim10m$，基本为Ⅰ类隔层，西部文69-1井、23-4井发育最厚，厚度达13.8m。$Es_4^2$ 砂组2号、3号小层之间隔层全气田分布稳定，且厚度大，一般为 $10\sim15m$，尤其在以文64—文23-2井区和文23-23—文108-5井区两条呈北东向的条带为中心最厚，向两侧变薄。

$Es_4^3$ 砂组1号小层顶部（即 $Es_4^{2-3}$ 砂组之间）泥岩分布较稳定，厚度较大，一般在 $5\sim10m$。中、东部地区文61—文23-3井区和文108-3井区泥岩沉积最厚，可达12m。$Es_4^3$ 小层之间隔层分布整体呈现西北向东南、西南方向逐渐增厚的趋势，除北部个别井点相变为厚度小于 1m 夹层外，其他区域均有隔层分布，厚度值变化大，分布范围占气田面积的 80% 以上。如 1 号、2 号小层之间泥岩隔层除北部文 23-22 井区隔层厚度在 1m 以下外，其他地区均稳定分布，厚度变化大，在 1.3~11.1m，由北西方向向西南、东方向逐渐增厚，主块东部文 23-11 井区厚度达 11.1m。

2）$Es_4^{4-5}$ 砂组块状特征明显，砂组之间及砂组内部隔层薄

$Es_4^4$ 砂组顶部（即 $Es_4^{3-4}$ 砂组之间）隔层厚度一般为 2~4m。东块和南块明显厚于主块、西块地区。南部地区文 105 井区隔层厚度达 14m。主块 $Es_4^4$ 砂组小层之间隔层薄，块状特征更明显，而边块小层间隔层相对较厚。如 1 号、2 号小层之间泥岩隔层在全气田范围内广泛分布，厚度变化大，在 1~14.7m，南部地区最厚，文 23-5 井区、文 23-14 井区隔层厚度达 14m 以上。2 号、3 号小层泥岩隔层厚度平面分布不稳定，南部文 68 井区、文 23-10 井区厚度在 8.6~9.8m，向北部泥岩厚度变小，北、中部文 23-9—文 69-5—文 23-19 井区隔层厚度小于 1m。

$Es_4^{4-5}$ 砂组之间隔层较薄，主块泥岩隔层厚度一般小于 1m，基本为 Ⅲ 类隔层，向东、向南变厚。$Es_4^5$ 内部小层之间泥岩隔层厚度相对较薄，平面上分布范围相对较大，局部隔层不发育。主块内部小层间隔层一般在 1~2m，块状特征明显，而边块隔层大于 2m。如 4 号、5 号小层间隔层厚度多在 2~4m，主块文 23-18—文 23-6 井区、文 64 井区泥岩隔层厚度在 1m 以下，而西块地区泥岩沉积较厚，文 69-3 井区泥岩隔层厚度达 9.5m。

3）$Es_4^{6-8}$ 砂组隔层变厚，层状特征较为明显

$Es_4^{5-6}$ 砂组间隔层厚度一般大于 3m，少部分地区泥岩隔层厚度小于 1m，如北部文 106 井区、文 23-1 井区，向南部逐渐变厚。$Es_4^6$ 砂组内部小层间隔层明显增厚，除主块北部文 23-1 井区小于 2m 以外，其他一般大于 4m，向南部厚度增加到 10m 以上。$Es_4^6$ 砂组的 3 号、4 号小层之间北部文 106 井区、文 23-1 井区泥岩隔层厚度小于 1m，向东南方向逐渐变厚，在南部文 104 井区泥岩隔层厚度达 18.8m。$Es_4^{6-7}$ 砂组之间隔层发育稳定，泥岩厚度较大，整体在 6~10m。$Es_4^7$ 砂组内部小层间隔层厚度一般大于 5m。

隔层研究表明：$Es_4^{1-3}$ 砂组为典型的层状特征；主块 $Es_4^{4-5}$ 砂组之间及砂组内部小层间隔层薄，块状特征明显，而边块表现为层状特点；$Es_4^{6-8}$ 砂组整体隔层变厚，表现出了明显的层状特征。

沙四段 3 砂组 2 号小层、小层顶部（即沙四段 3 砂组的 1 号、2 号小层之间）泥岩分布较稳定，厚度较大，一般在 5~10m。中部地区文 23-11—文 23-26 井区泥岩沉积最厚达 11m。沙四段 3 砂组小层之间隔层分布整体均为南北方向向中部逐渐增厚的趋势，除北部个别井点如文 23-31 井相变为厚度小于 1m 夹层外，其他区域均有隔层分布，厚度值变化大，分布范围占气田面积的 90% 以上。

沙四段 6 砂组 5 号小层顶部（即沙四段 6 砂组的 4 号、5 号小层之间）泥岩分布较稳定，厚度较大，内部小层间隔层较 $Es_4^{4-5}$ 明显增厚，除主块北部文 23-1 井区小于 2m 以外，其他一般大于 4m，向南部厚度增加到 10m 以上。一般在 4~8m。中、东部地区文 61—文 23-3 井区、文 108-3 井区泥岩沉积最厚达 10m。隔层分布整体均呈现西北向东南、西南方向逐渐增厚的趋势，北部个别井点相变为隔层厚度 8m 以上，其他区域均有隔层分布，

厚度值变化大，分布范围占气田面积的 80% 以上。

根据文 23 气田泥岩隔层分析结果：$Es_4^{1-2}$ 砂组为典型的层状特征；$Es_4^{3-5}$ 砂组块状特征明显，砂组之间及砂组内部隔层薄；$Es_4^{6-8}$ 砂组隔层变厚，层状特征较为明显。依据泥岩隔层发育情况，可将文 23 气田沙四段储层纵向上大致划分为 $Es_4^{1-2}$、$Es_4^{3-5}$、$Es_4^{6-8}$ 3 个连通层段。

4. 生产状况对比分析

文 23 气田于 1987 年开始编制开发方案，平面上分为 4 个开发单元（主块、西块、南块、东块），主块划分为 $Es_4^{1-2}$ 和 $Es_4^{3-8}$ 两套开发层系，优先开发 $Es_4^{3-8}$ 主力层系，$Es_4^{1-2}$ 作为稳产接替。2001 年编制了 $Es_4^{1-2}$ 开发方案，设计并实施了 6 口产能建设井，并逐步对部分产能较低的 $Es_4^{3-8}$ 生产井进行了上返。$Es_4^{1-2}$ 气藏投入开发后，表现出与 $Es_4^{3-8}$ 气藏不同的开发特征，气井产能低、递减快、边底水发育，如位于气田中部的文 23-19 井，投产几个月后日产水量达到 $30m^3$，明显表示了 $Es_4^{1-2}$ 气藏与 $Es_4^{3-8}$ 气藏不属于同一个压力系统。

由于 $Es_4^{1-2}$ 与 $Es_4^{3-8}$ 之间的泥岩隔层发育，$Es_4^{1-2}$ 气藏没有受到 $Es_4^{3-8}$ 气藏开发的影响，在 $Es_4^{3-8}$ 气藏 2001 年地层压力降低到 15MPa 左右时，$Es_4^{1-2}$ 气藏仍然能够保持较高的压力，因此可以判断 $Es_4^{1-2}$ 与 $Es_4^{3-8}$ 之间分隔性良好。

为进一步落实有效注采单元，把 8 个砂层组细分为 35 个小层，根据邻井生产状况对比法，认为主块主力井区 $Es_4^{32}$—$Es_4^{64}$ 纵向上连通，南、北两个构造高部位 $Es_4^{7-8}$ 纵向裂缝发育。

5. 储层纵向连通性评价结果

通过对文 23 气田主块平面、纵向及断层两盘砂体接触关系研究，建议将气田主块沙四段储层主力注采层系确定为 $Es_4^{3-6}$ 砂组，同时兼顾因天然裂缝发育无法分开的 $Es_4^{7-8}$ 砂组。与主力注采层系接触的 $Es_4^{1-2}$ 砂组也具有连通性，但由于储层物性差、储量基数小，可不予考虑，具体层系如下：

（1）主块中部主力断块区 $Es_4^{32}$—$Es_4^{64}$ 有明显块状特征，气井基本上全部经过压裂，纵向上已经被沟通，在气库设计中作为一套系统考虑。

（2）3 个封闭断块连通纵向单元与中部断块区不同，其中文 103 块处于气田北部构造高部位，含气井段长，下部纵向裂缝发育，其分为 $Es_4^{1-2}$ 与 $Es_4^{3-8}$ 两个连通单元；文 23-5 块位于主块南部低部位、含气井段短，其划分了 3 个连通单元；文 106 块划分了 $Es_4^{11}$—$Es_4^{22}$ 和 $Es_4^{23}$—$Es_4^{63}$ 两个连通单元。

（3）$Es_4^{1-2}$ 储层发育差，层状特征明显，不建议作为气库设计。根据砂体接触关系，部分砂体如与主力储气层位接触，在注气过程中将会被充压。

（4）$Es_4^{7-8}$ 分布范围小，储量基数小，不建议作为强注强采气库设计，但南、北两个高点的储层与上部层位连通良好，可以与主力储气层位一并考虑。

# 五、气藏特征

## （一）流体性质

天然气：成分以甲烷为主，其体积分数为 89.28% ~ 97.13%，乙烷含量 1.13% ~

7.26%，丙烷含量 0.19%~1.81%，$C_5$ 含量小于 0.55%，氮气含量 0.08%~1.44%，$CO_2$ 含量 0.31%~1.51%，气体相对密度 0.5715~0.6813，见表 2-5-9。

表 2-5-9　天然气分析结果表

| 层　位 | 相对密度 | $C_1$/% | $C_2$/% | $C_3$/% | $C_4$/% | $C_5$/% | $CO_2$/% | $N_2$/% |
|---|---|---|---|---|---|---|---|---|
| $Es_4^{1-2}$ | 0.5715~<br>0.5878 | 93.80~<br>97.13 | 1.56~<br>3.34 | <0.35 | 0.11~<br>0.33 | <0.04 | 0.33~<br>0.75 | 0.08~<br>0.64 |
| $Es_4^{3-4}$ | 0.5715~<br>0.6813 | 89.28~<br>92.41 | 1.13~<br>7.26 | 0.19~<br>0.81 | 0.09~<br>0.38 | <0.20 | 0.58~<br>1.19 | 0.46~<br>1.44 |
| $Es_4^{5-8}$ | 0.5748~<br>0.6037 | 91.00~<br>96.71 | 1.57~<br>6.41 | 0.21~<br>1.81 | <0.67 | <0.55 | 0.31~<br>1.51 | 0.31~<br>1.42 |

凝析油：无色透明，含量 10~20g/m³，相对密度 0.7434~0.7802，见表 2-5-10。

表 2-5-10　凝析油分析结果表

| 层　位 | 组分/% | | | | | | | | |
|---|---|---|---|---|---|---|---|---|---|
| | $C_1$ | $C_2$ | $C_3$ | 异 $C_4$ | 正 $C_4$ | 异 $C_5$ | 正 $C_5$ | $C_6$ | $C_7$ |
| $Es_4^{1-2}$ | 0.01 | 0.04 | 0.17 | 0.18 | 0.50 | 0.68 | 1.02 | 3.85 | 10.58 |
| $Es_4^{3-8}$ | 0.03 | 0.06 | 0.23 | 0.28 | 0.65 | 0.90 | 1.89 | 4.66 | 16.03 |
| 层　位 | 组分/% | | | | | | | | |
| | $C_9$ | $C_{10}$ | $C_{11}$ | $C_{12}$ | $C_{13}$ | $C_{14}$ | $C_{15}$ | $C_{16}$ | $C_{17}$ |
| $Es_4^{1-2}$ | 10.12 | 9.19 | 8.67 | 6.05 | 5.79 | 5.56 | 5.25 | 4.80 | 16.99 |
| $Es_4^{3-8}$ | 13.63 | 11.58 | 8.93 | 7.22 | 6.60 | 4.26 | 2.84 | 1.72 | 4.13 |

地层水：高矿化度盐水，总矿化度 $26×10^4$~$30×10^4$ mg/L，$Cl^-$ 含量 $16×10^4$~$18×10^4$ mg/L，水型为 $CaCl_2$ 型（见表 2-5-11）。

表 2-5-11　地层水分析结果表

| 层　位 | $K^+ + Na^+$/<br>(mg/L) | $Mg^{2+}$/<br>(mg/L) | $Ca^{2+}$/<br>(mg/L) | $Cl^-$/<br>(mg/L) | $SO_4^{2-}$/<br>(mg/L) | HCl/<br>(mg/L) | pH 值 | 总矿化度/<br>(mg/L) | 水　型 |
|---|---|---|---|---|---|---|---|---|---|
| $Es_4^{3-4}$ | | | | 175001 | | | | 286999 | $CaCl_2$ |
| $Es_4^7$ | 105190 | 879 | 10835 | 183993 | 210 | 73 | 6 | 301180 | $CaCl_2$ |
| $Es_4^8$ | | | | 174262 | | | | 283118 | $CaCl_2$ |

相态特征：在文 108 井高压物性相图上，如图 2-5-13 所示，临界点 $C$ 位于凝析压力点的左侧，临界温度 $T_c = -77.4℃$，临界压力 $P_c = 5.23MPa$，临界凝析压力 $P' = 10.5MPa$，临界凝析温度 $T' = 30.25℃$，而文 23 气田的地层温度为 113~120℃，平均地层压力为 38.62MPa。气体性质及相图表明文 23 气田为干气藏。

## (二)气水分布特征

### 1. 原始气水分布

#### 1) $Es_4^{1-2}$ 砂层组

气层分布受构造、岩性双重控制。平面上，主块北部为主要含气富集区，气层厚度较大，文 23-18 井单井最大气层厚度达 16.1m，低部位文 23-14 井、文 23-8 井没有钻遇水层，岩性变干。因此，低部位文 22 井—文 23-35 井一线向南岩性尖灭；东块中部的文 108-4 井—

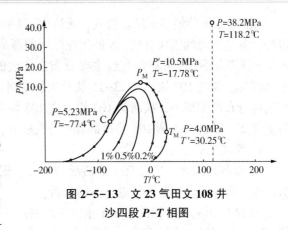

**图 2-5-13 文 23 气田文 108 井 沙四段 $P$-$T$ 相图**

文 108-8 井等 6 个小断块满块含气，东南方向低部位为水，北部断块高部位无钻井，低部位濮深 1 井为干层；南块因相变储层不发育，无气层分布；西块受构造、岩性双重控制，北部文 69-5 块、文 69 块构造高部位为气，低部位有边水(气-水界面深度 2845m)，文 69-3 井附近气层厚度较大(11.3m)，文 69-3 井向南相变为干层；南部文 69-1 块仅文 69-7 井、文 69-1 井周围有气层分布，向南相变为干层。纵向上，气砂体呈层状分布，厚度一般在 2~7m，气砂体间均有较稳定的厚泥、盐膏层相隔，$Es_4^2$ 是主要含气层段，其气层厚度比 $Es_4^1$ 厚。

#### 2) $Es_4^{3-8}$ 砂层组

气层分布主要受构造控制，整体上由东倾或东南倾断层控制流体分布，为具有边(底)水的层状(块状)气藏，自西向东气-水界面呈阶梯状向下掉。横向上，各块天然气富集程度不一，主块为主要含气富集区，西块次之，东块和南块较薄。

主块气层分布受构造控制，气-水界面深度 2993~3074m，其内部的气-水界面也表现出差异性，随内部东倾断层向下掉，呈现自西向东逐渐降低的趋势。

主块内部由于断层的分割，组成了 13 个断块，北部气-水界面高于南部，见表 2-5-12。平面上，气层分布范围大，基本满块含气，气层厚度大，单井气层厚度绝大部分在 60m 以上，中、北部及东部，单井气层厚度都在 100m 以上，最大 136.7m。

**表 2-5-12 主块气-水界面表**

| 主块 $Es_4^{3-8}$ | | 主块 $Es_4^{3-8}$ | |
|---|---|---|---|
| 区　块 | 气-水界面/m | 区　块 | 气-水界面/m |
| 文 106 | 3001 | 文 104 | 3030 |
| 文 109 | 3017 | 文 23-3 | 3029 |
| 文 31 | 2993 | 文 23-5 | 3003 |
| 文 103 | 3021 | 文 23-36 | 2993 |
| 文 23-2 | 3032 | 文 22 | 3023 |
| 文 23-6 | 3036 | 文 105 | 3074 |
| 文 23 | 3044 | | |

纵向上，3 砂组基本满块含气，无边水；4 砂组除文 23-5 块低部位有一很小范围有边水外，其他各块均满块含气；5 砂组在断块的西南部文 22 块、文 23-5 块、文 23-36 块为水层，无气层分布；6 砂组气层主要分布在主块的北部文 109 块构造顶部、文 23-9 块构造高部位、新文 103 块、文 23-15 块及主块东南部的文 105 块，其他各块均为水层；7 砂组气层分布范围很小，仅新文 103 块及文 105 块有小范围气层分布，边水范围很小；8 砂组除文 23-35 井和文侧 105 井顶部有部分气层外，其余均为水层，无气层分布。

**2. 目前气水分布**

文 23 气田边水、底水有一定的活动能力。根据新井测井解释成果和投产情况，对气水界面、边界移动情况作了进一步的分析。

文 23 气田主块可划分为 8 个小区块。利用文 23 气田近几年来新钻的、具有可对比性的 20 多口新井气-水界面值与其周围处于原始状态的老井气-水界面值进行对比，结果显示，由于各个区块原始气-水界面、气井生产层位、产量和投产方式存在差异，导致主北块与南部断块气-水界面变化情况有差异。从总体上来说，主块 $Es_4^{3-8}$ 边水发育，气井生产过程中很快见水，无法稳定生产；主块 $Es_4^{3-8}$ 气-水界面自开发以来没有明显的上升，除南部低部位文 22 块上升 10m 外，其他断块均在 2~5m，如图 2-5-14 所示。反映出主块 $Es_4^{3-8}$ 气田地层水能量弱，对主块 $Es_4^{3-8}$ 气井生产没有明显的影响。

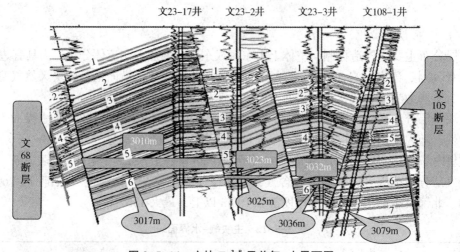

**图 2-5-14　主块 $Es_4^{3-8}$ 目前气-水界面图**

再者，从主北块压降曲线可以看出，其线性相关系数均大于 0.995，没有上翘现象，也说明了底水不活跃，驱动类型仍为弹性气驱。同时，从该块水气比曲线上看，该块水气比变化趋势也较为平稳，说明地层水没有突进现象。

**3. 边水推进对库容的影响**

根据各断块气-水界面上升情况，初步计算边水、底水上升影响库容量为 $0.9968 \times 10^8 m^3$，对库容量影响较小，再加上边水、底水活动能量较弱，建库时可以不考虑它们的影响。

## （三）气藏温度、压力

文23气田沙四段气藏属于常温、高压系统，根据文109井、文69-1井RFT测试资料，结合试采过程中的测压资料，确定文23气田沙四段原始地层压力为38.62～38.87MPa，压力系数为1.29～1.34，为高压系统。

地层温度113～120℃，地温梯度3.05℃/100m，气藏属正常温度系统。

## （四）气藏类型

文23气田沙四段气藏存在多种圈闭因素，气田主块和边块气藏类型有所不同。边块为具有边水的层状砂岩干气藏；主块因$Es_4^{1-2}$砂组与$Es_4^{3-8}$砂组之间的泥岩在厚度和平面上发育稳定，$Es_4^{1-2}$为边水层状砂岩干气藏，$Es_4^{3-8}$为具有边（底水）的块状特征的层状砂岩干气藏。

# 六、库容评价

## （一）储量评价

### 1. 探明地质储量

1986年，在文23气田完钻井15口、试气获工业气流井8口的基础上计算地质储量。气田平面上分两个计算单元，即西部（文69块）和东部（包括文109块、文108块和文104块）；纵向上分1个计算单元（$Es_4^{1-8}$），上报探明含气面积12.2km²，天然气地质储量149.4×10⁸m³。其中，西部文69块含气面积2.2km²，天然气地质储量14.6×10⁸m³；东部（包括文109块、文108块和文104块）含气面积为10.0km²，储量134.8×10⁸m³，见表2-5-13。

表2-5-13 文23气田1986年上报探明储量表

| 层位 | 单元 | 面积/km² | 厚度/m | 孔隙度/% | 饱和度/% | 地层温度/℃ | 偏差系数 | 综合系数/[10⁸m³/(km²·m)] | 储量/10⁸m³ |
|---|---|---|---|---|---|---|---|---|---|
| $Es_4^{1-8}$ | 东部 | 10.0 | 61.0 | 12.5 | 64 | 113 | 1.080 | 0.2210 | 134.8 |
| | 西部 | 2.2 | 30.0 | 12.5 | 64 | | 1.080 | 0.2210 | 14.6 |
| 合计 | | 12.2 | 55.4 | | | | | | 149.4 |

### 2. 地质储量评价

气田从1978年开始试采，到2000年气田进入开发调整阶段，至今已经历了30多年的试采、开发，取得了十分丰富的静态、动态资料，开展了多轮气藏描述。自2004年以来，围绕气田调整挖潜，又相继完钻25口新井。在此基础上，利用重新处理的三维地震资料开展了气田的构造、储层、流体分布等方面的研究，对气田的构造、砂体展布及流体分布有了更深入的认识，储量更为落实。

1）储量计算单元

平面上，由于不同断块气-水界面不同，本次以具有同一压力、气-水系统的小断块为单元。纵向上分为$Es_4^{1-2}$、$Es_4^{3-5}$、$Es_4^{6-8}$ 3个层系，共54个计算单元。

2）气层有效厚度

依据气层解释电性标准，对气田82口井进行了分砂组气层解释，最大气层厚度

141.4m（新文 103 井），最小气层厚度 2.7m（文 23-10 井），以此为基础，编制了 $Es_4^{1-2}$、$Es_4^{3-5}$、$Es_4^{6-8}$ 3 个层系的气层有效厚度等值图，分别对各单元按面积权衡法进行了有效厚度计算。

3）储量评价结果及对比

文 23 气田叠合含气面积 11.76km²，天然气地质储量 132.79×10⁸m³。其中，主块含气面积 8.15km²，储量为 116.10×10⁸m³（其中，3~5 号砂组储量 102.65×10⁸m³；6~8 号砂组储量 9.52×10⁸m³；1 号、2 号砂组储量 3.93×10⁸m³），见表 2-5-14。

表 2-5-14　文 23 气田储量评价表

| 区　块 | 层　位 | 面积/km² | 厚度/m | 综合系数/[10⁸m³/(km²·m)] | 储量/10⁸m³ |
|---|---|---|---|---|---|
| 主块 | $Es_4^{1-2}$ | 5.21 | 6.81 | 0.1107 | 3.93 |
| | $Es_4^{3-5}$ | 6.98 | 68.93 | 0.2204 | 102.65 |
| | $Es_4^{6-8}$ | 3.55 | 13.25 | 0.2022 | 9.52 |
| | 小计 | 8.15 | 69.15 | | 116.10 |
| 西块 | $Es_4^{1-5}$ | 1.24 | 32.92 | 0.2014 | 8.22 |
| 东块 | $Es_4^{1-5}$ | 1.47 | 18.34 | 0.2085 | 5.62 |
| 南块 | $Es_4^{1-5}$ | 0.62 | 24.3 | 0.1887 | 2.84 |
| 合　计 | | 11.76 | | | 132.79 |

与 1986 年上报探明天然气地质储量时相比，目前完钻井增加了 73 口，划分有效厚度井增加了 69 口，本次储量评价以砂组和小构造断块为计算单元，各单元参数取值按断块实际资料，比探明储量更接近气田实际。因此，储量评价结果可靠。

3. 压降储量计算

文 23 气田主块 $Es_4^{3-8}$ 气-水界面自开发以来没有明显的上升，反映出主块 $Es_4^{3-8}$ 气田地层水能量弱，对主块 $Es_4^{3-8}$ 气井生产没有大的影响，地层水弹性能量小。气藏的驱动能量以天然气的弹性能量为主，适合用压降法来计算气藏的动态储量。

1）计算单元的划分

根据重新对构造的精细研究，依据各断块气井的气-水界面，以及气田内部断层封闭性的评价成果，将主块划分为 5 个断块，见表 2-5-15。

表 2-5-15　文 23 气田主块断块划分表

| 断　块 | 小断块 | 边界断层 |
|---|---|---|
| 主块 | 文 106 | 文西、文 68、文 106 |
| | 新文 103 | 文 105、新文 103、文 31 |
| | 文 109 | 文西、文 68、文 31、新文 103 |
| | 文 23 | 文 68、文 23-5、文 104、文 105、文 31 |
| | 文 23-5 | 文 68、文 22、文 23、文 23-5 |

为了进一步细化 5 个小断块内的连通单元，又将 5 个断块分为 13 个压力单元，即文 106 断块和文 103 断块各分为 $Es_4^{1-2}$ 和 $Es_4^{3-8}$ 两个系统，文 109 断块和文 23 断块各分为 $Es_4^{1-2}$、$Es_4^3$、$Es_4^{4-5}$、$Es_4^{6-8}$ 四个系统，文 23-5 断块为一个独立的系统。

2）$Es_4^{1-8}$ 压降储量计算

（1）分单元压降储量。

根据文 23 气田实际生产状况和构造、断层分布等特点，采取累计产量加权平均法，确定各单元的平均地层压力，利用压力 $P$-$Z$ 的关系式确定 $Z$ 值，建立视气层压力 $P/Z$-累计产量的关系式：$G_R = G_p \times (P_i/Z_i)/(P_i/Z_i - P/Z)$ 计算出各单元压降储量，即得出主块 $Es_4^{1-8}$ 压降储量为 $108.6512 \times 10^8 m^3$，见表 2-5-16。

**表 2-5-16　文 23 气田主块 $Es_4^{1-8}$ 分井区分层系压降储量汇总表**

| 断　块 | 砂层组 | 目前累计产量/ $10^8 m^3$ | 原始地层压力/ MPa | 目前地层压力/ MPa | 原始视地层压力/ MPa | 压缩因子 | 目前视地层压力/ MPa | 压降储量/ $10^8 m^3$ |
|---|---|---|---|---|---|---|---|---|
| 文 109 | 1-2 | 0.9790 | 38.62 | 10.21 | 36.10 | 0.9376 | 10.89 | 1.4019 |
| | 3 | 3.4633 | 38.62 | 3.78 | 36.10 | 0.9693 | 3.90 | 3.8827 |
| | 4-5 | 28.9689 | 38.62 | 2.58 | 36.10 | 0.9976 | 2.59 | 31.2044 |
| | 6-8 | 5.1483 | 38.62 | 7.87 | 36.10 | 0.9471 | 8.31 | 6.6877 |
| 文 23 | 1-2 | 1.7763 | 38.62 | 9.65 | 36.10 | 0.9412 | 10.25 | 2.4809 |
| | 3 | 3.9160 | 38.62 | 6.89 | 36.10 | 0.9517 | 7.24 | 4.8983 |
| | 4-5 | 37.9711 | 38.62 | 2.56 | 36.10 | 0.9976 | 2.57 | 40.8768 |
| | 6-8 | 4.2504 | 38.62 | 5.98 | 36.10 | 0.9570 | 6.25 | 5.1401 |
| 文 103 | 1-2 | 0.0050 | 38.62 | 15.00 | 36.10 | 0.9457 | 15.86 | 0.0089 |
| | 3-8 | 3.9049 | 38.62 | 8.97 | 36.10 | 0.9430 | 9.51 | 5.3019 |
| 文 106 | 1-2 | 0.0514 | 38.62 | 25.34 | 36.10 | 0.9651 | 26.26 | 0.1885 |
| | 3-8 | 1.9733 | 38.62 | 15.53 | 36.10 | 0.9336 | 16.63 | 3.6596 |
| 文 23-5 | 3-8 | 1.4850 | 38.62 | 16.57 | 36.10 | 0.9342 | 17.74 | 2.9194 |
| 合　计 | | 93.8929 | | | | | | 108.6512 |

（2）整体压降储量。

根据文 23 气田主块历年单井实测静压，采取累计产量加权平均法，确定主块的平均地层压力，整理阶段压降和阶段采出气量，建立压降关系图，回归出主块的压降方程，如图 2-5-15 所示：$P/Z = -0.3337 G_p + 35.621$。

压降方程中，系数项代表压力下降规律，而常数项是气藏原始状态。该块原始气层压力为 38.62MPa，原始压力下的 $Z_i = 1.0698$，因此 $P_i/Z_i = 36.1$。因此，必须根据物质平衡方程进行校正，其校正后的压降方程为：$P/Z = -0.3337 G_p + 36.1$。

计算主块 $Es_4^{1-8}$ 压降储量为 $108.18 \times 10^8 m^3$，与各块累计相加的结果基本一致。

3）$Es_4^{3-8}$ 压降储量计算

同 $Es_4^{1-8}$ 整体压降储量计算，计算主块 $Es_4^{3-8}$ 压降储量，如图 2-5-16 所示为根据压降储量关系图，回归出主块的压降方程 $P/Z = -0.347G_p + 35.975$。

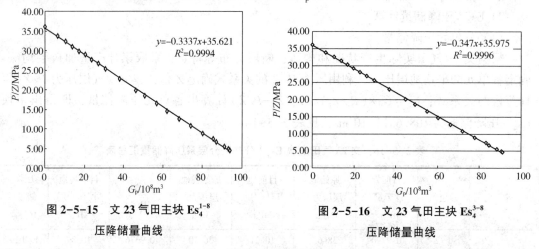

**图 2-5-15　文 23 气田主块 $Es_4^{1-8}$**
**压降储量曲线**

**图 2-5-16　文 23 气田主块 $Es_4^{3-8}$**
**压降储量曲线**

根据物质平衡方程进行校正，其校正后的压降方程为：$P/Z = -0.347G_p + 36.16$，计算主块压降储量为 $104.2135 \times 10^8 m^3$。

4. 可采储量计算

根据气藏生产实际和资料情况，采用经验公式法、二项式产能方程法和产量-压力等方法计算文 23 气田主块废弃压力 2.5MPa，按 $P/Z = -0.347G_p + 36.1$ 方程计算废弃压力为 2.5MPa 时，主块剩余可采动用储量 $7.32 \times 10^8 m^3$。2013 年 12 月底，主块地层压力 4.44MPa，剩余可采动用储量 $12.21 \times 10^8 m^3$。计算剩余可采储量 $5.95 \times 10^8 m^3$。

## （二）库容评价

1. 单元的划分

$Es_4^{1-2}$ 储层发育差，具有层状特征，下部泥岩隔层稳定，不作为库容考虑。由于断层的影响，较低部位的文 104、文 23-2 等 5 个小块部分砂体与上盘的主力储气层位连通，设计时一并考虑。

主块 $Es_4^{3-6}$ 具有明显的块状特征，气井生产过程中的压裂改造进一步加强了纵向上的沟通，是储气库的主要储集空间。

$Es_4^{7-8}$ 南、北两个高点的储层天然裂缝发育，与上部层位连通良好，设计时与主力储气层一并考虑。

文 23 气田主块地质储量规模大、内部断层封闭性差、储层厚度大且连通性好、主力层系具块状特征、边底水不活跃等特点，因此将主块 $Es_4^{3-8}$ 作为气库储气单元。

2. 库容评价

库容量是气库存气量，也是气库可以动用的工作气量，它的大小决定了气库的调峰和应急能力，一般都用压降储量来反映储气库的库容，而用原始压力状态下的库容量来反映储气库的储气规模。

根据压降储量计算结果，气田主块 $Es_4^{3-8}$ 计算压降储量为 $104.21\times10^8m^3$，因此确定文 23 气田储气库最大库容量是 $104.21\times10^8m^3$，即为气库在注气压力达到 38.6MPa 时的库容量。

# 七、三维地质模型

## （一）建模准备

精细地质建模采用两步法建模策略对文 23 气田进行三维精细地质模型的建立。本次精细地质建模工区面积 7.3km²，共收集 91 口井数据。针对本区井网较密、井距较小的特点，在准确控制储层横向变化的同时，将网格总数控制在当前计算机处理能力所允许的范围内，模型平面网格采用了 20m×20m 的间距，纵向上细分为 276 个小层，总网格数 13330800 个。

## （二）构造模型的建立

### 1. 断层模型的建立

文 23 气藏处于较复杂的断块地区，断层较为发育，断层产状在纵向上变化较大。本次建模利用高精度三维地震解释的断层 stick 数据，并结合原顶面构造数据生成断层面来实现。通过精细的断层线处理，建立了各断层的断面，使断层线倾角相互间具有继承性，断面相对光滑，并且对井上断点位置进行调整和锁定，使其与断面相吻合，如图 2-5-17、图 2-5-18 所示。

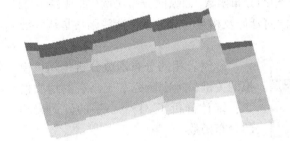

图 2-5-17 E-W 向断层剖面图

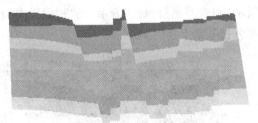

图 2-5-18 N-S 向断层剖面图

### 2. 层位模型的建立

利用地震解释的地质层位作为趋势约束，对井上单砂体分层数据通过空间插值，建立了各个地质小层分界面模型，如图 2-5-19 所示。

为有效表征储层内部纵向上的非均质性，在建模过程中，需要在纵向上对网格进行细分：前 7 个砂组共 31 个小层，经过细分以后，纵向上细分为 276 个网格，如图 2-5-20、图 2-5-21 所示。

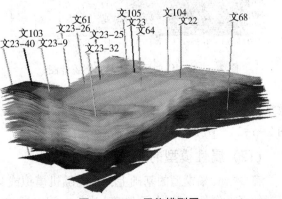

图 2-5-19 层位模型图

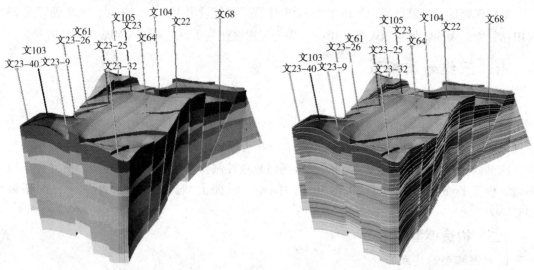

图 2-5-20　纵向上小层单元(细分前)　　　　图 2-5-21　纵向上小层单元(细分后)

## (三) 砂体骨架模型的建立

在文 23 储气库三维地质建模过程中,井间砂体分布形态主要借助井-震联合绘制的岩相平面分布图作为约束,以确定性的克里金插值方法建立砂岩骨架模型。

在随机模拟中(如序贯指示模拟),各种岩相的分布函数[如纵向分布比例(如图 2-5-22 所示)和变差函数]标志着单个岩相的纵向与横向延伸及相互间的关系,这些函数是从井数据分析基础上建立的。

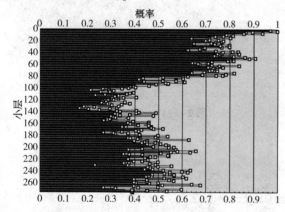

图 2-5-22　纵向层位砂泥比例统计图

砂泥岩相的分布函数分析是随机模拟的关键,本次研究基于已有的地质概念,统计分析了 31 个小层的砂泥岩相的分布函数。

在进行岩性变差函数拟合时,根据各沉积单元的特征,分别应用球状模型,定义不同规模的搜索锥、搜索步长、步长容差、角度容差,通过多次反复的角度与参数实验,计算出空间点对应的变差,拟合了主、次和纵向三个方向变差函数曲线。

以粗化后的单井砂泥岩曲线作为硬数据,岩相平面分布图作为约束,以确定性的克里金插值方法得到砂岩骨架模型,如图 2-5-23、图 2-5-24 所示。

## (四) 属性模型的建立

在砂岩骨架模型的基础上,采用随机模拟或其他地质统计学方法,对测井解释和岩心资料解释的属性参数(如孔隙度)进行空间内插和外推。该方法在储层参数预测时确保了预

图 2-5-23 砂岩骨架模型

图 2-5-24 砂岩骨架栅状模型

测结果在井点处忠实于井上的数据，在井点以外则根据储层参数的空间变化规律、参数的分布概率等进行储层参数的预测。

针对不同物性参数特点，采用不同的方法，分别计算得到了孔隙度、渗透率、净毛比等属性参数模型。

1. 孔隙度模型的建立

将孔隙度曲线粗化后，在数据分析得到的变差函数的基础上，以建立的砂体模型作为约束，以地震反演的波阻抗数据作为协变量，采用序贯高斯协同模拟方法，得到 5 个孔隙度模型，通过对 5 个孔隙度模型做算术平均计算，得到最终的孔隙度模型，如图 2-5-25、图 2-5-26 所示。

图 2-5-25 孔隙度模型

图 2-5-26 孔隙度栅状模型

2. 渗透率模型的建立

将渗透率曲线粗化后，在数据分析得到的变差函数的基础上，以建立的砂体模型作为约束，以孔隙度数据作为协变量，采用序贯高斯协同模拟方法，得到 5 个渗透率模型，通过对 5 个渗透率模型做算术平均计算，得到最终的渗透率模型，如图 2-5-27、图 2-5-28 所示。

3. 净毛比模型的建立

以砂岩解释数据为基础，根据单井砂岩有效厚度解释结果，计算得到井上各砂体净毛比。然后，将渗透率曲线粗化，在数据分析得到的变差函数的基础上，以建立的砂体模型作为约束，采用序贯高斯协同模拟方法，得到 5 个净毛比模型，通过对 5 个净毛比模型做算术平均计算，得到最终的净毛比模型，如图 2-5-29、图 2-5-30 所示。

图 2-5-27 渗透率模型

图 2-5-28 渗透率栅状模型

图 2-5-29 净毛比模型

图 2-5-30 净毛比栅状模型

## (五) 流体模型的建立

以往,根据测井解释饱和度插值生成原始含油饱和度模型存在很多问题:一方面,测井解释的原始含油饱和度的可信程度值得商榷;另一方面,利用软件插值生成的饱和度场不符合地质规律。

本次含气饱和度模型的建立通过收集整理试油、试采资料及生产动态监测资料,对工区内生产井目前气-液界面的深度值进行插值,生成气-水饱和度界面,如图 2-5-31 所示。在模型中,气-水界面以上结合岩心分析资料、生产监测资料、测井解释成果,并参考以往储量上报采取的含气饱和度参数,给定含气饱和度为 0.55,气-水界面以下含气饱和度为 0,含水饱和度为 1,如图 2-5-32 所示。

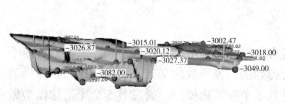

图 2-5-31 气-水界面等值图

图 2-5-32 含气饱和度模型

### （六）地质模型储量计算

地质建模时应用容积法采用以下公式来计算天然气气藏地质储量，计算的区块总地质储量为 $111.15\times10^8\mathrm{m}^3$，原核实地质储量为 $116\times10^8\mathrm{m}^3$，与地质核算储量相比相对误差为 4.2%。从小层地质储量对比结果来看，最大相对误差高达 47%，从趋势上看，地质储量比相对误差较大的小层地质储量小，当核实地质储量作为分母以后放大误差观测效果，本身这些小层的绝对误差在允许范围内，因此地质模型计算的储量符合建模要求，从另一方面反映了模型属性值与实际地质认识相符。

平面上由于断层封闭性，气库分割成 4 个相对不连通的单元，即文 106 块、文 103 块、文 23-5 块及主块。地质储量计算结果，文 23-5 块有效孔隙体积 $0.036\times10^8\mathrm{m}^3$，地质储量 $7.32\times10^8\mathrm{m}^3$，占总地质储量的 6.58%；文 106 块有效孔隙体积 $0.061\times10^8\mathrm{m}^3$，地质储量 $9.23\times10^8\mathrm{m}^3$，占总地质储量的 8.3%；文 103 块有效孔隙体积 $0.036\times10^8\mathrm{m}^3$，地质储量 $4.6\times10^8\mathrm{m}^3$，占总地质储量的 4.13%；主块单元有效孔隙体积 $90\times10^8\mathrm{m}^3$，地质储量 $90\times10^8\mathrm{m}^3$，占总地质储量的 80.97%。

## 八、气田开发特征

### （一）气藏开发特征

**1. 产能特征**

**1）自然产能特征**

开发初期，主块气井投产后均能自喷生产，其中，生产 $Es_4^{3-8}$ 砂组稳定产量在 $(3.5\sim33.12)\times10^4\mathrm{m}^3/\mathrm{d}$，平均值为 $10.02\times10^4\mathrm{m}^3/\mathrm{d}$，根据气井产能分类，符合中产气井标准。统计有产能试井的 9 口井，见表 2-5-17，构造位置高，储层物性好的中北部自然产能高，最高产能井为文 23-1 井，达到 $33.12\times10^4\mathrm{m}^3/\mathrm{d}$，其无阻流量为 $112.14\times10^4\mathrm{m}^3/\mathrm{d}$；边部及低部位相对较低，自然产能在 $(3.1\sim5.9)\times10^4\mathrm{m}^3/\mathrm{d}$。

表 2-5-17　2000 年前主块自喷井产能试井统计表

| 序　号 | 井　号 | 测试时间 | 层　位 | 井段/m | 厚度/m、层数/层 | 稳定产量/($10^4\mathrm{m}^3/\mathrm{d}$) | 无阻流量/($10^4\mathrm{m}^3/\mathrm{d}$) |
|---|---|---|---|---|---|---|---|
| 1 | 文 23 | 1987-06 | $Es_4^{1-6}$ | 2813.2~3026.8 | 102.3、34 | 4.66 | 21.71 |
| 2 | 文 23-1 | 1989-08 | $Es_4^{3-4}$ | 2847.5~2998.4 | 82.1、42 | 33.12 | 112.14 |
| 3 | 文 23-2 | 1989-10 | $Es_4^{3-5}$ | 2889.6~3016.0 | 76.2、32 | 13.32 | 39.60 |
| 4 | 文 23-3 | 1987-10 | $Es_4^{5-6}$ | 2960.0~3028.9 | 43.3、16 | 5.90 | 15.83 |
| 5 | 文 23-4 | 1989-10 | $Es_4^{3-6}$ | 2870.5~3003.5 | 69.9、26 | 5.20 | 19.27 |
| 6 | 文 23-5 | 1988-03 | $Es_4^{3-4}$ | 2925.6~2976.5 | 28.7、14 | 3.50 | 10.08 |
| 7 | 文 31 | 1978-09 | $Es_4^6$ | 2985.0~2987.4 | 2.4、1 | 8.20 | 12.05 |
| 8 | 新文 23-7 | 2000-08 | $Es_4^{6-7}$ | 2961.0~3044.0 | 43.8、26 | 6.22 | 7.31 |
| 9 | 文 109 | 1986-11 | $Es_4^{1-2}$ | 2746.0~2770.0 | 13.2、7 | 3.10 | 17.42 |
| 平　均 | | | | | | 9.25 | 28.38 |

气井开发初期的稳定自然产能差异较大，初期稳定产能在 $(1.83 \sim 32.10) \times 10^4 \mathrm{m}^3/\mathrm{d}$。从纵向上看，生产主力层系 $\mathrm{Es}_4^{3-5}$ 的气井产能相对较高，生产层系 $\mathrm{Es}_4^{1-2}$ 的气井产能相对较低。

气井的稳定产能与构造位置相关，构造高点、储层物性好、厚度大的区域气井产能高，初期稳定产能在 $(10 \sim 35) \times 10^4 \mathrm{m}^3/\mathrm{d}$，这些井主要分布在主北块的文 109—文 23-9 井区、南部高点的文 105 井区及北部高点的文 103 井区。在这一带的周边产能稍低，初期稳定产能在 $(5 \sim 10) \times 10^4 \mathrm{m}^3/\mathrm{d}$，主要分布在储层物性稍差的文 106 井区、文 109 井区低部位及构造堑块的文 23—文 23-33 井区。低部位产能最低，初期稳定产能在 $5 \times 10^4 \mathrm{m}^3/\mathrm{d}$ 以下，主要分布在西南部的文 22—文 23-5 井区的南部低渗区，见表 2-5-18。

表 2-5-18　主块气井初期稳定产能统计表

| 井　号 | 投产日期 | 生产层位 | 稳定自然产能/ $(10^4\mathrm{m}^3/\mathrm{d})$ | 采气指数/ $(10^4\mathrm{m}^3/\mathrm{d}\cdot\mathrm{MPa}^2)$ | 单位厚度采气指数/ $[10^4\mathrm{m}^3/(\mathrm{d}\cdot\mathrm{MPa}^2\cdot\mathrm{m})]$ |
|---|---|---|---|---|---|
| 文 23-1 | 1988-11 | $\mathrm{Es}_4^{3-6}$ | 32.1 | 0.087 | 0.001 |
| 文 23-6 | 1989-12 | $\mathrm{Es}_4^{3-5}$ | 30.3 | 0.073 | 0.001 |
| 文 23-2 | 1988-10 | $\mathrm{Es}_4^{3-5}$ | 23.7 | 0.050 | 0.001 |
| 文 108-1 | 1990-12 | $\mathrm{Es}_4^{3-7}$ | 17.55 | 0.048 | 0.000 |
| 文 31 | 1979-05 | $\mathrm{Es}_4^{3-7}$ | 14.66 | 0.025 | 0.000 |
| 文 23 | 1978-12 | $\mathrm{Es}_4^{1-5}$ | 10.58 | 0.024 | 0.000 |
| 新文 103 | 1990-04 | $\mathrm{Es}_4^{3-7}$ | 13.12 | 0.015 | 0.000 |
| 文 23-9 | 1991-08 | $\mathrm{Es}_4^{3-6}$ | 9.07 | 0.015 | 0.000 |
| 文 23-4 | 1988-10 | $\mathrm{Es}_4^{3-5}$ | 6.71 | 0.012 | 0.000 |
| 文 23-3 | 1988-10 | $\mathrm{Es}_4^{3-6}$ | 5.63 | 0.011 | 0.000 |
| 文 109 | 1988-08 | $\mathrm{Es}_4^{1-5}$ | 3.48 | 0.008 | 0.000 |
| 文 105 | 1988-08 | $\mathrm{Es}_4^{3-7}$ | 5.91 | 0.008 | 0.000 |
| 文 104 | 1985-12 | $\mathrm{Es}_4^{3-5}$ | 5.49 | 0.007 | 0.000 |
| 文 23-5 | 1989-08 | $\mathrm{Es}_4^{3-4}$ | 4.08 | 0.004 | 0.000 |
| 文 22 | 1989-05 | $\mathrm{Es}_4^{3-4}$ | 2.72 | 0.002 | 0.000 |
| 文 23-8 | 1989-12 | $\mathrm{Es}_4^{3-5}$ | 1.83 | 0.001 | 0.000 |

2）气井产能变化特征

利用文 23 气田丰富的测试资料，对 2000 年前投产的 16 口老井的采气指数进行了测算。通过分析认为，气田储层物性好、含气丰度高、供气能力强，在稳产阶段中，单井的采气指数稳定变化。气井的产能下降，主要是由于气田生产压差变小。不同构造位置的气井表现出不同的变化特征。

以文 109 断块、文 105 断块为代表的高产区内的气井，物性相对较好，气层有效厚度较大，生产初期采气指数较高，一般在 $(2 \sim 4) \times 10^4 \mathrm{m}^3/(\mathrm{d}\cdot\mathrm{MPa})$，变化相对平稳。1995~1997 年经过压裂改造后，采气指数有较大的上升，并由于供气范围的有效扩大，维持相对较长时间的稳定变化。

在以南部低部位的文22井—文104井一带为代表的低产区中，气井物性较差，有效厚度小，自喷生产时，一般采气指数在$(0.2\sim2)\times10^4\mathrm{m}^3/(\mathrm{d}\cdot\mathrm{MPa})$，正常生产时，采气指数比较平稳。经过压裂改造后，采气指数会出现较大幅度的上升，但并不能维持太长时间就会出现下降，下降至一定程度后又会表现出比较平稳的趋势，表示致密储层的特征，压裂虽然能有效改善储层渗流性质，但由于渗透率较差、沟通范围较小、能量释放缓慢，保持较高水平的稳产较困难。

文23气田原始地层压力38.62MPa，经过历年的开发，2010年6月测试平均地层压力降至4.44MPa。从弹性产率上看，随着开发进入后期，弹性产率逐渐升高，目前弹性产率为$2.75\times10^8\mathrm{m}^3/\mathrm{MPa}$，如图2-5-33所示。

文23气田主块为一个典型的定容封闭气驱砂岩气藏，气田的弹性产率比较稳定。对于定容封闭弹性气藏，开发过程中视弹性产率保持不变，开发后期弹性产率稍有增加，表明气藏能量利用相对合理。

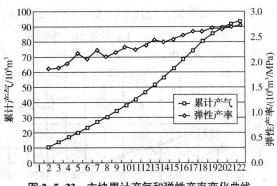

图2-5-33　主块累计产气和弹性产率变化曲线

3）储层改造情况

文23气田受成岩作用影响，储层表现为低孔、低渗、致密性储层的物性特征，平均孔隙度为8.36%～14.38%，平均渗透率为$(0.66\sim17.06)\times10^{-3}\mu\mathrm{m}^2$。黏土矿物含量高，组成复杂，孔隙半径小，渗透性能差，外来流体进入地层后易引起水锁效应，从而降低了地层有效渗透率。为了改善储层渗流条件，提高产能，文23气田自开发以来，曾应用过酸化、水力加砂压裂、高能气体压裂、二氧化碳压裂等储层改造工艺，其中水力压裂对文23气田的高效开发起到了重要作用，是保持气田高产、稳产的关键技术之一。

统计1992～1997年11井次的压裂效果，其无阻流量明显上升，单井增加$(4.17\sim55.03)\times10^4\mathrm{m}^3/\mathrm{d}$，平均增幅达206.6%，生产压差、表皮系数大幅度减小，渗透率和采气指数大幅度增加，见表2-5-19，成为气田保持稳产的主要技术手段。

表2-5-19　1992～1997年间老井压裂效果统计表

| 参　数 | 压裂前 | 压裂后 | 增加量 |
| --- | --- | --- | --- |
| 油压/MPa | 9.8 | 16.1 | 64.5 |
| 套压/MPa | 10.8 | 17.1 | 57.5 |
| 地层压力/MPa | 22.87 | 22.68 | |
| 流压/MPa | 15.16 | 19.83 | 30.8 |
| 稳定气量/$(10^4\mathrm{m}^3/\mathrm{d})$ | 5.1 | 8.4 | 64.6 |
| 采气指数/$[10^4\mathrm{m}^3/(\mathrm{d}\cdot\mathrm{MPa}^2)]$ | 0.02 | 0.07 | 297.9 |
| 渗透率/$10^{-3}\mu\mathrm{m}^2$ | 0.29 | 1.72 | 490.9 |
| 表皮系数 | 8.60 | -0.52 | -106.0 |
| 无阻流量/$(10^4\mathrm{m}^3/\mathrm{d})$ | 11.44 | 35.07 | 206.6 |

2. 地层压力状况

1）地层压力变化特征

文 23 气田主块原始地层压力 38.62MPa，从文 23 气田地层压力变化曲线看，自 2001 年开始，随着采气速度的提高，气田的压力下降明显变快，2011 年主块平均地层压力 4.44MPa。

流压随着地层压力的下降而下降，对应的生产压差保持了相对稳定的变化趋势，从图 2-5-34 中可以看出，流压下降曲线开始变平缓，生产压差变小，反映出弹性气驱气藏在开发后期弹性产率变大。由于外输压力的限制，井口压力无法继续下降，流压的下降幅度小于静压的下降幅度，生产压差持续下降，产能下降。

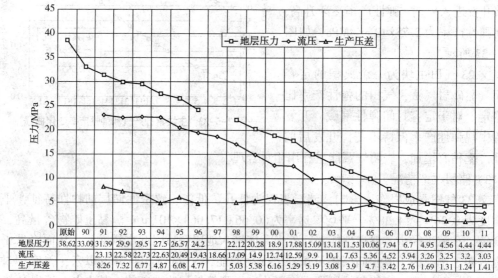

| | 原始 | 90 | 91 | 92 | 93 | 94 | 95 | 96 | 97 | 98 | 99 | 00 | 01 | 02 | 03 | 04 | 05 | 06 | 07 | 08 | 09 | 10 | 11 |
|---|---|---|---|---|---|---|---|---|---|---|---|---|---|---|---|---|---|---|---|---|---|---|---|
| 地层压力 | 38.62 | 33.09 | 31.39 | 29.9 | 29.5 | 27.5 | 26.57 | 24.2 | | 22.12 | 20.28 | 18.9 | 17.88 | 15.09 | 13.18 | 11.53 | 10.06 | 7.94 | 6.7 | 4.95 | 4.56 | 4.44 | 4.44 |
| 流压 | | | 23.13 | 22.58 | 22.73 | 22.63 | 20.49 | 19.43 | 18.66 | 17.09 | 14.9 | 12.74 | 12.59 | 9.9 | 10.1 | 7.63 | 5.36 | 4.52 | 3.94 | 3.26 | 3.25 | 3.2 | 3.03 |
| 生产压差 | | | 8.26 | 7.32 | 6.77 | 4.87 | 6.08 | 4.77 | | 5.03 | 5.38 | 6.16 | 5.29 | 5.19 | 3.08 | 3.9 | 4.7 | 3.42 | 2.76 | 1.69 | 1.31 | 1.24 | 1.41 |

**图 2-5-34　文 23 气田主块压力变化曲线**

2）平面压力变化特征

从文 23 气田主块历年单井压力剖面上可以看出，如图 2-5-35 所示，生产过程中全区地层压力整体下降，但下降幅度不均衡。气藏边部由于构造复杂和储层变化，与中部连通性较差，保持相对较高的地层压力；中部地区由于构造相对简单，储层发育稳定，地层压力下降较为均衡，进一步证明了主块整体具有连通性。

主块北部两个高点形成的两个断块区地层压力明显与其他地区不同，其中文 106 井区为相对高压区，文 103 井区为相对低压区。南部两个井区，文 104 井区和文 23-5 井区相对低压。主块其余部分大致可以分为两个井区，北部以文 31 断层为界划分为文 109 井区，是储层发育最好的地方，气层厚度大，物性好，地层压力下降均衡，压力差始终保持在 2MPa 之内。处于构造边角部位的井区地层压力较高，如文 105 井区、文 106 井区地层压力相对较高，其余井区地层压力都在 4~6MPa。总体看来，地层压力呈不均衡下降状态，但相差不大。

对于中部大部分地区来说，断层不具有封闭性。早期投产的气井，大多采取将主力层系大段射开的投产方式，经过逐条断层两侧的气井调查，在试采及产能建设阶段的老井中，其生产层位大部分通过断层两盘进行接触。这些老井在历史生产中，录取了详细的地层压力资料，其压力降落曲线存在一致性。

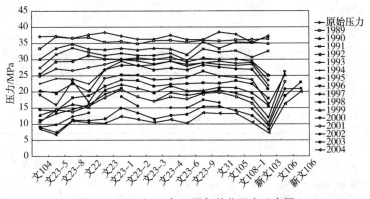

图 2-5-35 文 23 气田历年单井压力示意图

而对于相对不连通的断块之间，其分界断层两侧的气井压力下降趋势不同，尤其是到后期，两侧气井存在着较大的压力差。

3）纵向压力变化特征

主块 $Es_4^{3-8}$ 气藏砂体发育，储层物性相对较接近，砂层之间、砂组之间的隔层薄，横向对比性较差，呈"透镜状"或"楔状"分布于砂层之中，对天然气具有一定的渗透性。动态资料反映多数井存在一定的连通性。结合 RFT 剖面图，评价认为，主块内 $Es_4^{1-2}$ 储层连通性很差；$Es_4^{3-7}$ 射孔层连通性较好，地层压力普遍下降，主力层 $Es_4^4$ 压力下降到 $3 \sim 5MPa$；$Es_4^3$ 上部具层状性质，地层压力明显高于 $Es_4^4$；各井 $Es_4^6$ 压力普遍高于 $Es_4^5$，说明 $Es_4^5$ 与 $Es_4^6$ 之间的连通性要比 $Es_4^{3-5}$ 之间的连通性差。$Es_4^6$ 采出程度较低，地层压力下降幅度 20MPa 左右，对 $Es_4^{7-8}$ 的影响相对较小。

从纵向上看，目前主要的生产层系 $Es_4^{3-5}$ 地层压力在 $3 \sim 5MPa$，层间差异主要由区块断层影响所致。$Es_4^{1-2}$ 和 $Es_4^8$ 层系由于开发程度低，地层压力较高，与主力层系之间存在一定的层间差异，从文 23-42 井压力恢复试井来看，$Es_4^8$ 地层压力为 8.16MPa，且只存在于构造高部位的局部地区。

$Es_4^{1-2}$ 砂组作为气田主块的接替开发层系，从 2000 年才开始逐步开发，且没能形成完善的开发井网，因此压力分布不是表现为大面积的同步下降，只是在有井生产的区域有一定的下降。气田主块北部的文 103 井区和文 106 井区 $Es_4^{1-2}$ 砂组未射开生产，压力系数在 1.0 以上，文 109 井区和文 23 井区有部分井打开生产，压力系数下降到目前的 0.3~0.5，但在井区的高部位压力系数较高，为 0.65~1.0。

$Es_4^3$ 砂组主块仅在两个构造高点附近存在 0.3~0.5 的压力系数，在其他区域压力系数均降到 0.2 以下。

$Es_4^4$ 砂组压力在整个气田范围内都较低，压力系数基本都在 0.2 以下，超过 0.2 的仅局限在构造高点附近很小的范围内。

$Es_4^5$ 砂组的压力分部规律与 $Es_4^4$ 砂组类似，只不过是构造高部位压力系数在 0.2 以上的面积大一些。

$Es_4^{6-7}$ 砂组储层仅在高部位才有，因此压力分布规律与构造趋势一致，高部位相对低部位压力较高，在高点仍有 0.6~0.8 的压力系数。

3. 地层水特征

1) 底水能量状况

通过对取心资料的分析，认为水层的物性普遍较差，平均孔隙度为 11.9%，空气渗透率平均为 $1×10^{-3}\mu m^2$，由于储层低渗，地层水的渗流能力差，表现在气井射开水层时均无自喷或自溢现象，抽汲求产，产水强度一般在 0.29~4.4$m^3$/（d·m），见表 2-5-20。

表 2-5-20  文 23 气田水层测试结果数据表

| 井 号 | 射孔层段/ m | 层数/ 层 | 厚度/m | 层 位 | 求产方式 | 产水量/ （$m^3$/d） | 产水强度/ （$m^3$/d·m） |
|---|---|---|---|---|---|---|---|
| 文 68 | 3729.8~3160.0 | 4 | 19.1 | $Es_4^6$ | 抽汲 | 7.3 | 0.38 |
| | 2977.2~3018.4 | 5 | 22 | $Es_4^{3-4}$ | 抽汲 | 6.4 | 0.29 |
| 文 109 | 3021.0~3024.6 | 1 | 3.6 | $Es_6^7$ | 地层测试 | 2.46 | 0.68 |
| | 3035.0~3038.6 | 1 | 3.4 | $Es_4^7$ | 抽汲 | 15 | 4.41 |
| 文 69-1 | 2995.0~3000.0 | 1 | 5 | $Es_4^5$ | 探液面 | 微 | |
| 文 23-9 | 3479.5~3569.4 | 10 | 50.9 | MZ | 地层测试 | 0.08 | |
| 文 23-23 | 3088.3~3093.5 | 1 | 5.2 | $Es_4^7$ | 抽汲 | 3.65 | |

为印证开发后期底水是否上升，地层水能量是否能够影响气井生产，在新钻井文 23-23 井上专门对底水进行了试气。为测试文 23 气田底水能量及与上部气层的连通状况，射孔距水层仅 0.4m 的气层（层位 $Es_4^6$，井段 3048.9~3058.0m，94 号、96 号、97 号层），射后无显示。抽汲排液共 120 次，出水 9.0$m^3$。压裂后进行抽汲排液，累计排液 106.4$m^3$。用针形阀控制放喷进站，油压 1.5MPa，套压 14.0MPa。

2) 气田产水状况

文 23 气田自投入开发以来，主块水气比变化相对较小，由于原射孔时余留一定的保护层，同时压裂改造时个别层通过采取填砂措施防止底水的上升，从目前的生产情况看，基本上没有受到底水的影响。

从气田水气比变化曲线图 2-5-36 来看，水气比保持稳定，自 1990 年投入正式开发以来，长期保持在（0.1~0.3$m^3$）/$10^4m^3$。1998 年主块水气比为 0.1$m^3$/$10^4m^3$，到 2010 年，其水气比仅为 0.35$m^3$/$10^4m^3$，水气比上升缓慢，进一步证实主块地层水能量弱，产出的主要是凝析水。期间有两段水气比上升阶段：一是 1996~1997 年气田整体压裂时，入井液体大量增多，产出水增多，由于计量问题未能有效分开注入水和地层水。二是 2005 年以后，注入了大量气井结盐导致的洗盐用水和大规模上产使用的作业用水，导致主块水气比增加。截至 2010 年底，气田进入调峰限产阶段，维护和采取措施的工作量减少，水气比下降到 0.3$m^3$/$10^4m^3$。排除洗盐影响后，主块水气比应有较大幅度下降，分析原因应为主块地层水能量弱，加上气井产能有较大下降，带液能力变差。

随着气田开发进入中后期，尤其是连续几年大气量生产的情况下，主块边部产水气井也开始受到地层水影响。大部分气井都有不同程度的出水，从气井生产综合数据分析，多数气井的日产水量均小于 $1m^3$，对气井产能影响不明显。

统计试采和产能建设阶段的 16 口井，截至 2010 年底，平均水气比为 $0.10m^3/10^4m^3$。其中，水气比大于 $0.5m^3/10^4m^3$ 的井仅有构造边部的文 22 井一口。

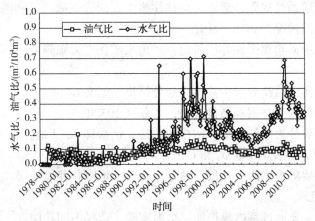

图 2-5-36　文 23 气田历年水气比、油气比曲线

4. 结盐状况

1）结盐现状

文 23 气田在投产初期并未发现气井结盐，但随着累计采出气量增大和地层压力的不断下降，气井结盐情况开始出现，2000 年 3 月气田西块文 69-1 井生产过程中突然产量回零且无套压，作业时发现管柱结盐，油管内径缩小，这是文 23 气田第 1 口因结盐而影响产量的气井。

2003 年气田主块地层压力降至 25MPa 左右，当年 10 月文 108-1 井气量大幅下滑，采取从套管注入清水方式解堵恢复产能，判断该井可能因结盐发生堵塞管柱。2005 年主块地层压力下降至 20MPa，6 口中、高产气井相继出现产量突然下降现象，经取样证实为气井井筒结盐。截至 2005 年 12 月，文 23 气田结盐井已由 6 口增加至 15 口，可能结盐气井 8口，结盐情况进一步蔓延和加重。

截至 2010 年底，文 23 气田主块共有 38 口结盐气井，主块各井区均有分布，见表 2-5-21。

表 2-5-21　2010 年气田主块气井结盐情况统计表

| 项　　目 | 井内取样以钠盐为主 | 井内取样以钙盐为主 |
|---|---|---|
| 井号 | 文 23 井、文 23-2 井、文 23-3 井、文 23-5 井、文 23-6 井、新文 23-7 井、文 23-8 井、文 23-9 井、文 23-13 井、文 23-15 井、文 23-17 井、文 23-18 井、文 23-22 井、文 23-26 井、文 23-28 井、文 23-29 井、文 23-32 井、文 23-34 井、文 23-38 井、文 23-44 井、文 31 井、文 61 井、文 64 井、文 104 井、文 108-1 井、文 109 井、文 69-侧 3 井、文 69-侧 10 井、新文 103 侧井 | 文 23-9 井、文 23-11 井、文 23-16 井、文 23-19 井、文 23-36 井、文 23-3 井、文 23-5 井、文 109 井、文古 3 井 |
| 井数 | 29 | 9 |

2）气井结盐表现

气井结盐表现在：

（1）井口油套压力与产气量同步下降、气量波动（下降）、油套压差反常等现象。

（2）油管或套管通井遇阻。遇阻部位往往集中在油管下端接近喇叭口处，部分井喇叭口以下套管也有遇阻情况，如文109井。

（3）地层产水中矿物离子在井底析出，产出水矿化度大幅降低，不能准确反映地层水的真实矿化度。

（4）地层水样蒸馏后盐分很少甚至无盐分析出，如文64井。

（5）部分井还出现测井钢丝结盐现象，如新文103井。

结盐的成分主要分为两种类型：钠盐和钙盐。钠盐即NaCl盐，以NaCl为主，含少量$CaCl_2$和$MgCl_2$；钙盐主要为$CaCO_3$和$CaSO_4$。

结盐的位置主要集中在四个部位：油管、套管、炮眼和井周地层。

3）地层结盐机理

地层结盐研究主要通过室内模拟地层结垢实验，选择不同孔隙度、渗透率及表面性质的岩心进行模拟地层条件下氯化钠、碳酸钙及硫酸钙等盐垢的形成过程，通过岩心渗透性的变化反映结盐对地层产生的伤害，通过平板模型观察在地层中盐垢形成的形态以及部位。

实验温度为115℃，模拟文23气田开发过程中地层压力变化，即驱替压力由30MPa变至1MPa。实验过程中主要考虑目前以及开发后期压力变化对结盐的影响。

过程分为初始结盐期（15MPa→10MPa）、结盐平衡期（10MPa→3MPa）及结盐加剧期（<3MPa）三个阶段，结盐上限压力为15MPa。

结盐初期，即地层压力在15MPa→10MPa区间时，地层开始初步结盐，结盐导致岩心渗透率急剧下降，下降了67%左右。结盐平衡区，虽然驱替压力降低，但渗透率降低趋势明显减弱，渗透率仅下降了5%左右。结盐加剧期，当驱替压力小于3MPa时，渗透率开始进一步下降，结盐对岩心伤害程度达到92%以上，如图2-5-37所示。

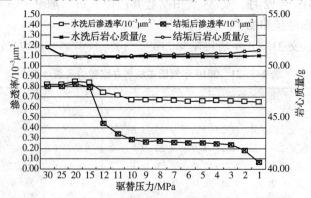

图2-5-37　低渗透岩心结垢渗透率随驱替压力变化趋势图

4）气田结盐研究评价

（1）文23气田地层内存在结盐现象，渗透率越大，地层内越易结盐，但结盐对低渗岩心伤害程度更大。结盐初期与结盐加剧期对岩心伤害程度较大。

（2）地层内部主要结氯化钠盐垢，同时还有部分硫酸钙、碳酸钙盐垢。

（3）近井地带结盐半径在10m以内，尤其在4~5m结盐尤为严重。

## （二）主块目前生产状况

### 1. 产量状况

截至2015年12月，气田主块地质储量116.1×10⁸m³。有气井54口，加上已经报废的文4井、文103井，以及交由采油一厂开采的文23-7井，共计有57口井，累计产气95.19×10⁸m³，地质储量采出程度81.99%，如图2-5-38所示。

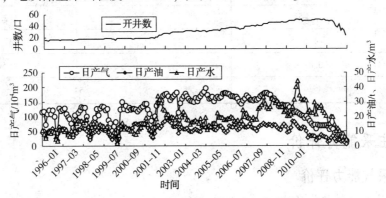

图 2-5-38　文 23 气田主块综合采气曲线

文23气田主块目前日产能58.1×10⁴m³，其中日产气量在(2~5)×10⁴m³的井有11口，占生产井的20.75%，合计日产能25.4×10⁴m³；日产气在(1~2)×10⁴m³的井有19口，井数占主块生产井的35.85%，合计日产能24.8×10⁴m³；日产气在(0.5~1)×10⁴m³的井有9口；日产气小于0.5×10⁴m³的井有14口，大部分处于构造的边部或小断块内，物性较差、井控储量小，生产状况较差，见表2-5-22。

表 2-5-22　文 23 气田主块产能分类统计表

| 序 号 | 产能分类/ (10⁴m³/d) | 井 数 | | 合计产能 | |
|---|---|---|---|---|---|
| | | 井数/口 | 比例/% | 产能/(10⁴m³/d) | 比例/% |
| 1 | >5 | 0 | | 0 | |
| 2 | 2~5 | 11 | 20.75 | 25.4 | 43.72 |
| 3 | 1~2 | 19 | 35.85 | 24.8 | 42.68 |
| 4 | 0.5~1 | 9 | 16.98 | 5.3 | 9.12 |
| 5 | <0.5 | 14 | 26.42 | 2.6 | 4.48 |
| 合 计 | | 53 | | 58.1 | |

### 2. 压力现状

#### 1）地层压力

文23气田原始地层压力38.62MPa，从文23气田地层压力变化曲线看，2001年采气速度加大，压力下降明显变快，2011年文23气田平均地层压力降至4.44MPa。

总体上，主块大部分井区压力很低，而处于构造边角部井区的气井地层压力较高。

2）井口压力

统计文 23 气田 54 口生产井井口压力状况表明，见表 2-5-23，井口压力普遍较低。其中，井口压力大于 5MPa 的井仅有 7 口；井口压力在 1.6~5MPa 的井有 20 口，能够进入高压外输系统，占开井数的 37.04%；井口压力位于 0.8~1.6MPa 的井有 27 口，占开井数的 50%。

表 2-5-23　文 23 气田井口压力分类同期对比表

| 序　号 | 压力分类/MPa | 井口数/口 | 比例/% |
|---|---|---|---|
| 1 | >5 | 7 | 12.96 |
| 2 | 1.6~5 | 20 | 37.04 |
| 3 | 0.8~1.6 | 27 | 50 |
| 合　计 | | 54 | |

## 九、注采能力评价

### （一）采气能力评价

#### 1. 系统试井资料评价产能

1）系统测试资料产能分析

文 23 气田主块共有 13 口井 15 井次进行过系统试井，分别经过资料处理，可以建立气井二项式产能方程，公式为：

$$P_i^2 - P_{wf}^2 = Aq_g + Bq_g^2 \tag{2-5-1}$$

如文 23 井在 1987 年 6 月 9 日~19 日对 $Es_4^{1-6}$ 井段 2813.2~3026.8m（102.3m/34 层）进行了 6 个工作制度的系统测试（表 2-5-24），并建立了产能方程（图 2-5-39）。

表 2-5-24　文 23 井稳定试井解释结果表

| 点　序 | 井底压力（绝对压力） | | $q/(10^4 m^3/d)$ | $P_i^2 - P_{wf}^2$ | $(P_2^i - P_{wf}^2)/q$ | $\lg(P_i^2 - P_{wf}^2)$ | $\lg q$ |
|---|---|---|---|---|---|---|---|
| | $P_i$/MPa | $P_{wf}$/MPa | | | | | |
| 0 | 36.2 | | | | | | |
| 1 | | 34.3 | 3.8 | 133.1 | 35.1 | 3.1 | 0.6 |
| 2 | | 33.6 | 4.8 | 179.9 | 37.5 | 3.1 | 0.7 |
| 3 | | 32.7 | 6.3 | 242.0 | 38.5 | 3.0 | 0.8 |
| 4 | | 31.7 | 7.7 | 305.4 | 39.6 | 3.0 | 0.9 |
| 5 | | 29.9 | 9.4 | 414.7 | 44.0 | 3.0 | 1.0 |
| 6 | | 28.0 | 11.7 | 528.8 | 45.3 | 2.9 | 1.1 |

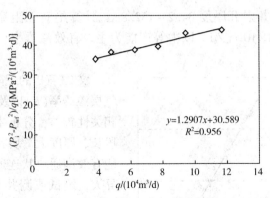

**图 2-5-39　文 23 井二项式曲线**

**表 2-5-25　文 23 气田历年产能试井解释结果统计表**

| 序　号 | 井　号 | 测试时间 | 层　位 | 井段/m | 厚度/m、层数/层 | 二项式测试结果 | | | 绝对无阻流量/（10⁴m³/d） |
| --- | --- | --- | --- | --- | --- | --- | --- | --- | --- |
| | | | | | | $a$ | $b$ | 无阻流量/（10⁴m³/d） | |
| 1 | 文 23-1 | 1989-09 | $Es_4^{3-4}$ | 2847.5~2998.4 | 82.1、42 | 2.935 | 0.099 | 97.12 | 108.7 |
| 2 | 文 23-6 | 2002-09 | $Es_4^{3-5}$ | 2895.6~3030.0 | 93.3、35 | 1.125 | 0.066 | 37.06 | 142.0 |
| 3 | 文 23-9 | 2003-04 | $Es_4^{3-6}$ | 2789.5~2986.3 | 126.8、44 | 2.234 | 0.073 | 38.6 | 128.4 |
| 4 | 文 109 | 1996-04 | $Es_4^{1-5}$ | 2746.0~2920.8 | 78.4、28 | 7.73 | 0.08 | 58.11 | 96.5 |
| 5 | 文 109 | 2003-05 | $Es_4^{1-5}$ | 2746.0~2920.8 | 78.4、28 | 7.933 | 0.011 | 24.978 | 154.7 |
| 6 | 文 108-1 | 2003-04 | $Es_4^{3-6}$ | 2856.1~3070.9 | 152.8、54 | 8.155 | 0.04 | 17.12 | 116.3 |
| 7 | 文新 31 | 2007-02 | $Es_4^{4-5}$ | 2908.0~2989.5 | 13.1、10 | 0.154 | 0.0773 | 17.01 | 137.8 |
| 8 | 文 23-2 | 2003-06 | $Es_4^{3-5}$ | 2889.6~3016.0 | 76.2、32 | 2.508 | 0.2637 | 20.5 | 70.6 |
| 9 | 文 23-3 | 2003-04 | $Es_4^{3-5}$ | 2881.9~3008.5 | 77.5、30 | 2.003 | 0.168 | 20.60 | 88.4 |
| 10 | 文 23-4 | 1998-09 | $Es_4^{3-6}$ | 2870.5~3003.5 | 69.9、26 | 1.095 | 0.3894 | 36.279 | 60.5 |
| 11 | 文 22 | 1987-03 | $Es_4^{3-5}$ | 2923.6~3011.0 | 34.2、6 | 34.74 | 3.374 | 16.06 | 16.5 |
| 12 | 文 23 | 1985-05 | $Es_4^{1-5}$ | 2813.2~3026.8 | 111.5、39 | 0.643 | 1.0906 | 34.94 | 36.7 |
| 13 | 文 23 | 1987-06 | $Es_4^{1-6}$ | 2813.2~3026.8 | 102.3、34 | 34.24 | 0.6882 | 25.35 | 27.9 |
| 14 | 文 23-13 | 2003-04 | $Es_4^{3-5}$ | 2901.6~2992.5 | 49.1、24 | 0.5 | 1.45 | 9.602 | 31.9 |
| 15 | 文 23-31 | 2006-10 | $Es_4^{6-8}$ | 2917.8~2999.9 | 30.9、15 | 1.37 | 0.58 | 13.7 | 49.5 |

　　对 13 口井 15 井次数据进行计算处理，见表 2-5-25，建立产能方程，进一步计算当井底流压为一个大气压时的绝对无阻流量：

$$P_R^2-(0.101)^2=Aq_{AOF}+Bq_{AOF}^2 \tag{2-5-2}$$

$$q_{AOF}=\frac{-A+\sqrt{A^2+4B\Delta P_{max}^2}}{2B} \tag{2-5-3}$$

计算结果为 13 口井射开厚度 34.2 ~ 152.8m，计算绝对无阻流量为（16.5 ~ 154.7）× $10^4 m^3/d$，平均为 $84.4×10^4 m^3/d$，以中等产能为主。有效渗透率（0.8 ~ 11.0）× $10^{-3} \mu m^2$，以低渗为主。

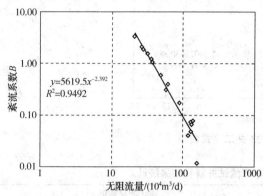

**图 2-5-40　文 23 主块气井无阻流量与紊流系数关系图**

文 23 气田的无阻流量与气层厚度（$h$）、气层渗透率（$K$）以及气层系数（$Kh$）之间均相关性较差，分析主要是因为气井投产井段长、厚度大、块状特征明显，射开厚度能有效沟通块状连通体。各井完善程度差异大，测试或测井平均渗透率代表性差，因而无阻流量与地层参数之间有正相关趋势，但相关性较差。无阻流量与产能方程的紊流系数 $B$ 密切相关，如图 2-5-40 所示，与层流系数 $A$ 相关性差。

2）产能分布特征

根据 13 口产能测试井无阻流量计算结果，分析其在平面上的分布特征：无阻流量大于 $100×10^4 m^3/d$ 的较高产能井有 6 口，占测试井数的 46%，主要分布在文 109 井、文 23-7 井两个构造高部位且效厚度在 100m 以上的区域；无阻流量在（50 ~ 100）× $10^4 m^3/d$ 的中产井有 3 口，占测试井数的 23%，平均无阻流量 $71.8×10^4 m^3/d$，主要分布在构造中部且有效厚度在 60 ~ 100m 的区域；无阻流量在（15 ~ 50）× $10^4 m^3/d$ 的低产井有 4 口，主要分布在构造低部位和边部的复杂断块内。

进一步以 13 口井产能测试为依据，考虑气井所处构造位置、测试时间、有效厚度、射孔状况，以及相邻气井的测试情况，绘制无阻流量等值线图，结合气井产量变化及压力下降等生产特征，将文 23 气田主块划分为高、中、低三个产能区块，见图 2-5-41、表 2-5-26。

高产区：气井绝对无阻流量在 $100×10^4 m^3/d$ 以上，气层厚度大于 80m，采气指数在（2~4）× $10^8 m^3/MPa$。目前，有文 23-1 井等 27 口井处于高产区。

中产区：气井无阻流量在（50 ~ 100）× $10^4 m^3/d$，气层厚度 60 ~ 80m，采气指数在（1 ~ 2）× $10^8 m^3/MPa$。目前，有文 23-3 井等 19 口井处于中产区。

低产区：气井无阻流量小于 $50×10^4 m^3/d$，气层厚度小于 60m，采气指数小于 $1×10^8 m^3/MPa$。目前，有文 23-5 井等 11 口井处于低产区。

3）各区产能方程的建立

文 23 气田产能分布不均，需要建立高、中、低产区气井平均产能方程，较好地描述不同区的产能变化特征。考虑到气田改建储气库后，气井不宜进行压裂、酸化等措施，因此在建立产能方程时，尽量选择气井测试时未进行压裂时的自然产能测试结果，见表 2-5-27。

运用分区产能平均法计算得到各产区的平均二项式产能方程：

$$P_R^2 - P_{wf}^2 = Aq_g + Bq_g^2 \tag{2-5-4}$$

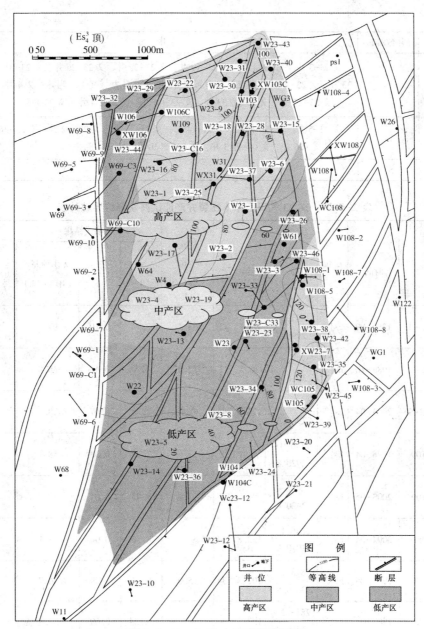

图 2-5-41 文 23 主块产能分区图

表 2-5-26 文 23 气田主块气井产能分类表

| 类 型 | 井数/口 | 井 号 |
|---|---|---|
| 高产区 | 27 | 文 23-1 井、文 23-2 井、文 23-9 井、文 23-17 井、文 23-18 井、文 23-25 井、文 23-35 井、文 23-38 井、文 23-42 井、文 31 井、新文 31 井、文侧 105 井、文 109 井、新文 23-7 井、文 108-1 井、文 108-5 井、文 23-侧 16 井、文 23-34 井、文 23-40 井、文 23-15 井、文 23-28 井、文 23-6 井、文 23-37 井、文 23-11 井、文 103 井、新文 103 侧井、文古 3 井 |

| 类　型 | 井数/口 | 井　号 |
|---|---|---|
| 中产区 | 19 | 文 23-3 井、文 23-4 井、文 23-19 井、文 23-22 井、文 23-26 井、文 23-31 井、文 23-33 井、文 23-34 井、文 23-44 井、文 61 井、文 64 井、文 106 侧井、文 4 井、文 23-13 井、文 23-23 井、文 23-侧 33 井、文 23-46 井、文 23-34 井、文 23 井 |
| 低产区 | 11 | 文 23-5 井、文 23-8 井、文 23-14 井、文 23-29 井、文 23-32 井、文 23-36 井、文 22 井、新文 106 井、文 69-侧 3 井、文 69-侧 10 井、文 104 侧井 |
| 合　计 | 57 | |

表 2-5-27　文 23 气田历年不压裂井产能试井解释结果统计表

| 产能类型 | 井　号 | 测试时间 | 层位 | 井段/m | 厚度/m、层数/层 | 稳定产量/($10^4 m^3/d$) | 二项式结果 | | 无阻流量/($10^4 m^3/d$) | 绝对无阻流量/($10^4 m^3/d$) |
|---|---|---|---|---|---|---|---|---|---|---|
| | | | | | | | $a$ | $b$ | | |
| 高产区 | 文 23-1 | 1989-09 | $Es_4^{3-4}$ | 2847.5~2998.4 | 82.1、42 | 33.1 | 2.94 | 0.10 | 97.1 | 108.7 |
| | 文 23-2 | 1989-10 | $Es_4^{3-5}$ | 2889.6~3016.0 | 76.2、32 | 13.3 | 15.56 | 0.46 | 36.0 | 42.5 |
| | 文 23-9 | 2003-04 | $Es_4^{3-6}$ | 2789.5~2986.3 | 126.8、44 | 0.1 | 2.23 | 0.07 | 38.6 | 128.4 |
| | 文 109 | 1996-04 | $Es_4^{1-5}$ | 2746.0~2920.8 | 78.4、28 | 13.6 | 7.73 | 0.08 | 58.1 | 96.5 |
| | 文 109 | 2003-05 | $Es_4^{1-5}$ | 2746~2920.8 | 78.4、28 | 13.9 | 7.93 | 0.01 | 25.0 | 154.7 |
| | 文 108-1 | 2004-04 | $Es_4^{3-6}$ | 2856.1~3070.9 | 152.8、54 | 9.7 | 8.16 | 0.04 | 17.1 | 116.3 |
| 中产区 | 文 23 | 1985-05 | $Es_4^{1-5}$ | 2813.2~3026.8 | 102.3、34 | 15.0 | 0.64 | 1.09 | 36.7 | 36.7 |
| | 文 23 | 1987-06 | $Es_4^{1-6}$ | 2813.2~3026.8 | 102.3、34 | 4.7 | 34.24 | 0.69 | 25.4 | 27.9 |
| | 文 23-3 | 1987-10 | $Es_4^{5-6}$ | 2960.0~3028.9 | 43.3、16 | 9.8 | 67.00 | 0.92 | 16.1 | 17.8 |
| | 文 23-3 | 1989-06 | $Es_4^{5-6}$ | 2960.0~3028.9 | 43.3、16 | 9.3 | 89.29 | 1.19 | 12.6 | 14.1 |
| | 文 23-4 | 1989-10 | $Es_4^{3-6}$ | 2870.5~3003.5 | 69.9、26 | 5.2 | 51.91 | 0.66 | 19.1 | 22.4 |
| | 文 23-13 | 2003-04 | $Es_4^{3-5}$ | 2901.6~2992.5 | 49.1、24 | 4.8 | 0.50 | 1.45 | 9.6 | 31.9 |

计算方法：

（1）求 $A$ 值。

计算公式为：

$$A = \frac{1}{E\,\overline{q}_{AOF}} \sum_{i=1}^{N} A_i q_{AOF.i} \tag{2-5-5}$$

式中　$E$——平均压力修正系数，无因次；

$\overline{q}_{AOF}$——平均无阻流量，$10^4 m^3/d$。

$E$ 计算公式如下：

$$E = \frac{1}{P_R^2} \sum_{i=1}^{N} P_{Ri}^2 \tag{2-5-6}$$

式中　$P_R$——区块平均地层压力，MPa。

$$P_R = \frac{1}{N} \sum_{i=1}^{N} P_{Ri} \tag{2-5-7}$$

即是对各井的地层压力求取平均值。

平均无阻流量：

$$\overline{q}_{AOF} = \frac{1}{N} \sum_{i=1}^{N} q_{AOF.i} \tag{2-5-8}$$

即是对各井的无阻流量取平均值。

通过计算平均压力修正系数 $E$ 及平均无阻流量 $\overline{q}_{AOF}$，即可代入公式(2-5-5)求得 $A$ 值。

（2）求 $B$ 值。

计算公式为：

$$B = \frac{1}{E\,\overline{q}_{AOF}^2} \sum_{i=1}^{N} B_i q_{AOFi}^2 \tag{2-5-9}$$

通过计算平均压力修正系数 $E$ 及平均无阻流量 $\overline{q}_{AOF}$，即可代入公式(2-5-9)求得 $B$ 值。

（3）产能方程的建立。

高产区选取文 23-1 井、文 23-9 井、文 109 井、文 108-1 井 4 口井，中产区选取文 23 井、文 23-13 井 2 口井，分别计算两个产区的 $A$、$B$ 值，见表 2-5-28，从而得到高、中产区的平均产能方程。

表 2-5-28　文 23 气田各产区平均产能计算表

| 产能类型 | 井　号 | 测试时间 | 二项式结果 | | | 绝对无阻流量/ $(10^4 m^3/d)$ | $A$ | $B$ | 无阻流量/ $(10^4 m^3/d)$ |
| | | | $a$ | $b$ | 无阻流量/ $(10^4 m^3/d)$ | | | | |
| 高产区 | 文 23-1 | 1989-09 | 2.935 | 0.099 | 97.12 | 108.7 | 4.1887 | 0.102 | 102.1 |
| | 文 23-9 | 2003-04 | 2.234 | 0.073 | 38.6 | 128.4 | | | |
| | 文 109 | 1996-04 | 7.73 | 0.08 | 58.11 | 96.5 | | | |
| | 文 109 | 2003-05 | 7.933 | 0.011 | 24.978 | 154.7 | | | |
| | 文 108-1 | 2003-04 | 8.155 | 0.04 | 17.12 | 116.3 | | | |
| 中产区 | 文 23 | 1985-05 | 0.6432 | 1.0906 | 36.67 | 36.7 | 0.502 | 1.2234 | 34.7 |
| | 文 23-13 | 2003-04 | 0.5 | 1.45 | 9.602 | 31.9 | | | |

低产区因资料所限，选择压裂井的测试结果，借用文 22 井的 1987 年 3 月测试的单井产能方程。

通过以上计算，得到各产区的平均产能方程为：

高产区： $\qquad P_{i2}-P_{wf2}=4.1887q+0.102q^2$ 　　　　　　　(2-5-10)

中产区： $\qquad P_{i2}-P_{wf2}=0.502q+1.2234q^2$ 　　　　　　(2-5-11)

低产区： $\qquad P_{i2}-P_{wf2}=34.74q+3.374q^2$ 　　　　　　　(2-5-12)

4) 气井冲蚀流速

气井冲蚀流速采用 1984 年 Beggs 提出的计算公式：

$$q_e=5.164\times10^4A[P/(ZTR_g)]^{0.5} \qquad (2-5-13)$$

式中　$q_e$——冲蚀流量，$10^4 \text{m}^3/\text{d}$；

　　　$R_g$——气体相对密度；

　　　$A$——油管截面积，$\text{m}^2$；

　　　$P$——井底流压，MPa；

　　　$Z$——气体压缩因子；

　　　$T$——油管流温，K。

利用考虑井筒摩阻、偏差因子、井筒压力及流速对冲蚀流量等多种因素的软件，分别计算油管内径 62mm（2⅞in 油管）、76mm（3½in 油管）、99.6mm（4½in 油管），不同井底流压情况对应的冲蚀流速，如图 2-5-42 所示。计算结果为：冲蚀流量随井底流压增高而增大，随管径增大而增大。

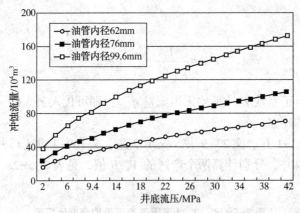

**图 2-5-42　冲蚀流量与井底流压的关系**

5) 气井携液最小日产气量

对于气井来说，在油管内任意流压下，能连续不断地将气流中最大液滴携带到井口的气体流量称为气井连续排液最小气量。换言之，当气井日产量小于气井连续排液最小气量时，井筒（底）内液体不能完全被带出，也就是出现了脉动现象。这样，气井生产时间愈长，液体在井底沉降得愈多，最终导致气井停喷。

由于文 23 气田存在边水、底水，文 22 井等在生产过程中也有一定量的地层水产出。因此，计算了气藏气井连续排液所需最小日产气量，为气库采气井产量确定提供依据。

利用 Turner 临界携液体模型计算出不同油管临界携液流量，见表 2-5-29。

从表 2-5-29 可以看出，管径越大，携液最小气量越大；流压越大，携液最小气量越大。在最低井口压力 9MPa 时，采用内径 62mm、76mm、99.6mm 油管，临界携液流量分别为 $4.23 \times 10^4 m^3/d$、$6.35 \times 10^4 m^3/d$、$10.52 \times 10^4 m^3/d$。方案中，内径 62mm 油管最低配产气量 $5 \times 10^4 m^3/d$，内径 76mm 油管最低配产气量 $15 \times 10^4 m^3/d$，其最低配产气量高于携液流量，能够连续带液生产。

表 2-5-29 不同井口压力、油管尺寸下的气井临界携液流量

| 井口压力/MPa | 不同内径油管的临界流量/($10^4 m^3/d$) | | |
| --- | --- | --- | --- |
| | 73mm | 88.9mm | 101.6mm |
| 17 | 5.77 | 8.67 | 14.35 |
| 15 | 5.44 | 8.18 | 13.53 |
| 13 | 5.08 | 7.63 | 12.63 |
| 11 | 4.68 | 7.03 | 11.63 |
| 9 | 4.23 | 6.35 | 10.52 |
| 7 | 3.72 | 5.59 | 9.25 |
| 5 | 3.13 | 4.70 | 7.78 |
| 3 | 2.41 | 3.62 | 5.98 |
| 1 | 1.38 | 2.07 | 3.43 |

6）单井采气能力综合确定

根据文 23 主块流入-流出曲线、经验法配产，结合气井冲蚀流速和携液最小日产气量计算结果，综合确定采气井单井产能。根据文 23 储气库所处华北地区多条长输管道外输压力的调查，大多处于 7~10MPa，因此在产能设计中以 8MPa 考虑，最大可能适应多条管道的需求。当外输压力为 8MPa 时，由于生产管线、站内分离器等生产系统造成的摩阻，井口压力应当保持在 9MPa 左右。

通过对不同管柱气井在不同产能区、不同压力下最大产能的计算，得到了其对应关系见表 2-5-30，为气井配产提供依据。

表 2-5-30 不同压力、不同管柱下气井最大产能表

| 地层压力/MPa | 最大产气量/($10^4 m^3/d$) | | | | | | | | | | | |
| --- | --- | --- | --- | --- | --- | --- | --- | --- | --- | --- | --- | --- |
| | 高产区 | | | | 中产区 | | | | 低产区 | | | |
| | $\phi$73mm | $\phi$88.9mm | $\phi$101.6mm | $\phi$114.3mm | $\phi$73mm | $\phi$88.9mm | $\phi$101.6mm | $\phi$114.3mm | $\phi$73mm | $\phi$88.9mm | $\phi$101.6mm | $\phi$114.3mm |
| 38.6 | 69.30 | 83.95 | 90.26 | 93.36 | 31.79 | 32.72 | 33.05 | 33.16 | 15.43 | 15.58 | 15.62 | 15.65 |
| 36.5 | 64.66 | 78.23 | 83.95 | 87.05 | 29.93 | 30.78 | 31.05 | 31.16 | 14.33 | 14.44 | 14.46 | 14.49 |
| 33 | 57.03 | 68.7 | 73.47 | 76.45 | 26.81 | 27.52 | 27.78 | 27.85 | 12.42 | 12.49 | 12.52 | 12.54 |
| 30 | 50.36 | 60.61 | 64.54 | 66.92 | 23.99 | 24.66 | 24.84 | 24.95 | 10.79 | 10.86 | 10.88 | 10.89 |
| 27 | 43.81 | 52.15 | 55.48 | 57.27 | 21.13 | 21.83 | 21.985 | 22.09 | 9.16 | 9.19 | 9.2 | 9.21 |

| 地层压力/MPa | 最大产气量/($10^4 m^3$/d) | | | | | | | | | | | |
| --- | --- | --- | --- | --- | --- | --- | --- | --- | --- | --- | --- | --- |
| | 高产区 | | | | 中产区 | | | | 低产区 | | | |
| | $\phi$ 73mm | $\phi$ 88.9mm | $\phi$ 101.6mm | $\phi$ 114.3mm | $\phi$ 73mm | $\phi$ 88.9mm | $\phi$ 101.6mm | $\phi$ 114.3mm | $\phi$ 73mm | $\phi$ 88.9mm | $\phi$ 101.6mm | $\phi$ 114.3mm |
| 24 | 36.91 | 43.57 | 46.66 | 47.86 | 18.23 | 18.79 | 18.91 | 19.02 | 7.45 | 7.56 | 7.57 | 7.57 |
| 21 | 29.64 | 34.88 | 37.14 | 38.1 | 15.25 | 15.51 | 15.89 | 15.93 | 5.81 | 5.85 | 5.85 | 5.85 |
| 18 | 22.37 | 25.82 | 27.14 | 28.09 | 12.21 | 12.55 | 12.65 | 12.66 | 5.79 | 5.78 | 5.78 | 5.78 |
| 17 | 19.61 | 22.55 | 23.67 | 24.41 | 11.06 | 11.35 | 11.42 | 11.46 | 5.24 | 5.24 | 5.24 | 5.24 |
| 15 | 14.09 | 16 | 16.72 | 17.05 | 8.75 | 8.94 | 8.96 | 9.06 | 4.15 | 4.16 | 4.16 | 4.16 |

综合气井 IPR 曲线及冲蚀流量，确定了老井和新井的日产气量。

老井：由于生产管柱只能下外径为 73mm 油管（2⅞in）生产，在气库地层压力 15～38.6MPa，不超过气井冲蚀流量下，高、中、低产区单井产能分别可以达到 $(14.1～69.3) \times 10^4 m^3$/d、$(8.8～31.8) \times 10^4 m^3$/d、$(4.2～15.4) \times 10^4 m^3$/d，如图 2-5-43 所示。

新井：位于高产区的新井生产管柱设计用外径为 88.9mm（3½in）油管生产，在气库地层压力 15～38.6MPa，不超过气井冲蚀流量下，单井产能可以达到 $(16.0～84.0) \times 10^4 m^3$/d；位于中、低产区的新井生产管柱设计用外径为 73mm（2⅞in）油管生产，在气库地层压力 15～38.6MPa，不超过气井冲蚀流量下，单井产能分布可以达到 $(8.9～31.8) \times 10^4 m^3$/d、$(4.2～15.4) \times 10^4 m^3$/d，如图 2-5-44 所示。

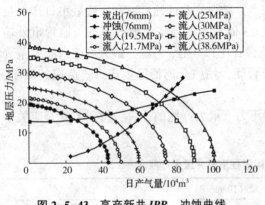

图 2-5-43　高产新井 IPR、冲蚀曲线
（88.9mm 管柱）

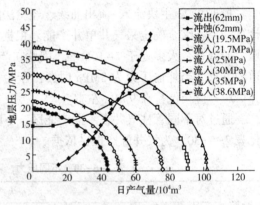

图 2-5-44　高产老井 IPR、
冲蚀曲线（73mm 管柱）

2. 提高产能技术优化

1）井型选择

（1）定向井、水平井产能。

直井、定向井、水平井具有相似的产量计算方程。因此，可以推出产量之间的倍数关系，预测出定向井和水平井的产量。

直井产量计算方程：

$$q_g = \frac{2\pi KhZ_{sc}T_{sc}P_e(P_e-P_{wf})/(\mu_i Z_i P_{sc}T)}{\ln \dfrac{r_e}{r_w}} \tag{2-5-14}$$

定向井产量计算方程：

$$q_g = \frac{2\pi KhZ_{sc}T_{sc}P_e(P_e-P_{wf})/(\mu_i Z_i P_{sc}T)}{\ln \dfrac{r_e}{r_w}+S_s} \tag{2-5-15}$$

式中：

$$\begin{cases} S_s = -(\alpha'/41)^{2.06}-(\alpha'/56)^{1.865}\lg(h_D/100) \\[2mm] h_D = h/r_w\left(\sqrt{\dfrac{K_h}{K_V}}\right) \\[2mm] \alpha' = \tan^{-1}\left(\sqrt{\dfrac{K_V}{K_h}}\tan\alpha\right) \end{cases}$$

水平井产量计算方程：

$$q_g = \frac{2\pi KhZ_{sc}T_{sc}P_e(P_e-P_{wf})/(\mu_i Z_i P_{sc}T)}{\ln\left[\dfrac{a+\sqrt{a^2-(L/2)^2}}{L/2}\right]+(\beta h/L)\ln[\beta h/(2\pi r_w)]} \tag{2-5-16}$$

式中　$\beta = \sqrt{K_h/K_V}$；

$K$——气层渗透率，$10^{-3}\mu m^2$；

$h$——生产层有效厚度，m；

$Z_{sc}$——标准状况下的气体偏差因子；

$T_{sc}$——标准状况下的温度，K；

$P_e$——地层压力，MPa；

$P_{wf}$——井底流压，MPa；

$\mu_i$——初始条件下的气体黏度，mPa·s；

$Z_i$——初始条件下的气体偏差因子；

$P_{sc}$——标准状况下的地面压力，MPa；

$r_e$——气井泄气半径，m；

$r_w$——气井井筒半径，m。

可根据其倍数关系，推算出定向井及水平井的产量预测。如表2-5-31、表2-5-32及图2-5-45、图2-5-46所示：

表2-5-31　定向井与直井产量的倍数表

| 储层厚度/ | 不同角度下定向井与直井产能的倍数 | | | |
| m | 30° | 45° | 60° | 75° |
|---|---|---|---|---|
| 20 | 1.08 | 1.20 | 1.44 | 1.92 |
| 40 | 1.09 | 1.24 | 1.53 | 2.19 |
| 60 | 1.10 | 1.26 | 1.59 | 2.39 |

续表

| 储层厚度/ | 不同角度下定向井与直井产能的倍数 | | | |
|---|---|---|---|---|
| m | 30° | 45° | 60° | 75° |
| 80 | 1.10 | 1.28 | 1.64 | 2.55 |
| 100 | 1.11 | 1.29 | 1.67 | 2.69 |
| 120 | 1.12 | 1.30 | 1.7 | 2.82 |
| 150 | 1.12 | 1.32 | 1.75 | 2.99 |

表 2-5-32 水平井与直井产量的倍数表

| 储层厚度/ | 不同水平段长度下水平井与直井产能的倍数 | | | | | | | | | |
|---|---|---|---|---|---|---|---|---|---|---|
| m | 100m | 200m | 300m | 400m | 500m | 600m | 700m | 800m | 900m | 1000m |
| 20 | 2.251 | 3.357 | 4.385 | 5.461 | 6.647 | 7.986 | 9.512 | 11.249 | 13.211 | 15.402 |
| 40 | 1.627 | 2.610 | 3.510 | 4.430 | 5.419 | 6.509 | 7.723 | 9.074 | 10.567 | 12.199 |
| 60 | 1.247 | 2.097 | 2.879 | 3.669 | 4.504 | 5.409 | 6.400 | 7.483 | 8.661 | 9.929 |
| 80 | 0.999 | 1.736 | 2.418 | 3.104 | 3.821 | 4.589 | 5.417 | 6.312 | 7.272 | 8.295 |
| 100 | 0.828 | 1.472 | 2.073 | 2.675 | 3.300 | 3.962 | 4.670 | 5.427 | 6.232 | 7.081 |
| 120 | 0.704 | 1.272 | 1.807 | 2.341 | 2.893 | 3.473 | 4.089 | 4.742 | 5.430 | 6.152 |
| 150 | 0.571 | 1.052 | 1.508 | 1.963 | 2.430 | 2.917 | 3.429 | 3.967 | 4.530 | 5.115 |

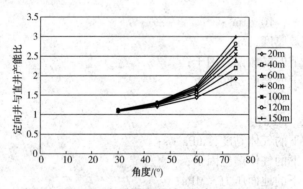

图 2-5-45 不同气层厚度定向井与直井产能对比图

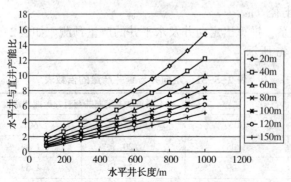

图 2-5-46 不同气层厚度水平井与直井产能对比图

建立定向井和水平井的单井机理模型如图 2-5-47~图 2-5-49 所示。根据单井机理模型，计算了不同物性参数下，定向井和水平井的产能替代比见表 2-5-33、表 2-5-34、图 2-5-50、图 2-5-51。对比用气藏工程方法计算的定向井和水平井的产能替代比计算结果，数值模拟方法和气藏工程方法计算结果大体一致。

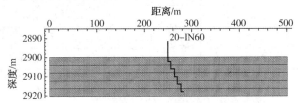

图 2-5-47　定向井机理模型纵向剖面图

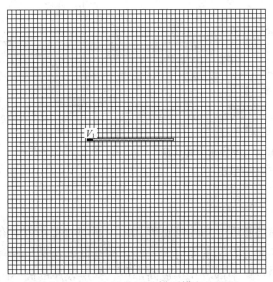

图 2-5-48　水平井机理模型横向平面图

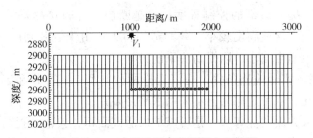

图 2-5-49　水平井机理模型纵向剖面图

表 2-5-33　水平井与直井的产能替代比

| 储层厚度/m | 不同水平段长度下水平井与直井产能的倍数 | | | | | | | | | |
|---|---|---|---|---|---|---|---|---|---|---|
| | 100m | 200m | 300m | 400m | 500m | 600m | 700m | 800m | 900m | 1000m |
| 20 | 1.31 | 2.59 | 3.88 | 5.17 | 6.46 | 7.75 | 9.04 | 10.32 | 11.61 | 12.90 |
| 60 | 0.60 | 1.19 | 1.79 | 2.38 | 2.97 | 3.57 | 4.16 | 4.75 | 5.35 | 5.94 |
| 120 | 0.30 | 0.59 | 0.89 | 1.18 | 1.48 | 1.77 | 2.07 | 2.36 | 2.66 | 2.95 |

表 2-5-34　定向井与直井的产能替代比

| 储层厚度/m | 不同角度下定向井与直井产能的倍数 | | | |
| --- | --- | --- | --- | --- |
| | 30° | 45° | 60° | 75° |
| 20 | 1.10 | 1.19 | 1.36 | 1.88 |
| 40 | 1.10 | 1.20 | 1.40 | 1.98 |
| 60 | 1.10 | 1.21 | 1.42 | 2.01 |
| 150 | 1.12 | 1.23 | 1.44 | 2.03 |

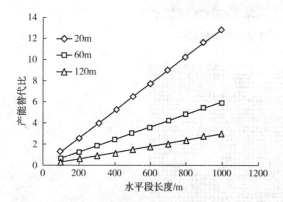

图 2-5-50　不同储层厚度、不同水平井长度
水平井的产能替代比

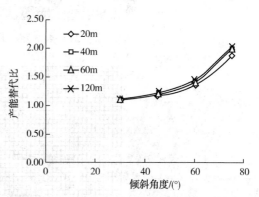

图 2-5-51　定向井与直井的产能替代比

（2）井型确定。

根据构造特点、储层厚度、物性特点等，采用不均匀布井方式布井。构造高部位储层厚度大，物性好，库容大，井网密度可大一些。构造低部位储层厚度小，物性差，井网密度可小一些。注采井相对集中部署在构造高部位、气层较厚的高-中产区，扩大控制范围，提高注采能力；低部位注采井可适当拉开井距。考虑构造影响，边部靠近断层部位井轨迹尽量沿断层面设计，提高边部的控制程度；跨越断层气井轨迹尽量从上升盘向下降盘延伸，以钻全层位；堑块含气高度较小，井距适当拉大；由于老井利用井的采气能力受限，靠近老井的新井井距适当缩小，以提高注采能力。

根据文 23 气藏的实际地质条件，建议选择两种井型——直井和定向井。其中，定向井又分为单靶定向井和双靶定向井，不采用水平井布井。

水平井具有两个方面的优势：一是可以增加泄气面积，大幅度提高单井控制储量和气井产能。二是可以减小生产压差，控制底水锥进。但对于文 23 储气库却不一定适用，原因有以下几个方面：

① 文 23 气藏构造较复杂，小断层多，采用水平方式钻井，易钻遇、钻穿小断层。如果钻遇小断层，就失去了水平井钻井的优势，达不到原设计目的。

② 文 23 储气库目的层为 $Es_4^{3-8}$ 砂组，储层层数多，沉积厚度大。如果采用水平方式钻井，只能针对单砂体或少量砂体实施钻进，无法钻全、钻穿所有目的储层，会损失部分储层，减少单井控制储量，如图 2-5-52 所示。

③ 文 23 储气库目的层 $Es_4^{4-5}$ 砂组为块状，$Es_4^3$、$Es_4^{6-8}$ 砂组为层状，如果采用水平井方式布井，$Es_4^3$、$Es_4^{6-8}$ 砂组层间有泥岩隔层阻挡，纵向上不连通，会损失对这 4 个砂组储层的动用，降低单井控制储量。

④ 厚度大的地区水平井增产倍数小。数值模拟表明，水平井产能在有效厚度 60~120m、水平井段长 400~600m 时增产倍数仅为 1.2~2.5 倍，平均为 1.9 倍，经济效益较差。综上所述，本次方案部署不采用水平井方式布井。

由于文 23 储气库采取的是丛式井布井方式，整体部署，尽量在井台中部部署直井，围绕井台部署多口定向井。由于每个井台控制的面积大，井身造斜程度差别较大，需要根据具体的地质条件选择不同的造斜方式，分别部署单靶定向井和双靶定向井。在储层发育稳定、远离断层的位置可以选择单靶定向井，例如设计 1 井。从过井剖面图 2-5-53 可以看出，该井钻遇目的层 $Es_4^{3-5}$ 砂组储层发育稳定，井底位置远离断层，靶点无论是定在 $Es_4^3$ 砂组顶还是定在 $Es_4^4$ 砂组底，都不影响所需钻遇目的层的储层。所以，采用单靶定向井就可以达到钻井目的。在靠近断层或储层发育不稳定的位置，建议采用双靶定向井，例如设计 2 井。目的层段离文 31 断层较近，如图 2-5-54 所示，如果采用单靶定向井靶点定在 $Es_4^3$ 砂组顶，则目的层段 $Es_4^{3-6}$ 砂组有可能钻遇文 31 断层，会有部分储层断失，达不到钻穿所有储层的目的。因此，采用双靶定向井，设计两个靶位，即在 $Es_4^3$ 砂组顶和 $Es_4^4$ 砂组底各定一个靶点，就可以避开文 31 断层，钻全目的层所有储层，达到钻井目的。

2）井距优化

为降低投资，便于管理，采取丛式井布井方式。为方便井口管理，采取丛式井、大斜度井，尽可能使井口集中，设

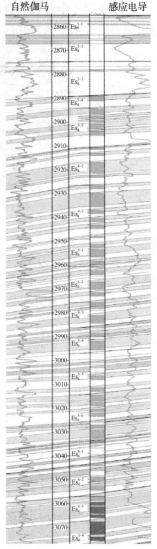

**图 2-5-52　文 23-23 井单井柱状图**

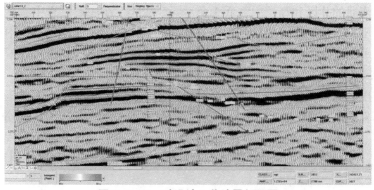

**图 2-5-53　过设计 1 井地震剖面图**

计多口井使用一个井台。设计时，避开村庄、道路、工厂，靠近主干公路利于管理，尽量利用原有集气站、老井井场。

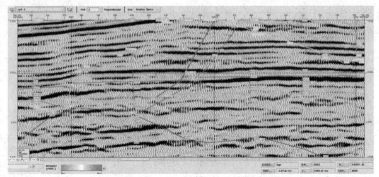

图 2-5-54　过设计 2 井地震剖面图

文 23 储气库主力储气层位 $Es_4^{3-8}$ 开发时期平均控制半径为 250m 左右，平均井距为 500m 左右，见表 2-5-35，能够保证合理的开发速度。储气库需要在短期内强注强采，为提高采气速度，采用小井距的布井方式。

表 2-5-35　气田开发时平均井距统计表

| 井　区 | 气井平均控制半径/m | 平均井距/m |
|---|---|---|
| 文 106 | 156.0 | 312 |
| 文 103 | 183.2 | 366 |
| 文 109 | 336.8 | 674 |
| 文 23 | 325.2 | 650 |
| 文 23-5 | 258.1 | 516 |
| 平　均 | 250.1 | 500 |

类比国内部分储气库的注采井网设计，结合构造、储层、老井利用、地面位置、井台组合等因素进一步进行优化，在高产区采用 300~380m 井距，中产区采用 350~520m 井距。

文 23 气田主块改建储气库后，由于含气面积大、构造复杂、库容量大，平面上又分为 4 个相对不连通的井区和高、中、低 3 个不同产能区，在注采过程中，要尽量使不同区域处于一致的压力系统。压降储量是库容的根本依据，为了保证注采过程中高、中、低产区保持压力水平的基本一致，估算不同产能区的压降储量，依据此资料分配不同区域的合理产能。

根据单井压降储量和累计产气量加权平均出各个压降单元的平均地层压力，从而估算出各单元的压降储量，见表 2-5-36。其中，高、中、低产能区的比例分别为 70.0%、22.3%、7.7%，据此分配各产能区的注采能力，从而使各产能区在注采过程中保持相对一致的压力水平，在考虑老井利用的前提下，对高、中、低产区的井数按照 8∶3∶1 进行设计。

表 2-5-36　不同产能区的压降储量比例

| 类　别 | 区　域 | 压力/MPa | 累计产气量/$10^8 m^3$ | 压缩因子 | 视地层压力/MPa | 压降储量/$10^8 m^3$ | 比例/% |
|---|---|---|---|---|---|---|---|
| 高产区 | 文109 | 5.0 | 51.59 | 0.9583 | 5.22 | 60.35 | 70.0 |
| | 文105 | 5.5 | 14.10 | 0.9543 | 5.76 | 16.78 | |
| 中产区 | 文23 | 4.5 | 19.91 | 0.9626 | 4.67 | 22.88 | 22.3 |
| | 文106 | 8.0 | 1.33 | 0.9378 | 8.53 | 1.74 | |
| 低产区 | 文23-32 | 10.0 | 0.69 | 0.9287 | 10.77 | 0.99 | 7.7 |
| | 文22 | 6.0 | 6.18 | 0.9505 | 6.31 | 7.48 | |
| 合　计 | | | 93.80 | | | 110.22 | 100.0 |

综合气田地质特点，对比国内外已建储气库，见表 2-5-37，相比而言，文 23 气田物性差、产能低，对比储气规模较为类似的呼图壁储气库，文 23 气田的孔隙度是呼图壁气田的 1/2 左右，渗透率是其 1/6 左右，单井稳定产能是其 1/6~1/3，为满足强注强采，必须加密井网。但气田储层厚度大，储层经过多次压裂，利用大斜度井技术可以有效提高单井产量。

表 2-5-37　国内部分储气库井网设计参数表

| 项　目 | 储气库名称 | | | | | |
|---|---|---|---|---|---|---|
| | 文23 | 大张坨 | 板中南 | 呼图壁 | 京58 | 双6 |
| 储层岩性 | 砂岩 | 砂岩 | 砂岩 | 砂岩 | 砂岩 | 砂岩 |
| 孔隙度/% | 8.86~13.86 | 20~25 | 18~21 | 19.5 | 26.4 | 17.3 |
| 渗透率/$10^{-3} \mu m^2$ | 0.27~17.12 | 0.27~15.4 | 74~178 | 64.89 | 191.34 | 224 |
| 井型 | 直井、定向井 | 直井 | 直井 | 直井 | 定向井 | 直井 |
| 井距/m | 300~520 | 500 | 350~850 | 550 | 100~150 | 300~350 |
| 单井日采气量/$10^4 m^3$ | 5~30 | 35~50 | | 31~108.8 | 32.5~48.8 | 16~45 |

## (二) 注气能力评价

### 1. 注气井产能方程

注气井注气能力的设计与采气井生产能力的设计原理近似。在不同的压力状况下，注气量与采气量相反，在保持一定的注气井底压力时，地层压力越低，越能建立大的注气压差，注气量大。因此，计算时假定地层注气能力与采气能力相同，计算地层流入采气方程：

高产井：
$$P_{wf2} - P_{i2} = 4.1887q + 0.102q^2 \tag{2-5-17}$$

中产井：
$$P_{wf2} - P_{i2} = 0.502q + 1.2234q^2 \tag{2-5-18}$$

低产井：
$$P_{wf2} - P_{i2} = 34.74q + 3.374q^2 \tag{2-5-19}$$

### 2. 注气井产能确定

注气井注气能力与采气井的生产能力相反。当注气井口压力一定时，随着气层压力的上升而下降，在气库压力达下限时，注气能力最大，气层压力上升到上限压力时，注气能力最小。根据垂直管流规律，当井口注气压力一定时，注气量越大，井底流压越小，而气层的吸气能力降低。井筒注气量与气层吸气能力呈负相关，二者的交点就是注气、吸气平衡点，即该井口压力下实际最大注气量。

计算 3½in 管柱条件下，在下限压力 15MPa 时高产井最大注气量 87.6×10⁴m³/d，冲蚀流量 101.9×10⁴m³/d，不存在气井冲蚀现象，如图 2-5-55 所示。在 2⅞in 管柱条件下，下限压力 15MPa 时中产井最大注气量 31.1×10⁴m³/d，冲蚀流量为 67.8×10⁴m³/d，如图 2-5-56 所示；当气库压力恢复到 30MPa 时，高产新井最大注气量 60.7×10⁴m³/d，冲蚀流量 67.8×10⁴m³/d，即注气时不存在气井冲蚀现象。

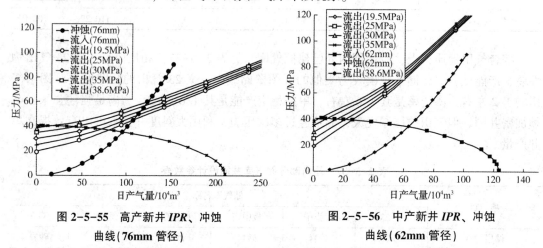

图 2-5-55　高产新井 *IPR*、冲蚀　　　　　图 2-5-56　中产新井 *IPR*、冲蚀
曲线（76mm 管径）　　　　　　　　　曲线（62mm 管径）

在注气压力为 34.5MPa 条件下，当地层压力在 15~38.6MPa 时，高产区产能在（21.8~87.6）×10⁴m³/d，中产区产能在（4.4~31.1）×10⁴m³/d，低产区产能在（2.1~15.2）×10⁴m³/d。

# 十、气库参数设计

## （一）气库运行压力设计

### 1. 运行压力上限

气库上限压力确定的原则主要是：不破坏储气库的封闭性，同时兼顾气库的目标工作气量与气井产能，以及对注气压缩机性能参数的影响。

（1）文 23 气田属于异常高压气田，上限压力不宜超过原始地层压力。考虑到这些因素，根据国外经验，一般选取气藏的原始地层压力作为气库的上限压力，当气库正常运行几个周期后，可考虑提高上限压力进行扩容。考虑到文 23 气田原始压力高，原始地层压力系数为 1.38，为了不破坏气藏的封闭条件，储气库方案设计的最大储气压力以不超过原始地层压力为宜。因此，取 38.6MPa 作为气库的上限压力。

（2）根据注气压缩机性能参数，上限压力不宜超过原始地层压力。根据不同产能区的产能方程，依据流入、流出曲线计算，在压缩机出口 35MPa、井口注气压力 34.5MPa 的情况下，高、中、低产区注气的最大地层压力分别为 38.09MPa、40.39MPa、40.15MPa，最大注气压力已经达到了气藏原始压力的 1.05 倍。如果为获得更高的工作气量，进一步选取 70MPa 的地面、井下配套措施，投资将大幅提高，不利于经济开发建设。

（3）地层破裂压力较低，上限压力过高，易导致地层破裂，危害储气库安全运行。统计文 23 气田 40 余井次的压裂资料，其破裂压力为 40~45MPa，仅为气藏原始压力的 1.04~1.17 倍，如进一步提高上限压力，地层极易发生破裂而导致出砂等情况，危害储气库的正常运行，因此不能进一步提高上限压力。但文 23 主块作为储气库容量较大，调峰能力强，根据需要的工作气量来设计气库的上限压力。

2. 运行压力下限

气库运行压力下限确定的主要原则如下：

（1）保证气库运行具有较高的工作气规模，以提高气库运行效率。

（2）保证气库采气末期最低调峰能力及维持单井生产能力。

（3）考虑井口外输压力与注气压缩机等级及注采气设备的匹配性。

就文 23 储气库而言，下限压力主要是能满足调峰稳定供气能力时的最低气层压力。根据工作气量和最小调峰气量的需求，下限压力是可以变化的。

气田改储气库后，老井只能下外径 73mm 油管生产；为满足强注强采要求，新井可采用外径 88.9mm 或 101.6mm 油管生产。在目前设计的井口压力 9MPa 条件下，以各阶段地层压力下的工作气量和单井产能为依据，为保障采气期末有足够的单井调峰能力，获得相对合理的工作气规模和较高的单井产能，确定高、中、低产区气井单井产量为 $15 \times 10^4 m^3/d$、$10 \times 10^4 m^3/d$、$5 \times 10^4 m^3/d$，根据节点分析，此配产下最小地层压力在 14.7~15.9MPa，见表 2-5-38。气库压力下限是最小管柱时的最小地层压力，因此综合取值为 15MPa。

表 2-5-38　文 23 气田不同管径下单井产能与地层压力计算表（井口压力 9MPa）

| 单井配产/($10^4 m^3/d$) | 地层压力/MPa | | | |
|---|---|---|---|---|
| | 高产区 | | 中产区 | 低产区 |
| | $\phi$88.9mm | $\phi$73mm | $\phi$73mm | $\phi$73mm |
| 20 | 16.3 | 17.2 | 25.9 | — |
| 15 | 15.6 | 14.7 | 10.7 | 37.8 |
| 10 | 13.4 | 13.6 | 15.9 | 28.6 |
| 5 | 12.3 | 12.5 | 12.8 | 15.6 |

（1）在上限压力确定后，下限压力 15~24MPa 工作气比例为 30%~54.9%，15MPa 时具有较高的工作气规模，工作气比例达到 54.9%，见表 2-5-39。

表 2-5-39　文 23 气田不同下限压力下单井产能及工作气量计算表（井口压力 9MPa）

| 地层压力/MPa | 最大产气量/($10^4 m^3/d$) | | | | 有效工作气量/($10^8 m^3/d$) | 工作气比例/% |
|---|---|---|---|---|---|---|
| | 高产区 | | 中产区 | 低产区 | | |
| | $\phi$73mm | $\phi$88.9mm | $\phi$73mm | $\phi$73mm | | |
| 24 | 36.91 | 43.57 | 18.23 | 7.45 | 31.27 | 30.0 |
| 23 | 34.49 | 40.67 | 17.24 | 6.90 | 33.92 | 32.5 |

续表

| 地层压力/MPa | 最大产气量/($10^4 \text{m}^3$/d) | | | | 有效工作气量/($10^8 \text{m}^3$/d) | 工作气比例/% |
|---|---|---|---|---|---|---|
| | 高产区 | | 中产区 | 低产区 | | |
| | $\phi73$mm | $\phi88.9$mm | $\phi73$mm | $\phi73$mm | | |
| 22 | 32.06 | 37.78 | 16.24 | 6.36 | 36.62 | 35.1 |
| 21 | 29.64 | 34.88 | 15.25 | 5.81 | 39.40 | 37.8 |
| 20 | 27.22 | 31.86 | 14.24 | 5.80 | 42.23 | 40.5 |
| 19 | 24.79 | 28.84 | 13.22 | 5.80 | 45.13 | 43.3 |
| 18 | 22.37 | 25.82 | 12.21 | 5.79 | 48.08 | 46.1 |
| 17 | 19.61 | 22.55 | 11.06 | 5.24 | 51.09 | 49.0 |
| 16 | 16.85 | 19.27 | 9.90 | 4.70 | 54.15 | 52.0 |
| 15 | 14.09 | 16.00 | 8.75 | 4.15 | 57.25 | 54.9 |

（2）气库到达下限压力时，气井需要有较高的产量，能满足调峰能力。在设定井口压力 9MPa 条件下，15MPa 下限压力时，高、中、低产区气井最小单井产量为 $15\times10^4 \text{m}^3$/d、$10\times10^4 \text{m}^3$/d、$5\times10^4 \text{m}^3$/d，具有较强的调峰能力和较高的单井产能。

综合考虑气库的库容及气井产能，初步设计气库下限压力为 15MPa，高、中、低产区气井最大单井产量为 $15\times10^4 \text{m}^3$/d、$10\times10^4 \text{m}^3$/d、$5\times10^4 \text{m}^3$/d。

## （二）库容参数设计

### 1. 设计方法和依据

气库原始库容采用容积法确定，容积法适用于不同勘探开发阶段、不同圈闭类型、不同储集类型和驱动方式，其计算结果的可靠程度取决于资料的数量和质量。取容积法计算的储量 $116.1\times10^8 \text{m}^3$ 作为理论库容上限值。

随着气库新钻井增加及实施大型压裂，原始储量会进一步被动用，压降法计算的动态储量是目前井网控制的动用储量，即压力波及的动用储量，高部位动用程度高，未动用储量主要分布在构造低部位、边块及断层夹缝带和储层物性较差的 II 类、III 类气层。考虑到气藏改建为地下储气库后，这部分储量由于构造、储层非均质性等原因动用困难，无法满足强注强采，注采井均立足于目前井网有效控制和动用的储量。因此，以压降储量作为储气库的储量基础。

就地下储气库而言，注采过程完全遵守物质守恒原理，在气藏工程方法上的表现形式就是物质平衡方程式。由于文 23 气田主块在开采过程中具有弱边水、底水的特征，且地层水作用有限，可以不考虑。因此，选用定容气藏的物质平衡方程式进行该气库库容量的分析计算。

文 23 气田主块压降方程：

$$P/Z = -0.347G_p + 36.16 \qquad (2-5-20)$$

式中　$P$——主块压降，MPa；

　　　$G_p$——气库累计产出烃类体积，$10^8 \text{m}^3$；

　　　$Z$——天然气偏差系数。

采用文 23 气田主块文 109 井资料，建立 $Z$-$P$ 关系式：

$$Z = -0.0000044P^3 + 0.0005550P^2 - 0.0134813P + 1.0123783 \qquad (2\text{-}5\text{-}21)$$

根据上述压降方程和 $Z$ 值公式，可以预测气库不同压力下的库容量。

由于文 23 气田主块为一封闭性气藏，因此库内气体在短期强采过程中，可视为定容封闭性气藏的开采，视地层压力与累计采出量之间具有良好的线性关系。根据气库库容量得到视地层压力与累计采出量之间的线性关系，进而可以得到地层压力与库容量的关系，见表 2-5-40。

表 2-5-40 不同压力条件下气库工作气量与库容量计算表

| 视地层压力/MPa | 地层压力/MPa | 累计采气量/$10^8\,m^3$ | 库容量/$10^8\,m^3$ | 偏差系数 |
|---|---|---|---|---|
| 16.30 | 15 | 57.25 | 46.97 | 0.9203 |
| 17.38 | 16 | 54.15 | 50.07 | 0.9209 |
| 18.44 | 17 | 51.09 | 53.12 | 0.9221 |
| 19.48 | 18 | 48.08 | 56.13 | 0.9241 |
| 20.50 | 19 | 45.13 | 59.08 | 0.9266 |
| 21.51 | 20 | 42.23 | 61.98 | 0.9298 |
| 22.49 | 21 | 39.40 | 64.82 | 0.9336 |
| 23.46 | 22 | 36.62 | 67.59 | 0.9379 |
| 24.40 | 23 | 33.92 | 70.30 | 0.9428 |
| 25.31 | 24 | 31.27 | 72.94 | 0.9482 |
| 26.20 | 25 | 28.70 | 75.51 | 0.954 |
| 27.07 | 26 | 26.20 | 78.02 | 0.9604 |
| 27.92 | 27 | 23.76 | 80.45 | 0.9671 |
| 28.74 | 28 | 21.39 | 82.82 | 0.9742 |
| 29.54 | 29 | 19.09 | 85.12 | 0.9817 |
| 30.31 | 30 | 16.85 | 87.36 | 0.9896 |
| 31.07 | 31 | 14.68 | 89.53 | 0.9978 |
| 31.80 | 32 | 12.57 | 91.64 | 1.0063 |
| 32.51 | 33 | 10.52 | 93.69 | 1.015 |
| 33.20 | 34 | 8.53 | 95.68 | 1.024 |
| 33.87 | 35 | 6.59 | 97.62 | 1.0332 |
| 34.53 | 36 | 4.71 | 99.50 | 1.0426 |
| 35.16 | 37 | 2.88 | 101.34 | 1.0522 |
| 35.79 | 38 | 1.09 | 103.13 | 1.0619 |
| 36.16 | 38.6 | 0.00 | 104.21 | 1.068 |

2. 库容参数设计

1）最大库容量

最大库容量反映了储气库的储气规模，它是指当气库压力为上限压力时的库容量。文

23 气田储气库上限压力确定为原始压力 38.6MPa。根据压降方程计算 $\text{Es}_4^{3-8}$ 的压降储量为 $104.21 \times 10^8 \text{m}^3$，即库容体积为 $104.21 \times 10^8 \text{m}^3$。

文 23 气田主块平面上划分为文 106、文 103、文 23-5、主块中部 4 个相对独立的断块，计算库容体积分别为 $3.66 \times 10^8 \text{m}^3$、$5.30 \times 10^8 \text{m}^3$、$2.92 \times 10^8 \text{m}^3$、$92.69 \times 10^8 \text{m}^3$。

2）有效工作气量

有效工作气量是气库压力从上限压力下降到下限压力时的总采出气量，它反映了储气库的实际调峰能力。文 23 储气库的上限压力为 38.6MPa，下限压力为 15MPa，有效工作气量为 $57.25 \times 10^8 \text{m}^3$，占库容的 54.9%。

3）垫气量

（1）基础垫气量。当气库压力下降到气藏废弃时，气库内残存气量称为基础垫气量。文 23 气田主块废弃压力为 2.5MPa，计算采收率为 92.98%，按动态储量即库容体积计算，可采储量为 $96.89 \times 10^8 \text{m}^3$，计算主块基础垫气量为 $7.32 \times 10^8 \text{m}^3$。

（2）附加垫气量。在基础垫气量的基础上，为提高气库的压力水平，进而保证采气井能够达到设计产量所需要增加的垫气量为附加垫气量。根据设计的气库压力下限 15MPa，从废弃压力算起，附加垫气量为 $39.64 \times 10^8 \text{m}^3$。

（3）补充垫气量。在目前地层压力 4.44MPa 垫气量的基础上，为提高气库的压力水平，保证采气井能够达到设计产量所需要增加的垫气量为补充垫气量。根据设计的气库压力下限 15MPa，从目前地层压力算起，补充垫气量为 $33.69 \times 10^8 \text{m}^3$。

### （三）气库运行周期

地下储气库的主要作用就是调节季节性供气峰谷差，或是在上游发生意外时能保证供气的连续性。文 23 储气库主要调峰功能根据管道供气区域的用气不均匀系数规律安排。

以战略储备为主要目的地下储气库功能不同，其运行周期受多方面因素影响难以确定，设计暂按以调峰为目的储气库运行周期。

由于文 23 气田属于低渗致密砂岩气田，在历年全气藏关井测压期间，压力恢复一般在 15d 左右才能趋于稳定。为准确录取地层压力，同时获得较多的压力平衡时间，设计在每年调峰期末设置 15d 的停气平衡期，具体安排如下：

采气期：11 月 1 日~次年 3 月 31 日，共计 150d；

注气期：4 月 16 日~10 月 31 日，共计 200d；

关井期：4 月 1 日~4 月 15 日，共计 15d。

# 十一、方案设计

## （一）方案设计原则

文 23 储气库工程设计，在借鉴国内外地下储气库建设的经验的前提下，充分考虑自身特点，遵循以下原则：

（1）气库设计从库容能力出发，尽可能满足配套工程的调峰和应急需要。

（2）尽可能获得比较高的库容利用率和经济效益。

（3）为确保储气库的运行安全，对井况差的老井全部停用封井。

（4）文23储气库容量大，调峰能力强，为不造成设备及资源闲置，设计分期进行建设，一期方案满足华北地区目前调峰气量，尽量利用现有井网，新井尽量部署在高-中产区，后期根据市场需要，通过完善整体方案提高调峰能力和工作气量。

## （二）老井利用方案

### 1. 老井利用原则

储气库注采井原则上一般是利用新钻井，而老井在综合评价油层套管固井质量、井筒工况和井身结构的基础上，将所有可能会发生气库层窜漏的老井实施封堵，筛选井况良好的老井继续利用，同时部分老井封堵后作为采油井和注水井继续利用，达到资源利用最大化的目的。根据文23气田实际情况，考虑到注采井网和经济成本因素，通过综合分析，制定了文23储气库老井处理的基本原则：

（1）对固井质量差的气井进行封井。为保证上部沙三段与沙四段气库层不串通，将固井质量差的气井实施封井。

（2）对井身结构不完善的气井进行封井。一是对小套管井实施封堵。二是侧钻井为避免侧钻点发生泄漏，也实施封井。

（3）对套管状况差的气井进行封井。对于套管腐蚀、套漏、变形、错断的老井实施封井。

（4）对井况完好的气井进一步利用。对于井况完好的气井，根据构造位置、储层物性的不同，可分别进行不同利用。位于构造边部和低部位气-水界面附近的气井，建议作为监测井，以观察边水变化、压力变化；2000年以后投产的气井，可以作为采气井进行利用。

（5）对封堵井上返油层继续利用。为满足文23储气库上部油藏的合理开发，实现经济效益的最大化，优选部分已经封堵的气井上返采油。

### 2. 可利用老井筛选

文23气田主块自1979年发现以来，历经30余年试采、开发，共钻各类气井64口，目前有气井57口。其中，工程报废探井2口（文4井、文103井），地质报废封井1口（文23-14井），上返 $Es_3$ 油藏注水井1口（文23-7井），其余53口中有8口为开窗侧钻井，目前基本都具备生产能力，见表2-5-41。

表2-5-41　气田主块老井分统计表

| 参　数 | 类　型 | | | | | 合　计 |
|---|---|---|---|---|---|---|
| | 工程报废井 | 地质报废井 | 上返注水井 | 侧钻井 | 其他井 | |
| 井　数 | 2 | 1 | 1 | 8 | 45 | 57 |

1）根据井况分析，拟利用井22口

2015年前，通过对57口老井的历史资料调查，有如下两种情况：

（1）井况完好的气井有22口。2000年后完钻，其中可作为监测井4口，可作为采气利用井18口，分别分布在高、中、低产区井数为14口、3口、1口。

建议作为监测井：文23-13井、文23-32井、文23-34井、文23-36井。

建议作为采气井：文 23-17 井、文 23-18 井、文 23-22 井、文 23-28 井、文 23-29 井、文 23-30 井、文 23-35 井、文 23-40 井、文 23-42 井、文 23-43 井、文 23-44 井、文侧 105 井、文新 31 井、新文 23-7 井、文 108-5 井、文 23-19 井、文 23-26 井、文 23-38 井。

（2）井况存在问题气井有 35 口。

其中，固井质量差井 4 口，井身结构不完善井 12 口，套管存在腐蚀井 12 口，井内套变井 4 口，报废井 3 口。封堵井封堵气层段后有 3 口井（文 23 井、文 23-3 井、文 23-9 井）可作为盖层封闭性监测井利用。

2）对老井检测后确定可利用气井 11 口

2016 年上半年，对拟利用 22 口井进行了井况检测，根据中国石化天然气分公司提供的检测结果，有 11 口井存在试压不合格、套管变形、腐蚀、裂缝严重、固井质量较差的严重问题，将实施封堵；筛选出井况良好的 11 口老井继续利用。其中，采气井 7 口（高、中产区 6 口，低产区 1 口），监测井 4 口，见表 2-5-42。

表 2-5-42　老井检测后可利用井统计表

| 类　型 | 原拟定可利用井 | | 井况检测后可利用井 | |
| --- | --- | --- | --- | --- |
| | 井　数 | 井　号 | 井　数 | 井　号 |
| 采气井 | 18 | 文 23-17 井、文 23-18 井、文 23-22 井、文 23-28 井、文 23-29 井、文 23-30 井、文 23-35 井、文 23-40 井、文 23-42 井、文 23-43 井、文 23-44 井、文侧 105 井、文新 31 井、新文 23-7 井、文 108-5 井、文 23-19 井、文 23-26 井、文 23-38 井 | 7 | 文 23-17 井、文 23-30 井、文侧 105 井、文新 31 井、文 23-19 井、文 23-26 井、文 23-44 井（低产区） |
| 监测井 | 4 | 文 23-13 井、文 23-32 井、文 23-34 井、文 23-36 井 | 4 | 文 23-13 井、文 23-32 井、文 23-34 井、文 23-36 井 |

3. 老井利用方案

对文 23 气田主块老井合理地加以利用，能最大限度地利用现有资源，有效地减少投入，对主块 14 口老井的利用、封堵建议如下：

1）下步利用井 14 口

利用老井共 14 口，在进行井况监测、套管试压后，沙四段井况有问题或套管试压不合格则彻底封堵。其中，3 口井（文 23 井、文 23-3 井、文 23-9 井）井况有问题，位于盐层盖层较薄处，可按封堵井标准处理后，射开沙三段下砂层，监测盖层封闭情况。

2）永久封堵井 43 口

（1）沙三段、沙四段固井质量差：挤堵射孔层，井筒注水泥至油层套管水泥返深以上 100m。

（2）侧钻井：尾管悬挂器以上坐封承流器挤堵射孔层，井筒注水泥至油层套管水泥返深以上 100m。

（3）小套管井：挤堵射孔层，井筒注水泥至油层套管水泥返深以上 100m。

（4）套管腐蚀井：挤堵射孔层，井筒注水泥至油层套管水泥返深以上 100m。

（5）套变井：非盐层段、变形不严重的井进行修套处理，修套困难的在变形段以上坐封承流器或光油管挤堵射孔层，井筒注水泥至油层套管水泥返深以上100m。

（6）地质或工程报废井3口：处理井筒至人工井底，挤堵射孔层或裸眼段，井筒注水泥至油层套管水泥返深以上100m。

可作为采气利用井7口，分别分布在高、中、低产区井数为6口、1口、0口。

## （三）气库建设方案设计

根据各种长输管道的市场需求，中国石化北方市场对文23储气库提出的调峰参数分别为：

（1）近期需求：高峰期日需求$3000×10^4m^3$，年调峰气量$(30~35)×10^8m^3$。

（2）远景需求：高峰期日需求$4000×10^4m^3$，年调峰气量$(40~45)×10^8m^3$。

1. 整体方案设计

1）新井井数测算

测算方法：根据预计的气库运行气量，各月的运行能力不同，日产能在$(1080~4000)×10^4m^3$。其中：12月及次年的1月要求的日产能最高，达到$4000×10^4m^3$；较低的是11月为$1080×10^4m^3$，如图2-5-57所示。气库正常运行时，要求气井井口压力最小为9MPa。

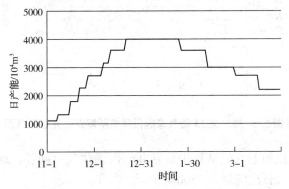

**图2-5-57　文23储气库远景需求及调峰系数示意图**

储气库在调峰期运行期间，其库存量-压力-单井产能呈相对应的关系逐步下降，见表2-5-43。根据不同时期的市场需求，在充分利用老井的前提下，评价相应时期气库压力下的单井最高产能，测算所需新钻井数，其中井数最多的时期即为井数测算的关键节点，可以满足各阶段的调峰需求。为尽量少钻新井，从上限压力开始测算，此时压力、产能均最高，以获得最大经济、有效的井网设计。

**表2-5-43　库存量-地层压力-单井产能关系表**

| 库存量/$(10^8m^3/d)$ | 地层压力/MPa | 平均单井产能/$(10^4m^3/d)$ |
|---|---|---|
| 104.2 | 38.6 | 65.7 |
| 103.7 | 38.0 | 65.2 |
| 97.7 | 35.0 | 58.9 |
| 91.7 | 32.0 | 52.7 |
| 84.9 | 28.9 | 46.0 |

| 库存量/($10^8 m^3/d$) | 地层压力/MPa | 平均单井产能/($10^4 m^3/d$) |
|---|---|---|
| 78.1 | 26.0 | 39.6 |
| 70.6 | 23.0 | 32.8 |
| 62.3 | 20.0 | 25.8 |

注：平均单井产能根据不同产能区的储量控制程度进行加权平均。

根据不同时期的地层压力、气井产能及所需的调峰气量，在充分利用老井的前提下，测算所需新钻井数。

根据北方市场调查后给定的不均匀系数及最大调峰气量 $4000×10^4 m^3/d$ 要求，测算在 2 月 10 日需要增加的新钻井数最大为 103 口，如图 2-5-58 所示，可以满足各阶段采气需求。在采气期 150d(11 月 1 日~次年 3 月 30 日)运行期间，可调峰气量 $44.68×10^8 m^3$，调峰期末地层压力 19.06MPa，从目前开始需垫气 $46.26×10^8 m^3$。

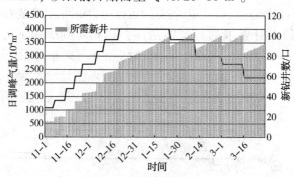

图 2-5-58　文 23 储气库远景需求所需新钻井数示意图

储气库注采井在原则上一般是利用新钻井，由于注气时间长(200d)，96 口新钻井完全可以满足需要，最大日注气量为 $2500×10^4 m^3$。

2) 井网部署结果

(1) 储气库设计从气库本身能力出发，尽可能提供最大的库容量，尽可能地提高调峰、应急能力，满足多种调峰和应急需要，整体部署，分批实施。

(2) 考虑到储层物性特征、平面上的变化情况，井网分布在平面上采取不均匀布井方式，最大程度地控制库容，见图 2-5-59、表 2-5-44。

(3) 以提供最大产能为原则，利用多种井型提高单井注采能力，提高气库调峰能力。

(4) 尽可能选用符合安全条件的老井，且经过检测合格能够利用的老井，留作监测井、采气井；注气井尽可能用新井。

(5) 考虑到储气库高低压往复、多周期的注采易激活断层，注采井尽量远离断层；离边水有一定距离，尽量减少边水对气库的影响。

(6) 降低投资成本，采用丛式井布井方式，尽量利用原有集气站和井场设计井台。尽量部署井身结构简单的井，降低钻井及后期注采工程作业等施工难度。

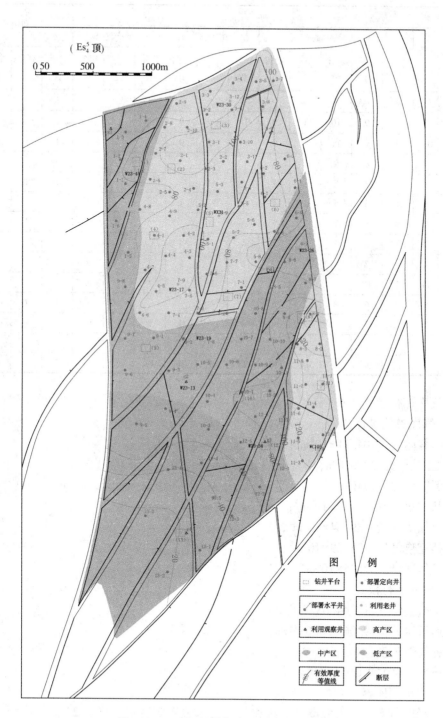

图 2-5-59　文 23 储气库井网方案部署图

表 2-5-44　文 23 储气库井网方案部署统计表

| 井台号 | 总井数/口 | 新井 | | | | | | | | | | | | 利用井 | | | |
|---|---|---|---|---|---|---|---|---|---|---|---|---|---|---|---|---|---|
| | | 井数/口 | 井型 | | 高产区 | | | 中产区 | | | 低产区 | | | 总井数 | 高产区 | 中产区 | 低产区 |
| | | | 直井 | 定向井 | 总井数 | 直井 | 定向井 | 总井数 | 直井 | 定向井 | 总井数 | 直井 | 定向井 | | | | |
| 1 | 7 | 6 | | 6 | | | | 3 | | 3 | 3 | | 3 | 1 | | 1 | |
| 2 | 10 | 10 | 1 | 9 | 10 | 1 | 9 | | | | | | | | | | |
| 3 | 12 | 11 | 2 | 9 | 11 | 2 | 9 | | | | | | | 1 | 1 | | |
| 4 | 9 | 9 | 1 | 8 | 9 | 1 | 8 | | | | | | | | | | |
| 5 | 9 | 8 | 1 | 7 | 8 | 1 | 7 | | | | | | | 1 | 1 | | |
| 6 | 7 | 6 | 1 | 5 | 5 | 1 | 4 | 1 | | 1 | | | | 1 | | 1 | |
| 7 | 9 | 7 | 2 | 5 | 7 | 2 | 5 | | | | | | | 2 | 1 | 1 | |
| 8 | 7 | 7 | 1 | 6 | 3 | 1 | 2 | 4 | | 4 | | | | | | | |
| 9 | 8 | 8 | 1 | 7 | | | | 6 | 1 | 5 | 2 | | 2 | | | | |
| 10 | 11 | 11 | 1 | 10 | | | | 10 | 1 | 9 | 1 | | 1 | | | | |
| 11 | 9 | 8 | 2 | 6 | 8 | 2 | 6 | | | | | | | 1 | 1 | | |
| 12 | 7 | 7 | | 7 | | | | 4 | | 4 | 3 | | 3 | | | | |
| 13 | 5 | 5 | | 5 | | | | | | | 5 | | 5 | | | | |
| 合计 | 110 | 103 | 13 | 90 | 61 | 11 | 50 | 28 | 2 | 26 | 14 | | 14 | 7 | 4 | 3 | 0 |

3）气库运行参数

（1）气库参数设计：

① 库容体积：$104.21 \times 10^8 m^3$；

② 上限压力：38.6MPa；

③ 下限压力：15MPa；

④ 基础垫气量：$7.32 \times 10^8 m^3$；

⑤ 附加垫气量：$39.64 \times 10^8 m^3$；

⑥ 补充垫气量：$33.69 \times 10^8 m^3$；

⑦ 工作气量：$57.25 \times 10^8 m^3$。

（2）气库运行模式：

① 运行工作气量：$44.68 \times 10^8 m^3$；

② 运行压力：19.06~38.62MPa；

③ 补充垫气量：$46.26 \times 10^8 m^3$。

2．一期建设方案设计

1）方案动用库容

根据文 23 气藏储层有效厚度、沉积相、气水关系等特征，将文 23 储气库划分为高、中、低三个产区，其中低产区的产量较低，主要有以下几个方面影响因素：

（1）气田砂体发育程度受沉积微相的控制，产量高低与发育部位相关。根据文 23 气藏的沉积特点，沙四段沉积期物源主要来自本区北西方向，受古地形及构造格局的控制，沙四段地层呈现北高南低的地层产状。因此，本区中北部主要分布为湖底扇中扇，南部分布为远端扇、咸化深湖及半深湖沉积地层，如图2-5-60所示。在文22井、文23-5井、文23-8井以南，储层逐渐变差。

（2）储层有效厚度大小影响气井产气量。从文23气藏 $Es_4^{3-8}$ 砂组（叠合）有效厚度图2-5-61可以看出，储层有效厚度较小的部位主要有两个：一是文106块的西部，文69-侧3井、文69-侧10井以西，有厚度低于80m。二是文23主块南部，文23-13井、文23井、文23-34井以南，有效厚度低于80m。由于有效厚度减小，储层相对变薄，产量较低。

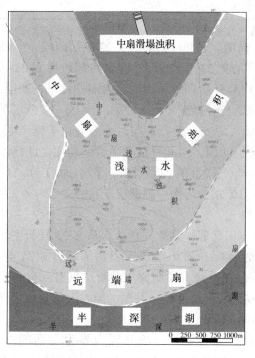

图2-5-60　文23储气库 $Es_4^4$ 砂组
沉积微相展布图

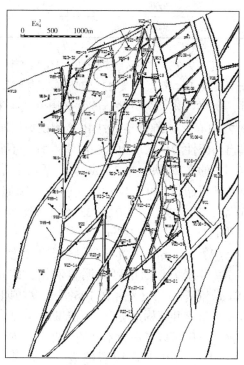

图2-5-61　文23储气库 $Es_4^{1-8}$ 砂组
有效厚度图（叠合）

（3）受气-水关系影响，气-水边界较高区域气层接近气-水界面，产量降低。文23储气库 $Es_4^{3-8}$ 砂层组北部气-水界面高于南部。$Es_4^4$ 砂组主块基本满块含气，只有文23-5块低部位有边水（气-水界面深度2999m）。$Es_4^5$ 砂组在断块的西南部文22块、文23-5块为水层，无气层分布，南部文23-36块低部位有边水（气-水界面深度2989m），其他各块满块含气。以上分析表明，在文22、文23-5和文23-36小断块气-水边界较高，储层接近气-水边界，产量较低。

综合考虑以上因素，将文106断块文69-侧3井、文69-侧10井以西划为低产区块。文22块、文23-5块、文23-36块及文23-13井、文23-34井以南划为低产区。

根据中国石化天然气分公司意见，暂不动用低产区，但由于主块内部并不具备绝对的封闭性，其垫气量不会因动用面积减小而减小。但主块内部有三个相对封闭的区块，可以考虑作为暂不动用的区域。同时，部分低部位的低产区也可以考虑暂不动用，由于注气推进速度较慢，见表2-5-45，文23-32井注气试验表明，注入气的推进速度为7.25m/d，可以考虑通过注入气的缓慢推进进行保压，在压力升高后利用老井应急采气。

表 2-5-45   注气推进速度统计表

| 井距/m | 传播速度/(m/d) | 见效时间/d |
|---|---|---|
| 500 | 7.25 | 69 |
| 1000 | 7.25 | 138 |
| 2000 | 7.25 | 276 |
| 3000 | 7.25 | 414 |

（1）文23-5井区及周边低部位低产区暂不动用。该井区边界为文22断层南段、文68断层、文104断层和文23-5断层，内部发育一条文23-14断层。井区内部包括文23-5井、文23-14井两口井。该井区周围四条断层均具有良好的封闭性。内部发育一条断层，文23-14井在2000年7月RFT测试地层压力系数已经降到了0.8左右，文23-14断层不具有封闭性。但该块边水、底水发育，不利于储气库安全运行，同时大部分位于低产区，其周边的文22块、文23-36块等断块也存在此类问题，因此可以考虑暂不动用。此区域计算地质储量为17.44×10$^8$m$^3$，按压降储量与地质储量的关系计算，影响库容16.24×10$^8$m$^3$，其中较为封闭的文23-5井区库容4.25×10$^8$m$^3$，与中、高部位连通的文22-文23-36井区库容11.99×10$^8$m$^3$。

（2）文106井区暂不动用。该井区为文23气田北部一独立高压区，从文23气田主块历年单井压力剖面中可以明显看出，该井区的两口井历年地层压力比邻井普遍高4~6MPa。但第一口开发井文106井开发初期静压已经下降，说明文106断层仅有部分封闭性。由于该井区构造复杂，内部断层复杂，不易形成合适的注采井网，同时大部分位于低产区，该区可以考虑暂不动用。此井区Es$_4^{3-8}$压降储量为3.66×10$^8$m$^3$。

（3）文103井区因裂缝发育，气井产能高，设计动用。该井区边界为文西断层、文23-18断层、文31断层，井区内在2003年以前只有新文103井一口井，2003年新钻文23-28井。该井区为文23气田北部典型的独立低压区。新文103井在生产历史中始终与邻井（如该井西部350m的文23-9井）地层压力之间存在较大差异，尤其是在1992年以后，两井地层压力差达到了5MPa以上，并逐渐增加到了9MPa。该井区虽然封闭性较强，但均处于高产区，有效厚度达到120m以上，且纵向裂缝发育，其中文23-40井初期产能达到（70~80）×10$^4$m$^3$/d，适合强注强采。

经过优化，目前利用库容为84.31×10$^8$m$^3$，设计库容减少19.9×10$^8$m$^3$，下步可以通过滚动开发进一步加以利用。

2）一期新钻井数测算

根据中国石化北方市场对文23储气库提出的近期需求为高峰期日需求3000×10$^4$m$^3$/d，年调峰气量30×10$^8$m$^3$以上。同理，根据一期动用库容84.31×10$^8$m$^3$的库存量-压力-单井产能关系逐步下降的关系，在充分利用动用区域内老井的前提下，测算所需新钻井数。

根据北方市场调查后给定的不均匀系数及最大调峰气量3000×10$^4$m$^3$/d要求，测算在

1月26日需要增加的新钻井数最大为66口,如图2-5-62所示,可以满足各阶段采气需求。在采气期150d(11月1日~次年3月30日)运行期间可调峰气量32.67×10⁸m³,调峰期末地层压力20.92MPa,从目前开始需要垫气40.90×10⁸m³。

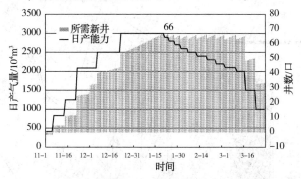

图 2-5-62 文 23 储气库一期建设所需新钻井数示意图

3) 井位部署

为方便一期工程和整体工程的分步实施,将一期工程的66口新钻井集中部署在中、高部位的8个井台(2号、3号、4号、5号、6号、7号、8号、11号)上,见图2-5-63、表2-5-46,实施完毕后即可注气投产,其余5个井台的37口新钻井根据市场需求,择机实施。

表 2-5-46 文 23 储气库一期井网方案部署统计表

| 井台号 | 总井数/口 | 井数/口 | 新 井 | | | | | | | | | | 利用井 | | | |
| | | | 井 型 | | 高产区 | | | 中产区 | | | 低产区 | | | 总井数 | 高产区 | 中产区 | 低产区 |
| | | | 直井 | 定向井 | 总井数 | 直井 | 定向井 | 总井数 | 直井 | 定向井 | 总井数 | 直井 | 定向井 | | | | |
| 2 | 10 | 10 | 1 | 9 | 10 | 1 | 9 | | | | | | | | | | |
| 3 | 12 | 11 | 2 | 9 | 11 | 2 | 9 | | | | | | | 1 | 1 | | |
| 4 | 9 | 9 | 1 | 8 | 9 | 1 | 8 | | | | | | | | | | |
| 5 | 9 | 8 | 1 | 7 | 8 | 1 | 7 | | | | | | | 1 | 1 | | |
| 6 | 7 | 6 | 1 | 5 | 5 | 1 | 4 | 1 | | 1 | | | | 1 | | 1 | |
| 7 | 9 | 9 | 2 | 7 | 7 | 2 | 5 | | | | | | | 2 | 1 | 1 | |
| 8 | 7 | 7 | 1 | 6 | 3 | 1 | 2 | 4 | | 4 | | | | | | | |
| 11 | 9 | 8 | 2 | 6 | 8 | 2 | 6 | | | | | | | 1 | 1 | | |
| 合计 | 72 | 66 | 11 | 55 | 61 | 11 | 50 | 5 | 0 | 5 | 0 | 0 | 0 | 6 | 4 | 2 | 0 |

4) 一期运行参数

(1) 注气周期:注气期为200d(4月16日~10月31日),采气期为150d(11月1日~次年3月31日),停产检修期为15d(4月1日~4月15日)。

(2) 库容体积:84.31×10⁸m³。

(3) 运行压力:20.92~38.6MPa。

（4）运行工作气量：$32.67×10^8 m^3$。

（5）补充垫气量：$40.90×10^8 m^3$。

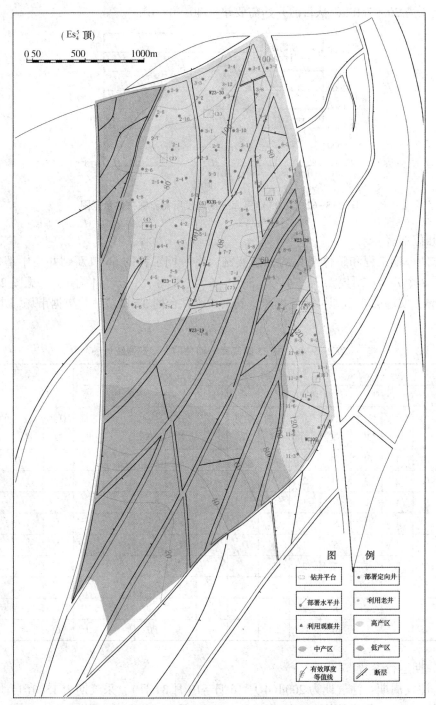

图 2-5-63　文 23 储气库一期井网方案部署图

### （四）监测井部署方案

文 23 气田主块改建储气库后，由于需要长时间、多周期、高低压往复进行注采，需要强化气库密闭性、压力分布、气水关系等监测。根据主块地质条件，设计有盖层封闭性监测井、断层封闭性监测井、气-水界面监测井、地层压力监测井，如图 2-5-64 所示。

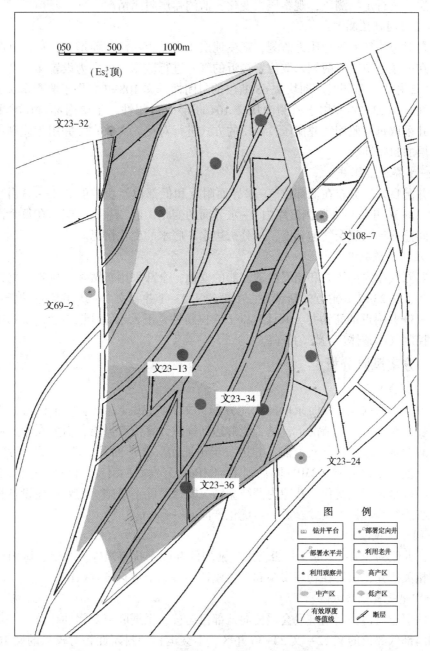

图 2-5-64　文 23 储气库监测井方案部署图

1. 盖层封闭性监测井

主要对储气层上部盐层的封闭性进行监测，观察随注气增加，上覆盐层是否能够保持封闭性。选择上覆沙三段有储层发育的部位进行监测，文 23 井、文 23-3 井、文 23-9 井位于盐层盖层较薄处，但井况有问题，可按封堵井标准处理后，射开沙三段下距盐层顶部最近的砂层，进行定期测压，观察压力变化，监测盖层封闭情况。

2. 断层封闭性监测井

主要是对边块气井进行压力监测，观察地层压力是否随注气而增高，从而判断断层的封闭性，在三条分块断层两侧选取位置接近的气井进行监测，分别为设置 4 口老井为监测井：文 69-2 井用于监测气库西块文 68 断层的封闭性。文 108-7 井用于监测东块文 105 断层的封闭性。文 23-24 井用于监测南块文 104 断层的封闭性。主块内部对比井采用新钻井。监测井采取每月监测气井流压、静压的方式进行对比。文 23-32 井用于监测主块内部文 106 断层的封闭性。

3. 气-水界面监测井

利用井况良好、分布在低部位气-水界面附近和低部位堑块内的文 23-13 井、文 23-34 井、文 23-36 井三口井监测气库内气-水界面的变化。监测井不产气，在每个注气期和采气期中间监测一次剩余气饱和度，以分析边水、底水的变化情况。

4. 地层压力监测井

观察监测气库内部压力和储层渗透性能的变化，全部采用新钻井，高部位文 23-9 井、新文 103 井、文 23-7 井附近的新钻井，中部位文 23-1 井、文 23-19 井附近的新钻井，低部位文 23-33 井附近的新钻井，共计对以上 6 口新钻井下入永置式压力计，观察压力变化情况，以控制气库整体压力均匀升降。

## （五）方案风险分析

1. 产能误差风险

产能评价的依据是开发时录取的产能方程，文 23 气田储层低孔、中低渗，生产中均进行过压裂，在不压裂的情况下，是否能够达到理想计算值有风险，需要在投产后加密强注强采期间的资料录取，落实产能，并进一步论证储层改造的可行性。同时，经过 30 多年的开发，地层压力由 38.62MPa 降低到 4.44MPa，开发后期出现了比较严重的结盐现象，地层孔隙结构是否发生变化、孔隙内部结盐情况能否解除不可知，需要在建设过程中利用新钻井取心进行物理模拟实验，进一步优化产能。

2. 井间干扰风险

目前，井距为 300~520m，是否会发生强烈的井间干扰有风险。当前，国内外储气库尚未见到相关研究，需要在物理实验和数值模拟的基础上进行摸索探讨。

3. 一期垫气量运移风险

由于储层连通，一期垫气量会缓慢向低部位运移。根据断层封闭性评价，垫气量会逐步运移到南部低部位的文 22—文 23-36 井区，不会运移到封闭性相对较强的文 106 井区、文 23-5 井区，造成一期的垫气量偏高。但此部分气量不会逸散，相应会减少二期垫气量。

4. 主块内部小断层封闭性和边水、底水推进风险

目前，评价结果是基于 4%~5% 采速下录取的资料，改建储气库后采速是正常开发时

的 40～50 倍，是否会激活断层引发边水、底水推进仍不可知，因此在设计中，新井设计尽量远离断层及边水，投产设计留足底水避射层，在注采过程中需要强化监测，及时发现，及时处理。

5. 老井利用风险

根据国内外储气库注采井设计的调研，由于储气库独有的强注强采，对注采井的井况提出很高的要求，一般不建议老井利用。出于节省投资的目的，本方案建议对部分已钻井进行利用，风险控制为：一是选择 2000 年后的新钻井。二是对利用井进行充分的井况监测，确保生产过程中的安全。三是利用井不在运行压力高的注气期注气，仅在采气期作为候选采气井使用。值得注意的是，有 5 口气井存在 $Es_4^{1-2}$—$Es_4^{3-8}$ 合层压裂情况（文 23-16 井、文 22 井、文 23-22 井、文 23-26 井和文 23-8 井），通过对压裂时人工裂缝高度的统计，裂缝高一般在 30m 左右，认为这些压裂井通过压裂可能将 $Es_4^{1-2}$—$Es_4^{3-8}$ 沟通，另外 2 口井套管固井质量差（文 23-15 井、新文 106h 井），这些井会对主块主力井区纵向连通性有一些影响，需要在对老井封堵时做好储气层段与非储气层段的安全封隔处置。

## （六）开发实施要求

1. 储层保护

由于文 23 储气库目前地层压力为 4.44MPa，地层亏空严重，为确保气层在钻井、完井和投产过程中不被污染，在作业过程中，要结合储层特性，强化储层保护技术的研究和应用。

在钻井过程中，储层保护采取预防为主、解除为辅的原则。在钻井过程中，要求采取以下措施进行储层保护：①在井身结构设计时，将技术套管下到储层以上 20m 左右。②打开储层时，配置适合地层的低密度、低固相、低失水无固相完井液。③采用屏蔽暂堵技术。④保证钻开储层后完井液的稳定。⑤适当降低泵压，杜绝激动压力的产生。⑥减少储层浸泡时间。⑦生产套管固井时，优化水泥浆性能等。

在完井过程中，主要采用以下工艺：①多功能的联作工艺管柱，或能实现后期的不压井作业，最大限度地减少后期作业次数。②完井后充分洗井，减少浸泡时间。③采用优选射孔液，采用深穿透射孔弹，加大射孔深度，增大排气面积。

2. 资料录取

在储气库建设阶段中，钻井资料严格按照开发井录取，外加气测录井。常规测井选用 CSU 测井系列，并使用 RFT 测井落实各砂层的压力状况。重视固井质量的评价。对于有特殊需要的气井，加测成像测井及核磁共振测井。

在开发过程中，严格按照动态监测规范取全、取准各项监测资料。加强地层压力和温度监测，在高、中、低产区分别选择一口新井连续录取压力，为气藏工程研究和生产动态分析提供依据；根据开发需要，进行系统产能试井、压力恢复（降落）试井，为研究储层展布和连通关系提供依据；加强地层流体性质监测，定期取样，及时掌握流体组分变化；加强井况监测，掌握井下技术状况，为消除安全隐患提供依据；加强井下与地面管线腐蚀监测与实验研究，开展腐蚀防护配套技术研究，延长气井及地面管线寿命，保证长期安全生产。

3. 老井封堵

文 23 气田老井由于井况的不同，有利用、封堵等用途，针对不同用途，要制定完善的施工方案。

（1）所有老井均进行井斜复测，为钻井过程中的防碰设计提供数据。

（2）对计划利用的气井，要求进行井下管柱监测，综合评价油层套管固井质量、井筒工况和井身结构，确保其在生产过程中的安全性。

（3）为提高封堵井封堵效果，要制定有针对性的封井措施，对封井作业施工中的井筒处理、挤堵工艺、注水泥完井等重要环节加强监督、精心施工，按标准要求达标，确保老井封堵后不渗、不漏，保障气库运行安全。

4. HSE 要求

在气库建设过程中，应严格执行有关行业安全生产标准及规定，制定相应的安全管理措施，建立健全 HSE 管理体系，最大限度降低事故发生率，实现无火灾、无爆炸事故、无人员伤亡等。

施工单位应遵守国家、当地政府有关健康、安全与环境保护法律、法规等相关文件的规定。严格按石油天然气钻井、作业 HSE 体系标准及石油与天然气钻井、开发防火防爆安全生产技术等规程执行。

# 第三章 枯竭油气藏型储气库钻采工艺设计

## 第一节 钻井工艺设计

### 一、钻井工艺设计基本原则

在进行枯竭油气藏型地下储气库钻井工艺设计时，油田开发钻井设计中所遵循的一般原则和方法都是适用的。但是，由于地下储气库有其独特的运行规律和使用工况，因此在进行储气库钻井设计时，还要遵循一些特殊的原则：

（1）钻井设计的基本内容应包括地质设计、工程设计、施工进度计划及费用预算等部分。

（2）地质设计应明确提出设计依据、钻探目的、设计井深、储层、完钻层位及原则、完井方法、录取资料要求等；地质设计应提供全井地层孔隙压力梯度曲线、破裂压力梯度曲线、试油压力资料、区块压力等高线图和地质剖面、地层倾角、地层物性、油气水性质、邻井资料及故障提示等，以及500m井距内注水井井位图和注水压力曲线图。对于在已建储气库上的钻井，还要提供区块内注采井注气压力周期变化数据。

（3）钻井设计必须以地质设计为依据，有利于取全、取准各项地质、工程资料，有利于保护储气层；采用本地区和国内外成熟、先进的钻井技术，提高注采井质量及井筒气密封性，实现最佳的技术、经济效益，为储气库注采井安全运行提供保障。

（4）储气库注采井一般采用定向井或丛式井技术设计。对自然增斜严重的地区，用一般的方法控制井斜角困难时，应利用地层自然造斜规律，移动地面井位，采用"中靶上环"的方法，使井底位置达到地质设计要求。

（5）钻井设计要考虑储气库注采井特殊工况要求，尽可能采用"储层专打"井身结构，按固井水泥返至地面的要求进行固井工艺设计，以利于保护储气层和提高注采井安全性能。

（6）目前，国内储气库的主要作用是城市调峰，库址一般选择在城市附近，地表环境复杂，安全环保要求严格，钻井设计应充分论证环境保护和装备要求。

（7）费用预算和施工进度计划应依据本地区切实可靠的定额，并结合储气库注采井的特点完成。

### 二、钻井方式及平台(井场)设计

#### (一) 钻井方式

储气库的建造一般需要新钻几口井甚至数十口井，为了有利于后期管理及建设，需要对钻井方式进行合理选择。

1. 直井钻井方式

1) 钻直井的优点

(1) 钻井工艺简单易操作, 不易出现施工复杂, 事故风险小。

(2) 钻井井深最短, 单井钻井周期最短, 钻井工程投资最低。

(3) 直井作用于井壁的摩擦力小, 有利于各种完井管柱的下入。

(4) 直井相对于定向井更易于提高固井质量。

2) 钻直井的缺点

(1) 新钻多少口井就需要修建多少井场和通往井场的道路, 占地面积庞大, 征地费用高。

(2) 从目前国内已经建成的储气库来看, 若钻直井, 地面上避免不了有水塘、养鱼池或工厂、民房等建筑设施, 部分地区还需要搭建钻井平台, 地面占用补偿费和井场建设成本高。

(3) 井口分散, 地面建设需要铺设的高压注采管线相对较多, 增加了地面投资。

(4) 井口分散, 不利于运行后对井口的安全防护和日常生产管理。

3) 钻直井的质量要求

井身质量要求见表 3-1-1。

表 3-1-1　井身质量要求表

| 井段/m | 井斜角/(°) | 井底水平位移/m | 全角变化率/[(°)/30m] | 井径扩大率/% |
|---|---|---|---|---|
| 0~1000 | 2 | ≤20 | 1 | <15 |
| 1000~2000 | 3 | ≤25 | 1.25 | <15 |
| 2000~3150 | 4 | ≤30 | 2 | <15 |

2. 定向井钻井方式

1) 钻定向井的优点

(1) 钻定向井受地面限制相对较小, 对于地面不利于或不允许设置井场的情况, 可通过钻定向井方式完成钻井。

(2) 选用丛式定向井钻井方式, 相对于直井大大减少了土地占用面积, 减少了地面管线、道路、井场的建设工程量, 降低了建设投资。

(3) 井口相对集中, 有利于运行后对井口的安全防护和日常管理。

2) 钻定向井的缺点

(1) 由于丛式钻井的特殊性, 井眼之间防碰距离较近, 增加了钻井工程的设计和施工难度, 井眼测量深度较深, 钻井周期较长。

(2) 采用丛式定向钻井不可避免地会有大位移定向井, 造成井斜角增大, 对井眼轨迹控制要求高, 增加了管柱与井壁之间的摩擦阻力, 易发生复杂情况。

3. 钻井方式选择

通过比较可以看出, 储气库注采井采用直井钻井施工简单, 但地面工程建设征地面积大, 费用高, 且不便于运行管理; 采用丛式井的钻井方式, 可减少征地面积, 减少修建井场、铺垫道路和铺设注采管线的工程量, 节约了地面建设费、地面注采管网费及钻机搬安费等相关费用，并且便于建成后的运行管理，具有良好的综合经济效益。

因此，根据储气库规模、枯竭油气藏构造特性、单井注采能力和注采生产运行方式，采用在构造合适位置上选择钻井平台(井场)，用丛式定向井的钻井方式来完成储气库注采井钻井。

## (二) 固井质量要求

储气库运行时间长，井筒完整性要求高，对各级套管封固质量要求如下：

(1) 技术套管下至 $Es_4^{1-2}$，为保证气藏盖层密封性，要求储气层顶部盖层段连续优质水泥段不小于25m，为更好地保证储气库质量，储气库二开固井质量要求盐底下部优质封固段不少于30m。

(2) 三开固井质量采用 SBT 或 IBC 测定，要求生产套管固井段良好以上胶结段长度占比不小于70%，气层顶部优质封隔段长度不小于200m。具体要求见表3-1-2。

表 3-1-2  固井数据表

| 开 次 | 钻头尺寸/<br>mm | 井段<br>(斜深)/m | 套管尺寸/<br>mm | 套管下深/<br>m | 水泥封固井段/<br>m | 测井项目 |
|---|---|---|---|---|---|---|
| 一开 | 444.5 | 0~500 | 346.1 | 500 | 0~500 | — |
| 二开 | 320 | 500~2760 | 273.1 | 2760 | 0~2760 | CBL |
| 三开 | 241.3 | 2760~井底 | 177.8 | 井底 | 0~2760/井底 | SBT/IBC |

(3) 平台(井场)设计。丛式井平台(井场)设计包括：①优选平台(井场)个数。②优选平台(井场)位置。③优化地面井口的排列方式。④优选丛式井组各井井口与目标点间的井眼轨道形状。

1. 设计原则

在一座储气库上钻丛式井有时需要建造多个平台(井场)。平台(井场)位置的选择、数量的确定，以及每一个平台(井场)上钻多少口井是进行丛式井总体设计的第一步。平台(井场)数量和每个平台(井场)的丛式井数量需要从安全和经济等角度进行优化，不是建造的平台(井场)越少、每个平台(井场)钻的井越多越好。平台(井场)数量少，虽然能降低建造平台(井场)、钻前安装、搬迁等运输费用，但同时会增加井深和水平位移，增大井斜角，从而增加钻井、测井、注采完井的施工难度，也提高了钻井和完井等投资成本。

钻井井场布置应从整个井组全面考虑，循环系统、机房、泵房、控制系统等装置应一次性选择合理的位置，便于满足全井组的钻井需要。开钻前，将各井的圆井一次性完成，以缩短钻井周期。

丛式井平台(井场)设计的总原则是：满足储气库建设整体部署要求，有利于加快钻井、试采和集注等工程的建设速度，降低建井和基本建设的总费用，提高整体投资效益。

2. 设计内容

1) 平台(井场)数量优选

优化平台(井场)设计是一项复杂的工作，首先应根据构造特征、注采井网的布局和井数、目的层深度、地面条件、钻井工艺技术要求和建井过程中每个阶段各项工程费用成本构成进行综合性的经济技术论证。本着降低风险和施工难度的原则测算出每一个平台(井场)能够控制的井数,然后对所有目标点优化组合,经过反复计算和论证,达到理想的分组效果。当然,还需要结合地面条件最终确定平台(井场)数,若地面条件受限,则只能适当减少平台(井场)数。例如:大港板 876 储气库 5 口注采井受地面限制,经过反复计算和优化最终采用 1 个井场;大港大张坨储气库 12 口注采井采用 2 个井场;西气东输刘庄储气库 10 口注采井采用 3 个井场。

储气库注采井是一级风险井,因此在选择平台(井场)时一定要满足井控安全标准对周围环境的要求。对于部分水平位移较大的井应该采取多平台(井场)的钻井方式,以缩短水平位移,降低钻井施工难度和风险,缩短钻井周期和建设周期。

2)平台(井场)位置优选

优选平台(井场)位置可按照平台(井场)内总进尺最少、水平位移最小等原则进行优选。根据注采井网布置、地面条件、拟定的平台(井场)个数、地层特点、定向井施工技术措施、工期及成本等反复进行计算,直到选出最佳平台(井场)位置。

(1)平台(井场)位置选择原则:

① 充分利用自然环境、地理地形条件,尽量减少钻前施工[包括平台(井场)建造、修路等]的工作量。

② 平台(井场)宜选在各井总位移(之和)最小的位置。

③ 应考虑钻井能力和井眼轨迹控制能力。

④ 有利于降低定向施工和井眼轨迹控制的难度。

(2)平台(井场)布置:

① 钻机大门方向宜朝向钻机移动的方向。

② 钻机大门前方不应摆放妨碍钻机移动的固定设施。

③ 若储气层中含硫化氢,井位设计时应考虑使大门方向朝向季节风的上风向。

④ 设备布置遵循设备移动尽可能少的原则。

3)平台(井场)井口布局

根据每一个丛式井平台(井场)上井数的多少选择平台(井场)内地面井口的排列方式。根据平台(井场)内各井目标点与平台(井场)位置的关系确定各井的布局,排列方式应有利于简化搬迁工序,使钻完全部井组的时间最短。新钻注采井井间距应根据井场面积、布井数批、安全生产及后期作业等因素统筹考虑,原则上不小于 10m。

平台(井场)井口分布要有利于井与井之间的防碰,做到布局合理,尽量避免出现两井交叉,降低钻井过程中井眼轨迹控制的难度。如果分布不恰当,产生了防碰绕障现象,将会增加钻井难度,甚至会影响后续注采井的钻井。

丛式井平台(井场)内井口的常用排列方式如下:

(1)"一"字形单排排列。适合于平台(井场)内井数较少的丛式井,有利于钻机及钻井设备移动。这种钻井方式是目前大港几座储气库应用最多的一种。

(2)双排或多排排列。适合于一个丛式井平台(井场)上打多口井,为了加快建井速度和缩短投产时间,可同时动用多台钻机钻井。两排井之间的距离一般为 30~50m。大港板828 储气库就是采用这种方式布井。

（3）环状排列和方形排列。这两种井口排列方式适用于钻井数较多的平台（井场）。目前，在储气库钻井中尚未应用。

平台（井场）内井口布局应满足地面及钻井施工方便与安全的要求，同时还要考虑到满足钻井安全、修井作业和安装注采设备的要求。井口排列方向应既考虑当地气候和风向，还要兼顾地面条件。在布置钻井平台（井场）及井口位置时，还应尽量兼顾后期储气库的扩建问题，为后期工程建设留有余地。在储气库井场钻加密井时，一定要与注采生产井留有安全距离，而且在施工时必须要做好注采生产井的防护，以保证储气库的生产安全。

## 三、井身剖面设计及井眼轨迹控制

### （一）井身剖面设计

1. 设计依据

1）设计基本数据

地面井位坐标、地下目标点坐标和目的层垂直深度是进行定向井设计的基本数据。根据这些基本数据，通过坐标换算，可计算和设计出方位角、井斜角和水平位移。此外，还需要根据地质提供的全层位井位构造图来进行相邻井的防碰设计。

2）地质条件

进行剖面设计时，应详细了解该地区的各种地质情况，如地质分层、岩性、地层压力、断层等地质特性。同时，还应了解地层的造斜特性、斜方位漂移及所钻区块的复杂情况等，以利于优化剖面设计，减少复杂情况的发生。

3）工具要求

在定向井设计时，设计的井眼曲率要符合施工工具及钻具组合的造斜能力，使设计的井身剖面具有可实施性。

2. 井身剖面设计原则

（1）在满足钻井要求的前提下，应尽可能选择比较简单的剖面类型，尽量使井眼轨迹短，以减小井眼轨迹控制的难度和钻井工作量，有利于安全、快速钻井，降低钻井成本。对于水平井，在地面和地质条件允许的情况下，尽可能设计为二维剖面。

（2）要满足注采工艺的要求。在选择造斜点、井眼曲率及最大井斜角等参数时，应有利于钻井、完井及注采作业和修井作业。

（3）受限于地面条件而移动井位，剖面设计时首先要考虑储气库注采井的技术要求。

3. 优选井组各井的井眼轨迹形状

根据丛式井平台（井场）数据和位置的优选结果及确定的井口布局，需要着重优化每口井的剖面设计和确定钻井顺序。

尽量采用简单井身剖面，如直-增-稳三段制剖面，降低施工难度和摩阻，减少钻井时复杂情况的发生。相邻井造斜点垂深要相互错开（不小于50m），水平投影轨迹尽量不相交。但对于方位相近的或仅靠调整造斜点深度达不到安全防碰距离的，可以对位移相对较小的井采用五段制井身剖面。

钻井顺序应按照先钻水平位移大和造斜点位置浅的井，后钻水平位移小和造斜点深的井。这样做的目的是为了防止在定向造斜时，磁性测斜仪器因邻井套管影响发生磁干扰，有利于定向造斜施工和井眼轨迹控制。

4. 剖面类型

1）定向井

定向井的井身剖面多种多样，常用的剖面有三段制剖面（直-增-稳）和五段制剖面（直-增-稳-降-直），进行剖面设计时要根据钻井目的、地质要求和防碰等具体情况，选用合适的剖面类型进行设计，见表3-1-3。

表3-1-3 定向井常用井身剖面

| 剖面类型 | 井眼轨迹 | 用途特点 |
| --- | --- | --- |
| 三段制 | 直-增-稳 | 常规定向井剖面、应用较普遍 |
| | 直-增-降 | 多目标井、不常用 |
| 四段制 | 直-增-稳-降 | 多目标井、不常用 |
| | 直-增-稳-增 | 用于深井、小位移常规定向井 |
| 五段制 | 直-增-稳-降-直 | 用于深井、小位移常规定向井 |

定向井设计井身剖面按在空间坐标系中的几何形状，又可分为二维定向井剖面和三维定向井剖面两大类，储气库新钻井的井身剖面大多都是二维定向井剖面。在平台（井场）内布井，依据地质井位进行井口布局可能会出现三维井身剖面，但为了降低钻井施工及后期作业的难度，在选择平台（井场）时，应和地质部门沟通，通过调整地质井位和地面坐标尽可能设计二维井身剖面。

2）水平井

利用水平井作为储气库注采气井在国外储气库中应用较多，在国内储气库中尚处于试验阶段。水平井按从垂直井段向水平井段转弯时的转弯半径（曲率半径）的大小可分为长半径、中半径、中短半径和短半径，见表3-1-4；按空间位置可分为二维剖面和三维剖面。对于水平井剖面设计，宜采用单增剖面（直-增-平）和双增剖面（直-增-稳-增-平）。

表3-1-4 水平井剖面分类

| 类 别 | 全角变化率/[（°）/30m] | 水平段长度/m |
| --- | --- | --- |
| 长半径 | 2~6 | 285~860 |
| 中半径 | 6~20 | 85~285 |
| 中短半径 | 20~60 | 30~85 |
| 短半径 | 60~300 | 6~30 |

水平井井身剖面主要类型及特点如下：

（1）长曲率半径水平井。长曲率半径水平井可以使用常规定向钻井的设备和方法，其固井和完井也与常规定向井基本相同，只是施工难度较大，钻进井段长，摩阻大，起下管柱难度大。

（2）中曲率半径水平井。中曲率半径水平井的特点是增斜段均要用弯外壳井下动力钻具或导向系统进行增斜，使用随钻测斜仪器进行井眼轨迹控制，与长半径水平井相比，靶前无用进尺少。井下扭矩和摩阻较小，中靶精度高于长半径水平井，是目前实施较多的水平井类型，可以根据工艺装备所能达到的条件和实际需要合理设计。

（3）短半径和中短半径水平井。此类水平井需要特殊的造斜工具，完井多用裸眼或下割缝筛管完井。

储气库水平井剖面一般采用单增或双增剖面，双增剖面井眼曲率变化平缓，施工难度小，达到的水平延伸段长，有利于提高中靶精度，依据各井的水平位移设计为长曲率和中曲率半径水平井。

5. 关键技术指标优化

1）造斜点

（1）造斜点应选在比较稳定、可钻性较均匀的地层中，避免在硬夹层、岩石破碎带、涌失地层或容易坍塌等复杂地层中定向造斜，以免出现井下复杂情况，影响定向施工。

（2）丛式定向井中相邻井的造斜点上、下至少应错开 50m。

（3）造斜点的深度应根据设计井的垂直井深、水平位移和选用的剖面类型决定，并要考虑满足注采气工艺的需要。如设计垂深大且位移小的定向井时，应采用深层定向造斜，以简化井身结构和强化直井段钻井措施，提高钻井速度；在设计垂深小且位移大的定向井时，则应提高造斜点的位置，在浅层定向造斜，既可减少定向施工的工作量，又可满足大水平位移的要求。

（4）在方位漂移严重的地层中钻定向井，选择造斜点位置时，应尽可能使斜井段避开方位自然漂移大的地层或利用井眼方位漂移的规律钻达目标点。

2）最大井斜角

通过定向井钻井实践，若井斜角小于 15°，方位不稳定，容易漂移；井斜角大于 45°，测井和完井作业施工难度较大，扭方位困难，转盘扭矩大，并易发生井壁坍塌等情况。因此，设计时应尽量不使井斜角太大，以避免钻井作业时扭矩和摩阻增加，同时也可以减小钻井施工的难度，保证其他钻井作业的顺利进行。为了有利于井眼轨迹控制和测井、完井、注采作业，储气库注采井尽可能地将井斜角控制在 20°~40°。

由于地质目标要求或其他限制条件只能采用五段制井身剖面时，井斜角不宜太大，一般控制在 18°~25°，否则降斜井段太长，会给钻井工作带来不利因素。如果设计的最大井斜角影响注采作业，增加施工难度，应将造斜点提高或增大井眼曲率。

3）井眼曲率

在选择井眼曲率值时，要考虑造斜工具的造斜能力，减小起下钻和下套管的难度，以及缩短造斜井段的长度等各方面的要求。为防止井眼曲率过大给后续钻进、测井、下套管、下完井管柱及工具等作业带来困难，应将井眼的造斜率控制在 (6°~10°) /100m，水平井应控制在 16°/100m 以内。

为了保证造斜钻具和套管安全、顺利下井，必须对设计剖面的井眼曲率进行校核。应该使井身剖面的最大井眼曲率小于井下动力钻具组合和下井套管抗弯曲强度允许的最大曲率值。

井下动力钻具定向造斜及扭方位井段的井眼曲率 $K_m$ 应满足：

$$K_m < \frac{0.728(D_b - D_T) - f}{L_T^2} \times 45.84 \qquad (3-1-1)$$

式中　$K_m$——井眼曲率，$(°)/100m$；

　　　　$D_b$——钻头直径，mm；

　　　　$D_T$——井下动力钻具外径，mm；

　　　　$f$——间隙值，mm，（软地层取 $f=0$，硬地层取 $f=3\sim6$）；

　　　　$L_T$——井下动力钻具长度，m。

下井套管允许的最大井眼曲率 $K_m'$ 应满足：

$$K_m' < \frac{5.56 \times 10^{-6} \delta_c}{C_1 C_2 D_c} \qquad (3-1-2)$$

式中　$\delta_c$——套管屈服极限，Pa；

　　　　$C_1$——安全系数，一般取 $1.2\sim1.25$；

　　　　$C_2$——螺纹应力集中系数，取值 $1.7\sim2.5$；

　　　　$D_c$——套管外径，cm。

6. 丛式定向井防碰措施

解决丛式定向井防碰问题：一是设计时尽量减小防碰问题出现的概率。二是施工时采取必要措施防止井眼相碰。

在整个丛式定向井设计时，要把防碰考虑体现在设计中，主要措施有：

（1）相邻井的造斜点上、下错开 50m。

（2）尽量用外围的井口打位移大的井，造斜点浅；用中间井口打位移小的井，造斜点较深。

（3）依据地质井位，按整个井组的各井方位，尽量均布井口，使井口与井底连线在水平面上的投影图尽量不相交，且呈放射状分布，以利于井眼轨迹跟踪。

（4）对于防碰距离近的井，还可通过调整造斜点和造斜率的方法增大防碰距离。

（5）对于有防碰问题的一组井或几口井的剖面设计，先钻的井必须要给后续待钻的相邻井提供安全保障。

## （二）井眼轨迹控制

井眼轨迹控制是定向井施工中的关键技术，它是一项使实钻井眼沿着预先设计的轨迹钻达目标靶区的综合性技术。根据设计井每个井段剖面形状，选用合理的下部钻具组合和相应的钻进参数，使钻出的井眼沿设计井眼轨迹前进，这是井眼轨迹控制的主要依据。

1. 井眼轨迹参数的选择

1）选择原则

（1）根据丛式井平台内各井目标点相对于平台井口位置的方位，合理分配平台上各井口相对应的目标点，做到合理布局，避免出现两井交叉，减小钻井过程中井眼轨迹控制的难度。

（2）各井造斜点的深度要互相错开，一般平台井数较少时应错开 50m 以上距离，井数较多时错开距离也要大于 30m。

（3）优选各井井身剖面类型，特别相近井的井身剖面选择要很讲究，避免井眼平行，以防碰撞和干扰。

（4）钻井顺序应为先钻水平位移大、造斜点浅的井，后钻水平位移小、造斜点深的井。以防定向造斜时，邻井套管的磁干扰。

2）轨道参数优选

通过采用最优化井眼轨迹设计计算方法和原则，结合现场已完钻井实际钻井情况，优化井眼轨道参数为：

（1）造斜点。由于造斜率受井眼大小、地层情况影响，为了利于造斜和方位控制，根据文23地层情况，结合靶点位移和地层可钻性，定向井造斜点应尽量选在地层较稳定的井段，如沙四段地层。丛式井同一井组内造斜点适当错开，以防止井眼轨迹的相互干扰。

（2）造斜率。考虑注采气工艺的要求，在不影响注采气工具的下入和管材的抗弯能力的前提下，结合地层影响因素，定向井造斜率推荐采用中曲率半径造斜率(3°~6°)/30m。

（3）井斜角。根据靶前位移大小和造斜点井深，确定井斜角大小，结合注采气工艺的要求，定向井要求最大井斜角尽量小于60°。

2. 影响定向井井眼轨迹因素

影响定向井井眼轨迹的因素主要有：地质因素、岩石可钻性、不均匀性、地应力及地层倾角等；下部钻具组合及钻进参数；钻头类型及地层的相互作用。随着定向井钻井设备、工具和工艺技术的进步，目前施工中可以做到即时监测与预测井眼轨迹，可以根据实钻结果，及时调整下部钻具组合和钻进参数。

3. 定向井常用钻具组合

1）造斜钻具

最常用的定向井造斜钻具组合是采用弯接头和井下动力钻具组合进行定向造斜。造斜钻具的造斜能力与弯接头的弯曲角和弯接头上面的钻铤刚性大小有关，弯接头弯曲角越大，钻铤刚性越强则钻具的造斜能力越强，造斜率也越高。

2）稳斜钻具

稳斜钻具组合是采用刚性满眼钻具结构，通过增大下部钻具组合的刚性，控制下部钻具在钻压作用下的弯曲变形，达到稳定井斜和方位的效果。

3）降斜钻具

降斜钻具一般采用钟摆钻具组合，利用钻具自身重力产生的钟摆力实现降斜目的。降斜井段的钻井参数设计，应根据井眼尺寸限定钻压，以保证降斜效果，使降斜率符合剖面要求。

4. 井眼轨迹控制

1）直井段轨迹控制

根据造斜点的深度和井眼尺寸合理选择钻具组合和钻井参数，严格控制井斜角，要求井斜角尽可能小，以减少定向造斜施工的工作量。上部直井段一般根据垂直井段的深度采用钟摆钻具或塔式钻具，下部直井段则采用钟摆钻具。直井段钻完后，采用多点测斜仪系统测量一次，在有磁干扰的井段应进行多点陀螺测斜，根据测斜数据进行井眼轨迹计算，为定向及防碰施工提供可靠的实钻井眼数据。

从式定向井都存在防碰问题，因此，必须严格控制每一口井的轨迹。开钻前，必须对井口进行校正，防止井口偏斜，先期完成的井必须给后续待钻的相邻井提供安全保障。

2）定向造斜井段轨迹控制

目前，定向造斜基本采用动力钻具造斜工具（导向钻具），它既可以用于井下动力钻具定向造斜，又可用于钻进中的连续测量。定向造斜钻进，要按规定加压，均匀送钻，使井眼斜率变化平缓，轨迹圆滑，防止在下部钻进中在该井眼处形成键槽引发卡钻。在防碰井段，要密切注意机械钻速、扭矩和钻压等的变化和 MWD 所测磁场有关数据的情况，并密切观察井口返出物和钻进情况，发现异常应及时停钻检查。

3）稳斜井段轨迹控制

目前，一般采用满眼钻具或导向钻具控制井眼轨迹，主要是依据井身剖面和防碰距离合理选择。如果水平位移较大、井斜角大或防碰距离小，就需要采用导向钻具控制井眼轨迹；反之，对于水平位移较小，防碰距离相对安全的井段则可以采用 满眼钻具。

稳斜钻进中要加强测斜，及时监测井眼轨迹，若发现井斜和方位变化较大时，应调整钻井参数或钻具组合控制井眼轨迹，使之符合中靶要求。

4）降斜井段轨迹控制

降斜井段一般接近完井井段，井下扭矩及摩阻较大。为了安全钻进，一般都在满足井眼中靶条件下，简化下部钻具组合，减少钻铤和稳定器的数量，甚至可用 加重钻杆代替钻铤。

5）水平井段轨迹控制

水平井的轨迹控制要求高、难度大，轨迹控制的精度稍差，就有可能脱靶。这就要求，一方面要精心设计水平井轨道，另一方面要具有较高的轨迹控制能力。正确选择和合理利用钻具组合，既可以提高水平井井眼轨迹控制精度及钻进速度，又有利于获得曲率均匀和狗腿度小的光滑井眼。

直井段及初始造斜井段同常规定向井，大斜度井段及水平段需要采用"倒装钻具"，将施加钻压的钻铤和加重钻杆放在小井斜井段或直井段，以便施加钻压，同时可避免钻进中普通钻杆出现屈曲问题。为提高大斜度段和水平段井下复杂情况和事故的处理能力，可在井下适宜位置配置随钻震击器。造斜井段及水平段采用优质的钻井液体系，合理利用固控设备及时消除钻井液中的有害固相，并加强钻井液的管理和维护，以保持钻井液具有良好的润滑性和携岩性。

# 四、优快钻井配套技术

## （一）钻头选型与钻井参数设计

### 1. 钻头选型

选择的钻头与使用是否合理直接影响钻井速度的提高和钻井费用的降低。钻头类型的选择原则是：选择适应地层硬度、抗压强度和地层可钻性的钻头型号，使钻头的平均钻速和进尺达到最高，综合钻井成本最低。

推荐选型见表 3-1-5、表 3-1-6。

表 3-1-5 直井钻头选型及钻井参数设计表

| 序 号 | 井段/ m | 钻头直径/ mm | 钻头 型号 | 钻头 数量/颗 | 钻压/ kN | 转速/ (r/min) | 排量/ (L/s) | 泵压/ MPa |
|---|---|---|---|---|---|---|---|---|
| 1 | 0~500 | 444.5 | W111 | 1 | 30~100 | 65~75 | 60 | 8~15 |
| 2 | 500~2005 | 320 | H126、H127 | 3 | 120~160 | 75~110 | 40~50 | 16~18 |
| 3 | 2005~2760 | 320 | HJ517 | 2 | 120~160 | 75~110 | 40~50 | 16~18 |
| 4 | 2760~2925 | 241.3 | HJ517 | 1 | 120~180 | 65~75 | 30~35 | 16~18 |
| 5 | 2925~3150 | 241.3 | HJ517 | 2 | 120~180 | 65~75 | 30~35 | 16~18 |

表 3-1-6 定向井钻头选型及钻井参数设计表

| 序 号 | 井 段 | 钻头尺寸/ mm | 钻头型号 | 钻头 数量/颗 | 钻压/ kN | 转速/ (r/min) | 排量/ (L/s) | 泵压/ MPa |
|---|---|---|---|---|---|---|---|---|
| 一开 | 直井段 | 444.5 | W111 | 1 | 30~100 | 65~75 | 60 | 8~15 |
| 二开 | 直井段 | 320 | H126、HJ447 | 3 | 120~160 | 75~110 | 40~50 | 16~18 |
| 三开 | 造斜段 | 241.3 | PDC | 1 | 40~80 | 双驱 | 按要求 | 16~18 |
| | | | | | 30~100 | 65~75 | 30~35 | 16~18 |
| | 稳斜段 | | HJ517 | 3 | 180~220 | 65~75 | 30~35 | 16~18 |

## 2. 钻具组合推荐

结合井型要求，根据区域地层岩性特点、地层倾角大小、构造走向、地层漂移规律、地层压力情况及钻井工艺技术状况，参考邻井实钻钻具组合，依据有利于优质、高效钻井的原则进行钻具组合设计。

推荐组合见表 3-1-7、表 3-1-8。

表 3-1-7 直井钻具组合设计表

| 开次 | 井段/ m | 钻头直径/ mm | 钻具组合 | 钻铤质量/ t |
|---|---|---|---|---|
| 开 | 0~500 | 444.5 | φ444.5mmBit+φ203.2mmDC×6 根+φ177.8mmDC×6 根+φ127mmDP | 20.92 |
| 二开 | 500~2760 | 320 | φ320mmBit+φ203.2mmDC×9 根+φ177.8mmDC×9 根+φ127mmDP | 33.0 |
| 三开 | 2760~3150 | 241.3 | φ241.3mmBit+φ158.8mmNDC×1 根+φ158.8mmDC×1 根+φ240mm（稳）+ φ158.8mmDC×19 根+φ127mmDP | 25.5 |

表 3-1-8 定向井钻具组合设计表

| 开次 | 井 段 | 钻具组合 |
|---|---|---|
| 一开 | 直井段 | φ444.5mmBit+φ203.2mmDC×6 根+φ177.8mmDC×6 根+φ127mmDP |
| 二开 | 直井段 | φ320mmBit+φ203.2mmNDC×1 根+φ203.2mmDC×1 根+φ310mm 稳+φ203.2mmDC×4 根+ φ177.8mmDC×9 根+φ127mmHWDP×12 根+φ127mmDP |

| 开　次 | 井　段 | 钻　具　组　合 |
|---|---|---|
| 三开 | 造斜段 | $\phi$241.3mmBit+$\phi$170mm 单弯螺杆+$\phi$203.2mmNDC×1 根+$\phi$203.2mmDC×2 根+$\phi$177.8mmDC×6 根+$\phi$127mmHWDP×15 根+$\phi$127mmDP |
| | 稳斜段 | $\phi$241.3mmBit+$\phi$240mm 稳+$\phi$203.2mmNDC×1 根+$\phi$203.2mmDC×1 根+$\phi$240mm 稳+$\phi$177.8mmDC×6 根+$\phi$127mmHWDP×15 根+$\phi$127mmDP |

三开钻具组合下部钻具加 1~2 只内防喷工具。

3. 水力参数设计

钻井参数的选择主要考虑所选钻头类型、地层可钻性等因素。软–中软地层对转速较为敏感，因此对上部地层要提高转速；下部地层属中硬级地层，对钻压较为敏感，要适当提高钻压。水力参数选择采用最大水功率工作方式，上部地层以提高钻头水功率为主，下部地层以保证井下携岩为主。

推荐水力参数设计见表 3-1-9、表 3-1-10。

**表 3-1-9　直井水力参数设计表**

| 序号 | 井深/ m | 钻　头 | | 水力参数 | | | | | | |
|---|---|---|---|---|---|---|---|---|---|---|
| | | 钻头尺寸/ mm | 喷嘴面积/ mm$^2$ | 排量/ (L/s) | 泵压/ MPa | 压耗/ MPa | 压降/ MPa | 返速/ (m/s) | 比水功率/ (W/mm$^2$) | 冲击力/ kN |
| 1 | 0~500 | 444.5 | 942 | 60 | 8.7 | 5.09 | 3.65 | 0.30 | 1.22 | 4.53 |
| 2 | 500~2760 | 320 | 942 | 40~50 | 16.3 | 15.28 | 1.05 | 0.47 | 0.52 | 1.87 |
| 3 | 2760~3150 | 241.3 | 763 | 30~35 | 16.8 | 15.62 | 1.22 | 0.70 | 0.8 | 1.51 |

**表 3-1-10　定向井水力参数设计表**

| 序号 | 井深/ m | 钻　头 | | 水力参数 | | | | | | |
|---|---|---|---|---|---|---|---|---|---|---|
| | | 钻头尺寸/ mm | 喷嘴面积/ mm$^2$ | 排量/ (L/s) | 泵压/ MPa | 压耗/ MPa | 压降/ MPa | 返速/ (m/s) | 比水功率/ (W/mm$^2$) | 冲击力/ kN |
| 1 | 0~500 | 444.5 | 942 | 60 | 8.7 | 5.09 | 3.65 | 0.30 | 1.22 | 4.53 |
| 2 | 500~2760 | 320 | 1140 | 40~50 | 16.8 | 16.11 | 0.65 | 0.45 | 0.31 | 1.39 |
| 3 | 2760~3450 | 241.3 | 942 | 30~35 | 15.4 | 14.67 | 0.7 | 0.7 | 0.46 | 1.24 |

## （二）防碰技术

1. 防碰措施与预防

针对存在的井位部署密度大，新井与老井、新井与新井防碰距离短等难点，采取的预防井眼相碰的主要技术措施有：

（1）在直井段易斜井段钻进时，要严格执行定段长测斜的措施，测不成不能继续打钻。如果井斜过大且产生负位移时，应立即采取纠斜措施。

（2）对丛式井组的直井段必须加强监测，并做好随钻的轨迹处理，防止井眼轨迹过近而导致的相撞事故发生。

（3）丛式井组内各井的井眼轨迹不允许侵占邻井空间，否则应采取纠斜措施。

（4）丛式井组各井直井段井眼轨迹的控制应以安全圆柱作为安全控制基准。

（5）提高测量的精度，尽量减小各种因素导致的误差。在待钻井施工过程中，必须随时进行其与已钻井之间的空间位置扫描计算，保证待钻井与扫描井之间的距离始终大于两井井眼半径之和。

（6）对象为丛式井钻井平台，其重点是在加强各独立井直井段井身质量控制的同时，做好待钻井与已钻井在空间位置的对比关系，并由此控制好待钻井的井眼轨迹控制。

（7）采用钟摆钻具尽量防斜打直，尽量减轻下步作业的压力，最大限度地将直井段吊直。

（8）做好直井段的轨迹监测工作，直井段是否偏斜，其检测手段就是仪器测量，数据反映井眼的走向，有数据才能有的放矢进行绕障、防碰作业，要求造斜前的直井段或每次下套管前必须多点测斜，测量间距不大于30m。使用单点测斜仪控制轨迹时，直井段测斜间距不大于100m，在防碰危险井段要加密测量。对于井斜大于1°的井要测陀螺方位角。防碰扫描间距应不大于20m，危险井段扫描间距应不大于5m。

（9）进行防碰扫描时，井眼方位应使用当时、当地的方位修正角统一修正到网格北上，各井井深均要修正到统一基准面上。

（10）造斜点相互错开，造斜点的安排即浅造斜点的井安排在平台边缘，依次向平台内部加深，由于井距小，为避免井眼碰撞，相邻井的造斜点至少错开50m。

（11）丛式井组中各井的表层套管下深宜交替错开10m以上。

（12）钻井顺序符合井眼防碰原则，否则，相应的造斜点必须进行大的调整，且难度相应成倍增加。

（13）对于偏斜较大的邻井，有碰撞危险则按侧钻方案实施。

2. 防碰扫描方法的选择

目前，常用的丛式井防碰分析计算方法有三种：水平面扫描法、法面扫描法和最小距离扫描法。最小距离扫描法计算出的是邻井轨迹的空间最近距离，因而最适合用于文23储气库丛式井的防碰扫描，通过最小距离扫描法扫描，能动态显示出井眼轨迹在空间上是逐渐靠拢的，还是逐渐分开的，这就提示了施工人员是否存在井眼轨迹相碰的潜在风险，以便及时作出相应的防范措施。

3. 文23区块井眼防碰扫描模拟

以文23区块250m井网部署方案的第3号平台的11口井进行防碰扫描模拟。井组内各井排列为线型排列，共11口井，井型分为直井和定向井，井间距为15m，排距为50m。各井分别命名为3-1、3-2、3-3、3-4、3-5、3-6、3-7、3-8、3-9、3-10、3-11。扫描图及扫描结果如图3-1-1、图3-1-2所示。

从扫描结果造斜点以上距离最近为15m，做好直井段的防碰工作，造斜点以下距离越往下越大，主要做好与老井的防碰工作。

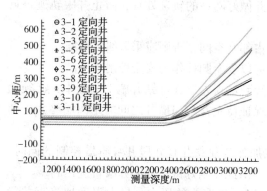

图 3-1-1　11 口井防碰距离扫描图

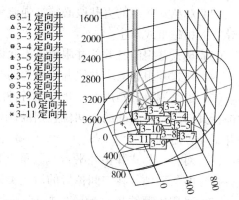

图 3-1-2　3D 最小距离法扫描图

# 五、完井方法和井身结构设计

## （一）完井方法

### 1. 注采井完井要求

完井的主要任务是使井眼与储层间具有良好的连通性，同时保持井眼的长期稳定，使井在较长时间内稳产、高产。完井方法应根据储层类型、地层岩性、储层稳定程度、渗透率和经济指标综合分析、优选确定。因此，对储气库注采井完井的基本要求是：

（1）最大限度地保护储气层，防止对储气层造成伤害，保证注采井的单井高产。

（2）气层和井底之间应具有最大的渗流面积，减少气流进入井筒时的流动阻力。

（3）克服井塌或产层出砂，保障注采井长期稳定运行。

（4）能有效地封隔油、气、水层，防止各层之间的互相干扰。

（5）利于实施酸化等增产措施。

### 2. 完井方式需要考虑的因素

完井方式的选择需要考虑的因素有储气层类型、储气层岩性和渗透率、油气分布情况、完井层段的稳定程度、附近有无高压层及底水等。对于均质硬地层可采用裸眼完井，而非均质硬地层则采用套管完井。非稳定地层采用非固定式筛管完井。产层胶结性差、存在出砂问题，则应采用防砂筛管完井。对于储气库注采井完井方法还要考虑储气库注采井的使用特性。

砂岩枯竭油气藏改建地下储气库的注采井应考虑防砂问题。由于储气库注采井注采压力的频繁变化，致使砂砾间的应力平衡和储层胶结遭到破坏，造成地层可能出砂。因此，储气库注采井在完井方法优选时，防砂问题应给予重视。

### 3. 完井方式选择

#### 1）前期工作

在进行储气库注采井完井方式优化前，首先要进行一系列的室内实验评价分析工作。

（1）气藏开发阶段气井出砂情况分析。包括生产井完井时是否有防砂措施，生产过程中是否有出砂或垮塌现象，修井时井底是否有沉砂记录。

（2）岩石力学实验评价。包括岩石抗压强度、杨氏模量和泊松比。

（3）井壁稳定性分析。根据岩石力学实验结果和气藏的地应力数据，进行井壁上最大剪切应力和岩石抗剪切强度关系的计算分析。

（4）地层出砂预测。在储气库运行过程中，注采井储层是否出砂是选择注采井完井方式的重要依据之一。造成储层出砂的主要原因有：

① 有些储层中砂粒间缺少胶结物，或者没有胶结物，加上地层埋藏浅，成岩作用低，地应力变化的影响造成出砂。

② 生产压差大，流体渗流流速大，极易造成地层出砂，尤其对于储气库注采井长期高产量生产，该因素要格外重视。

③ 钻井液滤液、作业压井液浸入地层，引起地层黏土膨胀，造成储层出砂。

④ 地层压力降低至一定值后，地应力发生明显变化，改变了原来地层砂粒间作用力的平衡，造成储层出砂。

⑤ 固井质量不合格，套管外缺少或没有水泥环支撑，射孔后易引起出砂。

可采用组合模量法对储层岩石强度和出砂的可能性进行评价。根据声速及密度测井资料，用式(3-1-3)计算岩石的弹性组合模量 $E_C$：

$$E_C = \frac{9.94 \times 10^8 \rho}{\Delta t_c^2} \qquad (3-1-3)$$

式中    $E_C$——岩石弹性组合模量，MPa；

　　　　$\rho$——岩石密度，g/cm$^3$；

　　　　$\Delta t_c$——声波时差，$\mu$s/m。

根据储层出砂预测理论，组合模量($E_C$)越大，地层出砂的可能性越小。经验表明，当组合模量($E_C$)大于 $2.0 \times 10^4$MPa 时，油气井不出砂；反之，则要出砂。判断标准如下：

（1）$E_C \geq 2.0 \times 10^4$MPa，正常生产时不出砂。

（2）$1.5 \times 10^4$MPa$<E_C<2.0 \times 10^4$MPa，正常生产时轻微出砂。

（3）$E_C \leq 1.5 \times 10^4$MPa，正常生产时严重出砂。

国内油田用此方法在一些油气井上做过出砂预测，准确率在80%以上。

2）完井方式确定

目前，各类枯竭油气藏的完井方法细分有 10 余种，适用于储气库的完井方法主要有裸眼完井法和射孔完井法。目前，在国内已建成的枯竭油气藏型储气库中，大部分采用了射孔完井。永 22 储气库为碳酸盐岩储层，采用的是普通筛管完井。在部分砂岩储层水平注采井中开展了防砂筛管完井试验。

（1）裸眼完井。裸眼完井包括先期裸眼完井、裸眼筛管完井和裸眼砾石充填完井。其优点是能提高注采气量，减少固井和射孔对储层的伤害；缺点是受地层条件限制，层间干扰大。从资料上看，国外储气库有采用裸眼筛管完井和裸眼砾石充填完井的实例，但井数并不多。国外在对待完井工艺和防砂方面意见尚不统一。

（2）射孔完井。射孔完井是国内外储气库应用最多的完井方式。套管射孔完井既可选择性地射开不同物性的储气层，以避免层间干扰，还可避开夹层水和底水，避免夹层的垮塌，具备实施分层注采和选择性酸化等分层作业的条件。砂岩或碳酸盐岩油气层均可使用此方式完井。

射孔完井需要对射孔工艺、射孔参数和射孔液等进行详细研究，满足注采井"大进大出"的要求。

4. 国外储气库注采井完井实例

美国的 Bistineau 地下储气库采用射孔完井工艺，井身结构如图 3-1-3 所示。意大利的 Jonesll-30 地下储气库采用悬挂固井射孔完井工艺，如图 3-1-4 所示。荷兰 Norg 地下储气库采用防砂筛管完井工艺，井身结构如图 3-1-5 所示。

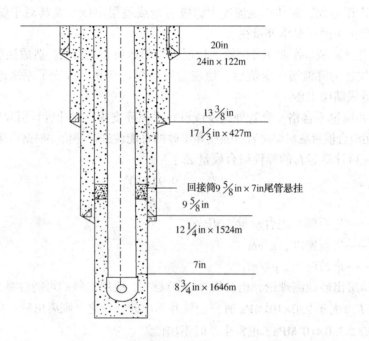

图 3-1-3    美国 Bristineau 地下储气库注采井井身结构示意图

此外，美国的 Midland 地下储气库采用裸眼完井工艺。意大利的 Minerbio 地下储气库采用裸眼砾石充填完井工艺。西班牙的 Yela 储气库试验了一口双分支注采井。

## （二）井身结构设计

井身结构包括套管层次和下入深度，以及井眼尺寸（钻头尺寸）与套管尺寸的配合。井身结构设计是钻井工程设计的基础，合理的井身结构是钻井工程设计的重要内容。

1. 注采井井身结构设计原则

（1）注采井井身结构应满足储气库长期周期性高强度注采及安全生产的需要。

（2）各层套管下入深度应结合建库时实际地层孔隙压力、坍塌压力、破裂压力资料进行设计。在条件满足的情况下，尽可能采用储层专打。

（3）应避免"涌、喷、塌、卡"等井下复杂情况发生，为全井顺利钻进创造条件，使钻井周期最短。

（4）钻下部高压地层时所用的较高密度钻井液产生的液柱压力，不致压裂上一层套管鞋处薄弱的裸露地层。

（5）下套管过程中，井内钻井液液柱压力和地层压力之间的压差，不致产生压差卡阻套管事故。

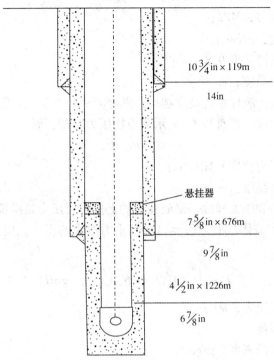

**图 3-1-4　意大利 Jonesll-30 地下储气库注采井井身结构示意图**

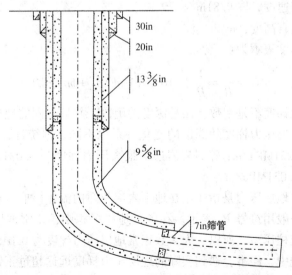

**图 3-1-5　荷兰 Norg 地下储气库注采井井身结构示意图**

2. 井身结构设计原理

1）基本概念

（1）静液柱压力。静液柱压力是由液柱重力引起的压力。它的大小与液柱的密度及垂直高度有关，而与液柱的横向尺寸及形状无关。静液柱压力符号用 $P_h$ 表示，则：

$$P_h = 10^{-3} \rho g H \tag{3-1-4}$$

式中　$P_h$——静液柱压力，MPa；

　　　$\rho$——液柱密度，g/cm³；

　　　$g$——重力加速度，取 9.8m/s²；

　　　$H$——液柱垂直高度，m。

由式（3-1-4）可知，液柱垂直高度越高，则静液柱压力越大。常把单位高度（深度）压力值的变化称为压力梯度。用符号 $G_h$ 表示静液柱压力梯度，则：

$$G_h = P_h / H \tag{3-1-5}$$

式中　$G_h$——静液柱压力梯度，MPa/m；

　　　$H$——液柱垂直高度，m。

（2）上覆岩层压力和压力梯度。某处地层的上覆岩层压力是指覆盖在该地层以上的地层基质（岩石）和孔隙中流体（油、气、水）的总重力造成的压力。用符号 $P_o$ 表示上覆岩层压力，则：

$$P_o = \int_0^H 10^{-3} \left[ (1-\phi)\rho_{rm} + \phi\rho \right] g \mathrm{d}H \tag{3-1-6}$$

式中　$P_o$——上覆岩层压力，MPa；

　　　$\phi$——岩石孔隙度；

　　$\rho_{rm}$——岩石基质的密度，g/cm³；

　　　$\rho$——岩石孔隙中流体的密度，g/cm³；

　　　$g$——重力加速度，取 9.81m/s²；

　　　$H$——液柱垂直高度，m。

上覆岩层压力梯度表示为：

$$G_o = \frac{P_o}{H} = \frac{1}{H} \int_0^H 10^{-3} \left[ (1-\phi)\rho_{rm} + \phi\rho \right] g \mathrm{d}H \tag{3-1-7}$$

通常，上覆岩层压力梯度不是常数，而是深度的函数，并且不同的地质构造压实程度也是不同的，所以上覆岩层压力梯度随深度的变化关系也不同。据统计，古近-新近系岩层的平均压力梯度为 0.0231MPa/m；碎屑岩岩层的最大压力梯度为 0.031MPa/m；浅层的岩层压力梯度一般小于 0.031MPa/m。

（3）地层压力。地层压力是指作用在地下岩层孔隙内流体（油、气、水）上的压力，也称地层孔隙压力，一般用符号 $P_p$ 表示。在各种地质沉积中，正常地层压力等于从地表到地下该地层处的静液柱压力。所以，大多数正常地层压力梯度为 0.015MPa/m。

然而在钻井实践中，经常会遇到实际的地层压力梯度远远超过正常地层压力梯度的情况。这种在特殊地质环境中超过静液柱压力的地层压力（$P_p > P_h$）称之为异常高压；而低于静液柱压力的地层压力（$P_p < P_h$）称之为异常低压。钻井实践证明，这三种类型的地层都可能遇到，其中异常高压地层更为多见，它与钻井工程设计及施工的关系也最大。

（4）破裂压力。地层破裂压力定义为在某深度处，井内的钻井液柱所产生的压力升高到足以压裂地层，使其原有裂缝张开、延伸或形成新的裂缝时的井内流体压力，这个压力称为地层破裂压力，用符号 $P_f$ 表示。在地层破裂压力下，会产生钻井液的漏失。

因此，在钻井时，钻井液液柱压力的下限是保持与地层压力相平衡，以防止对油气层的伤害，提高钻速，实现压力控制，而其上限则不应超过地层的破裂压力，以避免压裂地层而造成钻井液漏失，尤其在地层压力差别较大的裸眼井段，设计不当或掌握不好，会造成"先漏后喷""上吐下泻"的恶性事故。

（5）地层坍塌压力。当井内液柱压力低于某一数值时，地层出现坍塌，地层坍塌压力就是指井壁岩石不发生坍塌、缩径等复杂情况的最小井内压力，用符号 $P_s$ 表示。

2）设计原理

（1）井眼中的压力体系。在裸眼井段中存在地层压力、地层破裂压力和井内钻井液液柱压力。这三个相关的压力必须满足以下条件：

$$P_f \geqslant P_m \geqslant P_p \tag{3-1-8}$$

式中　$P_f$——地层破裂压力，MPa；

$P_m$——钻井液液柱压力，MPa；

$P_p$——地层压力，MPa。

即钻井液液柱压力应稍大于地层压力以防止井涌，但必须小于地层破裂压力以防止压裂地层发生井漏。由于在非密闭的液压体系中（即不关封井器憋回压），压力随井深呈线性变化，所以使用压力梯度的概念是比较方便的。式（3-1-8）可写成：

$$G_f \geqslant G_m \geqslant G_p \tag{3-1-9}$$

式中　$G_f$——地层破裂压力梯度，MPa/m；

$G_m$——钻井液液柱压力梯度，MPa/m；

$G_p$——地层压力梯度，MPa/m。

若考虑井壁的稳定性，还需要补充一个与时间有关的不等式，即：

$$G_m(t) \geqslant G_s(t) \tag{3-1-10}$$

式中　$G_m(t)$——钻井液液柱压力梯度，MPa/m；

$G_s(t)$——地层坍塌压力梯度，MPa/m。

以上压力体系是保证正常钻进所必需的，否则会导致钻井事故。当这些压力体系能共存于一个井段时，即在一系列截面上能满足以上条件时，这些截面不需要套管封隔，否则就需要用套管封隔开这些不能共存的压力体系。因此，井身结构设计有严格的力学依据，即"地层-井眼"压力系统的平衡，只有充分掌握上述压力体系的分布规律才能作出合理的井身结构设计。

（2）液体压力体系的当量梯度分布。

① 非密封液柱体系的压力分布和当量梯度分布。设有深度 $H$ 的井眼，充满密度为 $\rho_m$ 的钻井液，则液柱压力随井深呈线性变化，而当量梯度自上而下是一个定值。

② 密封液柱体系的压力分布和当量梯度分布。若将上述体系密封起来，并施加一个确定的附加压力 $P_o$，则 $P_o$ 相当于施加于每一个深度截面上，仍不改变压力的线性分布规律。但此时的压力当量梯度分布却是一条双曲线。在钻井工程中，当钻遇高压地层发生溢流或井喷而关闭防喷器时，井内液柱压力和当量梯度分布即为这种情况。此时的立管压力或套管压力即为 $P_o$。

（3）地层压力和地层破裂压力剖面的线性插值。地层压力和地层破裂压力的数据一般是离散的，由若干个压力梯度和深度数据的散点构成。为了求得连续的地层压力和地层破裂压力梯度剖面，曲线拟合的方法是不适用的，但可依靠线性插值的方法。在线性插值中，认为离散的两个邻点间压力梯度变化规律为一直线。对任意深度 $H$ 求线性插值的步骤如下：

设自上而下顺序为 $i$ 的点具有深度为 $H_i$，地层压力梯度为 $G_{pi}$，地层破裂压力梯度为 $G_{fi}$，而其上部相邻点的序号为 $i-1$，相邻的地层压力梯度为 $G_{pi-1}$，地层破裂压力梯度为 $G_{fi-1}$，则在深部区间 $H_i-H_{i-1}$ 内任意深度有：

$$G_p = (H-H_{i-1}) \div (H_i-H_{i-1}) \times (G_{pi}-G_{pi-1}) + G_{pi-1} \tag{3-1-11}$$

$$G_f = (H-H_{i-1}) \div (H_i-H_{i-1}) \times (G_{fi}-G_{fi-1}) + G_{fi-1} \tag{3-1-12}$$

（4）必封点深度的确定。我们把裸露井眼中满足压力不等式条件式(3-1-8)或式(3-1-9)的极限长度井段定义为可行裸露段。可行裸露段的长度是由工程和地质条件决定的井深区间，其顶界是上一层套管的必封点深度，底界为该层套管的必封点深度。

① 正常作业工况（钻进、起下钻）下必封点深度的确定。在满足近平衡压力钻井条件下，某一层套管井段钻进中所用最大钻井液密度 $\rho_m$ 应不小于该井段最大地层压力梯度的当量密度 $\rho_{Pmax}$ 与该井深区间钻进可能产生的最大抽汲压力梯度的当量密度 $S_b$ 之和，以防止起钻中抽汲造成溢流。即：

$$\rho_m \geqslant \rho_{Pmax} + S_b \tag{3-1-13}$$

式中　$\rho_{Pmax}$——该层套管钻井区间最大地层压力梯度的当量密度，$g/cm^3$；

　　　$S_b$——抽汲压力系数，$g/cm^3$。

下钻时，使用这一钻井液密度，井内将产生一定的激动压力 $S_g$。因此，在一定钻井条件（井身结构、钻柱组合、钻井液性能等）下，井内有效液柱压力梯度的当量密度为：

$$\rho_{mE} = \rho_{Pmax} + S_b + S_g \tag{3-1-14}$$

考虑地层破裂压力检测误差，给予一个安全系数 $S_f$，则该层套管可行裸露段底界（或该层套管必封点深度）由式(3-1-15)确定：

$$\rho_{Pmax} + S_b + S_g + S_f \leqslant \rho_{fmin} \tag{3-1-15}$$

式中　$S_g$——激动压力系数，$g/cm^3$；

　　　$S_f$——安全系数，$g/cm^3$。

当然，任何一个已知的 $\rho_{fmin}$ 也可以向下开辟一个可行裸露井深区间，确定可以钻开具有多大地层压力当量密度的地层。$\rho_{Pmax}$ 的数值为：

$$\rho_{Pmax} \leqslant \rho_{fmin} - (S_b + S_g + S_f) \tag{3-1-16}$$

② 出现溢流约束条件下必封点深度的确定。正常钻进时，按近平衡压力钻井设计的钻井液密度为：

$$\rho_m = \rho_P + S_b \tag{3-1-17}$$

钻至某一井深 $H_x$ 时，发生一个大小为 $S_k$ 的溢流，停泵关闭防喷器，立管压力读数为 $P_{sd}$，有：

$$P_{sd} = 0.00981 S_k H_x \tag{3-1-18}$$

或

$$S_k = P_{sd}/(0.00981H_x) \tag{3-1-19}$$

式中　$P_{sd}$——立管压力，MPa；

　　　$H_x$——出现溢流的井深，m。

关井后井内有效液柱压力平衡方程为：

$$P_{mE} = P_m + P_{sd} \tag{3-1-20}$$

或

$$0.0098lρ_{mE}H = 0.00981H(ρ_P + S_b) + 0.00981S_kH_x \tag{3-1-21}$$

即

$$ρ_{mE} = ρ_P + S_b + S_kH_x/H \tag{3-1-22}$$

裸露井深区间内地层破裂强度（地层破裂压力）均应承受这时井内液柱的有效液柱压力，考虑地层破裂安全系数 $S_f$，即：

$$ρ_{fmin} \geq ρ_P + S_b + S_f + H_xS_k/H \tag{3-1-23}$$

由于溢流可能出现在任何一具有地层压力的井深处，故其一般表达式为：

$$ρ_{Pmax} + S_b + S_f + H_xS_k/H \leq ρ_{fmin} \tag{3-1-24}$$

同样，也可以由套管鞋部位的地层破裂压力梯度下推，求得满足溢流条件下的裸露段底界。此时，$H_x$ 为当前井深，它对应于 $ρ_{fmin}$，$H$ 为下推深度。其数学表达式为：

$$ρ_{Pmax} \leq ρ_{fmin} - \left(S_b + S_f + \frac{HS_k}{H_x}\right) \tag{3-1-25}$$

③ 压差卡钻约束条件下必封点深度的确定。下套管中，钻井液密度为（$ρ_P + S_b$），当套管柱进入低压力井段，会有压差黏附卡套管的可能，故应限制压差值。限制压差值在正常压力井段为 $\Delta P_N$，在异常压力地层为 $\Delta P_A$。也就是说，钻开高压层所用钻井液产生的液柱压力不能比低压层所允许的压力高 $\Delta P_N$ 或 $\Delta P_A$。即：

$$P_m - P_{pmin} \leq \Delta P_N \tag{3-1-26}$$
$$P_m - P_{pmin} \leq \Delta P_A \tag{3-1-27}$$

在井身结构设计中，设计出该层套管必封点深度后，一般用式（3-1-26）或式（3-1-27）来校核是否能安全下到必封点位置。

3. 井身结构设计方法和步骤

1) 设计所需数据

（1）地质方面数据。

① 岩性剖面及其故障提示。

② 地层压力梯度剖面。

③ 地层破裂压力梯度剖面。

（2）工程方面数据。

① 抽汲压力系数 $S_{bo}$：上提管柱时，由于抽汲作用使井内液柱压力的降低值。

② 激动压力系数 $S_{go}$：下放管柱时，由于管柱向下运动产生的激动压力使井内液柱压力的增加值。

③ 地层破裂安全系数 $S_{fo}$：为避免上部套管鞋处裸露地层被压裂的地层破裂压力安全增值，安全系数的大小与地层破裂压力的预测精度有关。

④ 井涌允量 $S_{ko}$：由于地层压力预测的误差所产生的井涌量的允许值，它与地层压力预测的精度有关。

⑤ 压差允值 $\Delta P_0$：不产生压差卡套管所允许的最大压力值，它的大小与钻井 工艺技术和钻井液性能有关，也与裸眼井段的孔隙压力有关；若正常地层压力和异常高压都出自一个裸眼井段，卡钻易发生在正常压力井段，所以压差允值又有正常压力井段和异常压力井段之分，分别用 $\Delta P_N$ 和 $\Delta P_A$ 表示。

以上五个工程方面的设计系数都是以当量密度表示，单位为 $g/cm^3$。

2）设计方法和步骤

在进行井身结构设计时，首先要建立设计井所在地区的地层压力和地层破裂压力剖面，如图 3-1-6 所示。图中，纵坐标表示井深，单位为 m；横坐标表示地层压力和地层破裂压力梯度，以当量密度表示，单位为 $g/cm^3$。另外，最好在图 3-1-6 左侧再画上地层岩性柱状剖面及故障提示。

油层套管的下入深度取决于储气层的位置和完井方法，所以设计步骤从中间套管开始，设计按以下步骤进行：

（1）求中间套管下入深度的假定点。

确定套管下入深度的依据，是在钻下部井段的过程中所预计的最大井内压力不致压裂套管鞋处的裸露地层。利用压力梯度剖面图中最大地层压力梯度求上部地层不致被压裂所应具有的地层破裂压力梯度的当量密度 $\rho_f$。

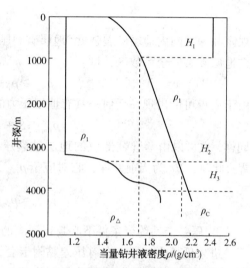

图 3-1-6　地层压力和地层破裂压力梯度（以当量密度表示）剖面图

当钻下部井段时，若肯定不会发生井涌，可用式（3-1-28）计算：

$$\rho_f \geqslant \rho_{Pmax} + S_b + S_f + S_g \qquad (3-1-28)$$

式中　$\rho_f$——地层破裂压力梯度的当量密度，$g/cm^3$；

　　　$\rho_{Pmax}$——剖面图中最大地层压力梯度的当量密度，$g/cm^3$。

在横坐标上找出求得的地层破裂压力梯度 $\rho_f$，从该点引垂线与破裂压力梯度线相交，交点所对应的深度即为中间套管下入深度的假定点（$H_{21}$）。

若预计要发生井涌，可用式（3-1-29）计算：

$$\rho_f = \rho_{Pmax} + S_b + S_f + H_{Pmax} S_k / H_{21} \qquad (3-1-29)$$

式中　$H_{Pmax}$——剖面图中最大地层压力梯度点所对应的深度，m；

　　　$H_{21}$——中间套管下入深度的假定点，m。

式（3-1-29）中的 $H_{21}$ 可用试算法求得。试取 $H_{21}$ 值代入式（3-1-29）求 $\rho_f$，然后在地层破裂压力梯度曲线上求 $H_{21}$，以及所对应的地层破裂压力梯度。若 $\rho_f$ 的计算值与实际值相差不大或略小于实际值，则 $H_{21}$ 即为中间套管下入深度的假定点；否则另取 $H_{21}$ 值重新试算，直到满足要求为止。

（2）校核中间套管下到假定深度过程中是否有被卡的危险。

先求出该井段最小地层压力处的最大静止压差。有：

$$\Delta P = 0.00981(\rho_m - \rho_{Pmin})H_{Pmin} \tag{3-1-30}$$

式中　$\Delta P$——最大静止压差，MPa；

　　$\rho_m$——钻进深度 $H_{21}$ 时采用的钻井液密度，g/cm³；

　$\rho_{Pmin}$——该井段内最小地层压力的当量密度，g/cm³；

$H_{Pmin}$——最小地层压力梯度点所对应的最大井深，m。

若 $\Delta P \leqslant \Delta P_N$，则假定点深度为中间套管下入深度；若 $\Delta P > \Delta P_N$，则有可能产生压差卡套管，这时中间套管下入深度应小于假定点深度 $H_{21}$。在第二种情况下，中间套管下入深度按下面的方法计算：

在压差 $\Delta P_N$ 下所允许的最大地层压力为：

$$\rho_{pper} = \frac{\Delta P_N}{0.00981 H_{pmin}} + \rho_{Pmin} - S_b \tag{3-1-31}$$

在压力剖面图横坐标上找到 $\rho_{pper}$ 值，该值所对应的深度即为中间套管下入深度 $H_2$。

（3）求钻井尾管下入深度的假定点。

当中间套管下入深度小于其假定点时，则需要下尾管，并确定尾管的下入深度。根据中间套管下入深度 $H_{21}$ 处的地层破裂压力梯度 $\rho_f$ 由式（3-1-32）可求得允许的最大地层压力梯度：

$$\rho_{pper} = \rho_f - S_b - S_f - H_{31}S_k / H_2 \tag{3-1-32}$$

式中　$H_{31}$——钻井尾管下入深度的假定点，m。

（4）校核钻井尾管下到假定深度过程中是否有被卡的危险。

校核方法同"校核中间套管下到假定深度过程中是否有被卡的危险"，压差均值用 $\Delta P_A$，可求得钻井尾管下入深度 $H_3$。

（5）求表层套管下入深度。

根据中间套管鞋处（$H_2$）的地层压力梯度，给定井涌条件 $S_k$，用试算法计算表层套管下入深度 $H_1$。每次给定 $H_1$，并代入式（3-1-33）计算：

$$\rho_{fE} = \rho_{P2} + S_b + S_f + H_2 S_k / H_1 \tag{3-1-33}$$

式中　$\rho_{fE}$——井涌压井时表层套管鞋处承受压力的当量密度，g/cm³；

　　$\rho_{P2}$——中间套管 $H_2$ 处地层压力的当量密度，g/cm³。

试算结果，当 $\rho_{fE}$ 接近或比 $H_{21}$ 处的破裂压力梯度小 $0.024 \sim 0.048$g/cm³ 时符合要求，该深度即为表层套管下入深度。

需要注意的是，以上套管层次及下入深度的确定是以井内压力系统平衡为基础、以压力剖面为依据的。然而，地下的许多复杂情况是反映不到压力剖面上的，如易漏易塌层、岩盐层等，这些复杂地层必须及时进行封隔，必须封隔的层位在井身结构设计中称为必封点。

4. 套管与井眼尺寸的确定

1）套管与井眼尺寸的确定原则

（1）确定井身结构尺寸一般由内向外依次进行，首先确定生产套管尺寸，再确定下入生产套管的井眼尺寸，然后确定中间套管尺寸等，依此类推，直到表层套管的井眼尺寸，最后确定导管尺寸。

（2）生产套管尺寸根据注采工程设计来确定。

（3）套管与井眼之间有一定间隙，间隙过大不经济，过小则不能保证固井质量。间隙值一般最小为 9.5~12.7mm(3/8~1/2in)，最好为 19mm(3/4in)。

2）套管与井眼尺寸标准配合

目前，国内外所生产的套管尺寸及钻头尺寸已标准系列化。套管与其相应井眼的尺寸配合基本确定或在较小范围内变化。

图 3-1-7 给出了套管与井眼尺寸选择。使用时，先确定最后一层套管（或尾管）尺寸。图中的流程表明要下入该层套管可能需要的井眼尺寸。实线表明套管与井眼尺寸的常用配合，它有足够的间隙以下入该套管及注水泥。虚线表示不常用的尺寸配合（间隙较小）。如果选用虚线所示的组合时，则必须对套管接箍、钻井液密度、注水泥及井眼曲率大小等应予以考虑。

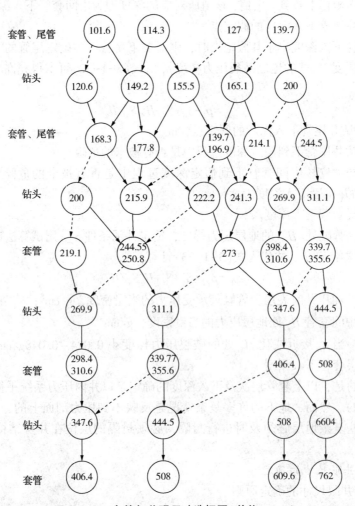

**图 3-1-7　套管与井眼尺寸选择图（单位：mm）**

5. 大港储气库井身结构优化设计应用实例

1）大张坨储气库

（1）地质概况。大张坨凝析枯竭油气藏地层由上到下有第四系平原组，新近系明化镇组、馆陶组，古近系东营组、沙河街组，不存在特殊岩性，仅有馆陶组底部有砾岩存在。该地区储层埋深 2800m 左右，建库前地层压力系数为 0.73，地下温度为 90℃ 左右，地层水为 $NaHCO_3$ 水型。

（2）老井钻井情况。大张坨凝析枯竭油气藏于 1975 年开发，钻成了板 52 井、板 53 井两口井，两口井均为二开直井，钻井周期分别为 37d 和 38d，在钻井过程中没有出现复杂层段。1994 年，钻成了坨注 1 井和坨注 2 井两口注气井，用于循环注气，增加储层能量，提高凝析油的采收率。坨注 1 井和坨注 2 井是两口直井，采用了三开井身结构，$\phi244.5mm$ 技术套管下入深度为 2000m 左右，封住馆陶组底部。这两口井的钻井周期分别为 41d 和 28d，钻井过程比较顺利，没有出现由地层引起的复杂现象和事故。为了勘探深层枯竭油气藏，在该断块上陆续钻过板 57 井等预探井，各井的钻井施工都很顺利。实践表明，大张坨断块的地层比较稳定，没有异常压力和异常岩性地层。

（3）地层压力情况。从地层压力也可看出，储气层上覆岩层的孔隙压力、坍塌压力和破裂压力都是正常的，仅在沙一中亚段有大段泥岩盖层，其坍塌压力高于其他地层，坍塌压力系数大约为 1.15~1.18。受开发影响，储气层的孔隙压力系数下降到 0.73。

（4）钻井方式的选择。大张坨储气库库址在独流减河泄洪区内，根据地面状况布置两个井场，采用丛式井钻井方式。定向井钻井施工比钻直井要复杂，定向井施工时间较长，在正常钻进中要不断地跟踪测斜，为了控制好井眼轨迹，需要多次起下钻更换钻具组合，因此必须保证浅层井眼在钻井液长时间浸泡下井壁的稳定。

在钻新井时，要注意两个关键问题：一是要加强对储气层的保护，防止钻井过程中对储气层造成较大伤害。二是要保证在钻进下部井眼时，浅层井眼不垮塌。

（5）井身结构确定。根据研究分析，制定了两种井身结构方案，即二开和三开井身结构。二开井身结构在下完表层套管后，直接钻进到设计井深，下入生产套管。三开井身结构在下完表层套管后，钻进到接近储层或储层顶部时首先下入一层中间套管，然后揭开储层钻进到设计井深，再下入生产套管。

二开井身结构的主要特点是钻井速度快，钻井成本低，但对储层保护不利。三开井身结构的特点是钻井周期较长，钻井成本高，但有利于储层保护，在钻进储层井段时，可充分降低钻井液密度，或者使用无固相低密度优质完井液进行钻井，能够较大程度地避免钻井期间对储层的伤害。为了加快储气库建设速度，降低建设成本，选择了二开井身结构，同时制定了一系列储层保护措施。为使整个储气库的建设顺利进行，保证在钻井施工中不出现复杂情况，不耽误工期，将表层套管延伸至 700~1000m，防止浅层流砂层、黏土层等松软易造浆地层的垮塌。大张坨储气库地面处于河道、泄洪区，地表为湿地，有较厚的淤泥层或砂土层，为保证表层井眼的安全钻井，防止钻井液将井口冲毁，开钻之前在井口下入 50m 的导管用来建立循环，同时导管能够防止地面积水在冬天结冰膨胀而挤毁井口。二开井身结构示意图如图 3-1-8 所示，三开井身结构示意图如图 3-1-9 所示。

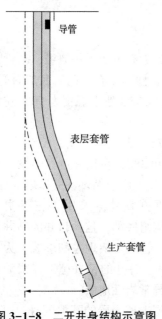

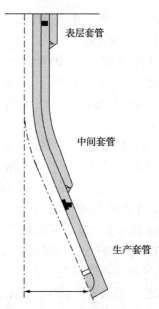

图 3-1-8　二开井身结构示意图

图 3-1-9　三开井身结构示意图

（6）井身结构优化设计。根据注采完井设计要求，生产套管尺寸确定为 $\phi$177.8mm。为了保证 $\phi$177.8mm 套管的固井质量，二开井眼钻头尺寸选择 $\phi$241.3mm 较为合适。因此，上部表层套管尺寸有两种选择：一是 $\phi$339.7mm 套管；二是 $\phi$273.1mm 套管。按常用套管尺寸系列，应选用 $\phi$339.7mm 的套管，但考虑到 $\phi$241.3mm 钻头与中 $\phi$339.7mm 套管的内径相差较大，在钻 $\phi$241.3mm 井眼时，钻井液在 $\phi$339.7mm 套管内的返速较小，很可能会造成钻屑大量沉降到井底，影响钻进。因此，决定选用 $\phi$374.6mm 钻头钻进表层井眼，下入中 $\phi$273.1mm 套管，缩小下部井眼与上部套管的直径之差，提高钻井液在上部套管内的返速，将钻屑及时带出井口，防止钻屑不能及时被清洗出井眼而造成卡钻。导管尺寸选用了 $\phi$508.0mm，能够保证 $\phi$374.6mm 小钻头的顺利通过。大张坨储气库注采井井身结构示意图如图3-1-10 所示。

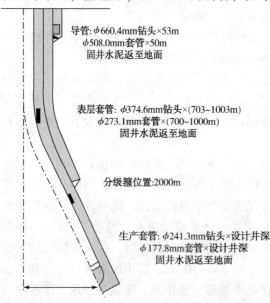

导管：$\phi$660.4mm钻头×53m
$\phi$508.0mm套管×50m
固井水泥返至地面

表层套管：$\phi$374.6mm钻头×（703~1003m）
$\phi$273.1mm套管×（700~1000m）
固井水泥返至地面

分级箍位置：2000m

生产套管：$\phi$241.3mm钻头×设计井深
$\phi$177.8mm套管×设计井深
固井水泥返至地面

图 3-1-10　大张坨储气库注采井井身结构示意图

2）板 876 储气库

（1）地质概况。板 876 储气库地面上是浅海水域，深 0.5~1m。枯竭油气藏位于大张坨断层上升盘，为一被大张坨断层及其衍生断层切割封闭断块内的背斜构造，枯竭油气藏埋藏深度为 2200~2340m。储气层为古近系沙一段下部板 Ⅱ 油组，有效厚度

6.6m。实测地层孔隙压力系数为 0.3676，地层温度为 70℃左右，地层水为 $NaHCO_3$ 水型。

（2）区块开发情况。板 876 枯竭油气藏自 1978 年投入开发至 1998 年开采枯竭，共完钻 16 口井。板 876 断块的地层较稳定，层序比较正常，地层压力无异常，因此钻井施工都比较顺利。其中，有两口井出现过黏卡现象，与过去钻井液技术的落后有很大关系，经过技术的发展，20 世纪 90 年代该地区的钻井就已避免了黏卡现象。

（3）地层压力情况。板 876 枯竭油气藏由于开采时间长，地层压力下降严重，钻井施工前，实测地层压力系数仅为 0.3676。

（4）钻井方式的选择。板 876 储气库采用丛式井钻井方式。定向井钻井施工比钻直井要复杂，定向施工时间较长，在正常钻进中要不断地跟踪测斜，为了控制好井眼轨迹，需要多次起下钻更换钻具组合，因此必须保证浅层井眼在钻井液长时间浸泡下的井壁稳定。

（5）井身结构优化设计。由于储气层压力系数很低，井身结构的设计思路是储层专打，将中间套管下到储气层顶部，在揭开储气层时采用低密度优质钻井液，对储气层进行有效保护。根据注采完井设计要求，生产套管尺寸确定为 φ177.8mm。采用储层专打结构，5 口新钻注采井三开裸眼井段长度 100m 左右，最大井斜角不超 30°。一开、二开的井眼和套管尺寸可以根据图 3-1-11 确定。为保证生产套管固井质量，分级箍位置在距离井底 600m 左右。板 876 储气库套管程序和注采井井身结构示意图分别见表 3-1-11、表 3-1-12 和图 3-1-11。

表 3-1-11　板 876 储气库套管程序

| 开钻次序 | 钻头尺寸/mm | 套管尺寸/mm | 开钻次序 | 钻头尺寸/mm | 套管尺寸/mm |
|---|---|---|---|---|---|
| 一开 | 444.5 | 339.7 | 三开 | 215.9 | 177.8 |
| 二开 | 311.2 | 244.5 | | | |

表 3-1-12　板 876 储气库注采井井身结构数据

| 井　号 | 一开深度/m | 二开深度/m | 三开深度/m | 三开分级箍深度/m | 剖面类型 |
|---|---|---|---|---|---|
| K2-1 | 240 | 2315 | 2405 | 1798.63~1799.31 | 三段制 |
| K2-2 | 218 | 2267 | 2362 | 1741.96~1742.65 | 五段制 |
| K2-3 | 211 | 2250 | 2345 | 1707.05~1707.74 | 五段制 |
| K2-4 | 201 | 2225.5 | 2331 | 1730.52~1731.21 | 三段制 |
| K2-5 | 222 | 2244 | 2346 | 1705.44~1706.12 | 三段制 |

3）板南储气库

（1）地质概况。大港板南储气库板 G1 断块地层由上到下为第四系，新近系明化镇组、馆陶组，古近系东营组、沙河街组，井深为 3400m 左右，原始地层压力 32MPa，地层温度 118℃。

（2）区块开发情况。板 G1 断块内共有几十口老井，大多是三开完井，东营组钻井液密度为 1.20~1.25g/cm³，沙一段钻井液密度为 1.30~1.33g/cm³，沙三段钻井液密度为 1.30~1.34g/cm³。

（3）地层压力情况。板 G1 断块建库前地层压力为 11MPa，水型为 $NaHCO_3$ 水型。

（4）钻井方式。板 G1 储气库采用丛式井钻井方式。钻井过程中，一是要加强储气层的保护，二是要保证在钻进下部井眼时，浅层井眼不垮塌。

（5）井身结构优化设计。根据注采完井设计要求，生产套管尺寸确定为 $\phi$177.8mm，表层套管封固平原组流砂及软土层，保护地下水，技术套管封固馆陶组，为三开钻井创造条件；生产套管封固储层，射孔完井。为了保证生产套管固井质量和井筒完整性，采用回接筒固井方式，回接筒安放在上层技术套管鞋以上 150m 左右位置，其井身结构示意图如图 3-1-12 所示。

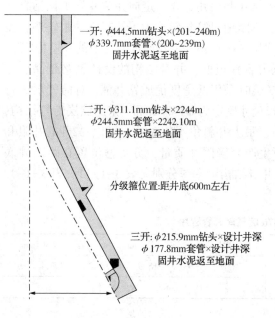

图 3-1-11　板 876 储气库注采井井身结构示意图

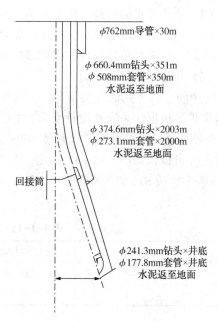

图 3-1-12　板南储气库注采井
井身结构示意图

# 六、钻井液设计与气层保护技术

利用枯竭油气藏建设地下储气库，在新钻注采井时，保护储气层十分关键。因储气层压力严重亏损，必须尽可能减少钻井液滤液进入储气层和防止井漏，同时尽量减少固相颗粒堵塞喉道，提高渗透率恢复值，保证注采井能够达到设计注采能力。因此，利用枯竭油气藏建设储气库新钻注采井时，钻井液除具有一般作用外，还必须具有以下作用：

（1）钻井液的密度、抑制性、滤失造壁性和封堵能力等能满足所钻地层要求，保证井壁稳定。

（2）控制地层流体压力，保证正常钻井。

（3）钻井液体系保持一个合理的级配，减少钻井液固相对储层的伤害。

（4）钻井液液相与地层配伍性好。

（5）钻井液体系对黏土水化作用有着较强的抑制能力。

（6）为保证有效地清洗井底、携带岩屑，钻井液必须具有相应的流变特性。

（7）改善造壁性能，提高滤饼质量，稳定井壁，防止井塌、井漏等井下复杂情况。

## （一）钻井体系优选

根据所钻地层压力、岩石组成特性及地层流体情况等不同条件，所选择的钻井液体系也不同，所选钻井液体系必须具有保证钻井施工的功能，又能满足保护储气层的要求。

储气库钻井液主要围绕以下因素进行优化设计：

（1）钻井液的密度可根据井下情况和钻井工艺要求进行调整。

（2）体系的抑制性、造壁性、封堵能力满足所钻地层要求。

（3）体系与地层水的配伍性对地层中敏感性矿物的抑制能力满足所钻地层要求。

（4）与储气层中液相的配伍性。体系不与地层水发生沉淀，不与油气发生乳化。

（5）与储气层敏感性的配伍性。

（6）按照储气层孔喉结构的特点，控制钻井液中固相的含量及其级配，减少钻井液固相粒子对储气层的伤害。

（7）防止钻井液对钻具、套管的腐蚀。

（8）对环境无污染或污染可以消除。

（9）成本低，应用工艺简单。

由于各地区地层差异，对钻井液体系的选择要求不尽相同，下面以大港储气库为例，介绍几种钻井液体系。

1. 聚合物钻井液体系

1）组成

聚合物钻井液体系因其主处理剂为聚丙烯类高分子聚合物而得名，基本组分为大分子抑制剂、小分子防塌降失水剂、聚合物降黏剂、防塌剂、润滑剂、油层保护剂和其他处理剂等。

2）特点

（1）固相含量低，且亚微米粒子所占比例也低。这是聚合物钻井液的基本特征，是聚合物处理剂选择性絮凝和抑制岩屑分散的结果，对提高钻井速度是极为有利的。对不使用加重材料的钻井液，密度和固相含量大约是成正比的。大量室内实验和钻井实践均证明，固相含量和固相颗粒的分散度是影响钻井速度的重要因素。

（2）具有良好的流变性。主要表现为较强的剪切稀释性和适宜的流态。聚合物钻井液体系中形成的结构由颗粒之间的相互作用、聚合物分子与颗粒之间的桥联作用，以及聚合物分子之间的相互作用所构成。结构强度以聚合物分子与颗粒之间桥联作用的贡献为主。在高剪切作用下，桥联作用被破坏，因而黏度和切力降低，所以聚合物钻井液具有较高的剪切稀释作用。

（3）具有良好的触变性。触变性对环形空间内钻屑和加重材料在钻井液停止循环后的悬浮非常重要，适当的触变性对钻井有利。钻井液流动时，部分结构被破坏，停止循环时能迅速形成适当的结构，均匀悬浮固相颗粒，这样不易卡钻，下钻也可以一次到底。如果触变性太大，形成的结构强度太高，则开泵困难，易导致压力激动，可能憋漏易漏失地层。

（4）钻井速度高。聚合物钻井液固相含量低、亚微米粒子比例小、剪切稀释性好、卡森极限黏度低、悬浮携带钻屑能力强、洗井效果好，这些优良性能都有利于提高机械钻速。在相同钻井液密度的条件下，使用聚丙烯酰胺钻井液时的机械钻速明显高于使用钙处理钻井液时的机械钻速。

（5）稳定井壁的能力较强，井径比较规则。只要钻井过程中始终加足聚合物处理剂，使滤液中保持一定的含量，聚合物可有效地抑制岩石的吸水分散作用。合理地控制钻井液的流型，可减少对井壁的冲刷。这些都有稳定井壁的作用。在易坍塌地层中，通过适当提高钻井液的密度和固相含量，可取得良好的防塌效果。

（6）对储气层的伤害小，有利于保护储气层。由于聚合物具有良好的抑制特性，可以防止黏土水化分散，因而有利于钻井液保持适当的颗粒级配，减少了细颗粒成分，特别是亚微粒子浓度，降低钻井液中的膨润土含量，可以防止黏土微颗粒堵塞砂岩孔隙通道，减少固相伤害，具有较好的保护储气层的作用。

（7）可防止井漏的发生。一方面，由于聚合物钻井液一般比其他类型钻井液的固相含量低，在不使用加重材料的情况下，钻井液的液柱压力就低得多，从而降低了产生漏失的压力；另一方面，聚合物钻井液在环形空间的返速较低，钻井液本身又具有较强的剪切稀释性和触变性，因此钻井液在环形空间具有一定的结构，一般处于层流或改型层流的状态，使钻井液不容易进入地层孔隙，即使进入孔隙，渗透速度也很慢，钻井液在孔隙内易逐渐形成凝胶而产生堵塞。另外，聚合物分子在漏失孔隙中可吸附在孔壁上，连同分子链上吸附的其他黏土颗粒一起产生堵塞；当水流过时，这些吸附在孔壁上的亲水性大分子有伸向孔隙中心的趋势，形成很大的流动阻力。因此，综合以上因素，聚合物钻井液具有良好的防漏作用。

2. 有机硅防塌钻井液体系

1）组成

有机硅钻井液体系是一种新型的钻井液体系，主要由稳定剂、稀释剂、硅腐钾等处理剂组成，由于该体系的抗温能力强、润滑防塌效果好而被广泛应用。体系基本处理剂有稳定剂、稀释剂、防塌剂、润滑剂、屏蔽暂堵剂及其他处理剂等。

2）特点

（1）防塌抑制能力强。硅分子能吸附在泥页岩表面，阻止黏土与水直接接触，降低了黏土的水化膨胀，达到了抑制效果。采用大张坨储气库 K1 井不同井深的岩屑，与不同的钻井液体系进行比较，测量岩屑的回收率。从表 3-1-13 中的数据可以看出，有机硅钻井液体系和聚合物钻井液体系都有较好的抑制性；有机硅体系与聚合物体系的 1.27mm 岩屑回收率相比，前者稍微好于后者；有机硅体系回收的岩屑圆度比聚合物体系略差，说明有机硅钻井液体系有比聚合物更好的抑制性。这是因为有机硅分子中的 Si—OH 键容易与黏土缩聚成 Si—OH—Si 键，形成牢固的化学吸附层，从而阻止和减缓了黏土表面的水化作用，有效地防止泥页岩水化膨胀，因而具有良好的抑制能力。

表 3-1-13 不同钻井液体系岩屑回收率对比

| 取样深度 | 不同钻井液体系、不同岩屑尺寸对应的回收率 | | | |
|---|---|---|---|---|
| | 聚合物钻井液体系 | | 有机硅钻井液体系 | |
| | 2.54mm | 1.27mm | 2.54mm | 1.27mm |
| 2150 | 77.7 | 89.5 | 86 | 94.8 |
| 2380 | 70.2 | 88 | 85.6 | 96.7 |
| 2560 | 66.2 | 88 | 73.3 | 90.1 |
| 2670 | 43.5 | 87 | 73 | 91.1 |
| 2820 | 69 | 89 | 83.6 | 92.4 |
| 2940 | 76 | 90 | 86.6 | 93.7 |

（2）钻井液性能稳定。该体系起到包被钻屑和稳定页岩的作用，使钻屑保持很好的完整性，避免钻屑相互黏结，有利于防止井下复杂事故的发生。

（3）固相容量高。该钻井液动塑比高、低剪切速率黏度高，具有良好的流变性能和悬浮携砂能力，抗岩屑污染能力强，性能稳定，容易维护。

（4）抗温能力强。钻井液体系抗温可达到200℃，能基本上满足深井、高温井施工。

（5）具有良好的保护储气层特性。该体系采用成膜封堵储气层保护技术，有利于储气层保护，渗透率恢复值较高。

利用大张坨储气库 K1 井的岩心，进行渗透率恢复值的测定。聚合物钻井液、有机硅钻井液的渗透率恢复值分别为 78.81% 和 88.27%，采用有机硅体系的岩心渗透率恢复值比采用正电胶和两性复合离子体系的高出约 10%。

3. 无固相 KCl 聚合物钻井液体系

1）组成

无固相 KCl 聚合物钻井液体系是以有机盐为主抑制剂研究形成的一类无固相盐水钻井液体系，主要由抗盐强包被抑制剂、抗盐提切剂、抑制润滑剂、抑制防塌剂、抗盐抗高温降滤失剂等组成。

2）特点

无固相 KCl 聚合物钻井液抑制性强，防塌效果好，抗温能力可达到220℃以上，抗盐、抗污染能力强，并具有良好的储层保护功能，是解决储层专打的首选钻井液体系。

3）性能评价

（1）无固相 KCl 聚合物钻井液抗土污染实验。

从表 3-1-14 实验数据可以看出，无固相 KCl 聚合物钻井液在室温和高温下都具有良好的抑制能力，能很好地抑制土相在钻井液中的分散，使体系黏度、切力都保持基本不变。

表 3-1-14 抗土污染实验

| 配 方 | 实验温度 | API 失水量/mL | pH 值 | 表观黏度/mPa·s | 塑性黏度/mPa·s | 动切力/Pa | 初切力、终切力/Pa |
|---|---|---|---|---|---|---|---|
| 优选配方 | 室温 | 5.2 | 8 | 30 | 17 | 13 | 4.5、7.5 |
| 优选配方+1%膨润土 | 室温 | 4.6 | 8.5 | 35 | 20 | 15 | 5.0、8.0 |
| | 老化 | 4.8 | 8.5 | 30.5 | 17 | 13.5 | 5.0、7.5 |

续表

| 配　方 | 实验温度 | API 失水量/mL | pH 值 | 表观黏度/mPa·s | 塑性黏度/mPa·s | 动切力/Pa | 初切力、终切力/Pa |
|---|---|---|---|---|---|---|---|
| 优选配方+2%膨润土 | 室温 | 4 | 8.5 | 33 | 18 | 15 | 5.0、8.5 |
|  | 老化 | 4.5 | 7.5 | 32.5 | 17 | 15.5 | 5.0、8.5 |
| 优选配方+3%膨润土 | 室温 | 4.2 | 8.5 | 40 | 23 | 17 | 6.0、9.0 |
|  | 老化 | 4.6 | 7.5 | 35 | 22 | 13 | 6.0、8.0 |
| 优选配方+5%膨润土 | 室温 | 4 | 8.5 | 42 | 24 | 18 | 6.5、9.0 |
|  | 老化 | 4.2 | 7 | 43 | 23 | 20 | 5.5、8.5 |

注：老化条件为 120℃ 恒温 16h。

（2）浸泡实验和回收率实验。

从表 3-1-15 实验数据可以看出，无固相 KCl 聚合物钻井液比常用的钻井液对钻屑的抑制作用强，仅次于油基钻井液体系。

表 3-1-15　浸泡实验和回收率实验

| 钻井液类型 | 岩屑回收率/% | 板 876 储气 K2-1 井钻屑浸泡效果描述（浸泡 7d） |
|---|---|---|
| 清水 | 24 | 钻屑浸泡后四分五裂，成糊状 |
| 两性离子聚合物 | 87 | 钻屑出现裂纹，用手掰开，里面潮湿 |
| 无固相 KCl 聚合物 | 97 | 钻屑保持原状，外面包裹一层聚合物膜 |
| 油基钻井液 | 99 | 钻屑保持原状 |

（3）页岩膨胀实验。

选用该钻井液体系对板 876 储气 K2-1 井岩屑进行页岩膨胀实验，结果表明，无固相 KCl 聚合物钻井液具有较强的抑制水化作用，明显优于其他常用钻井液体系，结果见表 3-1-16。

表 3-1-16　页岩膨胀实验研究

| 体　系 | 聚磺钻井液体系 | 聚合物钻井液体系 | 无固相 KCl 聚合物钻井液体系 |
|---|---|---|---|
| 膨胀量/（mm/8h） | 3.21 | 2.87 | 1.82 |

（4）储气层保护效果评价。

采用岩心流动装置，进行静态污染评价实验，结果见表 3-1-17。

表 3-1-17　静态污染评价实验

| 岩样号 | 体　系 | $K_a$/$10^{-3}\mu m^2$ | $K_0$/$10^{-3}\mu m^2$ | $K_d$/$10^{-3}\mu m^2$ | 渗透率恢复值/% |
|---|---|---|---|---|---|
| 1 | 聚合物钻井液体系 | 71.6 | 46.1 | 35.96 | 78 |
| 2 | 无固相 KCl 聚合物钻井液体系 | 45.9 | 28.16 | 25.15 | 89.3 |
| 3 | 油基钻井液 | 110.8 | 90.7 | 83.44 | 92 |

实验数据表明，无固相 KCl 聚合物渗透率恢复值达到 89.3%，储层保护效果良好。

## （二）钻井液参数确定及性能维护

### 1. 钻井液密度确定

钻井液密度是关系井下安全、钻井速度及保护储气层的重要参数。钻井液密度主要采用三压力预测值来确定，同时用化学方法解决井壁稳定问题，并考虑其流变性能。在化学方法、流变性能解决不了井壁坍塌的情况下，再考虑适当提高钻井液密度。由于储气层孔隙压力较低，钻井液密度应在达到维持井壁稳定的前提下，尽可能选择较低的密度，使井下复杂事故减到最低。

1）孔隙压力、坍塌压力和破裂压力预测过程

（1）利用邻井的声波、电阻率伽马、自然电位、密度、泥质含量和井径测井成果，计算地层的弹性参数和强度参数。

（2）根据地层弹性、强度参数及密度测井资料，计算上覆岩层压力和最大、最小水平地应力。

（3）利用声波和电阻率资料检测地层孔隙压力，通过两种方法预测结果对比，结合区块实测压力数据选出最佳预测结果。

（4）利用套管鞋试漏数据反算构造应力系数。

（5）利用摩尔-库仑剪切破坏准则和拉伸破坏准则，预测地层坍塌压力和破裂压力。

2）大港储气库地层压力预测结果

（1）孔隙压力。明化镇组以上地层基本为正常压力，馆陶组的孔隙压力当量密度达到 $1.05 \sim 1.08 \mathrm{g/cm^3}$，东营组为 $1.08 \sim 1.10 \mathrm{g/cm^3}$，沙一中亚段升至全井最高值 $1.13 \mathrm{g/cm^3}$，之后逐渐降低至 $1.09 \mathrm{g/cm^3}$ 以下。

（2）坍塌压力。上部井段坍塌压力较小，明化镇组坍塌压力当量密度最高为 $1.10 \mathrm{g/cm^3}$，馆陶组达到 $1.16 \sim 1.20 \mathrm{g/cm^3}$，东营组为 $1.13 \mathrm{g/cm^3}$，沙一上亚段、沙一中亚段升至 $1.22 \mathrm{g/cm^3}$，在沙一下亚段底部达到全井最高值 $1.23 \mathrm{g/cm^3}$。从邻井的实钻情况来看，钻井液密度控制在 $1.17 \sim 1.23 \mathrm{g/cm^3}$，所钻井未出现复杂情况。

（3）破裂压力。破裂压力随井深增大的趋势不明显。明化镇组的破裂压力当量密度在 $1.62 \sim 1.74 \mathrm{g/cm^3}$ 波动，馆陶组、东营组上升至 $1.70 \sim 1.75 \mathrm{g/cm^3}$，沙一段达到 $1.70 \sim 1.80 \mathrm{g/cm^3}$，如图 3-1-13 所示。

### 2. 钻井液固相控制

钻井液中的固相颗粒对钻井液的密度、黏度和切力有着明显的影响，而这些性能与钻井液的水力参数、钻井速度、钻井成本和井下情况有着直接的关系。

钻井液中固相含量高可导致形成厚的滤饼，容易引起压差卡钻；形成的滤饼渗透率高，滤失性大，造成储层伤害和井眼不稳定；造成钻头及钻柱的严重磨损；尤其造成机械钻速降低，因此保证全井钻井液低固相含量是至关重要的。

固相控制方法有：

（1）大池子沉淀。

（2）清水稀释。

（3）替换部分钻井液。

（4）利用机械设备清除固相。

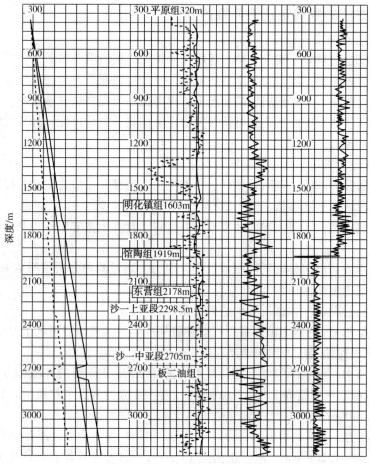

图 3-1-13　地层压力预测曲线

为了最大限度地清除钻井液中的无用固相，保证钻井液维持低固相含量，储气库钻井现场要求采用五级净化设备，即配备振动筛、除泥器、除砂器、离心机、除气器，并保证发挥设备使用有效率。

3. 大港储气库各井段钻井液维护措施

1) φ660.4mm 井眼

(1) 开钻前，以优质膨润土加纯碱配制优质膨润土浆，待膨润土浆 48h 充分水化后方可开钻。

(2) 钻完一开进尺后，大排量充分洗井，保证表层套管顺利下入。

2) φ374.6mm 井眼

(1) 开钻前，对钻井液进行预处理，加入 KPAM、NH₄-HPAN 和 SAS。

(2) 钻水泥塞时，加入适量纯碱，防止水泥污染钻井液。

(3) 钻进时，按 3~5kg/m 补充聚合物(大小分子配比 1∶1)，保证钻井液具有强抑制性能，控制地层造浆，用清水或降黏剂调整钻井液黏切和流变参数。

(4) 造斜段钻井液中混入原油和乳化剂，提高钻井液润滑性，降低摩阻。

(5) 用好固控设备，保证较低的固相含量，确保钻井液有良好的流动性。

（6）完钻前 50m 调整好钻井液各项性能，加足各种处理剂，完钻后大排量充分洗井，保证中间套管顺利下入。

3）φ241.3mm 井眼

（1）三开钻进前，将原钻井液除去有害固相，并加水稀释，然后补充大钾、NH$_4$-HPAN；为提高防塌造壁能力，加入 SAS；定期混入原油，提高润滑性，使摩阻系数小于 0.08。

（2）明化镇组要抑制地层造浆，漏斗黏度控制在 30~40s，要用好固控设备，保持较低固相含量。

（3）进入馆陶组要注意防漏，同时注意浅气层，提前在钻井液中加入适量单向压力封闭剂，提高地层承压能力，防漏的同时防止气侵。

（4）进入东营组，在原聚合物体系基础上将钻井液转换成有机硅钻井液体系，加入 GWJ、GXJ 和 G-KHM，处理剂加量要根据井下情况及现场化验结果调整，各种处理剂以胶液方式补充。

（5）井眼净化。由于开始时黏度较低，净化问题以合理的流变参数、工程措施以及在钻井液体系中加入携砂粉来解决。下部钻进中利用振动筛、除砂器清除钻屑；离心机清除劣质土，控制含砂小于 0.3%，膨润土含量小于 60g/L，固相含盐小于 17%。

（6）采用屏蔽暂堵技术保护储气层。进入储气层前，调整钻井液性能参数达到设计要求，加入复合油溶暂堵剂，采用双向屏蔽阻止或减少固相、液相的侵入，要求渗透率恢复值大于 80%。

（7）钻进过程中要密切注意井口，加强液面变化观察，及时调整好钻井液性能参数。

（8）钻进过程中如果发生井漏，根据漏速情况及时加大钻井液中复合油溶暂堵剂用量（或加入复合堵漏剂）以有效抑制井漏。如果钻井过程中井壁出现掉块、坍塌现象，可增大 KHM 和防塌剂的加量，防止井壁失稳。

（9）钻完进尺后，要大排量清洗井眼，保证井眼清洁，起钻电测前加入适量塑料微珠封住裸眼井段，保证电测、下套管顺利。

4. 文 23 储气库钻井液应用效果

根据地层温度、地层压力系数等地质特点，储层孔隙度、渗透率等储层物性，调研分析国内外低压储层钻井液体系，优化形成两套方案：

1）方案一：水包油钻井液体系

通过乳化剂、增黏剂、抗高温稳定剂、辅助乳化剂种类及加量研究，确定水包油钻井液配方。通过文 96 储气库 14 口井应用，表现出以下技术优势：

（1）密度低，稳定性好，利于保护油气层，提高机械钻速。室内评价结果表明，抗温 100~150℃水包油钻井液乳化稳定性及润滑性好（表 3-1-18），现场应用井与邻井相比，利于提高机械钻速（表 3-1-19），保护储层效果好，卫 53 平 2 井投产初期日产油量约 23t，对比邻井卫 53 平 1 井投产初期日产油量约 15.3t，同区块单井平均产量 3.5t。

表 3-1-18　抗温 100~150℃水包油钻井液性能

| 油水比 | 密度/<br>（g/cm³） | 表观黏度/<br>mPa·s | 塑性黏度/<br>mPa·s | 动切力/<br>Pa | API 失水/<br>mL | 润滑系数 |
|---|---|---|---|---|---|---|
| 7∶3 | 0.89 | 35~55 | 25~40 | 7~15 | ≤5 | ≤0.08 |
| 5∶5 | 0.92 | 20~40 | 15~35 | 5~10 | ≤5 | |
| 3∶7 | 0.97 | 25~35 | 10~30 | 3~7 | ≤5 | |

表 3-1-19　部分应用井机械钻速对比

| 井　号 | 地　层 | 主要岩性 | 应用井段/m | 钻速/（m/h） |
|---|---|---|---|---|
| 文 96 储 2 井（应用井） | 沙三段上 | 泥岩、粉砂岩 | 2342~2758 | 13.1 |
| 文 96 储 5 井（应用井） | 沙三段上 | 泥岩、粉砂岩 | 2323~2712 | 13.0 |
| 文 96 储 7 井（应用井） | 沙二段下 | 泥岩、粉砂岩 | 2378~2608 | 16.3 |
| 文 96 储 14 井（应用井） | 沙二段下 | 泥岩、粉砂岩 | 2430~2570 | 11.5 |
| 文 96 储 14 侧井（对比井） | 沙二段下 | 泥岩、粉砂岩 | 2104~2599 | 12.0（漏失钻井液 279.2m³） |

（2）具有较强的抑制性，利于井壁稳定。抗温 100~150℃水包油钻井液相对回收率达
98.4 %（清水回收率 1.05%），现场应用水包油体系井径扩大率显著降低（表 3-1-20），利
于井壁稳定。

表 3-1-20　部分应用井井径扩大率对比

| 井　号 | 地层深度/m | 井径扩大率/% |
|---|---|---|
| 文 96 储 2 井（应用井） | 2339~2753 | 1.53 |
| 文 96 储 3 井（应用井） | 2350~2735 | 7.33 |
| 文 96 储 7 井（应用井） | 2376~2584 | 5.26 |
| 文 96 储 4 井（应用井） | 2384~2730 | 8.99 |
| 文 96 储 14 侧井（对比井） | 2100~2595 | 24.3 |

局限性：该钻井液密度在现场仅能控制在 0.9g/cm³，相对成本也较高，针对文 23 气
田 0.4 以下压力系数地层还存在局限性。

2）方案二：微泡钻井液体系

技术优势：该钻井液因其密度低、可重复使用、不需要特殊充气设备、综合成本低等
技术优势，成为解决低压地层钻井及油气层保护的有效手段。

针对文 23 气田低压产层的特点，通过表面活性剂等关键处理剂的开发，增黏剂、降
滤失剂等配伍处理剂选择，形成了微泡钻井液体系，配方组成：2%~4%膨润土+0.5%~
1.5%表面活性剂 VES-1+0.2%~0.5%微泡稳定剂 HXC+0.2%~0.6%聚合物降滤失剂 LV-CMC+
1%~2%胶束促进剂。基本性能见表 3-1-21。由表 3-1-21 可知，微泡钻井液密度低，对
微裂缝具有较强的封堵性能（在 60~90 目砂床封堵强度达 10MPa 以上），可满足文 23 气田
低压易漏地层段钻井施工需求。

表 3-1-21 微泡钻井液性能

| 密度/(g/cm³) | API 失水量/mL | 表观黏度/mPa·s | 塑性黏度/mPa·s | 动切力/Pa |
|---|---|---|---|---|
| 0.85 | 8.0 | 57.5 | 25 | 32.5 |

局限性：不能使用 MWD 随钻测量。

两种方案技术优势及其局限性对比分析结果见表 3-1-22，推荐采用方案二。

表 3-1-22 方案对比分析

| 项 目 | 方案一：<br>水包油钻井液 | 方案二：<br>微泡钻井液 |
|---|---|---|
| 技术优势 | 1. 高温稳定性好；<br>2. 润滑性较好 | 1. 密度低：0.82~0.95g/cm³；<br>2. 防漏能力强；<br>3. 综合成本低 |
| 局限性 | 1. 密度相对较高：0.9~1.0g/cm³；<br>2. 成本较高 | 不能使用 MWD 随钻测量 |

5. 分段钻井液体系设计、重点提示、技术措施及性能要求

分段钻井液类型见表 3-1-23。

表 3-1-23 分段钻井液类型

| 开钻序号 | 井段/m | 钻井液体系 | 配 方 |
|---|---|---|---|
| 一开 | 0~500 | 预水化膨润土 | 淡水+4%~6%膨润土+0.2%~0.3%Na₂CO₃+0.2%~0.3%NaOH+0.2%~0.3%HV-CMC |
| 二开 | 500~2275 | 聚合物钻井液 | 淡水+4%~5%膨润土+0.2%~0.5%Na₂CO₃+0.2%~0.3%包被絮凝剂+0.5%~1% LV-CMC+0.3%~1.0% COP-HFL/LFL |
| 二开 | 2275~2760 | 饱和盐水钻井液 | 井浆+淡水+0.5%~1.0% COP-HFL/LFL +3%~5%SMP+3%~5%SMC +0.3%NaOH+NaCl(饱和) |
| 三开 | 2760~3150 | 微泡防漏钻井液 | 2%~4%膨润土+0.8%~1.5%表面活性剂 VES-1+0.2%~0.5%稳泡剂 HXC+0.3%~0.8%降滤失剂 LV-CMC+1%~2%胶束促进剂+0.1%~0.3%抑制剂+0.1%~0.2%杀菌剂 |

1) 一开(0~500m)：预水化膨润土钻井液体系

(1) 地层特点。

本井段钻遇的地层主要有平原组、明化镇组，地层岩性主要为砂泥岩，成岩性较差。

(2) 钻井液设计重点提示。

① 开钻前，根据设计配方配制膨润土浆和胶液，一次性调整好钻井液性能，达到设计要求，使钻井液有良好的携带悬浮、稳定井壁的能力。钻进过程中，注意观察钻屑的返出情况，若返出不够，要及时调整钻井液性能，主要提高黏度和切力。

② 表层地层主要为砂泥岩，成岩性较差，根据实钻情况调整钻井液黏切，防止地层坍塌。

（3）关键技术措施。

① 井眼稳定是安全钻进的重要条件，搞好上部地层稳定的重点工作是膨润土钻井液的配制，按照配方配制基浆，使基浆的水化时间不少于 24h，保证膨润土水化充分。

② 为防止井底沉砂造成下套管遇阻，下套管前应短起下通井，并配制较高黏切的封闭液提高悬浮能力。

2）二开（500～2760m）：低固相不分散聚合物钻井液——饱和盐水钻井液

（1）地层特点。

上部明化镇组、馆陶组、东营组地层松软、可钻性好、地层易吸水膨胀，造成地层缩径；钻遇地层的沙一段、沙二段、沙三段、沙三下亚段沉积灰白色盐岩、盐膏层夹灰、深灰色泥岩、含膏泥岩（即文 23 盐），该套盐膏岩厚度大（一般为 200～600m，书中即文 23 地区厚度在 200～600m），做好钻井液钻遇盐层的饱和盐水体系的转化工作。

（2）钻井液设计重点提示。

钻井液主要做好固相控制技术、防塌、防缩径、体系转换。

（3）关键技术措施。

① 维持高分子絮凝剂含量，控制地层造浆，保持较低的钻井液黏度、切力。

② 充分利用固控设备，严格控制有害固相含量。

③ 钻井速度快，钻井液易发生固相侵污，使用好固控设备是该井段钻井液性能维护的关键。

④ 钻进过程中，细水长流地补充 0.2%～0.5% 的聚合物胶液，聚合物胶液主要以大分子为主，维护调整性能，使之均匀稳定。

⑤ 盐层井段钻井液预处理与转化技术。进入盐层前，清理地面循环系统沉砂，配制胶液补充钻井液量，共需要加入钻井液总量的 0.5%～1.0% LV-CMC 和 0.5%～1.0% COP-HFL/LFL 或其他中分子抗盐聚合物降滤失剂，充分循环，然后与井内老浆混匀，调整钻井液性能达到设计要求即可继续钻进。处理前，应做小型实验确定胶液和井浆比例及处理剂加量，保证钻井液流变性符合设计要求，确保预处理时降滤失剂的含量充足。钻盐层过程中以降滤失剂胶液补充钻井液量和控制钻井液黏度、切力，钻穿盐层后要及时调整钻井液性能至设计范围。

⑥ 固相控制是保证钻井液性能稳定、润滑性良好，提高钻井液抗温、抗污染能力的重要保障。

3）三开（沙四段 2760～3150m）：微泡钻井液体系

（1）地层特点。

地层压力系数低，渗透性好，稳定性差，井壁易掉块。

（2）钻井液设计重点提示。

① 该井段地层渗透性好、亏空严重，注意防漏、防卡。

② 本井段为目的层，注意做好油气层保护工作。

③ 定向井的造斜井段要做好钻井液的防塌、润滑、携砂工作。

（3）关键技术措施：微泡钻井液配制及维护。

① 清空所有循环罐，用清水清洗干净，循环罐配备灌注泵，保证各循环罐密封、泥

浆泵上水良好，接好剪切罐管线、剪切泵电源、搅拌器电源，试开、关各个电路和蝶形阀，保证好用。

② 在 3#、4# 循环罐放清水至两罐容量的 3/4，加入井筒和地面罐总浆量的膨润土和纯碱，配制好之后导入 1# 和 2# 循环罐并水化 6~12h。在 3#、4# 循环罐继续放清水至两罐容量的 3/4。

③ 待膨润土浆水化好之后，地面用泥浆泵将胶液和膨润土浆混合均匀，泵入 10~15m³ 隔离液，替出井内泥浆。替出井内泥浆后，根据井内泥浆量继续放清水，同时加足各种处理剂。

④ 待处理剂充分溶解后，在罐面加入起泡剂，将振动筛、除泥器、泥浆枪等设备打开，钻井液继续循环。

⑤ 根据现场发泡情况，调整经过振动筛等设备的泥浆量大小，保持均匀、稳定发泡。继续循环，若发泡量过大可少量加入消泡剂。消泡剂加入时要小心谨慎，不要一次性加足，防止钻井液完全消泡，消泡剂加量一次不超过 0.025%。

⑥ 测量钻井液流变性和滤失量，通过降滤失剂、流型调节剂等调整钻井液性能至设计要求，开始钻井施工。

⑦ 采用加降滤失剂稀胶液和清水的方式降低钻井液黏度，加入时必须细水长流，控制一次最大加量不超过钻井液总量的 10%。提高钻井液黏度时，加入膨润土粉、稳泡剂或高浓度预水化膨润土浆。

⑧ 钻井过程中，及时测量钻井液膨润土含量，根据坂土含量情况确定钻井液流型调整方案。日常维护以浓度 1%~2% 的降滤失剂胶液控制钻井液滤失量和补充钻井液消耗量。

6. 钻井液性能

分段钻井液性能见表 3-1-24。

表 3-1-24　分段钻井液性能要求

| 地层分层 | | $\rho$/<br>（g/cm³） | FV/s | API<br>失水/<br>mL | K/mm | G/<br>（10s/10min）、<br>（Pa/Pa） | pH 值 | $C_s$/<br>% | HTHP<br>失水/<br>mL | $K_f$ | MBT/<br>（g/L） |
|---|---|---|---|---|---|---|---|---|---|---|---|
| 分层 | 深度/<br>m | | | | | | | | | | |
| 东营组 | 2005 | 1.05~1.10 | 30~40 | 8~10 | <1.0 | 0~3、0~5 | 8~9 | <0.5 | | <0.15 | 30~40 |
| 沙二段<br>下 | 2275 | 1.15~1.30 | 40~50 | 8~5 | <0.5 | 0~3、0~5 | 9~10 | <0.5 | | <0.15 | 35~45 |
| 沙三段<br>下 | 2760 | 1.30~1.50 | 40~60 | <5 | <0.5 | 2~5、5~10 | 8~10 | <0.5 | | <0.15 | 30~40 |
| 沙四段 | 3150 | 0.85~0.95 | 80~500 | <8 | <0.5 | 5~12、10~25 | 8~10 | <0.3 | <25 | <0.15 | 25~30 |

注：1. 地层深度应以单井预测为准，本表仅为方便使用。

　　2. 本区压力系数差别较大，钻进中根据井下实际情况适时调整钻井液性能，确保安全钻井。

7. 气藏保护技术

1）采用凝胶暂堵技术保护储层

由于该气田地层压力系数低于原始地层压力，在应用低密度钻井液的前提下，应用凝胶暂堵技术预防微裂缝地层因钻井液漏失而导致储层污染。

凝胶暂堵剂主要以细粒径凝胶聚合物为主剂，由复合矿物类颗粒架桥材料、纤维材料、可变形细粒径填充材料组成。

（1）技术特点。

① 与漏失通道适应性好，进入不同大小的裂缝、孔隙，形成有效封堵层。

② 提高封堵层致密度，与地层岩石黏附成一体，可提高封堵层承压强度。

③ 耐温性好、可酸化，利于储层保护。

（2）钻井液配伍性、封堵强度及酸溶率评价。

表 3-1-25 结果表明，加量为 3.5% 暂堵剂与钻井液具有良好配伍性。60～90 目砂床封堵强度达 15MPa，15% 盐酸酸溶率达 95%。

表 3-1-25　防漏剂配伍性配方评价

| 评价浆 | $AV$/mPa·s | $PV$/mPa·s | $YP$/Pa | $FL$/mL | $Q$/（10s/Pa） | $Q$/（10min/Pa） |
|---|---|---|---|---|---|---|
| 1# 钻井液 | 48 | 36 | 12 | 3.6 | 1.5 | 3 |
| 1# 钻井液+凝胶暂堵剂 | 40.5 | 32 | 8.5 | 4.2 | 1.5 | 3 |

2）钻井过程中的油气层保护

（1）做好钻井液性能监测，保证钻井液性能达到设计要求。严格控制钻井液滤失量，防止其堵塞油气层的孔隙、孔道，尽量减少液相对油气层的损害。

（2）及时进行地层压力监测，根据实钻监测地层压力和井下实际情况，及时调整钻井液密度和其他性能，以达到近平衡压力钻井，保证安全钻进和油层少受污染。

（3）加快钻井速度，缩短完井时间，尽量少钻井液对油气层的浸泡。

（4）加强固控设备使用，严格控制低密度固相含量，尽量降低钻井液中有害固相颗粒对油气层的损害。膨润上及含砂量含量控制在设计范围内。

（5）开泵和起下钻要平稳操作，避免因压力激动导致井漏、井塌、卡钻或抽汲诱喷等复杂事故而造成油气层损害。

## 七、气井控制

### （一）井控装置的选择

油气井压力控制按《石油天然气钻井井控技术规范》（GB/T 31033）执行。钻井井口装置、井控管汇的配套与安装应符合行业标准《钻井井控装置组合配套、安装调试与维护》（SY/T 5964）的规定要求。井控管理按中工技〔2014〕54 号关于印发《井控管理实施细则》的通知和中国石化油〔2015〕374 号关于印发《中国石化井控管理规定》的通知要求执行，见表 3-1-26。

表 3-1-26　井控装置选择依据表

| 开钻次序 | 设计井深/m | 钻头直径/mm | 钻遇地层最高压力系数 | 井底压力/MPa |
|---|---|---|---|---|
| 一开 | 500 | 444.5 | 1.10 | 7.5 |
| 二开 | 2760 | 320 | 1.20 | 32.49 |
| 三开 | 3150 | 241.3 | 0.6 | 18.9 |

根据预测地层压力及套管抗内压强度等情况，选择井控装置压力等级。二开、三开压力等级为：闸板防喷器 35MPa，环形防喷器 35MPa，井控管汇压力等级 35MPa，井口类型为Ⅱ类，如图 3-1-14~图 3-1-17 所示。

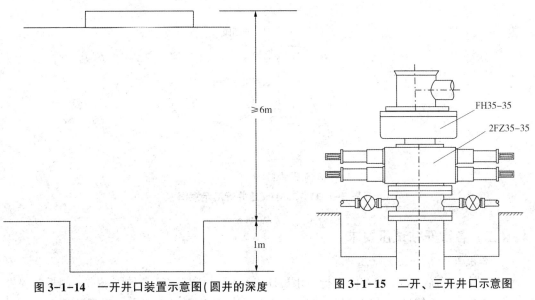

图 3-1-14　一开井口装置示意图（圆井的深度要考虑各次的套管头安装高度）

图 3-1-15　二开、三开井口示意图

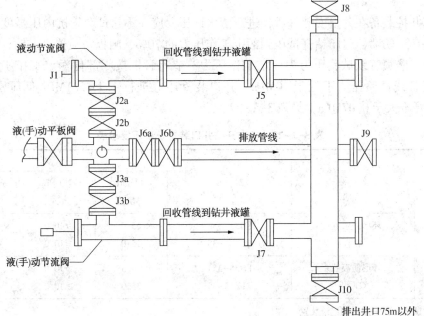

图 3-1-16　35MPa 节流管汇示意图

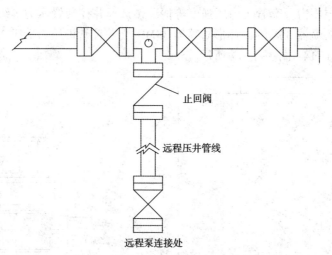

止回阀

远程压井管线

远程泵连接处

**图 3-1-17　35MPa 压井管汇示意图**

## （二）各次开钻试压要求

### 1. 各次开钻井口装置试压要求

防喷器送井前，必须在车间进行清水试压，环形（封闭钻杆，不封空井）、闸板防喷器和节流管汇、压井管汇、防喷管线、四通试压压力达到额定工作压力。闸板防喷器低压试压值为 1.4～2.1MPa，要求稳压 10min，压降≤0.07MPa。所有井控设备试压合格后，方可送井。

全套井控装备在井上安装好后，进行清水试压。应在不超过套管抗内压强度的 80% 的前提下，环形防喷器封闭钻杆试压到额定工作压力的 70%，闸板防喷器、方钻杆旋塞阀和压井管汇、防喷管线试验压力为额定工作压力；节流管汇按零部件额定工作压力分别试压；放喷管线试验压力不低于 10MPa。井口装置还应进行 1.4～2.1MPa 低压密封试验，10min 压降不大于 0.07MPa，见表 3-1-27。

**表 3-1-27　各次开钻井口装置及试压要求表**

| 开钻次数 | 名　称 | 型　号 | 试 压 要 求 | | |
| --- | --- | --- | --- | --- | --- |
| | | | 井口试压/<br>MPa | 稳压时间/<br>min | 允许压降/<br>MPa |
| 二开 | 环形防喷器+<br>双闸板 | FH35-35+<br>2FZ35-35 | 15.0<br>15.0 | ≥10.0<br>≥10.0 | ≤0.7<br>≤0.7 |
| 三开 | 环形防喷器+<br>双闸板 | FH35-35+<br>2FZ35-35 | 24.5<br>35.0 | ≥10.0<br>≥10.0 | ≤0.7<br>≤0.7 |

注：1. 试压一律采用自动记录装置。

　　2. 试压介质均为清水，密封部位无渗漏为合格。

　　3. 到钻开油气层前检查验收时，距上一次试压已超过 100d，钻开油气层前验收时应重新试压。

　　4. 钻开油气层前及更换井控装置部件后，应采用堵塞器或试压塞按照上述试压要求试压。

　　5. 现场井控装置试压时，必须有代表油田公司的监督在现场并签字认可。

## 2. 各次开钻套管试压要求

套管柱试压要求见表 3-1-28。

**表 3-1-28　套管柱试压要求表**

| 开钻次数 | 套管尺寸/<br>mm | 试压介质 | 试压压力/<br>MPa | 试压时间/<br>min | 允许压降/<br>MPa |
| --- | --- | --- | --- | --- | --- |
| 一次 | 346.1 | 钻井液 | 10 | 30 | ≤0.5 |
| 二次 | 273.1 | 钻井液 | 10 | 30 | ≤0.5 |
| 三次 | 177.8 | 清水 | 34.5 | 30 | ≤0.5 |

注：三开下入 $\phi$177.8mm 套管固井后，固井候凝 36~48h，用清水介质试压至储气库运行压力 34.5MPa，试压时间 30min，允许压降≤0.5MPa。

### 3. 地层破裂压力试验

1）地层破裂压力试验要求

（1）地层破裂压力试验最高压力不得大于如下两者的较小值：

① 井口设备的额定工作压力。

② 井口套管抗内压强度的 80%。

（2）每次下套管固井后，在钻出套管鞋进入第一个易漏层时，做一次地层破裂压力试验，绘出泵入量-压力曲线。

（3）地层破裂压力试验最高当量钻井液密度为本井段设计所用最高钻井液密度附加 0.50g/cm³。

（4）对于在碳酸盐岩地层中进行的地层漏失试验，试验最高当量钻井液密度为预计下部施工中作用在井底的最高井底压力相当的当量钻井液密度。

（5）压力敏感性地层可不进行地层破裂压力试验和地层漏失试验。

（6）试验完后，应标出地层破裂压力、地层漏失压力等，绘出泵入量-压力曲线，并记录在井控工作月报和井控工作记录本上；钻井工程师做好压井提示牌，放置于节流管汇、节流控制箱处。

（7）对于油气层上部裸眼承压能力不能满足钻开油气层要求的井，要设法提高承压能力后再进行下步作业。

2）试漏程序

（1）钻头提至套管鞋以上，井内灌满钻井液，关井。

（2）小排量(裸眼长度在 5m 以内的选用 0.7~1L/s 排量，超过 5m 的选用 2~4L/s 排量)向井内泵入钻井液，观察井口压力变化。

（3）记录泵压变化和泵入量，并作图。

（4）开始时，泵压变化和泵入量呈直线变化关系。当压力升高到一定值时偏离直线，此点所对应的泵压即为地层漏失压力所对应的泵压，计算出地层漏失压力值。地层漏失压力值=漏失时泵压+0.00981×$\rho_{钻井液}$×试漏层深度。当泵压升高到地层破裂压力试验最高压力值时，仍未被压裂，应停止试验。

3）数据采集

（1）记录日期、井号、井深、套管尺寸及下深、地层及岩性、钻井液密度、注入泵型号、缸套直径及泵冲。

（2）每隔 20~50L 记录一次相应的泵压和注入量。开始时，记录间隔可大一些，后期应加密记录。

（3）地层破裂后，停泵 1~2min，每隔 10~20s 记录一次泵压。

4）试漏结果

作注入量和泵压的试漏曲线图，并计算地层的漏失压力和破裂压力、漏失压力当量钻井液密度和破裂压力当量钻井液密度，填入井史。

4. 地层压力监测要求

录井、气测队做好地层压力预测、监测工作，加强地层对比，及时向井队和现场监督提供地质预告和异常情况报告。钻井队在钻进中要进行以监测地层压力为主的随钻监测，绘制全井地层压力预测曲线、地层压力监测曲线，设计钻井液密度曲线、实际钻井液密度曲线。根据录井、气测队提出的异常情况及时作出相应的技术措施；根据监测结果，若需要调整钻井液密度，正常情况下，应按审批程序及时申报，经有关部门批准同意后方可进行。如遇特殊情况时，施工单位可先行处理，然后再上报，见表 3-1-29。

表 3-1-29　地层压力监测要求表

| 监测井段/m | 监测方法 | 监测要求 |
| --- | --- | --- |
| 二开录井—二开中完 | $d_c$ 指数法 | 自地质录井开始后，进行 $d_c$ 指数监测，至少每 20~50m 测算一次。发现异常压实，加密测算 |
| 三开—井底 | 随钻监测 | 依据钻井液当量密度及井涌、井漏情况进行监测 |

5. 井控要求

1）井控管理要求

（1）总部及油田企业（单位）均应成立井控工作领导小组，全面负责井控工作。

（2）井控工作按照"谁主管，谁负责"的原则，各级井控工作领导小组及成员部门均负有井控工作责任。

（3）各级井控工作领导小组应定期组织开展井控检查工作。

（4）各级井控领导小组应定期召开井控工作例会。

2）井控设备安装要求

（1）防喷器安装完毕后，必须校正井口、转盘、天车中心，其偏差不大于 10mm。用 4 根直径 16mm 的钢丝绳与正、反扣螺栓在井架底座的对角线上将防喷器组绷紧固定。防喷器上应安装防护伞，井口圆井上应安装防护盖。

（2）闸板防喷器应装齐手动锁紧操作杆，原则上要接出井架底座以外，靠近手轮端应支撑牢固，手轮支撑固定严禁焊接在井架底座上，其中心线与锁紧轴之间的夹角不大于 30°，并挂牌标明开、关方向和到位的圈数。当受钻机底座限制，手动操作杆不能接出井架底座以外时，可在井架底座内装短手动操作杆。

3) 远程控制台安装要求

远程控制台控制能力应与所控制的防喷器组及管汇等控制对象相匹配。远程控制台安装要求如下：

（1）安装在面对井架大门左侧，距大门中心线不小于 15m，距井口不小于 25m 的专用活动房内，并在周围留有宽度不小于 2m 的人行通道，周围 10m 内不得堆放易燃易爆、腐蚀物品。远控房背朝大门前方（操作者面对井架方向），过车道路在远控房左侧通过。

（2）液控管线用管排架或高压耐火软管规范连接。耐火软管束应设过桥，其余部分用警示线隔开。放喷管线的车辆跨越处应加装过桥盖板；不允许在管排架上堆放杂物和以其作为电焊接地线或在其上进行焊割作业；钻台下液控管线使用带聚氨酯的高压耐火胶管且不允许与防喷管线接触。现场连接完成后，要对远控台和液控管线进行 21MPa 可靠性试验。

（3）远程控制台、司钻控制台气源应从总气源单独接出并控制，须配置气源滤气器，禁止压折气管束，钻井队应保证气源的洁净、干燥，并定期检查放水，做好记录。

（4）远程控制台电源应从配电室总开关处直接引出，并用单独的开关控制。

（5）蓄能器完好，压力达到规定值，并始终处于工作压力状态。

（6）安装剪切闸板时，其司钻控制台控制手柄增加保护（锁死）装置，远程控制台控制手柄加装限位装置。安装全封闸板时，其司钻控制台控制手柄增加保护装置。

（7）远程控制台换向阀转动方向应与防喷器开关状态一致。

4) 放喷管线安装要求

（1）放喷管线至少装 2 条，其通径不小于 78mm，其夹角为 90°~180°。

（2）放喷管线不允许在现场焊接。

（3）布局要考虑当地季节风向、居民区、道路、油罐区、电力线及各种设施等情况。

（4）两条管线走向一致时，应保持大于 0.3m 的距离，并分别固定。

（5）一般情况下，要求向井场两侧或后场引出，如因地形限制需要转弯，转弯处应使用角度大于 120° 的铸（锻）钢弯头。节流端放喷管线（主放喷管线）宜平直接出，压井端放喷管线（副放喷管线）用"S"弯管靠地面接出。

（6）管线出口应接至距井口不小于 100m 的安全地带，距各种设施不小于 50m。若风向改变时，至少有一条管线能安全使用，以便必要时连接其他设备（如压裂车、水泥车等）供压井用。

（7）放喷管线每隔 10~15m、转弯处、出口处用水泥基墩或预制基墩加地脚螺栓固定牢靠，悬空处要支撑牢固。压板与管线间垫胶皮固定。若跨越 10m 宽以上的河沟、水塘等障碍，应架设金属过桥支撑。

（8）防喷、节流及压井管汇上所有的闸门应挂牌编号，并标明开、关状态。

（9）钻具内防喷工具的额定工作压力应不小于井口防喷器额定工作压力。

（10）应安装方钻杆上、下旋塞阀，钻井队每天白班活动一次。钻台上配备带顶开装置的钻具止回阀（或旋塞阀）。

（11）钻台大门坡道一侧准备一根防喷单根，下端连接与钻铤螺纹相符合的配合接头（当钻铤、钻杆螺纹一致时只准备钻杆单根），并涂有不同于其他钻具的红色标识。上部接旋塞。当钻台面高于单根长度时要配备加长的防喷单根。

（12）本井采用 $\phi$127mm 钻杆，单闸板防喷器为 $\phi$127mm 半封闸板芯，双闸板防喷器上部为全封闸板，下部为剪切闸板。钻进时，井场应再备 $\phi$127mm 的防喷单根 1 根，在发生溢流时，按"四七"动作抢下 $\phi$127mm 的防喷单根。

（13）每次起出钻具后，现场技术人员对钻具浮阀阀芯与阀体进行检查，发现阀芯或阀体损坏、冲蚀时要及时进行更换。

（14）液气分离器的处理量要满足设计要求。进液管线不准用由壬连接，排气管线通径符合要求，接出距井口 50m 以上，并安装完善的点火装置。安装液气分离器地面要进行硬化处理，四角用绷绳固定。除气器要将排气管线接出井场以外。

5）加重钻井液储备和加重料要求

三开前，储备密度大于 1.20g/cm³ 的钻井液 40m³，并保证重钻井液密度大于在用钻井液密度 0.2g/cm³ 以上，同时储备石灰石 50t（石灰石在三开前储备到位）。

6）低泵冲试验和油气上窜速度测定要求

从进入油气层前 100m 开始，正常钻进时，每天以⅓~½正常排量做一次低泵速试验并记录泵冲、排量、立管压力等数据；当钻井液性能或者钻具组合发生较大变化时，应重做上述低泵速试验。

钻开油气层后，进行油气上窜速度测定。利用迟到法计算钻井液中气体上窜速度，要求掌握油层顶部深度、循环时的钻头位置、钻进时的迟到时间、上次停泵起钻到这次下钻开泵时间，以及从开泵循环到见到油气显示的时间和压力。

6. 井控主要技术措施

（1）开钻前，由钻井队工程师（或技术员）负责向全队职工进行地质、工程、钻井液、井控装置和井控措施等方面的技术交底，并提出具体要求。

（2）钻井液密度及其他性能符合设计要求，并按设计要求储备压井液、加重剂、堵漏材料和其他处理剂。

（3）各种井控装备及其他专用工具、消防器材、防爆电路系统配备齐全、运转正常。

（4）落实坐岗观察、关键操作岗位和钻井队干部 24h 值班制度。自钻进至油气层前 100m 开始，钻井队干部必须坚持 24h 值班，值班干部应挂牌上岗，并认真填写值班干部交接班记录。值班干部应检查、监督井控岗位责任、制度落实情况，发现问题立即督促整改。井控装备试压、防喷演习、处理溢流、井喷及井下复杂等情况，值班干部必须在场组织指挥。

（5）全队职工要进行不同工况下的防喷演习。

（6）做好清除柴油机排气管积炭工作，钻台、机房下面无积油。

（7）井场按规定配备足够的探照灯，其电源线要专线接出。

（8）严格执行井控工作十七项管理制度。

（9）录井后，搞好随钻地层压力监测工作，发现异常及时申报，经批准后才能修改，以根据地层压力调整钻井液密度。但若遇紧急情况，钻井队可先处理，再及时上报。

（10）要建立"坐岗"制度，二开后起下钻及钻进至油气层前 100m，要有专人"坐岗"，观察溢流显示和循环池液面变化，发现溢流、井漏及油气显示情况应立即报告司钻，定时将观察情况记录于"坐岗记录表"中。

（11）定期检查防喷器，在钻开油气层前，应对环形防喷器进行一次试关井（在井内有钻具条件下）。在钻开油气层后正常钻进时，每两天检查开关并活动半封闸板防喷器一次，每次起完钻下钻前，检查开关并活动全封闸板防喷器一次。在活动防喷器时，要确保防喷器闸板到位后再进行其他工序。

（12）油气层钻井过程中，要树立"发现溢流立即关井，疑似溢流关井观察，确认溢流立即上报"的积极井控理念，坚持"立足一次井控，做好二次井控，杜绝三次井控"的井控原则。

（13）溢流和井漏处置及关井原则：

① 发现溢流、井漏及油气显示异常应立即报告司钻，并做到"发现溢流，立即关井；疑似溢流，关井观察；关井后立即汇报"。

② 发现泥浆气侵应及时排除，未经除气不得重新入井。对气侵泥浆加重应停止钻进，严禁边钻边加重。

③ 起下钻发生溢流时，应尽快抢接钻具止回阀或旋塞；条件允许时，应抢下钻具，然后关井。关井后 10~15min，应求压和求取溢流量。

④ 任何情况下关井，关井套压不允许超过最大允许关井套压，在允许关井套压值内严禁放喷。

⑤ 气井关井后，应采取措施，防止井口压力过高；空井关井后，应根据溢流严重程度，分别采取强行下钻分段压井法、置换法和压回法等措施进行处理。

⑥ 压井施工前，应制定施工方案，填写压井施工单，压井前应进行技术交流、设备检查，落实岗位操作人员；压井结束后，应认真整理压井施工单。

⑦ 钻开油气层后如发生井漏，应进行井漏观察，按漏失速度灌浆，保持液面稳定。处理时，应遵守"先保持压力，后处理井漏"的原则。

（14）从钻开油气层到完井，落实专人坐岗观察井口和循环池液面变化，若发现溢流，要在第一时间内报警。司钻接警后应立即发出报警信号并组织本班人员按关井程序迅速控制井口。报警信号为一长鸣笛（20s 以上），关井信号为两短鸣笛，开井信号为三短鸣笛（鸣笛时间 2s，中间间隔 1s）。报警喇叭开关为手柄式。

（15）起下钻（钻杆）过程中，应在出口槽处坐岗，发生溢流，应抢接井口回压阀（或旋塞阀），迅速关井。起下钻铤过程中发生溢流，应抢接带旋塞的防喷单根并迅速关井。

（16）钻进中遇到钻速突然加快、放空、井漏、气测及油气水显示异常等情况，应立即停钻观察分析，经判断无油、气、水侵和无井喷预兆后方可继续钻进。

（17）钻开油气层后，起钻前要进行短程起下钻并循环观察后效，在油气层中和油气层顶部以上 300m 井段内起钻速度不大于 0.5m/s，控制下钻速度。起钻时，灌满钻井液并校核灌入量，每起 3 柱钻杆或 1 柱钻铤要灌满一次钻井液，做好记录。起完钻后要及时下钻，检修设备时必须保持井内具有一定数量的钻具，并观察出口管钻井液返出情况。

（18）在该井控部分未提到的内容，按有关石油钻井行业井控标准执行。

7. 完井井口装置要求

（1）套管头规范（表 3-1-30）。

表 3-1-30　套管头规范表

| 套管头规格/mm | 本体额定工作压力/MPa | 本体垂直通径/mm |
|---|---|---|
| $\phi346.1×\phi273.1×\phi177.8$ | 35 | 250 |

注：1. 套管头扣型与套管相匹配，为气密封扣。留与 35MPa 采气井口连接的密封法兰。

2. 必须采用金属气密封套管头，材料等级：EE 级。安装完后，用注塑枪试压二次密封情况，试压至套管头本体额定工作压力，即 35MPa。

3. 储气库井的井口装置选用卡瓦式套管头，并和采气树相匹配。

（2）采气树型号。

采气树必须要求与套管头保持一体化，并金属气密封。

（3）完井要求。

① 套管头规范：根据钻井实际情况结合表 3-1-30 选择合适的套管头。

② 套管头转换法兰顶面高于地面不超过 0.2m±0.1m。

③ 完井后应保留方井，各层套管头不允许掩埋，安装小量程压力表监测，并具备泄压条件。方井应设有统一排水系统，便于排除积水。

# 八、固井设计

## （一）枯竭油气藏型井筒完整性研究

枯竭油气藏型地下储气库在运行过程中可能受到地震等地质灾害、不均匀地应力、腐蚀等因素影响，存在安全可靠性降低、完整性失效的风险。天然气一旦泄漏，极易引发爆炸，造成灾难性后果。如何采取有效措施，降低各种危害因素对地下储气库安全运行的影响，避免事故发生，是储气库安全管理需要解决的关键问题。国际上普遍认为基于风险分析的完整性管理是解决储气库安全管理的有效手段。井筒完整性管理是储气库完整性管理的核心和关键技术。因此，为保证储气库的安全运行，有必要开展储气库井筒完整性研究。

储气库井筒完整性评价主要流程如图 3-1-18 所示。

1. 井筒完整性国内研究现状

2006 年以后，国内各大油田才相继开始引入井筒完整性概念，开展相关研究工作。其中，以塔里木油田与四川油田为代表。在井筒设计中，已经开始运用完整性的技术思路，通常通过生产套管、完井管柱、井口装置等优化配置设置井眼阻挡层。同时，国内研究人员也在井筒完整性方面做了大量研究工作。郑有成、张果等在研究油气井筒完整性及如何对井筒完整性进行管理时，阐述了井筒完整性所包含的内容，并引入了井筒完整性的概念。其在文章中认为，强化井筒屏障能有效降低地层流体失控的风险，并且定期地对油气井的各项参数，如环空压力、生产数据进行检测分析对井筒完整性管理十分重要；必要时，进行风险分析评估，找出影响油气井井筒完整性的因素，以便制定有效的预防方法或解决措施。明顺渠在对川西地区高温、高压气井进行井筒完整性优化设计研究时，分析了该地区井筒完整性失效的原因。他认为井筒油套管失效的主要原因包括油套管的腐蚀及磨损。张智在《含硫气井的井筒完整性设计方法》和《高温含 $CO_2$ 气井的井筒完整性设计》两篇文章中，针对高温、高压、高酸性气井井筒完整性的设计方法和设计理念进行了深入研究，并参考挪威石油协会 NORSOK D-010 标准，提出了井下作业的井筒完整性管理方法及技术流程。文章从套管腐蚀、螺纹类型的选用两个方面入手，进行了深入的研究，提出了降低套管腐蚀，防止油管泄漏或断裂的具体实施办法，尽可能使井筒始终处于受控状态，保证井筒物理和功能上的完整性。文章建议，在井筒完整性设计过程中，应对螺纹的合理选用和正确操作、井下各组件连接部位的电偶腐蚀予以重视，降低井筒失效的风险。文章中，作者将井筒的屏障系统分为实体、水力及操作屏障等类型，并且讨论了井筒安全屏障的功能，以及描述了如何设计油管柱保持井筒长久的完整性。

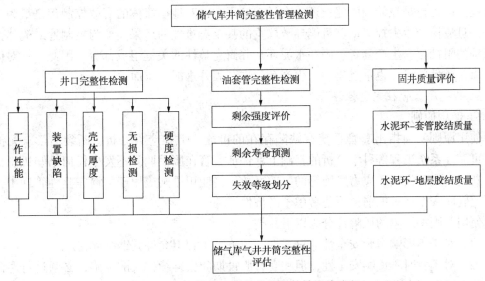

**图 3-1-18　储气库气井井筒完整性评价流程**

2. 储气库井筒完整性管理与评价的概念

国内外尚无统一的储气库井筒完整性的定义，根据 NORSOK D-10 标准，可将储气库气井井筒完整性归纳为：在任何运行条件下，储气库井及井下设施能够满足运行要求，其功能始终处于安全、可靠的服役状态，能够实现对地层流体的有效控制。主要包括下以内容：

（1）储气库井在物理上和功能上是完整的。所谓"物理上"是指无泄漏、无变形、无材料性能退化、无壁厚减薄；"功能上"是指能够适应井下作业的压力及操作。

（2）储气库井始终处于受控状态。可预测不同使用期间能承受的极限载荷和极限服役环境，操作者应控制施工参数在极限条件之内。当不可控因素可能导致井下完整性失效并危及环境及安全时，应及时补救或有能力安全地封井、弃井。

（3）建立一体化的技术档案及信息收集、交接或传递管理体制。例如，许多井下油套管失效时，操作者不知道油套管或井下结构的技术数据，导致井下作业损伤油套管或使已损伤的油套管演变成事故。

（4）建立具有针对性的失效分析、风险分析机制，将井筒完整性管理和设计建立在失效分析、风险分析的基础上。

（5）储气库运营商已经并仍将不断采取行动防止事故的发生。

储气库井筒完整性评价是指对可能使储气库井筒完整性失效的主要威胁因素进行检测，据此对储气库井的适应性进行评估，防止井筒完整性发生破坏。如何评价这些储气库井的状况，保证其实现安全、经济的运行是储气库井完整性评价要解决的主要问题。因此，储气库井筒完整性管理与传统气井安全管理与评价的最大区别就在于变被动防护为主动防护，始终保证在储气库发生事故之前，将各种风险因素消除或降到可接受的范围之内，从而使储气库安全、平稳地运行。

枯竭油气藏型储气库气井井筒完整性研究包含的内容众多，涉及设计、施工、管理的全过程。但无论是在储气库建设还是在运行过程中，对地层流体的有效控制都是最为重要的。一旦流体产生失控流动，可能导致严重的甚至灾难性的后果。作为控制地层流体无控制流动的阻挡层，生产套管、固井水泥环是井筒完整性的关键组成部分。因此，针对储气库井筒完整性的研究也重点集中在生产套管柱、固井水泥环方面。

3. 储气库套管柱完整性评价

1）使用原则

使用原则明确指出套管系统有缺陷存在的可能，但在应力分析、断裂力学、无损探伤、可靠性系统工程等科学分析的基础上，保证套管在服役期间不发生任何已知机制如弹塑性断裂、疲劳失效、应力腐蚀等的失效事故。将使用原则应用于井筒完整性管理中，在保证储气库安全运行的前提下还考虑了经济性。

使用原则将缺陷的风险性分为以下几类：

（1）对于不影响套管安全性、可靠性的缺陷，工程上允许其继续存在。

（2）对于暂时不影响安全性，但在套管服役期间会继续扩展的缺陷，必须进行寿命预测，并允许套管在监测下继续使用。

（3）若套管缺陷对系统安全有影响，但若降级使用仍能保证储气库正常运行，则采取降级使用的方法。

（4）若套管系统含有对安全性、可靠性构成威胁的缺陷，则应立即关井返修。

2）地下储气库套管柱完整性评价技术思路

管柱的完整性评价包括剩余强度评价与剩余寿命预测，管柱剩余强度评价是管柱完整性评价的主要内容之一，主要研究管柱是否适合目前的工况，是否需要建立适当的检测程序维持管柱在目前工况下继续安全运行，或者管柱在不适合目前工况条件下如何降级使用，从而为管柱的维修和管理提供科学依据。

套管柱剩余强度评价的缺陷主要有体积型缺陷、裂纹型缺陷。体积型缺陷主要包括均匀腐蚀和局部腐蚀。裂纹型缺陷分为长大型缺陷和非长大型缺陷。对于非长大型缺陷主要是对管柱的剩余强度进行评价。对长大型缺陷管柱除进行剩余强度评价外，还需要根据裂纹的扩展规律进行管柱剩余寿命预测，确定管柱的检测与维修周期。

4. 环空带压井安全评价

枯竭油气藏型储气库大多是在已衰竭或接近衰竭的油气藏中建设而成的，这类油气藏经过长时间开发，老井众多。由于使用时间长、套管腐蚀磨损、射孔等因素的影响，套管强度和固井水泥胶结质量等均有不同程度的下降，气井极易出现管内漏气、管外跑气和层间窜气事故，导致环空带压，严重威胁天然气地下储气库的安全运行。例如，20世纪70

年代，美国加利福尼亚州的 PDR 地下储气库的废弃老井未经妥善处理，由于储气库运行压力过高，迫使气体迁移离开储层，导致环空压力升高，最终该储气库不得不于 2003 年被迫关停。

1）环空带压基本概念和机理

油气井都是由若干个套管组成，并构成了若干个环形空间。完井之后，如果井筒中油管、套管、封隔器及水泥环等井筒屏障功能都是完整的，则各层套管环空的压力应该为零。但由于某些屏障系统功能下降或失效导致气体泄漏或窜流至套管环空，造成套压升高。如果该压力经针形阀放空后，关闭针形阀一段时间，套管压力再次上升到一定值，这种情况统称为环空带压或持续套管压力。对于一般的油气井，都具有多层套管，包括表层套管、技术套管、生产套管。这些套管之间及生产套管与油管之间都存在环形间隙，根据这些环形间隙所在位置，将其分为 A 环空、B 环空、C 环空。A 环空是指油管与生产套管之间的环空；B 环空是指生产套管与其外层套管之间的环空；C 环空及往后的环空同理依次表示每层套管与其上层套管之间的环空，如图 3-1-19 所示。

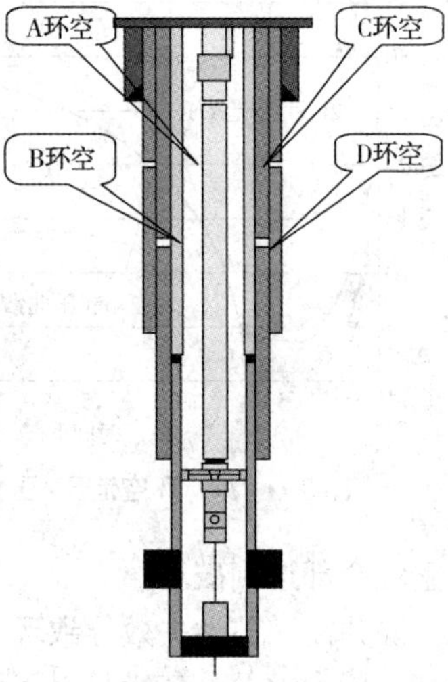

A 环空带压的主要原因包括：

（1）由于腐蚀或开裂等原因造成油管或者生产套管管体及其连接处发生漏失造成气体渗入环空，从而导致套压升高。

图 3-1-19　气井环空示意图

（2）封隔器及安全阀等密封组件失效造成的环空带压。

（3）环空保护液注入的过程中，气体进入油套环空，在注采过程中井筒压力温度的变化引起环空内流体热胀冷缩，导致环空带压。

（4）试井、注采作业使油管发生变形，挤压环空内流体，导致环空带压。

对于 B 环空、C 环空等其他环空，造成环空带压的原因有：

（1）固井质量差。由于顶替效率不高或水泥浆性能差，凝结速度慢等因素的影响，水泥环内部形成微裂缝，气体沿着裂缝窜流至井口导致环空常压。另一种情况是固井质量好，但后期注采作业过程中产生的交变应力的影响导致水泥环被破坏，层间密封失效，引起环空带压。

（2）内、外套管螺纹密封失效或套管管体腐蚀穿孔。

（3）气体中的腐蚀性介质造成水泥环及套管的腐蚀。

2）环空带压检测和诊断

通过对环空带压的诊断可以确定环空带压的来源和泄漏的严重程度。油管泄漏、井口密封失效、封隔器失效、套管泄漏和水泥环中的微间隙都是引起环空带压的潜在原因。

可以利用泄压/压力恢复试验分析判断储气库气井井筒完整性情况。根据泄压/压力恢复试验分析结果，可以将环空带压情况分为以下四种类型：

（1）24h 内环空压力降为零，关闭环空后压力未能恢复（如图 3-1-20 曲线 a 所示），持续环空压力可能由微小泄漏引起，须控制井筒屏障的完整性。

（2）卸压后环空压力降为零，关闭环空后压力缓慢地恢复到一个可接受的范围（如图3-1-20曲线 *b* 所示），说明环空存在明显的泄漏源，但这个漏失率是可以被接受的，并且井下环空水泥环能够起到保护作用，以后仍需要加强监测，定期评估其有效性。环空压力的增加并不一定表示漏失率在增加。需要定期进行环空带压评估，以确定整个环空套管、水泥环的密封完整性是否遭到破坏。

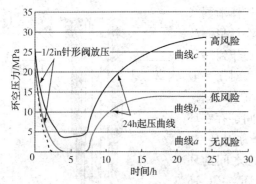

**图 3-1-20　环空泄压/压力恢复图**

（3）泄压后环空压力仍然存在，关闭环空后迅速恢复到泄压前的水平（如图3-1-20曲线 *c* 所示），说明其泄漏速度较大，超出可接受的范围，压力控制屏障功能部分失效，需要考虑修井或更进一步措施。如果这种情况发生在 A 环空，就需要进一步评价，以确定漏失的途径和漏失源头，并采取一些修井作业。如果这种情况存在于外部环空，则很难实施补救措施，需要评估其严重程度，并判断是否会导致套管、水泥环的密封完整性全部遭到破坏。

除井筒完整性失效导致环空带压外，生产过程中温度升高也可能导致完井液膨胀而引起环空压力上升，若满足以下条件，可判断环空压力是由温度变化引起的：

（1）通过关井，环空压力降至零。

（2）改变工作制度，环空压力也随着改变并且稳定在一个新值。

（3）泄掉15%~20%的环空压力，环空压力在24h内稳定在一个更低的值。

## （二）固井设计

### 1. 储气库注采井对固井质量的要求

储气库注采井由其功能决定了必须有较强的安全性、可靠性，以及尽可能长的使用寿命，因此储气库注采井的固井质量应满足以下要求：

（1）由于长期处于注气、采气循环交变工况条件下，套管需要长期承受由于温度变化和井内压力变化所造成的交变应力，由此使套管柱产生变形和弯曲。因此，注采井的水泥浆必须返至地面。

（2）由于储气库大多建在枯竭的油气藏上，储气层压力系数低，而水泥封固段要求较长，因此必须采用平衡压力固井，尽量降低固井过程中的井底压差，减少储气层受到的水泥浆伤害。

（3）储气层及盖层固井应使用具有柔韧性的微膨胀水泥浆体系。储气层处水泥石强度要有很好的胶结质量并满足射孔要求，其余井段的水泥石强度应达到支承套管轴向载荷的要求。

（4）储气库注采井的生产套管在长期交变应力条件下应具有可靠的气密封性和足够的强度储备系数，以满足较长的使用寿命；应根据储气库运行压力，按不同工况采用等安全系数法进行设计和三轴应力校核。

2. 固井水泥浆性能参数及要求

1）水泥浆的性能

由于固井工程的特殊性，水泥配制成浆体，要适应注替过程、凝固过程和硬化过程等各方面需要，因此水泥浆应具备以下特性：

（1）能根据需要配制成不同密度的水泥浆，均质、不沉降、不起泡，具有良好的流动度，适宜的初始稠度，游离液控制为零。

（2）易混合、易泵送，分散性好，摩擦阻力小。

（3）流变性好，顶替效率高。

（4）在注水泥、候凝、硬化期间能保持需要的物理性能及化学性能。

（5）水泥浆在固化过程中不受油、气、水的侵染，失水量小，固化后水泥石气体渗透率小于 $0.05×10^{-3}\mu m^2$。

（6）水泥浆具有足够的早期强度。

（7）提供足够大的套管、水泥、地层间的胶结强度。

（8）具有抗地层水腐蚀的能力。

（9）满足射孔强度要求。

（10）满足所要求条件下的稠化时间和抗压强度。

2）水泥浆密度

净水泥浆密度范围要受到最大和最小用水量（W/C）的限制，但在实际注水泥作业时，一般不总是采用净水泥浆，大多数使用经外加剂处理的水泥浆。由于地层承压能力不同，对水泥浆密度有较大范围的要求。因此，从密度概念上说，与正常水灰比条件下的密度对比，低于正常密度的称为低密度水泥浆，高于正常密度的称为高密度水泥浆（正常密度为 $1.78\sim1.98g/cm^3$）。通常，获得较低密度水泥浆的两种方法是：

（1）采用膨润土（黏土）或化学硅酸盐型填充剂和过量水。

（2）采用低密度外加剂材料，如火山灰、玻璃微珠或氮气等。

超低密度水泥浆的主要代表类型为泡沫水泥及微珠水泥。泡沫水泥浆密度范围为 $0.84\sim1.32g/cm^3$；微珠水泥浆密度范围为 $1.08\sim1.44g/cm^3$。

获得高密度水泥浆更多的方法是掺入加重剂；加砂可获得的密度为 $2.16g/cm^3$，加重晶石可获得的密度为 $2.28g/cm^3$，加赤铁矿可获得的密度为 $2.4g/cm^3$。

3）水泥浆失水量

原浆（净水泥）在渗透层受压时，促使水泥浆失水（脱水），致使水泥浆增稠或"骤凝"造成憋泵。

不同作业类型在 6.9MPa 压差、时间 30min 条件下的失水量控制范围为：

（1）套管注水泥推荐失水量控制在 $100\sim200mL/min$。

（2）尾管注水泥推荐失水量控制在 $50\sim150mL/min$。

有效控制气窜的水泥推荐失水量控制在 $30\sim50mL/min$，$30\sim50mL/min$ 是储气层量佳失水控制量。

4）水泥浆流变性

除了套管居中度、顶替排量、胶凝强度和密度差外，流态是实现水泥浆对环空钻井液有效顶替的一个重要因素。当排量一定时，水泥浆流体的流动剖面取决于流动状态，而流动状态又取决于流变参数。因此，在给定条件下，如何合理地调整流变参数，获得最佳顶替效率，是非常关键的。

流变参数主要由范氏黏度计测定。各种处理剂影响是多方面的，木质素磺酸盐缓凝剂有降低黏度的作用，纤维素衍生物将增大水泥浆黏度，分散剂可以减小化学成分影响的表观黏度，这些分散剂都能降低宾汉塑性流体的屈服强度，同时流体的塑性黏度取决于固相含量，化学处理剂则不易影响塑性黏度值。

5）水泥石的性能

（1）候凝时间。

一般情况下，表层套管水泥候凝时间是12h（个别取18~24h），技术套管的水泥候凝时间为12~14h，生产套管的水泥候疑时间一般为24h。水泥候凝时间在现场取决于允许测声幅时间，当获得的声幅曲线合理时，就可进行后续施工。

（2）抗压强度。

水泥石的抗压强度应满足支承套管轴向载荷，承受钻进与射孔的震击等。常规密度水泥石24~48h抗压强度不小于14MPa，7d抗压强度应大于储气库井口运行上限压力的1.1倍，但原则上不小于30MPa。低密度水泥石24~48h抗压强度不小于12MPa，7d抗压强度原则上不小于25MPa。

（3）高温条件下水泥石的强度衰退。

在正常条件下，水泥在井下凝固，继续水化时强度增加，但当井温超过110℃后，经过一定时间后将使强度值下降，温度越高其强度衰退速度也越快，110~120℃时衰退缓慢，230℃时一个月内造成强度破坏，310℃时几天内就造成强度破坏。加入硅粉、石英砂等热稳定剂可控制强度衰退，加量在25%~30%效果较好，加量在5%~10%时比不加时情况更差。大港油田储气层温度为100℃，问题不是很突出，但华北油田某些储气库储气层温度已超过150℃，应关注水泥石强度衰退问题。

3. 固井方式的选择

储气库注采井的水泥浆要求返至井口，因此从保护储气层角度出发，做到储层不因固井时井底压差过大而受到固井水泥浆的侵害；同时，为保障固井质量，可采用双级注水泥工艺，生产套管下入分级箍或回接筒，以确保储气层固井时具有较小的压差和优质的固井质量，并且能保证水泥浆返至井口。

分级箍的安放位置原则：应在充分考虑到分级箍能安全、可靠工作的前提下，确保一级固井时井底有较小的压差，从而保证一级固井质量为优质。

回接筒的安放位置原则：应安放在上一层技术套管鞋以上150~200m处，回接筒的安放位置要确保一级固井质量优质。

随着国内储气库的发展，储气库受地面环境及地下目标选择的制约，建造储气库工艺技术越来越复杂，为更好地保证储气库的安全性、可靠性，生产套管固井宜采用回接筒分级固井方式。

4. 固井方案实施效果

1) 水泥浆防气窜能力评价

储气库注采井固井水泥浆体系的防气窜能力对于储气库安全运行尤其重要。针对大港储气库水泥浆体系，利用修正的水泥浆性能系数法和水泥浆凝结过程阻力变化系数法进行评价。

（1）修正的水泥浆性能系数法（$SPNx$ 值）。

$$SPNx = \frac{Q_{30} \times (\sqrt{t_{100Bc}} - \sqrt{t_{30Bc}})}{\sqrt{30}} \qquad (3-1-34)$$

式中　$Q_{30}$——水泥浆的 API 滤失量，mL/30min；

　　　$t_{100Bc}$——水泥高温高压稠度到 100Bc 的时间，min；

　　　$t_{30Bc}$——水泥高温高压稠度到 30Bc 的时间，min。

用该方法评价水泥浆的防气窜能力强弱，见表 3-1-31。

表 3-1-31　水泥浆性能系数的应用

| $SPNx$ | <3 | 3~6 | >6 |
|---|---|---|---|
| 防气窜能力 | 强 | 中等 | 差 |
| API 滤失量和自由水要求 | API 滤失量≤50mL，API 自由水≤0.5%（水平井为零） | | |

（2）水泥浆凝结过程阻力变化系数法（$Ax$ 值）。

$$Ax = 0.1826 \left[ (t_{100Bc})^{\frac{1}{2}} - (t_{30Bc})^{\frac{1}{2}} \right] \qquad (3-1-35)$$

用该方法评价水泥浆的防气窜能力强弱，见表 3-1-32。

表 3-1-32　水泥浆凝结阻力变化系数的应用

| $Ax$ | <0.110 | 0.110~0.125 | 0.125~0.150 | >0.150 |
|---|---|---|---|---|
| 抗气窜能力 | 强 | 较强 | 中等 | 弱 |
| API 滤失量和自由水要求 | 同时要求水泥浆的 API 自由水≤0.5%（水平井为零），API 滤失量≤50mL | | | |

（3）水泥浆防气窜能力评价结果。

以大港板中北储气库为例评价水泥浆防气窜能力。表 3-1-33 为部分注采井水泥浆防窜性能评价结果。

表 3-1-33　部分注采井水泥浆防窜性能评价结果

| 井　号 | API 滤失量/mL | 稠度到 30Bc 的时间/min | 稠度到 100Bc 的时间/min | $SPNx$ 值 | $Ax$ 值 | 评价结果 |
|---|---|---|---|---|---|---|
| K3-19 | 45 | 79 | 85 | 2.722 | 0.061 | 强 |
| K3-20 | 45 | 66 | 73 | 3.45 | 0.077 | 中等 |
| K3-21 | 47 | 67 | 73 | 3.078 | 0.065 | 强 |

从计算结果可以看出，储气库所使用的水泥浆体系防窜性能处于中等—强，可以满足储气库注采井对于水泥浆防窜性能的要求。

2) 固井质量评价

以大港大张坨储气库为例，进行注采井固井质量评价。

根据大张坨储气库的地质特点，12 口新钻注采井生产套管采用分级箍双级固井工艺技术，有效防止了由于储气层井段地层压力系数偏低而发生的井漏，同时对保证储气层段固井质量及保护储气层起到了积极的作用。

5. 固井工艺技术

1）表层套管固井

采用内插法固井时，下部 1~2 根套管上紧扣后涂丝扣胶，防止磨套管附件时卸扣；固井后立即找正、固定井口，防止二开井口偏斜。

2）技术套管固井

技术套管采用复合双密度水泥浆体系。如果地层承压允许，高密度返高不小于 1000m，如果地层承压不允许，高密度水泥浆最低也应在盐顶以上 100m，以确保固井质量；上部采用较为成熟的高强低密度水泥浆体系密度为 1.40~1.45g/cm³，防止固井时发生漏失，降低施工压力。

全角变化率较大的井段每 1~2 根套管加 1 只扶正器，其余井段每 2~4 根套管加 1 只扶正器，在套管重叠段、套管鞋处及悬挂装置部位应加 1~2 只刚性扶正器。要求使用浮鞋和带弹簧的浮箍，每口井使用 2 个浮箍，确保密封效果。

采用性能良好的前置液——冲洗型隔离液，冲洗型隔离液占环空 200~300m，要求隔离液与钻井液水泥浆有较好的相容性，而且能完全驱替掉环空中的钻井液，使水泥浆充分充填于环空中。

3）生产套管固井

（1）下套管前，必须按设计进行承压试验，具体试压数值完钻后由固井施工设计确定。如果发生漏失，应注入用超低渗+细橡胶粉+复合堵漏剂配制的堵漏钻井液进行堵漏承压作业；若堵漏效果不理想，可采用胶凝水泥浆进行堵漏，然后钻塞做承压试验。由于技术套管下深比较深，三开裸眼井段较短，采取关封井器憋压的方法做地层承压试验。

（2）主要油层显示段及全角变化率较大的井段每 1~2 根套管加 1 只扶正器，其余井段每 2~4 根套管加 1 只扶正器，在套管重叠段、套管鞋处及悬挂装置部位应加 1~2 只刚性扶正器。要求使用浮鞋和带弹簧的浮箍，每口井使用 2 个浮箍，确保密封效果。

（3）优选冲洗型隔离液，要求隔离液与水泥浆、钻井液相容性好，有利于冲洗井壁上的虚泥饼，易达到紊流顶替，以提高顶替效率和固井质量。

（4）对于井斜较大（大于 30°），为了提高套管的居中度和固井质量，油层固井必须使用套管刚性铸铝螺旋扶正器。

（5）为防止发生油、气、水窜，影响固井质量，在高压层顶部或技术套管内加 1~2 只管外封隔器。

（6）使用符合 API RP 5A3 标准的套管螺纹脂，套管上扣使用配有计算机进行扭矩监测的液压套管钳（无压痕卡瓦），逐根进行气密封检测，下套管必须由专业下套管作业队进行井口操作。

（7）根据完井尾管组合，配接完井管柱并依次下入井中，严格按规定扭矩上扣。由于悬挂器带有倒扣丢手，因此悬挂器入井以后，严禁旋转管柱。

（8）坐挂悬挂器：正打压 11MPa，稳压 3min，泄压（反复 3 次）。

（9）加压 10~15t，验证悬挂器是否成功坐挂。

（10）丢手：正打压20~25MPa，打压丢手，如丢不开，上提钻具，使悬挂器位置为中和点，正转钻柱12~20圈倒扣（注意倒扣时回转是否严重），上提钻具。记录管柱悬重，并同坐挂前悬重进行比较，确保完井尾管释放。

（11）尾管固井候凝后，回接$\phi$177.8mm套管至井口，最上面一根生产套管本体必须保证光滑无锈斑。

（12）$\phi$177.8mm套管固井候凝36~48h后，用清水介质试压至储气库运行压力34.5MPa。

（13）若试压合格，将原钻井液调整好性能后带$\phi$152.4mm钻头下光钻铤钻具（钻具组合：$\phi$152.4mm钻头+钻具浮阀+$\phi$120.7mm钻铤×6根+$\phi$88.9mm钻杆），将井筒内的清水替换出来，再钻塞，通井至井底。

4）回接套管固井

（1）为提高胶结质量，采用非渗透增韧防窜水泥浆体系，加入界面增强剂、长效膨胀剂等外加剂，抑制水泥石收缩，稳定浆体，防止水泥石收缩及析出滤液形成界面气窜通道。

（2）采用引导式回接插头，将水泥浆引入回接筒内，提高回接插头与回接筒之间的密封性。

（3）采用预应力固井，轻浆顶替，减小套内压力，候凝期间环空加回压，从而提高环空水泥环的充实度。

（4）做好井眼准备工作，用原入井钻具结构进行扫上塞和磨铣回接筒工作，确保喇叭口不会损坏，并清洗回接筒内壁使之光洁、圆滑，有利于插头的进入并有效地实现密封。

（5）铣鞋、插头等工具要使用尾管悬挂器厂家推荐的产品，性能要可靠，送到井场和入井之前进行严格检查，同时服务人员到现场指导，严格按照现场服务人员的要求操作。

（6）铣回接筒时，须按工具服务厂家现场服务人员要求作业，具体操作如下：

① 使用工具服务厂家提供的专用铣鞋，对回接筒内表层进行磨铣，使回接筒内无毛刺和水泥块。

② 当铣鞋接触回接筒时，记录铣鞋深度，上提1m。

③ 在40~50r/min、正常钻井排量缓慢下放磨铣回接筒表面2~3次，每次3~4min，最后一次磨鞋铣至扭矩突然增大时（即铣到密封外壳顶部时）加压2~3t，再磨铣2~3min，并记录此时的铣鞋深度。

④ 大排量循环一周，起钻，检查铣鞋的磨损情况，如果有一圈明显的磨痕，并且其直径等于悬挂器密封外壳左旋梯形内螺纹直径，表明已磨铣到回接筒底部。

（7）下套管前，对机房动力设备、钻井泵、钻机、循环系统等关键设备进行检修保养，保证固井施工中设备运转正常。

（8）使用气密封特殊螺纹套管在检验、搬运、装卸、清洗和下井连接等作业过程中一定要格外注意，避免出现磕碰、划伤和锈蚀。

（9）套管螺纹必须清洗干净，使用特殊螺纹密封脂，涂抹均匀，密封脂里不能混有杂物。

（10）要求由专业下套管队伍施工，在下气密封套管时，每根套管上扣都要求公扣"△"符号的平面与套管母扣端面平齐或上扣扭矩达到规定值，严格控制上扣速度（小于25圈/分钟），逐根进行气密封检测，用自动记录仪进行记录。

（11）套管上钻台戴好护丝，严禁磕碰。每下10根套管，灌满钻井液。

（12）使用符合API RP 5A3标准的套管螺纹脂，套管上扣使用配有计算机进行扭矩监测的液压套管钳(无压痕卡瓦),下套管必须由专业下套管作业队进行井口操作。

(13) 为保证坐井口时套管居中,井口连续 5 根套管加刚性扶正器,插头上部 2 根套管各加 1 根弹性扶正器,其余井段每 5 根套管加 1 只刚性扶正器。要求使用厂家指定的节流浮箍,确保密封效果。

(14) 下套管结束后试插,当接头接近回接筒时,用 $0.4m^3/min$ 的排量缓慢下放,当压力突然升高时停泵,缓慢下放直到悬重突然下降,表明回接插头接箍接触到回接筒顶部,记录悬重,下压 10t 再记录套余(套管高出转盘面高度),开泵 5MPa 验证密封情况。

(15) 试插完毕后,上提套管 1.5m,再将回接插头拔出回接筒,循环泥浆一周后固井。

(16) 使用优质高效的前置液体系 $30m^3$,有效冲洗固井界面,提高浆体的顶替效率。

(17) 要认真检查所有参与固井施工的设备,并做好现场水泥浆大样的复试工作。

6. 文 23 储气库固井设计实例

1) 套管柱设计

(1) 生产套管的选择。

储气库运行周期长,一般为 30~50 年,注采井要求强注强采,并且周期循环,因此生产套管必须能承受强注强采交变应力的影响。

生产套管扣型选择金属气密封,螺纹采用金属与金属的密封,可提高螺纹的抗泄漏能力,使其具有良好的气密封性能,实现对气体的密封,满足抗泄漏要求。为保障注采井的使用寿命、安全运行和管柱整体的密封性、完整性,要对入井套管扣进行气密封逐根检测。

依据储存气体的特性选择套管,生产套管选用 $\phi177.8mm$ 气密封扣套管,考虑气源的多样化,按照二类气标准设计,悬挂器以下选用钢级 P110-13Cr 抗腐蚀套管,悬挂器以上选用钢级 P110 的套管,见表 3-1-34。

表 3-1-34   生产套管性能表

| 套管程序 | 套管尺寸/mm | 钢级 | 壁厚/mm | 扣型 | 最大抗外挤/MPa | 最大内压/MPa | 最大抗拉/kN |
|---|---|---|---|---|---|---|---|
| 生产套管 | 177.8 | P110 | 10.36 | 金属气密封 | 58.8 | 65.6 | 3546 |
| | 177.8 | P110-3Cr | 10.36 | 金属气密封 | 58.8 | 65.6 | 3546 |

(2) 盐层加厚套管的选择。

文 23 气田顶部有一套盐层,该套盐膏岩厚度大(一般为 200~600m)、分布广、封堵性强,不易遭到破坏。随着深度的增加,地层上覆压力也增大。一般情况下,地层上覆压力梯度取 22.653kPa/m,而在塑性流动地层,套管的实际外挤力(超高压)可以达到上覆地层压力的 1.5~3.5 倍。

鉴于盐膏层的蠕变和腐蚀特点,要避免或减少复合盐膏层段的套损,除了工艺措施、生产管理外,主要是研究盐膏层段的套管选材、套管串组合及其强度的设计。针对中原油田盐膏层特性和埋深情况,认为目前解决复合盐膏层套损比较有效的办法是使用高强度套管、加厚壁套管,见表 3-1-35、表 3-1-36。

表 3-1-35   盐层套管性能表

| 套管程序 | 套管尺寸/mm | 钢级 | 壁厚/mm | 扣型 | 最大抗外挤/MPa | 最大内压/MPa | 最大抗拉/kN |
|---|---|---|---|---|---|---|---|
| 盐层套管 | 273.1 | TP95T | 12.57 | TP-CQ | 38.6 | 52.77 | 6737 |

**表 3-1-36　套管柱设计表**

| 序号 | 外径/mm | 井段/m | 段长/m | 钢级 | 壁厚/mm | 扣型 | 每米质量/kg | 段重/t | 累重/t | 抗拉 额定载荷/kN | 抗拉 最大载荷/kN | 抗拉 安全系数 | 抗挤 额定载荷/MPa | 抗挤 最大载荷/MPa | 抗挤 安全系数 | 抗内压 额定载荷/MPa | 抗内压 最大载荷/MPa | 抗内压 安全系数 |
|---|---|---|---|---|---|---|---|---|---|---|---|---|---|---|---|---|---|---|
| 1 | 346.1 | 0~500 | 500 | N80 | 9.65 | 偏梯 | 82.59 | 41.34 | 41.34 | 5626 | 348.38 | 16.15 | 7.43 | 5.4 | 1.37 | 26.92 | 8.56 | 3.14 |
| 2 | 273.1 | 0~2470 | 2470 | P110 | 12.57 | TP-TS2 | 82.59 | 204.21 | 228.18 | 7608.7 | 1808.88 | 4.21 | 31.8 | 27.64 | 1.13 | 51.4 | 19.43 | 2.86 |
|  |  | 2470~2760 | 290 | TP95T | 12.57 | TP-CQ | 82.59 | 23.98 | 23.98 | 6737 | 190.06 | — | 38.6 | 32.5 | 1.17 | 52.77 | 1.91 | — |
| 3 | 177.8 | 0~2250 (回接) | 2250 | P110 | 10.36 | TP-CQ | 43.15 | 97.09 | 97.09 | 4132 | 887.05 | 4.65 | 58.8 | 19.6 | 2.99 | 77.4 | 38.6 | 2.0 |
| 4 |  | 2250 ~3150 (悬挂) | 900 | P110- 13Cr | 10.36 | TP-CQ | 43.15 | 38.84 | 38.84 | 4132 | 301.97 | 13.68 | 58.8 | 33.01 | 1.73 | 77.4 | 38.6 | 2.0 |

注：1. 套管柱设计采用等安全系数法进行设计。

2. 套管强度计算采用《套管柱结构与强度设计》（SY/T 5724），悬挂点在盐顶以上200m处。

3. φ177.8mm 按照生产套管强度校核。抗内压校核：按套管内100%井涌和储气车运行的上限压力的最大值38.6MPa校核；抗挤校核：按套管内100%掏空计算，抗拉校核按挂尾管憋通球座18MPa时的憋通压力，再加上套管的自重。

2）固井工艺的选择

（1）一开固井工艺。

表层套管尺寸较大，为了减少水泥浆窜槽，提高固井质量，采用内插法固井。

（2）二开固井工艺。

二开钻遇多套地层，重点封固文 23 盐，采用双密度三凝水泥浆体系一次固井，高密度水泥浆封固段长 1000~1500m，保证盐层封固质量；上部采用低密度水泥浆封固，解决固井易漏失问题。

（3）三开固井工艺。

为便于后期改造，采用射孔完井，固井方式有两种：

① 方案 1：尾管悬挂+套管回接，悬挂器过盐顶 200m，套管回接至井口。

② 方案 2：全井下套管固井，水泥返至地面。

方案 1 能尽可能地降低施工压力，防止压漏地层，华北油田永 22 储气库及中原油田文 96 储气库均采用该固井方式，缺点是费用高，完井周期长，悬挂器位置的封固质量能影响整个井筒的完整性；方案 2 为常规目的层固井方式，通常采用双密度水泥浆体系，但施工压力大，易压漏地层，同时低密度封固质量不如高密度，难以满足储气库强注强采的需要。因此，推荐采用方案 1，见表 3-1-37。

表 3-1-37　固井基本参数表

| 井眼尺寸 $\phi/mm$ | 套管尺寸 $\phi/mm$ | 套管下深/m | 水泥上返深度/m | 固井方式 |
|---|---|---|---|---|
| 444.5 | 346.1 | 500 | 地面 | 内插法 |
| 320.0 | 273.1 | 2760 | 地面 | 常规 |
| 241.3 | 177.8 | 井底 | 地面 | 尾管+回接 |
| | | | | 全井下套管 |

不同固井工艺对井底产生的最高静液柱压力计算：

井深：3150m，盐顶：2450m，钻井液密度：0.8g/cm³，前置液密度：1.05g/cm³，占环空 300m，低密度水泥浆密度：1.45g/cm³，高密度水泥浆密度：1.90g/cm³。

方案 1 为尾管悬挂。悬挂点：2250m。

环空液柱组成：0~1950m 为钻井液；1950~2250m 为前置液；2250~3150m 为 $\rho_{1.90}$ 水泥浆。

最大静液柱压力：$P_1 = (0.8 \times 1950 + 1.05 \times 300 + 1.90 \times 900)/100\text{MPa} = 35.85\text{MPa}$。

方案 2 为全井下套管。低密度水泥浆返至井口，高密度水泥浆返至 2250m。

环空液柱组成：0~2250m 为 $\rho_{1.45}$ 水泥浆；2250~3150m 为 $\rho_{1.90}$ 水泥浆。

最大静液柱压力：$P_2 = (1.45 \times 2250 + 1.90 \times 900)/100\text{MPa} = 49.725\text{MPa}$。

方案 2 与方案 1 相比，对井底产生的静液柱压力增加值 $\Delta P = 13.875\text{MPa}$。

3）水泥浆设计

文 23 储气库水泥浆体系选择如下：

（1）一开水泥浆体系。

根据中原油田表层固井经验，采用常规 G 级油井水泥，水泥浆密度控制在 1.85g/cm³ ± 0.03g/cm³。

（2）二开水泥浆体系。

二开套管下至 $Es_4$ 上部，钻遇漏层，一次封固段长，固井时易发生漏失；钻遇文23盐，水泥浆游离液易溶解盐层，对水泥浆产生污染，影响界面胶结质量；文23气藏东部及南部地区盐顶上部有油层，因后期注采的影响，压力紊乱，漏、涌并存，较难封固；另外，水泥环的长期封固质量影响到储气库的寿命，其力学性能及后期防窜性能须着重考虑。为此，应采取以下措施：

① 为防止漏失，采用低密度+高密度水泥浆体系，以降低环空液柱压力。

② 如果地层承压允许，高密度返高不小于1000m，如果地层承压不允许，高密度水泥浆至少返至盐顶或油顶以上200m，以确保上部油层和盐层封固质量。

③ 优选水泥浆体系，保证封固质量。

盐层段水泥浆：

当普通水泥浆通过盐层时，水泥浆中游离液因盐浓度低而溶解盐岩层，使井眼扩大，同时会形成水泥与盐岩层间隙，使之产生不均匀的外挤载荷；盐岩层对水泥浆造成污染，失水增大，根据不同污染程度，使水泥浆提前凝固或过度缓凝。为此，通过严格控制水泥浆游离液及滤失量，尽量避免滤液对盐层的溶解，从而避免盐对水泥浆的污染。同时，选用具有一定抗盐能力的水泥浆体系，即使被少量盐污染，仍能保持良好的性能，从而保证盐层的封固质量。对漏、涌并存的地层，提高水泥浆的防漏及防窜性能，调整稠化时间，尽早形成胶凝强度，以提高封固质量。

设计两种水泥浆体系，分析其适用性：

体系1：非渗透防窜增韧水泥浆体系。

通过加入聚合物乳胶降失水剂、复合增韧剂、界面增强剂来降低滤失，控制游离液，改善水泥石长期力学性能。

配方：G级水泥+分散剂+聚合物乳胶降失水剂+复合增韧剂+界面增强剂+缓凝剂。

聚合物乳胶降失水剂：黏稠性液体，在压差作用下与水泥颗粒一起在界面快速形成一层致密非渗透性薄膜，阻止液体向地层的滤失；同时，适度增加了液相黏度，进一步阻止了液相的滤失，并能稳定浆体，阻止自由水的析出。通过控制游离液及失水，减少对盐层的溶解，避免盐对水泥浆的污染，提高盐层封固质量；同时，该降失水剂能抗6%~8%（质量分数）盐水，盐水中滤失量可控制在50mL以内，即使少量溶盐污染浆体，仍能保持良好的性能。另外，浆体具有一定的触变性，静止后形成一定静胶凝强度，可防止漏失及流体侵入，适合于漏、涌并存的地层使用。同时，黏稠性液体连续分散于浆体中，填充颗粒空隙，增加水泥浆弹性，改善水泥石固有脆性，有利于保持长期封固质量。

复合增韧剂：可填充水泥石微裂隙，补偿水泥石收缩，消除水泥环与套管间的微环隙，提高长期防窜能力，同时可增加水泥石耐冲击性能和抗折性能，改善水泥石力学性能，提高水泥环抗应力疲劳能力，有利于保持长期封固质量。

界面增强剂：与水泥颗粒间有很强的黏附力，可将直链形的C—S—H、片状C—H晶体相互之间形成架构，增加内部胶结力，增加韧性；改变界面直链形的胶结面，提高与井壁及套管壁的胶结质量，见表3-1-38。

表 3-1-38 非渗透防窜增韧水泥浆体系性能

| 水泥浆密度/ ($g/cm^3$) | 稠化时间/ min | API 失水/ mL | 游离液/ mL | 抗压强度/ MPa | 抗折强度 增长率/% | 弹性模量降 低率/% | SPN 值 |
|---|---|---|---|---|---|---|---|
| 1.90 | 60~260 （可调） | ≤50 | 0 | ≥14 | ≥50 | ≥30 | ≤3 |

优点：能严格控制游离液的析出，可抗一定程度的盐污染，浆体具有一定的触变性，适于易漏失及油、气、水活跃的地层使用。

局限性：为进一步优化水泥浆性能，除增韧剂、增强剂外，其他外加剂均采用液体外加剂，现场湿混，对设备及操作提出了更高要求。

体系 2：中低温抗盐水泥浆体系。

加入 AMPS 二元共聚物类中低温抗盐降失剂，有效控制盐水中的水泥浆滤失量，抗盐污染能力强。

配方：G 级水泥+分散剂+改性 PVA 类降失水剂+调凝剂，见表 3-1-39。

表 3-1-39 中低温抗盐水泥浆性能

| 水泥浆密度/ ($g/cm^3$) | 稠化时间/ min | API 失水/ mL | 游离液/ mL | 抗压强度/ MPa | SPN 值 |
|---|---|---|---|---|---|
| 1.90 | 80~260 | ≤50 | ≤1.5 | ≥1 | ≤3 |

优点：抗盐污染能力强，利于盐层封固。

局限性：控制游离液能力稍差，无触变性，防漏、防窜性能稍差，力学性能不如体系 1。

比较以上两种水泥浆体系，体系 1 能实现零析水，防止游离液对盐层的溶解，进而防止了盐对水泥浆的污染，同时具有一定的触变性，静止后能很快形成胶凝强度，更适于易漏及油、气、水活跃地层固井使用，已成功应用于中原油田文东、文南等盐层、高压复杂地层固井。因此，推荐使用体系 1。

低密度水泥浆：

普通低密度水泥浆存在浆体稳定性差、抗压强度（特别是顶部抗压强度）低、防窜性能差的问题，不能满足储气库固井的需要。为此，根据颗粒级配及紧密堆积原理，在 G 级高抗油井水泥中加入 $\rho_{0.6~0.7}$ 的中空玻璃微珠（漂珠），漂珠粒径为 40~250μm，水泥粒径为 20~45μm，一起构成了低密度体系的基本框架，加入颗粒达纳米级的微硅填充空隙，使浆体稳定且水泥石致密。加入改性 PVA 类液体降失水剂有效降低失水、稳定浆体。稳定剂进一步提高浆体稳定性。膨胀早强剂提高早期强度，抑制水泥石收缩。优质中温缓凝剂调节稠化时间，得到浆体稳定性好、水泥石强度高、防窜性能好、稠化时间易调的非渗透性防漏、防窜高强低密度水泥浆体系。

配方：G 级水泥+漂珠+微硅+分散剂+降失水剂+早强剂+稳定剂+缓凝剂，见表 3-1-40。

**表 3-1-40　非渗透防漏防窜高强低密度性能**

| 水泥浆密度/（g/cm³） | 稠化时间/min | API 失水/mL | 游离液/mL | 上下密度差/（g/cm³） | 抗压强度/MPa | | SPN 值 |
| --- | --- | --- | --- | --- | --- | --- | --- |
| | | | | | 顶部 | 底部 | |
| 1.40~1.55 | 200~400 可调 | ≤50 | ≤0.5 | ≤0.03 | ≥3.5 | ≥14 | ≤4 |

（3）三开水泥浆体系。

储气库投产后，每年均进行高压注气、采气，压力及温度变化对水泥环的长期耐久性及防窜性能提出了更高的要求，其性能不仅要满足施工及测井需要，还要具备良好的力学性能以满足长期注采的需要。设计增韧防窜水泥浆体系用于产层。比较三种水泥浆体系，分析其优缺点：

体系 1：常规产层水泥浆体系。

常规产层水泥浆为 G/D 级水泥加入气锁膨胀剂、降失水剂、分散剂、早强剂，用 $CaCl_2$ 促凝，除 $CaCl_2$ 现场水混外，其他外加剂均为固体外加剂，与水泥干混，施工现场操作简便，但水泥石脆性大，长期防窜能力差。

体系 2：非渗透防窜增韧水泥浆体系。

加入黏弹性液体降失水剂，在浆体中形成可分散的连续相，填充水泥颗粒空隙，增加水泥浆弹性；加入功能型复合增韧剂，采用弹性材料与阻裂材料复配，填充水泥石微裂隙，补偿水泥石收缩，消除水泥环与套管间的微环隙，提高长期防窜能力，可增大油井水泥石受压前期塑性变形能力和受压后期变形能力，当水泥石受冲击力作用时，弹性粒子发生弹性变形并吸收冲击能，从而提高油井水泥石抗冲击性能。阻裂材料能有效阻止水泥受力时产生的裂纹持续扩大，提高抗折能力，使水泥环满足长期频繁注采要求，提高水泥环长期密封性。加入界面增强剂后，可提高水泥石与界面的胶结质量，防止双层套管间气窜。加入有机酸类缓凝剂后，可有效调节稠化时间，并对强度、稳定性等无不良影响。形成的水泥石脆性得到有效改善，弹性模量降低了 40% 以上，为 8~9GPa，抗折强度增加 100% 以上，模拟注采压力 35MPa，经历 100 个周期的加压-放压后，依然能保持良好的密封性，无气窜发生。同时，保持了较高的抗压强度，常温、常压下 24h 即能达到 17MPa 以上。其缺点是除增韧剂、增强剂外，其他外加剂均为液体外加剂，需要进行水溶，对设备及人员操作有较高要求，而且造价较高。

配方：G 级水泥+分散剂+聚合物胶乳类降失水剂+复合增韧剂+界面增强剂+缓凝剂。

体系 3：胶乳水泥浆体系。

胶乳作为可分散连续相，均匀分布在水泥浆中，充填水泥颗粒间隙，从而降低失水，稳定浆体，达到防窜和改善水泥石性能的力学目的，加量一般应在 15% 以上才能真正起到作用。但存在易破乳、性能不稳定的特点，受温度等外界环境影响大，使用存在很大风险，易出现固井事故。塔里木、克拉玛依等油田，以及普光气田早期均出现过固井事故。为避免风险，现多采用 5%~8% 的胶乳与降失水剂进行复配，它们共同作用使浆体失水量降至 50mL，胶乳主要起稳定浆体作用，但未能起到改善力学性能目的。经研究表明，15% 以上的胶乳加量才能起到抗冲击的目的，见表 3-1-41。

表 3-1-41　胶乳水泥浆力学性能数据表

| 胶乳加量/% | 弹性模量/GPa | 抗冲击强度/MPa | 抗冲击功/(J/cm²) |
| --- | --- | --- | --- |
| 0 | 12.9 | 1.9 | 0.95 |
| 15 | 11.6 | 2.3 | 1.15 |
| 30 | 10.5 | 2.5 | 1.25 |

对比以上三种体系，体系 1 虽造价低但长期防窜及力学性能差，体系 3 胶乳加量大易破乳、加量小起不到改善脆性作用，体系 2 加入复合增韧剂，能改善水泥石脆性，提高长期防窜性能。因此，选择体系 2 作为产层水泥浆。

尾管：采用非渗透防窜增韧双凝水泥浆体系，性能要求见表 3-1-42。

表 3-1-42　水泥浆性能要求表

| 浆体密度/(g/cm³) | 稠化时间/min | | API 失水/mL | 游离液/mL | 抗压强度/MPa | SPN 值 | 抗折强度增长率/% | 弹性模量降低率/% | 渗透率/μm² |
| --- | --- | --- | --- | --- | --- | --- | --- | --- | --- |
| | 领浆 | 尾浆 | | | | | | | |
| 1.90 | 施工时间+150~180 | 施工时间+20~30 | ≤50 | ≤0.5 | ≥14 | ≤3 | ≥50 | ≥30 | ≤0.05×10⁻⁶ |

回接：非渗透防窜增韧水泥浆，性能要求见表 3-1-43。

表 3-1-43　水泥浆性能要求表

| 水泥浆密度/(g/cm³) | 稠化时间/min | API 失水/mL | 游离液/mL | 顶部抗压强度/MPa |
| --- | --- | --- | --- | --- |
| 1.90 | ≥施工时间+90 | ≤50 | ≤0.5 | ≥14 |

# 第二节　注采工艺设计

## 一、注采工艺设计基本原则

对于枯竭油气藏型地下储气库注采井，在进行注采工艺设计时，枯竭油气藏开发中所遵循的一般原则和方法也是适用的，但是由于地下储气库有其独特的运行规律和使用工况，因此还要遵循一些特殊原则：

（1）储气库注采井既是注气井，又是采气井，具有双重功能，既要满足地质方案要求，又要满足地面工艺的需要。

（2）储气库注采井必须满足长期周期性交变应力条件下安全运行的需要，优选先进、成熟、适用的技术，实现最佳技术、经济效益。

（3）目前，国内储气库的主要作用是城市调峰，库址一般选择在城市附近，人口稠密，环境复杂，并且储气库内储存的是高压天然气，因此注采工艺要充分考虑安全、环保要求。

（4）利用枯竭油气藏建库时，枯竭油气藏处于枯竭或开发中后期，储气层压力系数低，为保证注采井具有较高的产能，要优化各种工艺及参数，尽量降低作业时造成的储气层伤害。

（5）储气库注采井大多为丛式定向井，在井下工具的选型、工艺操作的设计、注采管柱的校核等方面都要考虑井斜的影响，必要时要对钻井工艺提出要求。

（6）要考虑管柱防腐问题，以延长注采井的免修期。要根据储气库运行工况，考虑腐蚀环境变化，综合确定经济、合理的防腐措施，满足注采井长期防腐的需要。

（7）注采工艺管柱要满足随时监测地下动态参数的要求。

## 二、注采能力设计

注采井合理的注采能力是储气库方案设计的核心指标之一，是决定储气库生产规模的重要依据。注采井生产时，流体从地层流入井底，由井底流到井口，由井口流到地面管线；注气时，气体从地面管线流到井口，由井口流到井底，由井底流入地层。这是一个流动连续、流态不同的协调流动过程。

依据产能方程，选取井底为节点，建立高、中、低产区的注气、采气模型，模拟不同的流入、流出动态，通过改变参数，研究系统流动特性变化规律，结合不同管径的临界冲蚀流量和携液流量计算结果，确定不同尺寸油管合理配产范围。

### （一）单井注采能力优化

在注采井生产（注气、采气）的整个协调流动过程中，影响单井注采能力的主要有地层流动能力、井筒流动能力及地面设备（包括气嘴、集注管汇）的流动能力，只有三者协调一致时，注采井的能力才是最高的。为了使各部分流动协调成为有机整体，需要应用系统分析的思想，用节点分析的方法选定合理流量。

1. 采气能力优化

1）地层流入能力

流体从地层流入井底的过程，是流体在地层多孔介质中的复杂渗流过程，其渗流规律遵循达西定律，一般用产能方程（指数式方程或二项式方程）来表述流入特征。

利用系统试井测试资料处理、分析得出地层产能方程，可以计算出不同地层压力、不同井底流压时的地层生产能力，从而绘制出注采井 IPR 流入动态曲线。

2）井筒流出能力

井筒流出动态是井筒内压降与流量间的函数关系，取决于油管尺寸和流体性质。利用枯竭油气藏改建而成的储气库，其注采井生产时，气体中都会含有不同量的水和油，即使是利用枯竭气藏或气顶改建的储气库，由于开发生产中边（底）水的侵入，储气库投产初期，油、水含量都较高。随着储气库的不断注采运行，多个注采周期后，油、水含量才逐渐下降，直至微乎其微。

由此可见，储气库注采井井筒流出能力属于垂向多相流范畴。垂向多相流压力梯度是静水压力梯度、耗于摩阻的压力梯度和耗于加速度的压力梯度三个作用之和。一般各相之间的化学效应可以忽略，但黏度、密度、表面张力等因素应加以考虑。多个注采周期后，注采井趋于单相气流，计算相对简单，现有许多出版物中已加以论述。Smith（史密斯）、

Cullender(库楞勒)、Brinkley(勃林克莱)等都为此类计算研制了各种方程式。

对于注采井投产初期的多相流压力梯度的计算,自1914年戴维斯及惠特尼开展第一次有实际意义的实验以来,有许许多多的专家学者从不同角度开展了研究工作。表3-2-1介绍了对垂向多相流问题曾作出贡献的相关研究成果。

**表 3-2-1　垂向多相流研究成果**

| 时间/年 | 作　者 | 工作类型 | 管径/in | 流　体 | 评　述 |
|---|---|---|---|---|---|
| 1914 | 戴维及惠特尼 | 室内实验 | 1¼ | 空气、水 | 要把滞留及摩阻区分开来,用注气法求得最小压力剖面,证明空气供入法无关紧要,证实管子粗糙度是一个影响因素 |
| 1932 | 维思乐兹 | 数学分析 | | | 没有实际价值 |
| 1931 | 维思乐兹 | 理论 | | | 讨论流动形态,无实际意义 |
| 1929 | 唐诺戈伊 | 现场试验 | 5、3、2½、2、1½ | 石油 | 证明保持自喷所需的最低流速是5ft/s |
| 1947 | 萧 | 室内实验 | 1、1½、2、2½ | 空气、水 | 证实了管径、管长及沉没度对自喷产率及需气量的影响 |
| 1952 | 普特曼和卡平特 | 利用现场数据搞半经验法 | 2、2½、3 | 油、水、气 | 提出对2in、2½in及3in油管的实用解法。用于气/液小于1500ft³/bbl及产率大于420bbl/d |
| 1962 | 温克勒和史密斯 | 实际工作 | 1~3½ | 油、水、气 | 按普特曼及卡平特相关式制成工作曲线 |
| 1960 | 美国工业石油器材分部 | 实际工作 | 1~4½ | 油、水、气 | 按普特曼及卡平特相关式制成工作曲线 |
| 1954 | 吉尔伯特 | 将现场数据用于实际 | 2、2½、3 | 油、水、气 | 提出一套垂向的多相流的压力分布剖面 |
| 1958 | 戈维亚和索特 | 室内实验 | 小管 | 空气、水 | 提出一个计算压力损失的相关式,但未曾推广到实用阶段 |
| 1961 | 迪克 | 半经验法 | 2、2½、3 | 油、水、气 | 用普特曼及卡平特的数据推导出另一相关式。未曾使用 |
| 1961 | 巴兴达尔 | 用普-卡法取得现场资料 | 2½、3½ | 油、气 | 用马拉开波湖区油田资料得出类似于普-卡氏的相关式(对该湖区的相关性良好) |
| 1961 | 罗斯 | 室内实验加现场资料 | 所有口径 | 所有流体 | 对所有的流动范围均有良好的相关关系 |
| 1961 | 顿斯和罗斯 | 室内实验加现场数据 | 所有口径 | 所有流体 | 对所有的流动范围均有良好的相关关系。比罗斯原来的易懂 |

续表

| 时间/年 | 作　者 | 工作类型 | 管径/in | 流　体 | 评　述 |
|---|---|---|---|---|---|
| 1961 | 格黎菲斯和瓦里斯 | 室内实验 | 小口径 | 空气、水 | 对段塞流区效果较好。其他研究者曾用来改善他们的相关式 |
| 1962 | 格黎菲斯 | 室内实验 | 小口径 | 空气、水 | 可用于塞流区改善别的相关式 |
| 1961 | 休默克和派里斯堡 | 室内实验 | 小口径 | 空气、水 | 用杜克勒的水平流资料，提出滞留量的相关式 |
| 1963 | 范彻和布朗 | 现场实验 | 2 | 气、水 | 收集数据，以便将普卡的相关式扩展到用于在低产率及高气/液条件下精确预测压力损失 |
| 1963 | 凯撒·温克勒及柯克·帕特里克 | 现场试验（1000ft 长管子） | 1、1¼ | 气、水 | 针对试验所用的各种管径提出相关式，未扩展到相关应用 |
| 1963 | 哈格多恩和布朗 | 现场试验（1500ft 长管子） | 1¼ | 空气、原油 | 发展了专门处理 1¼in 油管的黏度效应的相关式 |
| 1965 | 哈格多恩和布朗 | 现场试验 | 1~4 | 油、水、气 | 提出处理多相流所有流态区的普适化相关式 |
| 1967 | 奥克斯韦斯基 | 对所有方法进行评论，提出自己的相关式 | 所有口径 | 油、水、气 | 利用罗斯及格黎菲斯与瓦里斯的方法，来建立自己的相关式，以预测在所有流态区内的压力损失 |
| 1972 | 阿齐兹和戈维亚 | 室内实验和现场试验 | 所有口径 | 所有流体 | 从力学角度提出相关式，针对现场数据进行检验 |
| 1972 | 桑奇思 | 现场数据 | 环形流动 | 所有流体 | 检验现有的相关式能否用于环空流动 |
| 1973 | 贝格斯和比利 | 实验室 | 1、1½ | 空气、水 | 提出普适化相关式处理所有范围的多相流及任何角度的管流 |
| 1973 | 齐黎西、锡维西和斯戈洛奇 | | 所有口径 | | 将奥克斯韦斯基对段流的方法加以修改，用现场资料进行测验 |
| 1973 | 柯尼希 | 现场资料 | 环形空间 | 油、气 | 用于某一地区高产井的现场相关式 |

　　上述相关式中有的局限于某一种管子，有的对特定流体较为适宜，其中顿斯和罗斯的相关式、奥克斯韦斯基的相关式、哈格多恩和布朗的相关式，以及阿齐兹和戈维亚的相关式最为重要，它们都是通式，可以适用所有尺寸的管子和任何流体，既可用于多相流，又可用于干气井，尤其可用于那些介于气井及肯定是多相流自喷井之间模棱两可的生产井。

　　储气库注采井大多为丛式定向井，受注采管柱配套工具的约束，注采井井斜角一般在40°以内。当井斜角小于20°时，用标准的垂向流相关式还是可以的；当井斜角大于20°时，采用哈格多恩垂直流滞留相关公式是比较可靠的。

　　对于上述相关式专门论述、推导的出版物较多，专业技术人员在进行设计计算时，可参考上述论述，利用成熟、稳定、适用范围广、界面良好的专业计算软件，通过生产数据拟合，优选出适合建库区块生产特点的相关式。

3）地面设备流动能力

储气库的主要作用是"削峰平谷"，保障目标市场用气安全和保障长输管道的平稳运行。因此，储气库内储存的天然气来自长输管道，最终采出后还要还于长输管道之中。然而，天然气自储气库注采井采出后，进入天然气管道中需要较高的压力，具体数值视不同管道要求而不同。

储气库的运行不同于油气田开发，它不以获得最大的最终采收率为目的，因此其运行下限压力不能低至废弃压力。储气库运行下限压力的确定要综合考虑以下因素：

（1）最低压力对储气库密封性的影响。

（2）最低压力所对应的储气库最小生产能力。

（3）最低压力对应的区块流体分布状态，考虑油或水侵入对库容和产能的影响。

（4）最低压力对应的井筒流体组分，尤其是气、液同产井。

通过以上分析可见，储气库运行时其下限压力也会保持在较高水平。通过井筒流出能力分析，优化注采油管尺寸，最大程度地利用地层能量实现天然气外输，可避免增压外输，降低投资，提高储气库经济效益。

4）单井采气能力优化

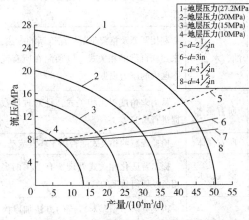

**图 3-2-1 某库流入、流出曲线图**
**（井口压力 6.4MPa）**

只有当地层流入能力和井筒流出能力协调一致时，即流入曲线和流出曲线的交会点，单井产能最大。如图 3-2-1 所示为某井流入、流出曲线图。

2. 注气能力优化

1）地层注入能力

目前，国内储气库在进行方案设计时，大都没有进行过现场注气能力试验，通常做法就是利用产能方程 $P_R^2 - P_{wf}^2 = AQ_g + BQ_g^2$ 的系数作为注气方程的系数，得出注气方程 $P_{wf}^2 - P_R^2 = AQ_g + BQ_g^2$。

大张坨储气库在建库前是利用循环注气方式开发的凝析气藏。建库前进行注气能力测试，经分析研究，注气规律也是遵循达西定律的，但得出的注气产能方程与采气产能方程还是有一定差别的。

2）井筒注入能力

井筒注入压力梯度的计算与生产时压力梯度计算的相关式一致，仅需要注意式中各项符号正负的变化。注气时，可按单相气流考虑。

3）地面设备注入能力

主要是通过单井注入能力优化，计算出不同地层压力、不同注气量情况下所需井口注气压力，这就决定了压缩机的排出压力。这在选用压缩机的技术规格中是很重要的。显然，所需注气压力越大，则需要的压缩机的排出压力也越大，从而，在不变的吸入压力下，相同气量所需的压缩机功率就要增加。

4）单井注气能力优化

注气能力的设计与采气能力的设计原理及程序相似，由于储气库采用注采合一井，注采井既注气也采气，因此，对于注采油管管径的敏感性分析，应以考虑采气工况为主。

优化的注气能力应留有上调的空间，以弥补注气井随注气周期的延长而出现的能力降低。

## （二）限制性流量计算

### 1. 最小携液流量

利用枯竭油气藏改建储气库，地层出液是不可避免的，为了确保连续排液，注采井能持续自喷生产，须确定一个临界流量，即注采井在多相流条件下生产时，油管内任意流压下能将气流中最大液滴携带到井口的流量，称为最小携液流量。由于随着气流沿采气管柱举升高度的增加，气流速度也增加，为确保连续排出流入井筒的全部地层液，在采气管柱管鞋处的气体流速必须达到连续排液的临界流速。

目前，应用较多的是利用基于液滴模型的 Turner 公式计算最小携液流量。

$$q_{sc} = 2.5 \times 10^4 \frac{P_{wf} v_g A}{TZ} \tag{3-2-1}$$

式中　$q_{sc}$——最小携液产气量，$10^4 \mathrm{m}^3/\mathrm{d}$；

　　　$A$——油管内截面积，$\mathrm{m}^2$；

　　　$P_{wf}$——井底流动压力，MPa；

　　　$v_g$——气体流速；

　　　$Z$——天然气偏差系数；

　　　$T$——气流温度，K。

显然，缩小采气管柱直径利于排出井底积液，延长自喷期。但是，直径小会增加井筒流出的压力损失，降低井口压力，造成采出气体无法正常进入天然气管网。因此，需要综合考虑各因素的影响。

从目前国内储气库实际运行情况来看，存在因井底积液造成注采井停喷，无法完成调峰气量的实例，说明储气库注采井的井底积液问题也需要得到关注。

### 2. 最大冲蚀流量

地下储气库注采井与普通气井相比，吞吐量较大，平均日采气几十万甚至上百万立方米，并且使用周期长，因此井筒中高速流动的气体对管柱产生的冲蚀作用就很值得关注。冲蚀是指材料受到小而松散的粒子流冲击时，表面出现破坏的一类磨损现象。

1）冲蚀产生的原因及影响因素

高速气体在油管表面流动，气分子冲击油管表面产生压缩应力波，压缩应力波在油管晶体中传播，产生大量位错，因晶界阻碍位错移动造成错堆积，产生应力集中，导致裂缝萌生和扩展。由此可见，冲蚀的发生与是否有腐蚀无关。

在影响冲蚀的因素中，粒子动能是衡量冲蚀的最主要因素。粒子动能涉及两项指标：粒子速度和粒径。

（1）粒子速度。粒子速度对材料冲蚀的影响是研究冲蚀机理的重要内容。目前，大家比较认同的规律是冲蚀程度与粒子速度呈指数关系：

$$W = kvn \tag{3-2-2}$$

式中　$W$——冲蚀失重；

　　　$v$——冲击速度；

　$k$、$n$——常数。

高速气体在管内流动时发生显著冲蚀作用的流速称为冲蚀流速。研究表明，当气体流速低于冲蚀流速时，冲蚀不明显；当气体流速高于冲蚀流速时，会产生明显的冲蚀，严重影响气井的安全生产。气体流速超过一定范围，随着流速增加，冲蚀加剧，如果气体流速增加 3.7 倍，则冲蚀程度可增加 5 倍。

（2）粒径。众多研究表明，冲蚀受粒径影响很大，当粒径降低时，冲蚀减小。但研究发现，同一种材料，当粒径降低到一定程度后，冲蚀失重规律发生变化，其原因是粒子冲击动能的降低，导致了冲蚀机理由冲击破碎转变为划伤机制。

2）防冲蚀措施

通过冲蚀影响因素的分析，对于地下储气库注采井冲蚀问题的防治有两条思路：一是改变油管用钢特性；二是控制气体流速。

（1）改变油管用钢特性。

按照日常模式思考，硬的东西抗磨损性能好。但研究表明，对于给定的合金钢，冲蚀程度不因热处理或冷加工使合金硬度提高而降低。因此，试图通过提高钢铁硬度来防冲蚀是不可取的。实际上，冲蚀性能是对组织不敏感的一种物理性质，弹性模量才是影响材料抗冲蚀能力的直接、关键因素。因此，可以通过合金化或材料复合等手段提高材料的弹性模量来提高材料的抗冲蚀性能。

对于地下储气库注采井，可以考虑采用共晶钴基合金材质的油管提高抗冲蚀性能，但在现场实际应用中，由于注采施工工艺、投资等多方面因素的影响，还不能推广应用。

（2）油管内涂层处理。

由于冲蚀过程是在油管表面发生，可以通过对油管表面进行涂层处理，减少冲蚀磨损。但值得注意的是，由于涂层结构是层片状颗粒镶嵌叠加结构，颗粒结合面会发生破坏，导致涂层剥落，产生冲蚀，这时的冲蚀比单纯的基体材料冲蚀要严重得多。

从目前国内已经建成的地下储气库注采完井情况来看，其完井、修井作业中需要进行多次钢丝投捞作业，极易损坏内涂层。因此，用油管涂层的方法防冲蚀不适于地下储气库的建设。

（3）控制流速。

对于地下储气库注采井可以考虑如何将油管中的高压流动气体的流速控制在冲蚀流速以下，以减少或避免冲蚀的发生。

对于冲蚀流速的确定，由于其受到众多因素的影响，还没有准确的计算方法。目前，常用的是《海洋石油生产平台管线系统设计和安装的推荐做法》（API RP 14E）推荐的计算公式：

$$v = \frac{C}{\sqrt{\rho}} \tag{3-2-3}$$

式中　$v$——冲蚀流速；

　　　$C$——经验常数取值 100；

　　　$\rho$——混合物密度。

由于地下储气库担负紧急调峰的任务，采气量根据目标市场用气量确定，因此，控制气体流速的方法只能根据采气量确定合理的油管尺寸。

$$v = 1.47 \times 10^{-5} \frac{Q}{d^2} \tag{3-2-4}$$

$$\rho = 3484.4 \frac{\gamma P}{ZT} \tag{3-2-5}$$

因此，可得出一定采气量下的最小油管直径：

$$d = 295 \times 10^{-3} \sqrt{Q \sqrt{\frac{\gamma P}{ZT}}} \tag{3-2-6}$$

式中    $v$——冲蚀流速，m/s；

$\rho$——气体密度，kg/m³；

$\gamma$——气体相对密度；

$P$——油管流动压力，MPa；

$Z$——气体压缩系数；

$T$——气体温度，K；

$Q$——采气量，$10^4$m³/d；

$d$——油管直径，mm。

根据井筒体积流量与地面标准条件下体积流量的关系式：

$$\frac{P_s}{Z_s T_s} Q_s = \frac{P}{ZT} Q \tag{3-2-7}$$

式中    $Q_s$——标准条件下采气量，$10^4$m³/d。

当地面标准条件取 $P_s = 0.101$MPa，$T_s = 293$K，$Z_s = 1.0$ 时，有：

$$Q = 345 \times 10^{-4} Q_s \frac{ZT}{P} \tag{3-2-8}$$

代入可得：

$$d = 5.48 \times 10^{-5} Q_a^{0.5} \left( \frac{\gamma ZT}{P} \right)^{0.25} \tag{3-2-9}$$

对于一个地下储气库，根据地质条件、用气需求等条件确定日均产气量和应急产气量后，即可确定为防止或减少冲蚀发生所需的油管最小直径。

通过以上问题分析可知，对于地下储气库，应确定合理的油管尺寸，使油管中气体流动的速度控制在合理范围之内，不致产生明显的冲蚀。冲蚀流速不要限制到不必要的低值，以避免选用过大直径的油管，造成浪费。确定防冲蚀油管尺寸时，要兼顾油管滑脱现象，避免出现井底积液，影响注采井调峰量。砂的存在将大幅度提高油管冲蚀速率，因此，要合理确定生产压差，控制地层出砂。

### （三）合理流量计算

首先，利用节点分析法，通过节点前、后不同的相关式求解最大流量值，或绘制流入、流出曲线图，其交会点即为该状态下的系统最大流量值。然后，利用最小携液流量和最大冲蚀流量两个限制性因素进行核定，当最大流量值符合各项核定条件时，则该最大流量即可设定为合理流量值。

如国内某储气库，垂直深度 1200m，斜深 1500m，采出气相对密度 0.60，井底温度 56.5℃，压力运行区间 7~12MPa，含液量 $1.0m^3/10^4m^3$。

1. 采气阶段

采气产能方程为：

$$q_g = 1.7935(P_R^2 - P_{wf}^2)^{0.6292} \tag{3-2-10}$$

计算了 $\phi73mm(2\frac{7}{8}in)$ 和 $\phi89mm(3\frac{1}{2}in)$ 两种油管的最佳采气量、最小携液量和最大冲蚀流量，见表 3-2-2~表 3-2-4。同时，根据外输管道压力要求，设定了井口压力 4MPa 的限定条件(有时需要根据地面工程的情况，计算多组不同井口压力限制条件下的最佳气量)，如图 3-2-2 所示为某储气库流入、流出曲线图。

表 3-2-2　$\phi73mm$ 和 $\phi89mm$ 油管的最佳采气量表

| 地层压力/MPa | | 7 | 8 | 9 | 10 | 11 | 12 |
|---|---|---|---|---|---|---|---|
| 采气量/$10^4m^3$ | $\phi73mm$ 油管 | 14.5 | 18 | 21.5 | 24 | 27 | 30 |
| | $\phi89mm$ 油管 | 15.5 | 20 | 24 | 27.5 | 31 | 34.5 |

表 3-2-3　$\phi73mm$ 和 $\phi89mm$ 油管的携液流量表

| 地层压力/MPa | | 7 | 8 | 9 | 10 | 11 | 12 |
|---|---|---|---|---|---|---|---|
| 携液流量/$10^4m^3$ | $\phi73mm$ 油管 | 2.98 | 2.96 | 2.95 | 2.93 | 2.93 | 2.93 |
| | $\phi89mm$ 油管 | 4.50 | 4.48 | 4.46 | 4.45 | 4.45 | 4.42 |

表 3-2-4　$\phi73mm$ 和 $\phi89mm$ 油管的冲蚀流量表

| 压力/MPa | | 7 | 8 | 9 | 10 | 11 | 12 |
|---|---|---|---|---|---|---|---|
| 冲蚀流量/$10^4m^3$ | $\phi73mm$ 油管 | 22.16 | 23.21 | 24.96 | 25.85 | 27.20 | 29.54 |
| | $\phi89mm$ 油管 | 33.2 | 33.9 | 34.5 | 35.6 | 36.6 | 37.6 |

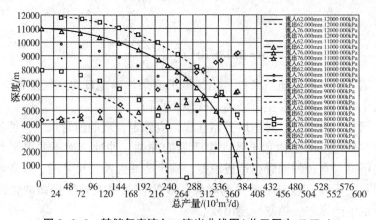

图 3-2-2　某储气库流入、流出曲线图(井口压力 4MPa)

根据计算可以得出，在 7~12MPa 压力区间内，$2\frac{7}{8}in$ 油管的最佳采气量为 $(14.5~30)\times10^4m^3/d$，$3\frac{1}{2}in$ 油管的最佳采气量为 $(15.5~34.5)\times10^4m^3/d$。然而，考虑冲蚀流速

和携液流速后，对于 $2\frac{7}{8}$in 油管的产气量应控制在 $(14.5\sim20)\times10^4\mathrm{m}^3/\mathrm{d}$，对于 $3\frac{1}{2}$in 油管的产气量应控制在 $(15.5\sim35)\times10^4\mathrm{m}^3/\mathrm{d}$。

根据上述计算结果，综合考虑地质产能、钻完井工艺技术、施工成本等因素，最终确定采用 7in 生产套管和 $3\frac{1}{2}$ 油管，注采井调峰气量 $(15\sim30)\times10^4\mathrm{m}^3/\mathrm{d}$。

2. 注气阶段

注气产能方程：

$$q_i = 1.7935(P_{wf}^2 - P_g^2)^{0.6292} \tag{3-2-11}$$

计算在地层运行压力区间内，不同注气量时的井口压力，主要是为地面压缩机及相关设备选型提供依据。表 3-2-5 给出了 $\phi$89mm 油管注气井口压力预测。

**表 3-2-5 $\phi$89mm($3\frac{1}{2}$in)油管注气井口压力预测表**

| 地层压力/ MPa | 不同产气量对应的压力/MPa | | | | | |
| --- | --- | --- | --- | --- | --- | --- |
| | $15\times10^4\mathrm{m}^3$ | | $20\times10^4\mathrm{m}^3$ | | $30\times10^4\mathrm{m}^3$ | |
| | 井底流压 | 井口压力 | 井底流压 | 井口压力 | 井底流压 | 井口压力 |
| 7 | 8.8453 | 8.30 | 9.7565 | 9.25 | 11.7040 | 11.27 |
| 9 | 10.4995 | 9.77 | 11.2778 | 10.58 | 12.9994 | 12.40 |
| 12 | 13.1620 | 12.16 | 13.7909 | 12.82 | 15.231 | 14.35 |

# 三、注采工艺设计

## (一) 注采完井工艺

### 1. 射孔工艺

对于储气库注采井推荐采用油管输送射孔工艺，具有高孔密(射孔密度)、深穿透的优点；一次射孔厚度大，可以达到 1000m 以上；可实现负压射孔，易于解除射孔对储层的伤害。此外，由于射孔前在井口预先装好采气树，安全性能好，且便于实现各项工艺联作。

该工艺是利用油管连接射孔枪下到储气层部位射孔。油管下部连有定位短节、带孔短节和引爆系统。通过地面投棒引爆、压力引爆、压差式引爆等方式使射孔弹引爆，一次全部射开储气层。油管内只有部分液柱形成负压。

目前，国内储气库应用量最多的是投棒引爆。这种引爆方式要求油管通径畅通，井斜不能过大。在大港板中北储气库水平井射孔时，由于为形成负压，油管内只有部分液柱，采用了氮气油管加压引爆。为了保证射孔瞬间的负压，在加压和引爆射孔之间加装了延迟引爆，使高压氮气在引爆前释放出井口。

要获得理想的射孔效果，必须对射孔参数进行优化设计。有效地进行射孔参数优选，取决于以下几个方面：

(1) 不同性质储气层中射孔产能规律的认识程度高。

(2) 伤害参数、储气层及流体参数获取的准确程度高。

(3) 有可供选择的枪弹品种、类型。

目前，国内储气库建库前大多处于枯竭报废阶段，钻井、固井施工时伤害带较深，对于射孔参数优化的基本规律原则是深穿透前提下的高孔密。

2. 注采工艺

在射孔之后，下入注采工艺管柱，实现注采井的正常生产。因此，要求注采管柱具有以下功能：

（1）满足气库注采井强注强采要求。

（2）实现井下安全控制。

（3）消除注采期间温度、压力交变对套管产生的影响。

（4）满足储气库运行期间的温度、压力监测要求。

该工艺是在射孔后，通过压井作业，再下入注采管柱。但需要采取措施防止对储气层造成二次伤害。储气库注采井完井管柱结构从井口到井底依次为油管、流动短节、井下安全阀、流动短节、循环滑套、封隔器、坐落接头、钢丝引鞋，如图3-2-3所示。

3. 射孔-注采联作工艺

该工艺中射孔与注采完井只下一次管柱即可完成，避免了储气层二次伤害，既安全又经济，管柱的具体结构和封隔器等井下工具的型号因井而异。

该工艺是将射孔枪、引爆系统、带孔短节和定位短节连在注采管柱底端，一同下入井中，定位、调整油管长度后，坐封隔器、坐井口，替保护液，掏空降液面，然后投棒引爆，而后开井放喷投产。

从井口到井底依次为油管、流动短节、井下安全阀、流动短节、循环滑套、封隔器、上坐落接头、带孔管、下坐落接头、平衡隔离工具、射孔枪丢手、射孔枪总成，如图3-2-4所示。

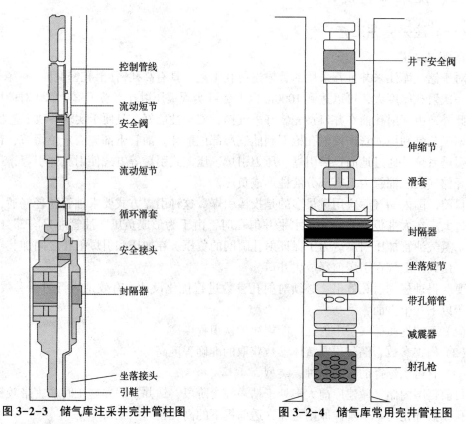

图3-2-3　储气库注采井完井管柱图　　　　图3-2-4　储气库常用完井管柱图

目前，该工艺在国内储气库中应用量最多，但该工艺施工复杂，需要的协调单位较多，须精心组织施工。

4. 射孔-注采-酸化联作工艺

该工艺主要针对碳酸盐岩储层的储气库而设计，是在射孔-注采联作工艺的基础上发展而成的工艺技术，施工时下入联作管柱，先射孔，再测试，然后直接进行酸化施工。

设计时，要重点考虑井下工具和井口装置的耐酸保护，强化酸液的缓蚀性能。由于是利用枯竭油气藏改建储气库，要根据施工时的地层流体性质、地层压力等参数，加强残酸返排的措施研究。

## （二）油管尺寸优选

1. 油管抗冲蚀能力分析

气井冲蚀流量计算有多种方法，常用的有 API 算法、Beggs 算法和软件计算方法。对各种算法进行比较，优选合适的计算方法，计算出文 23 储气库不同管径、不同压力情况下的临界冲蚀流量。

由 Beggs 计算公式计算：

$$q_e = 5.164 \times 10^4 A[P/(ZTr_g)]^{0.5} \tag{3-2-12}$$

式中 $q_e$——冲蚀流量，$10^4 \mathrm{m}^3/\mathrm{d}$；

$r_g$——气体相对密度；

$A$——油管截面积，$\mathrm{m}^2$；

$P$——油管压力，MPa；

$Z$——气体压缩因子；

$T$——油管流温，K。

对文 23 储气库区块采用 $\phi 73\mathrm{mm} \times 5.51\mathrm{mm}(62\mathrm{mm})$、$\phi 88.9\mathrm{mm} \times 6.45\mathrm{mm}(76\mathrm{mm})$、$\phi 101.6\mathrm{mm} \times 6.65\mathrm{mm}(88.3\mathrm{mm})$、$\phi 114.3\mathrm{mm} \times 6.88\mathrm{mm}(100.3\mathrm{mm})$油管时最大注采能力进行冲蚀评价。

采气过程中，井口外输压力为9MPa条件下，分别计算了不同管径油管在地层压力情况下对应的临界冲蚀流量。结果见表3-2-6。

表3-2-6 某储气库不同地层压力下对应的临界冲蚀流量

| 不同管径临界冲蚀流量/($10^4\mathrm{m}^3$/d) | | | | | |
|---|---|---|---|---|---|
| 地层压力/MPa | 分类 | $\phi 73\mathrm{mm}$ | $\phi 88.9\mathrm{mm}$ | $\phi 101.6\mathrm{mm}$ | $\phi 114.3\mathrm{mm}$ |
| 38.5 | 高产区 | 35.09 | 52.47 | 70.76 | 91.25 |
|  | 中产区 | 35.81 | 53.99 | 73.17 | 94.80 |
|  | 低产区 | 36.99 | 55.93 | 75.88 | 98.34 |
| 35 | 高产区 | 35.11 | 52.53 | 70.88 | 91.39 |
|  | 中产区 | 35.95 | 54.22 | 73.50 | 95.25 |
|  | 低产区 | 37.22 | 56.26 | 76.33 | 98.91 |

| | 不同管径临界冲蚀流量/($10^4 m^3/d$) | | | | |
|---|---|---|---|---|---|
| 地层压力/MPa | 分类 | $\phi$73mm | $\phi$88.9mm | $\phi$101.6mm | $\phi$114.3mm |
| 33 | 高产区 | 35.14 | 52.57 | 70.90 | 91.59 |
| | 中产区 | 36.04 | 54.37 | 73.71 | 95.55 |
| | 低产区 | 37.36 | 56.48 | 76.61 | 99.26 |
| 30 | 高产区 | 35.21 | 52.68 | 71.09 | 91.88 |
| | 中产区 | 36.20 | 54.63 | 74.10 | 96.06 |
| | 低产区 | 37.59 | 56.83 | 77.06 | 99.81 |
| 27 | 高产区 | 35.32 | 52.85 | 71.37 | 92.27 |
| | 中产区 | 36.39 | 54.95 | 74.55 | 96.66 |
| | 低产区 | 37.86 | 57.21 | 77.55 | 100.40 |
| 24 | 高产区 | 35.45 | 53.09 | 71.74 | 92.78 |
| | 中产区 | 36.63 | 55.34 | 75.10 | 97.37 |
| | 低产区 | 38.16 | 57.62 | 78.05 | 100.98 |
| 21 | 高产区 | 35.70 | 53.51 | 72.36 | 93.65 |
| | 中产区 | 36.95 | 55.83 | 75.76 | 98.19 |
| | 低产区 | 38.48 | 58.04 | 78.58 | 101.62 |
| 19 | 高产区 | 35.97 | 53.96 | 72.99 | 94.53 |
| | 中产区 | 37.21 | 56.22 | 76.27 | 98.84 |
| | 低产区 | 38.70 | 58.35 | 78.95 | 102.07 |
| 18 | 高产区 | 36.14 | 54.24 | 73.41 | 95.08 |
| | 中产区 | 37.36 | 56.44 | 76.56 | 99.19 |
| | 低产区 | 38.82 | 58.51 | 79.15 | 102.30 |
| 15 | 高产区 | 36.96 | 55.58 | 75.31 | 97.58 |
| | 中产区 | 37.92 | 57.26 | 77.60 | 100.45 |
| | 低产区 | 39.20 | 59.02 | 79.78 | 103.06 |

由不同地层压力下对应的临界冲蚀流量表可以得出，不同管径冲蚀流量随井口压力的增加而上升。当气藏压力在15～38.6MPa时，当井口压力最低、地层压力最高时，冲蚀流量最高，通过计算 $\phi$73mm、$\phi$88.9mm、$\phi$101.6mm、$\phi$114.3mm 的油管的冲蚀流量分别为 $35.09m^3/d$、$52.47m^3/d$、$70.76m^3/d$、$91.25\times10^4 m^3/d$。

注气过程中，在压缩机井口达到额定压力 34.5MPa、井口温度 60℃时，通过计算 $\phi$73mm、$\phi$88.9mm、$\phi$101.6mm、$\phi$114.3mm 油管的冲蚀流量分别为 $62.82m^3/d$、$100.84m^3/d$、$137.54m^3/d$、$162.11\times10^4 m^3/d$。

2. 油管携液能力分析

井底的液体通过两个过程被带到地面上：

（1）液体薄膜沿着管壁向上运动。

（2）液体小液滴由高速气流携带出来。

经验表明，从井内把液体带至地面所需的最小气流速度，应足以把井内可能存在的最大液滴带到地面，该气流速度称为临界流速。

目前，常用的临界携液模型有 Turner 模型、Coleman 模型、李闽模型和王毅忠模型。临界流速表达式见表 3-2-7。

表 3-2-7 临界携液模型对比表

| 模 型 | Turner | Coleman | 李闽 | 王毅忠 |
|---|---|---|---|---|
| 假设条件 | 球形 | | 椭球形 | 球帽形 |
| 曳力系数 | 0.44 | | 1 | 1.17 |
| 临界流速 | $u_{cr}=6.6\left[\dfrac{\delta(\rho_1-\rho_g)}{\rho_g^2}\right]^{0.25}$ | $u_{cr}=5.5\left[\dfrac{\delta(\rho_1-\rho_g)}{\rho_g^2}\right]^{0.25}$ | $u_{cr}=2.5\left[\dfrac{\delta(\rho_1-\rho_g)}{\rho_g^2}\right]^{0.25}$ | $u_{cr}=1.8\left[\dfrac{\delta(\rho_1-\rho_g)}{\rho_g^2}\right]^{0.25}$ |
| 系数 | 6.6 | 5.5 | 2.5 | 1.8 |

其中，Turner 模型适用于气液比非常高（气/液 > 1367m³/m³），流态属雾状流的气液井。考虑文 23 储气库强注强采、注采气量大的特点，选用 Turner 模型计算不同油管临界携液流量，计算公式如下：

$$q_{cr}=2.5\times10^4\frac{APv_{cr}}{ZT} \tag{3-2-13}$$

$$v_{cr}=6.6\left[\frac{\sigma g(\rho_1-\rho_g)}{\rho_g^2}\right]^{0.25} \tag{3-2-14}$$

式中　$v_{cr}$——气井携液临界流速，m/s；

　　　$\sigma$——气-水（凝析油）界面张力，N/m，对凝析油 $\sigma=0.02$N/m；

　　　$g$——重力加速度，取 9.8m/s²；

　　　$\rho_1$——液体的密度，凝析油 $\rho_1=721$kg/m³；

　　　$\rho_g$——气体的密度，kg/m³；

　　　$A$——油管截面积，m²；

　　　$P$——井筒压力，MPa；

　　　$T$——井筒温度，K；

　　　$Z$——$P$、$T$ 条件下的气体压缩因子。

根据某气藏基础数据和储气库设计指标，利用 Turner 模型，计算出不同管径的油管在不同井口压力下的临界携液气量，见表 3-2-8。

表 3-2-8 不同井口压力、油管尺寸下的气井临界携液流量表

| 井口压力/MPa | 不同管径油管的临界流量/（10⁴m³/d） | | | |
|---|---|---|---|---|
| | $\phi$73mm | $\phi$88.9mm | $\phi$101.6mm | $\phi$114.3mm |
| 17 | 6.99 | 10.51 | 14.19 | 18.05 |
| 15 | 6.59 | 9.91 | 13.38 | 17.02 |

续表

| 井口压力/MPa | 不同管径油管的临界流量/($10^4$m$^3$/d) | | | |
|---|---|---|---|---|
| | φ73mm | φ88.9mm | φ101.6mm | φ114.3mm |
| 13 | 6.16 | 9.26 | 12.50 | 15.90 |
| 11 | 5.69 | 8.55 | 11.54 | 14.68 |
| 9 | 5.16 | 7.76 | 10.47 | 13.33 |
| 7 | 4.57 | 6.87 | 9.27 | 11.79 |
| 5 | 3.88 | 5.82 | 7.86 | 10.00 |
| 3 | 3.01 | 4.53 | 6.11 | 7.77 |
| 1 | 1.75 | 2.62 | 3.54 | 4.50 |

从表 3-2-8 可以看出，在最低井口压力 9MPa 时，采用 φ73mm、φ88.9mm、φ101.6mm、φ114.3mm 油管临界携液流量分别为 $5.16 \times 10^4$m$^3$/d、$7.76 \times 10^4$m$^3$/d、$10.47 \times 10^4$m$^3$/d、$13.33 \times 10^4$m$^3$/d，气藏方案最低配产气量大于临界携液流量则能够连续携液生产。

3. 油管尺寸选择

综合节点分析、气体临界冲蚀流量和临界携液流量等计算结果，充分考虑经济性，优选满足生产要求的油管尺寸。配产气量 $35 \times 10^4$m$^3$/d 以下，选择外径 φ73mm 的油管；配产气量 $35 \times 10^4 \sim 52 \times 10^4$m$^3$/d，选择外径 φ88.9mm 的油管；配产气量 $52 \times 10^4 \sim 70 \times 10^4$m$^3$/d，选择外径 φ101.6mm 油管；配产气量 $70 \times 10^4 \sim 91.00 \times 10^4$m$^3$/d，选择外径 φ114.3mm 油管生产。

## （三）井下配套工具

选择配套工具的目的是实现管柱在完井作业、注采气生产及今后的修井作业中的特定功能，主要通过管柱上配套工具实现相应功能，见表 3-2-9。

表 3-2-9　管柱应有的功能和对应的配套工具

| 作业名称 | 应有的功能 | 配套工具 |
|---|---|---|
| 完井作业 | 循环洗井、掏空诱喷 | 循环滑套 |
| | 管柱憋压 | 堵塞器、坐落短节 |
| 注采气生产 | 安全控制 | 井下安全阀、封隔器 |
| | 油套管保护 | 封隔器 |
| 修井作业 | 循环压井 | 循环滑套 |
| | 不压井作业 | 堵塞器、坐落短节 |

1. 井下安全阀

井下安全阀是确保注气井安全生产的重要设备。井下安全阀的主要作用是当地面发生紧急情况如火灾、地震、战争及人为破坏时，可以自动或人为关闭，实现井下控制，保证储气库的安全。

井下安全阀主要由上接头、液缸外套、液缸、弹簧、阀板及下接头组成。通过地面液压控制其开关，安全阀阀板在液压作用下打开，失去液压作用时关闭，起到井下关井的作用。

气流对安全阀的冲击，在安全阀上、下各安装一个流动短节。

最大下入深度计算公式：

$$D_m = C_p / (GS_f) \tag{3-2-15}$$

式中　$D_m$——安全阀最大下入深度，ft；

　　　$C_p$——安全阀关闭压力，psi；

　　　$G$——液压油的梯度，psi/ft；

　　　$S_f$——安全系数。

对于储气库注采井，推荐选用油管起下地面控制的自平衡式井下安全阀，如图 3-2-5 所示，深度一般为距井口约 100m。

2. 循环滑套

循环滑套是注采管柱中用来连通油套环空的设备，如图 3-2-6 所示，其原理为通过移动内滑套来密封或打开本体上的流动孔道。

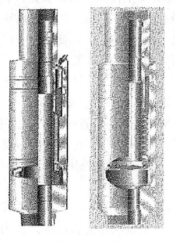

图 3-2-5　地面控制的自平衡式
井下安全阀示意图

图 3-2-6　循环滑套图

注采完井过程中在封隔器坐封后，环空内液体的替换，负压射孔的气举掏空，注采井生产过程中的洗井作业，以及修井作业前的循环压井都要通过打开循环滑套连通油套环空来实现。

目前，滑套的形式主要有液压开关式和钢丝开关式。综合考虑注采井井斜、油管尺寸、现场施工及经济效益，推荐选用钢丝作业开关式滑套，如图 3-2-7 所示。

3. 封隔器

使用封隔器的目的主要有 3 个：

（1）有效封隔注采油管和生产套管环空，避免气体腐蚀套管。

（2）缓解交变应力对套管产生的影响，保护套管，延长注采井寿命。

（3）与井下安全阀一起实现注采井的自动控制，确保井下安全。

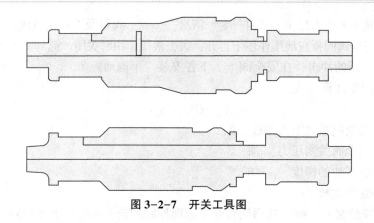

图 3-2-7　开关工具图

封隔器按解封方式可分为永久式封隔器和可取式封隔器。永久式封隔器一旦坐封,封隔可靠,不易解封,只有通过套铣才能解封取出;可取式封隔器坐封后,可以通过提放进行解封,便于更换管柱,但该类封隔器受外力作用后容易解封。

注采井一般选用永久式封隔器,但需要在其上部配套安全接头,该工具是连接油管和

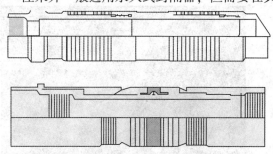

图 3-2-8　永久封隔器及安全接头

封隔器的配套工具,上端采用正常油管螺纹与油管连接,下端带有密封组合并采用反扣螺纹与封隔器连接,其密封组合插入封隔器密封筒内起密封作用并且可以通过右旋脱开,如图 3-2-8 所示。

对于下测压装置的注采井,可选用可取式整体穿越封隔器,以利于将来的维修作业。坐封方式均选用液压坐封封隔器。

4. 坐落短节

可通过钢丝作业将堵塞器坐落在坐落短节上,实现管柱上下隔绝,完成油管密封试压、坐封封隔器等作业,如图 3-2-9、图 3-2-10 所示;用钢丝作业将储存式压力计悬挂于坐落短节上,可实现对储气库压力、温度的临时性监测。

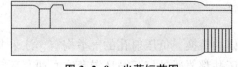

图 3-2-9　坐落短节图

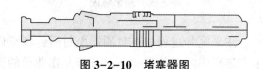

图 3-2-10　堵塞器图

## (四) 井口装置及安全控制系统

1. 井口装置

储气库运行是注气和采气两个过程交替进行的,要求井口必须承受高压、高温,并具有一定的耐腐蚀性,同时应具有较好的气密封性能,便于运行管理操作。

1) 基本要求

(1) 能适应储气库使用工况,如温度、压力、产量、腐蚀性气体及运行后动态监测要求。

（2）主密封均采用金属对金属密封。

（3）油管头四通与生产套管的密封为全金属密封。

（4）出厂前，必须进行水下整体气密封试验，确保采气树的质量。

（5）闸阀为全通径、双向浮动密封阀门。

（6）主通径与生产管柱配套。

（7）井下安全阀控制管线可实现整体穿越。

（8）与地面安全控制系统连接配套。

2）技术参数优选

（1）压力等级。

按照《井口装置和采油树设备规范》（API 6A）划分的压力等级选择见表3-2-10。

表3-2-10　按 API 6A 划分的压力等级表

| API 压力额定值/psi | 2000 | 3000 | 5000 | 10000 | 15000 | 20000 |
|---|---|---|---|---|---|---|
| API 压力额定值/MPa | 13.8 | 20.7 | 34.5 | 69.0 | 103.5 | 138.0 |

（2）温度等级。

根据环境的最低温度、流经采气井口装置的流体最高温度，选择井口装置温度等级。

按照《井口装置和采油树设备规范》（API 6A）划分的温度等级选择见表3-2-11。

表3-2-11　按 API 6A 划分的温度等级表

| 序　号 | 温度类别 | 适用温度范围/℃ | 序　号 | 温度类别 | 适用温度范围/℃ |
|---|---|---|---|---|---|
| 1 | K | −60~82 | 5 | S | −18~66 |
| 2 | L | −46~82 | 6 | T | −18~82 |
| 3 | P | −29~82 | 7 | U | −18~121 |
| 4 | R | 室温 | 8 | V | 2~121 |

（3）材料等级。

根据注采井运行工况，可参照表3-2-12和表3-2-13进行优选。

表3-2-12　井口装置材料等级优选表（由 CAMERON 公司提供）

| 材料级别 | $H_2S$ | $CO_2$ | 氯化物/（mg/L） | 最高温度/℉（℃） |
|---|---|---|---|---|
| AA（合金钢）无腐蚀工况 | 0.05 | <7 | <20000 | 350（177） |
| BB（合金钢、不锈钢）中等腐蚀环境工况 | 0.05 | 7~30 | <20000 | 350（177） |
| CC（全不锈钢）腐蚀环境工况 | 0.05 | >30 | <50000 | 250（121） |
| DD（NACE 工况合金钢）无腐蚀酸性环境 | >0.05 | <7 | <20000 | 350（177） |
| EE（NACE 合金钢、不锈钢）中等腐蚀，酸性环境 | >0.05 | 7~30 | <50000 | 350（177） |
| FF（NACE 全不锈钢）中等腐蚀，酸性环境 | 0.05~10 | >30 | <50000 | 250（121） |
| HH（全镌嵌镍基合金）极端腐蚀，酸性环境 | >10 | >30 | ≤100000 | 350（177） |

表 3-2-13　API 6A 对井口装置等级的要求

| API 材料等级 | 本体、阀罩、端部和出口连接 | 压力控制阀、阀杆、芯轴式悬挂 |
|---|---|---|
| AA——一般工况 | 碳钢或低合金钢 | 碳钢或低合金钢 |
| BB——一般工况 | 碳钢或低合金钢 | 不锈钢 |
| CC——一般工况 | 不锈钢 | 不锈钢 |
| DD—酸性工况 | 碳钢或低合金钢 | 碳钢或低合金钢 |
| EE—酸件工况 | 碳钢或低合金钢 | 不锈钢 |
| FF—酸性工况 | 不锈钢 | 不锈钢 |
| HH—酸性工况 | 耐腐蚀合金 | 耐腐蚀合金 |

对于储气库注采井井口装置材料等级的优选，应综合考虑注采井运行规律和腐蚀环境的变化情况，做到安全、适用、经济。

（4）产品规范等级（PSL）。

《井口装置和采油树设备规范》（API 6A）标准中规定了井口装置最低 PSL 等级选择标准，见表 3-2-14、图 3-2-11。

表 3-2-14　设备的质量控制要求表（API 6A 节选）

| 要　求 | PSL-1 | PSL-2 | PSL-3 | PSL-3G | PSL-4 |
|---|---|---|---|---|---|
| 通径测试 | 是 | 是 | 是 | 是 | 是 |
| 流体静力学测试 | 是 | 是 | 是，延长 | 是，延长 | 是，延长 |
| 气体测试 | — | — | — | 是 | 是 |
| 组装的追踪能力 | — | — | — | 是 | 是 |
| 连续性 | — | 是 | 是 | 是 | 是 |

此参数是对产品质量控制的要求，级别越高，要求测试的项目就越多。

（5）产品质量要求（PR）。

《井口装置和采油树设备规范》（API 6A）标准中产品质量要求分 PR1 和 PR2 两个等级，并且明确了各自的具体要求。应根据井口各部分的使用工况确定产品质量要求，对于安全阀必须达到 PR2 的要求。如图 3-2-12 所示为"十"字形采气井口装置。

2. 井口安全控制系统

储气库注采井长期生产的是高压天然气，并且地面环境复杂，安全环保要求严格，因此，井口安全系统应具备以下功能：

（1）在发生火灾情况下，可以自动关井。

（2）在井口压力异常时，可以自动关井。

（3）在采气树遭到人为毁坏和外界破坏时，可以自动关井。

（4）在发生以上意外，或者其他原因需要关井时，可以在近程或远程实现人工关井。

（5）能够实现有序关井，保护井下安全阀。

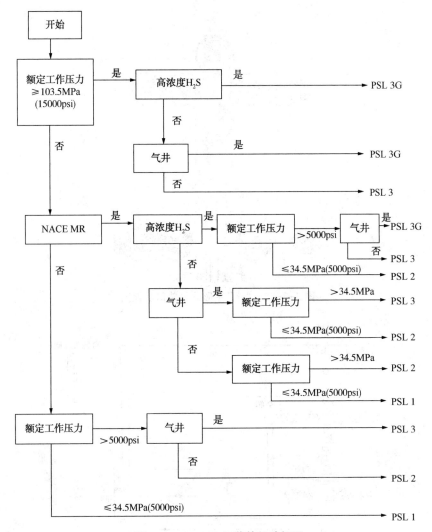

图 3-2-11　API 规范等级选择图

3. 主要设备

安全控制系统主要由井下和地面设备组成，井下设备由安全阀和封隔器组成，地面设备由地面安全阀、采集压力信号的高低压传感器及控制柜组成。安全控制系统主要设备如图 3-2-13 所示。

4. 连接方式

安全系统的安装有两种方式：单井控制方式和多井联合控制方式。

1）单井控制方式

单井控制的优点是安装简单、维护简便，适用于独立单口井的安全控制，具备手动关断控制，ESD 紧急关断控制、RTU 远程关断控制。对于储气库注采井安全阀，一般选用液动型执行器，液压动力源可由气动泵、电动泵或手动泵提供。

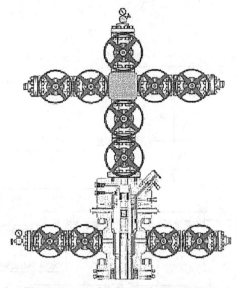

图 3-2-12　"十"字形采气井口装置图

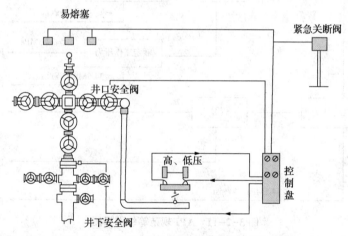

图 3-2-13　井口安全控制系统主要设备示意图

2) 多井联合控制方式

多井联合控制就是通过一个控制柜控制一个井组, 控制井数可达十几口。多井联合控制适用于井口较集中的丛式井井场。

多井控制柜采用模块化设计, 共用液压供给模块和 RTU 控制模块, 每个单井控制模块与其他各井模块之间相互独立, 能够对每口井的井下安全阀、地面安全阀分别独立地进行控制。多井控制柜的液压动力源一般采用电动泵或气动泵。

# 四、投产完井工程

## (一) 完井管柱设计

文 23 储气库设计采用套管固井完井方式, 通过对各种完井管柱适用性进行分析,针对不同的完井方式，结合现场施工工艺特点，设计出文 23 储气库适用的管串结构。

1. 管柱结构设计

依据目前现有标准，结合文 23 储气库储层特点及生产需要，设计生产管柱结构如图 3-2-14~图 3-2-18 所示。

如图 3-2-14 所示为射孔-生产一体化完井管柱，该管柱目前可最大限度实现投产环节的储层保护，适用于套管固井完井的井。因文 23 储层厚度及跨度较大，下部为水层，钻井预留口袋小，设计为不丢枪管柱，后期的油管测试工艺（如注采剖面）将受到一定影响。

如图 3-2-15 所示为井筒安全控制注采管柱，是射孔-生产一体化完井管柱的简化管柱，去掉了射孔枪，适用于储层与井筒已沟通的注采井。随着今后不压井作业技术的进步，该管柱若能实现配合不压井作业技术施工，将可避免压井作业对低压储层造成的伤害。

如图 3-2-16 所示为环空保护生产管柱，可适用于老井采出井，具有环空保护功能，保护上部套管，在安全控制方面，可实现随时压井。必要时，可依据安全需要，增加安全配置。

如图 3-2-17 所示为永置式监测注采管柱，采用永置式监测装置实现井下参数实时监测，适用于重点部位的注采监测井。

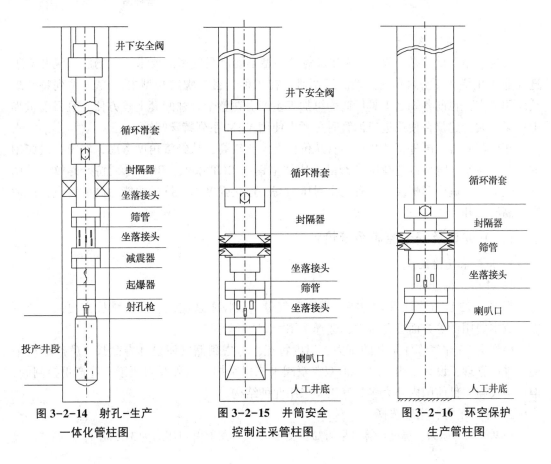

图 3-2-14 射孔-生产
一体化管柱图

图 3-2-15 井筒安全
控制注采管柱图

图 3-2-16 环空保护
生产管柱图

如图 3-2-18 所示为存储式监测管柱，可通过钢丝作业工艺将存储式测试仪器下入到坐落接头位置，进行一段时间的测试，取出后回放获得测试数据，适用于老井监测井，该类管柱可根据相关标准及规范的要求增加安全配置。

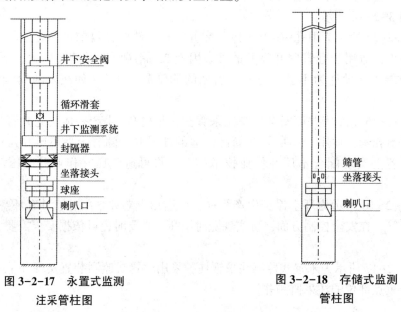

**图 3-2-17　永置式监测**
**注采管柱图**

**图 3-2-18　存储式监测**
**管柱图**

（图中标注）井下安全阀　循环滑套　井下监测系统　封隔器　坐落接头　球座　喇叭口

（图中标注）筛管　坐落接头　喇叭口

**2. 油管扣型选择**

现场应用及试验结果表明，API 圆螺纹扣型不能满足气密封要求，现场注采气井必须选用非 API 特殊气密封螺纹扣型。经调研，在各种气密封螺纹扣型中，VAM 系列特殊螺纹应用最广，目前各知名工具厂商均可加工生产，在整个管柱配套上较方便，且目前世界上用量最大，建议在使用进口油管时可考虑使用 VAM 系列特殊螺纹。

相比较而言，国外特殊扣型油管从价格上均比较高，从经济角度考虑，对于大量应用的油管，在使用时可以选择国产产品。比如宝钢的 BGT 系列、BGC 系列特殊螺纹，采用连接效率高的偏梯形螺纹，具有气密封压力高、连接强度高、抗过扭能力高的特点，可适用于高压气井。

## （二）井口及安全控制系统设计

**1. 井口采气树设计**

**1）井口结构选择**

根据文 23 储气库注采井的特点和注采气量，从技术适应性、安装维护方便、安全可靠、成本费用低等方面综合考虑，选择采用"十"字形井口。

根据文 23 储气库注采井的压力、温度特点，考虑到储气库设计寿命长，生产运行中便于维修管理，设计采用"十"字形双翼双阀采气树结构。双翼双阀便于不停产更换闸阀，但成本较高，目前国内外大多数气田均采用此种结构。

**2）井口压力、温度选择**

根据注采井压力、温度计算结果可知，文 23 储气库最高井口压力为 34.5MPa，最高井口温度为 62.7℃，最低井口温度为-21℃(极限环境温度)。

考虑计算误差及极端环境情况，以及后期作业、措施的入井液需求，并参考大张坨储气库、文 96 储气库井口选择标准，选择温度级别为 P-U 级，即-29~121℃。

根据储气库腐蚀环境分析，井口装置工作过程中接触水和含有 $CO_2$ 的天然气，以及采取措施时的腐蚀性介质，故井口及采油树处于酸性环境中。依据对注采气体腐蚀的计算结果，推荐井口材料为不锈钢材质，暂选材料级别为 EE 级。但考虑到文 23 气田地层流体中 $Cl^-$ 含量为 $(14~18)\times10^4mg/L$，超过了标准中规定的 $5\times10^4mg/L$ 的数值，尤其是部分管道气中的 $H_2$ 对管材的影响暂不明确，为确保井口长期安全、可靠运行，在进行井口采购前，应委托有资质的厂家对该材质进行室内实验评价。

3) 采气树技术指标

依据文 23 储气库设计指标及自然环境指标，通过以上计算，注气井口及采气树主要技术指标如下：

(1) 材料级别：EE 级。

(2) 温度级别：P-U(-29~121℃)。

(3) 产品规范级别：PSL-3G。

(4) 配套 $3\frac{1}{2}$in 油管采气树主通径 ：$3\frac{1}{8}$in。

(5) 井口装置额定压力：34.5MPa(5000psi)。

采气树采用法兰式连接、双翼双阀结构，生产阀门为双阀门设计，生产翼配套地面安全阀，如图 3-2-19 所示。

2. 井口安全控制系统设计

储气库注采气井不同于一般的采气井，运行时将处于一个压力周期性变化的过程中，正常运行与否直接影响到用户的工作与生活，以及周围环境的安全性。为确保注采井注采气安全，设计注采安全控制系统。

如图 3-2-20 所示为井口安全控制系统示意图，采用地面及井下两级安全控制，保证整个系统安全、可靠。

在井口上方配置易熔塞，当井口发生火灾或爆炸时，易熔塞熔化，控制系统自动泄压，关闭井下和地面安全阀，切断气体流道，使事故在可控范围之内。

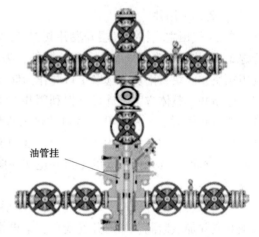

油管挂

**图 3-2-19　采气树示意图**

采用高、低压传感阀采集信号并传递给主控装置，实现对安全系统的控制，达到高、低压关井的目的；具有手动紧急关断、自动控制等功能；当地面和井下安全阀压力系统由于环境温度和管线泄漏导致压力下降时，气动泵会自动补偿系统压力，维持安全控制系统正常工作。当环境原因或人为误操作导致系统压力高于设定值时，安全溢流阀会自动释放多余压力，维持系统正常压力。

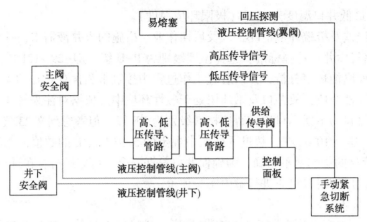

图 3-2-20　井口安全控制系统示意图

3. 设计思路

1）新钻注采井

该类井依靠后期射孔方式沟通井筒与储层，射孔前井筒与储层不连通，不存在井控问题。如何降低钻井泥浆或固井水泥在近井地带形成的滤饼，对表皮系数的影响是关键点，故射孔工艺优先设计其深穿透能力。在现有的技术条件下，在满足地层测试需要的前提下，优先推荐入井液用量最少的射孔-生产一体化完井管柱，充分保护储层。

2）老井利用井

文 23 气田主块钻遇气层开发井共 57 口，经生产资料分析及先导工程单井检测，初步确定 11 口井可作为储气库井利用。此外，为了观察主块边界断层的封闭性，分别在文 23 气田东块、西块、南块各选取 1 口井作为储气库监测井，选取将储层封堵后的 3 口井作为盖层监测井，整体方案合计设计拟利用井 17 口。参考开发历程及井位、井筒检测结果等，其中 7 口井作为采气井利用，10 口井作为监测井利用。一期方案设计动用高、中产区采气井 6 口，监测井 10 口（块内 4 口、块外 3 口），但从储气库整体运行安全考虑，为保证储气库的完整性，其余低产区的 1 口井也在一期方案中进行完善，故一期方案设计井数按照整体方案要求设计。

该类井套管已经经过一段时间的开发利用，为保证储气库安全运行，在生产过程中，必须对老井加强监测，如遇井况变化，不再符合利用条件，应及时处理并可靠封井，以保证利用井的安全、可靠，实现经济效益的优化配置。

3）射孔工艺设计

文 23 气田目前已达枯竭状态，在钻完井过程中可能存在较严重的地层污染，射孔应最大程度地解除地层污染。射孔过程中井筒内液体进入地层，可能会对地层造成二次污染，所有聚能射孔弹都可能在孔道内部形成孔壁压实带，射孔应尽量减少对地层的二次伤害。

（1）射孔方式。文 23 气田主块为低渗、低压气藏，储层厚度大，射孔井段长。从低压储层保护出发，在射孔过程中应减少作业次数，须一次性射开产层。结合《枯竭砂岩枯竭油气藏地下储气库注采井射孔完井工程设计编写规范》（SY/T 6645—2006）和文 23 气田射孔实践经验，文 23 储气库射孔采取油管输送式射孔工艺，射孔后压井提枪，对于超低压储层在技术条件允许的情况下可考虑带压提枪；对于超低压地层，可以考虑采用不动管柱直接投产；对于射孔段不大于 100m 的地层，可以考虑采用射孔-生产一体化管柱，丢枪后直接投产或采用全通径射孔；对于污染轻的短井段，射孔或补射孔可考虑使用电缆输送过油管张开式射孔。

（2）起爆方式。地层经过长期开采，孔隙压力很低，为减轻射孔时对储层的污染程度，在油管输送射孔施工起爆射孔枪时，应尽量采用负压起爆方式，有条件的可采取超负压起爆方式，清洗射孔孔眼，并减少打开地层瞬间液体往地层的注入。

（3）射孔枪选择。选择射孔枪的规格主要考虑两个方面的因素：一是射孔枪在射孔后的变形不致发生井下卡枪事故；二是射孔枪的射孔参数有利于沟通地层和井筒的渗流通道，提高气井产能。射孔枪的外径越大，越有利于调整射孔参数。

文 23 储气库设计井型有直井、定向井。生产套管均为外径 $\phi$177.8mm、内径 $\phi$157.1mm，可供选择的射孔枪型有：外径 $\phi$114mm、$\phi$127mm、$\phi$140mm 三种规格。在国内外射孔施工中，这三种射孔枪在 $\phi$177.8mm 套管内都曾不同程度地应用过。表 3-2-15 是三种射孔枪在文 23 储气库的适应性分析。

表 3-2-15 $\phi$114mm、$\phi$127mm、$\phi$140mm 射孔枪在文 23 储气库适应性分析

| 射孔枪型 | 外径/mm | 套管内径/mm | 射孔前枪套间隙/mm | 最大毛刺高度/mm | 射孔枪膨胀/mm | 射孔后枪套最小间隙/mm | 评 价 |
|---|---|---|---|---|---|---|---|
| 114 | 114 | 157.1 | 43.1 | 5 | 5 | 28.1 | 较合适 |
| 127 | 127 | 157.1 | 30.1 | 5 | 5 | 15.1 | 最合适 |
| 140 | 140 | 157.1 | 17.1 | 5 | 5 | 2.1 | 不合适 |

根据数据比较，射孔枪可选用 $\phi$127mm 或 $\phi$114mm 射孔枪，使用 $\phi$127mm 的射孔枪，射孔弹和射孔枪的配合更趋合理，穿孔深度和孔径比较大，射孔效果较好，因此，对于直井或大斜度井选择 $\phi$127mm 射孔枪；对于拐角较大的井，为减小射孔枪起爆后上提摩阻和降低上提射孔枪至"狗腿"处卡枪风险，选用 $\phi$114mm 射孔枪。

4. 射孔参数优化

射孔参数受射孔枪规格和射孔弹规格限制，直径相对较小的射孔枪不可能获得较理想的射孔参数，它们之间又相互抑制，深穿透、大孔径、高孔密不可能同时实现，追求深穿透必定以牺牲大孔径和高孔密为代价，同理，高孔密射孔枪必须使用相对小直径的射孔弹，穿孔深度和入孔直径都将受到影响，只有合理地权衡设计相关参数，才能达到最好的射孔效果。

1) 孔深和孔密的确定

文 23 气田经过长期开采，地层压力系数降至 0.1~0.3，低压地层在钻井和完井过程中不可避免地遭受钻井液和水泥浆的污染，低渗透地层一旦被污染很难解除。所以，要求在射孔时尽量提高穿孔深度，参考文 23 主块储层基础参数，钻井污染深度 200mm，那么

文 23 储气库完井射孔时穿透深度不应低于 200mm，最好在 300mm 以上。

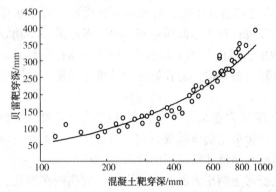

图 3-2-21　混凝土靶和贝雷靶穿深数据关系图

对文 23 储气库地层，射孔在井下实际穿深和贝雷砂岩靶穿深数据接近，混凝土靶穿深数据和贝雷砂岩靶穿深数据关系如图 3-2-21 所示。由此可以折算，若要求在地层中穿深达到 300~400mm，则射孔弹在混凝土靶上的穿孔深度必须达到 800~1000mm。

储气库注采井必须满足强注强采要求，由于采气强度大，容易造成地层出砂，高孔密射孔对防止或减少出砂有明显的效果，而且产率比随着射孔密度的增加而增加，在增加到 16 孔/米后，产率比增加速度变缓。考虑到较高的射孔密度是以牺牲穿孔深度和入孔直径为代价的，所以射孔密度在 16~20 孔/米比较合理。

储气库新钻井采用 $\phi$177.8mm 生产套管，目前与 $\phi$127mm 枪配套的深穿透射孔弹有 DP44RDX38-1 弹、DP44RDX-5 弹。性能指标见表 3-2-16。

表 3-2-16　深穿透 $\phi$127 射孔枪弹性能

| 射孔器类型 | | 深穿透 | |
|---|---|---|---|
| 枪型 | | $\phi$127mm | $\phi$127mm |
| 弹型 | | DP44RDX38-1 | DP44RDX-5 |
| 最高孔密/(孔/米) | | 20 | 16 |
| 混凝土靶 | 孔径/mm | 10.8 | 12.2 |
| | 穿深/mm | 726 | 856 |

从满足注采井产能，兼顾防砂需要出发，进行深穿透、高孔密的射孔枪弹优选。从表 3-2-16 可以看出，$\phi$127mm 枪 DP44RDX-5 弹射孔穿深可达 856mm，$\phi$127mm 枪 DP44RDX38-1 弹射孔穿深 726mm，但孔密最高可达 20 孔/米。

DP44RDX38-1 射孔弹壳体外径已达到 $\phi$46~$\phi$48mm，虽然可以实现在长度 1000mm 空间内安装 20 发射孔弹，但射孔弹外壳间距小于 5mm，加之弹壳壁厚较薄，弹间干扰加剧，影响穿深和孔道质量；DP44RDX-5 射孔弹壳体外径达到 $\phi$52mm，抗弹间干扰能力强，按 16 孔/米装配，弹间距还有 10.5mm，有效避免了弹间干扰，而且孔径 $\phi$12.2mm，比 DP44RDX38-1 射孔弹形成的孔径 $\phi$10.8mm 大 1.4mm；储气库要求安全运行时间长，高孔密射孔不利于套管强度的长期保持（射孔参数对套管强度影响如图 3-2-22 所示）。因此，综合考虑优选射孔密度为 16 孔/米。

2）相位角的确定

对提高产能而言，比较合理的相位角是 90° 和 60°，两者对产能的影响相差甚微，但 90° 相位角两发射孔弹之间导爆索的距离比 60° 相位角的长，不利于减少弹间干扰，所以应优先选择 60° 相位角。

5. 射孔器类型选择

目前，广泛使用的多脉冲复合射孔可在一定程度上改造孔道压实带，使孔道压实带破碎，并在近井地层中形成多条不受地应力控制的微裂缝，进一步降低地层污染的影响（复合射孔造缝示意图如图 3-2-23 所示）。所以，在文 23 储气库射孔时，应选用以改造孔道压实带和降低地层污染为目的的深穿透多脉冲复合射孔器。

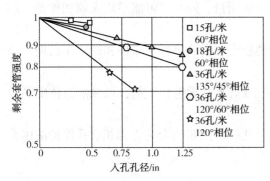

图 3-2-22　孔径和相位对
套管强度的影响图

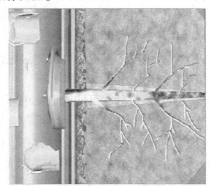

图 3-2-23　复合射孔造缝示意图

文 23 储气库地层压力枯竭，作业过程中即使井筒内只有少量液体，也会通过射孔孔眼进入地层，对地层造成二次污染，所以应尽量采取超负压射孔，即井筒内在没有液体的情况下射孔。普通射孔器在无围压情况下引爆容易发生枪管炸裂事故，所以要求使用纯气相条件下抗爆的无围压深穿透射孔器。

6. 火工品耐温指标选择

射孔位置地层温度 125℃，RDX 炸药 24h 耐温 130℃，基本满足井下环境温度要求，但安全系数低，为安全起见，选用 HMX 耐高温炸药，在井下 125℃环境中停留 10d 不会分解。

导爆索、传爆管、起爆器、延时装置等气田火工器材耐温指标不得低于 HMX。

7. 射孔参数优化结果

根据文 23 储气库地质特点和投产工程要求，按照满足产率比相对较大、兼顾防砂需要的原则，结合射孔器设计制造技术，优选射孔参数如下：

（1）射孔器类型：深穿透多脉冲复合射孔器/无围压深穿透射孔器。

（2）射孔枪规格：直井或大斜度井为 $\phi127mm$；拐角较大的井为 $\phi114mm$。

（3）射孔弹型号：DP44HMX-5。

（4）孔密：16 孔/米。

（5）相位：60°或 90°。

（6）布孔方式：螺旋布孔。

## （三）入井液设计

入井液是气藏完井作业的重要组成部分，由于枯竭型气藏主块储层气藏压力已达枯竭，且投产层段跨度大、存在层间渗透率差异，相对低压储层更容易受到外来流体污染伤害。因此，选择合适的完井方式及与其相匹配的入井液类型对于实现储层保护和储气库高效开发具有十分重要的意义。

入井液主要用于完井作业工序，主要包括压井(射孔)液、环空保护液，入井液用量、化学性能及在生产层段滞留时间等因素，是影响储层污染伤害的重要因素，针对气田超低压、长井段和不同的完井方式，入井液设计应遵循以下原则：

(1) 在保证井控安全的条件下，应减少入井液用量，同时尽可能采用无固相体系，避免固相颗粒侵入造成的储层伤害。

(2) 入井液流体具有良好的储层配伍性和热稳定性，满足储层保护和储气库长期安全生产需要。

(3) 入井液组分尽可能选取绿色环保与环境友好型化学生物制剂，入井液液体配制简单、方便，现场施工操作安全、可行。

根据不同的完井方式和完井管柱，储气库射孔(压井)液可分为无固相射孔保护液体系和分步压井作业射孔(压井)液体系两大类。

1. 无固相射孔保护液体系

无固相射孔保护液主要组分有无机盐、防膨剂和表面活性剂等，体系具有黏度低，黏土防膨效果好(黏土防膨率≥80%)，无固相堵塞伤害，无聚合物伤害等特点，与储层及流体有较好的配伍性。

射孔—生产一体化完井管柱采用完井管柱到位后再射孔的投产方式，现场施工中仅需要考虑射孔作业安全，不存在因射孔液大量漏失造成的井控风险，应选取对储层伤害最小的射孔保护液体系作为射孔液，实现最大程度的枯竭油气藏保护。同时，在保证射孔作业安全的条件下，射孔液用量应采用最少量设计原则。

从最大程度保护储层的角度看，射孔—完井一体化完井管柱配合无固相低黏压井(射孔)液体系具有显著的储层保护技术优势和液体成本优势。

2. 分步压井作业射孔(压井)液体系

对于需要采取分步压井作业工序的注采井，由于需要起、下井下作业(射孔)管柱，存在压井液漏失而造成安全井控风险，因此射孔(压井)液配方体系设计要同时兼顾井控安全和储层保护两个方面，应采用滤失控制型射孔(压井)液体系。

滤失控制型射孔(压井)液体系主要有泡沫暂堵体系、无固相聚合物体系和固相暂堵体系等。从储层保护角度看，分步压井作业完井管柱配合控制滤失型压井(射孔)液体系均存在不同程度的储层污染伤害，应谨慎采用。

3. 环空保护液

文23储气库井下封隔器以上的油套环形空间没有高温、高压气体，只有相对稳定的液体，分析认为在注采井井下温度和压力的情况下可能发生三种腐蚀类型：①溶解盐腐蚀；②溶解氧腐蚀；③微生物腐蚀。与之对应的防腐措施主要有：①采用高等级防腐材质；②阴极保护技术；③环空保护液技术。综合考虑腐蚀介质和经济成本，选取添加环空保护液防腐方案。环空保护液具有平衡井下管柱受力，延长井下管柱和工具使用寿命等作用。

文23储气库环空保护液应具有优异的防腐性能和热稳定性。HK–CYY缓蚀剂以吸附膜型缓蚀剂为主要组分，具有良好的缓蚀效果和热稳定性，可作为文23储气库环空保护液使用。室内评价结果见表3-2-17。

表 3-2-17　缓蚀实验室内评价结果表（N80，90℃）

| 环空保护液 | 腐蚀前试片质量/ g | 腐蚀后试片质量/ g | 试片面积/ cm² | 腐蚀速率/ （mm/a） | 热稳定性/ ℃ |
|---|---|---|---|---|---|
| HK-CYY | 10.9061 | 10.9039 | 13.648 | 0.0058 | ≥110 |
| HK-CYY | 11.0107 | 11.0076 | 13.704 | 0.0081 | ≥110 |

## 五、注采完井配套技术

### （一）地下储气库动态监测技术

地下储气库动态监测主要包括储气库井筒密封性监测、动态参数监测，以及盖层和油、气、水界面监测等。国外的动态监测技术日趋完善，仪器设备齐全配套，但由于地质情况和对储气库的要求存在差异，各国对地下储气库的监测内容略有差别。例如，法国地下储气库在运行时，对注采气井不做井下生产动态监测，只在井口和地面进行压力、流量和组分的实时测试；美国等在储气库气-水界面附近和盖层附近布置一批观察井，用以监测储气库井下的动态变化，包括气顶、盖层，以及气-水界面的密封情况。

我国地下储气库的研究和建造尚处于初始阶段，运行时间较短，监测技术尚未形成标准做法。

1. 井筒密封性监测

国外储气库在停气期会对储气库注采井进行放射性测试，监测注采井固井质量和检查套管的密封性。固井质量差容易造成套管泄漏，气体会通过套管进入渗透层，因此，尤其需要对固井质量差的部位进行重点监测。可采用放射性示踪剂或者通过温度测井、中子测井进行监测。

2. 盖层及油、气、水界面监测

储气库盖层密封性的监测是储气库安全运行的关键因素之一。由于盖层分布不均衡，当注气压力较高时，未探明的盖层可能发生异常，进而使气体向上运移。当气体渗入盖层以上第一个可渗透层时，压力观察井将显示该层压力迅速增大，同时由于水的压缩性低，亦可通过水位测定判断有无气体进入该层。对于盖层和油、气、水界面的监测，一般都是利用监测井射开相应层位观察压力变化情况，也可用中子测井监测套管外孔隙内气体情况。

3. 动态参数监测

对于储气库监测的动态参数，采气期包括产气量、产液量、地层流压、流温、井口压力、温度、含砂等数据；注气期包括注气量、注气压力、温度、地层流压、流温等数据。通过监测注采井的动态参数，可及时掌握储气库的注采量及库内流体的分布和移动规律，进而分析储气库的运行状况。

1) 临时监测

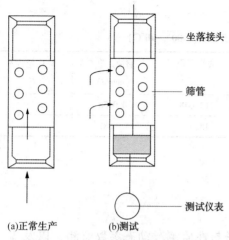

(a)正常生产    (b)测试

**图 3-2-24 生产测试过程示意图**

临时监测是指测取储气库某一特定时刻或阶段的压力、温度值，可以通过下入直读式电子压力计直接读取，这时地面需要有读取和存储压力数据配套的设备、人员、车辆。根据现场情况，也可以通过钢丝作业将存储式压力计下入井底，测试完毕后再通过钢丝作业将仪表挂和压力计取出。在高压气井中下电缆压力计时要格外谨慎、仔细实施。如图 3-2-24 所示为生产测试过程示意图。

2) 实时监测

为便于及时掌握储气库运行动态，在储气库重点井中下入仪器进行重点监测。目前，常用的有毛细管测压装置、电子压力计测压装置和光纤测压装置。

（1）毛细管测压装置。

毛细管测压装置是在管柱底端安装一个传压筒，其工作原理是井下测压点处的压力作用在传压筒内的氮气柱上，由毛细管内氮气传递压力至井口，由压力变送器测得地面一端毛细钢管内的氮气压力后，将信号传送到数据采集器，数据采集器将压力数据显示并储存起来，如图 3-2-25 所示。记录下来的井口实测压力数据由计算机回放后处理，根据测压深度和井筒温度完成由井口压力向井下压力的计算。

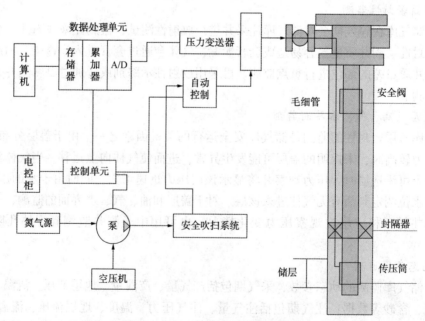

**图 3-2-25 毛细管测压装置示意图**

毛细管测压系统主要有地面部分(氮气源、氮气增压泵、空气压缩机、吹扫系统、压力变送器、数据采集控制系统)和井下部分(井口穿越器、毛细钢管、传压筒、毛细钢管保护器)组成。其中,数据采集控制系统由数据处理单元、控制单元、自动控制和显示器组成,自动控制系统又包括继电器和电磁阀;吹扫系统包括单流阀、高压针阀、定压溢流阀。

毛细钢管和传压筒中均充满氮气,氮气源由井口的普通工业氮气瓶提供,定期将氮气吹扫至毛细钢管及井下传压筒中。

(2) 电子压力计测压装置。

电子压力计测压装置是在管柱侧面安装一个电子压力计承托筒,电子压力计放在承托筒中,其工作原理是井下测压点处的压力作用在电子压力计上,电子压力计电信号由井下电缆传递至井口,数据通过采集系统采集并传递到与之相连的计算机进行储存,可同时测量压力计所在位置的温度数据,如图 3-2-26 所示。显示器可以分屏显示每口井的温度、

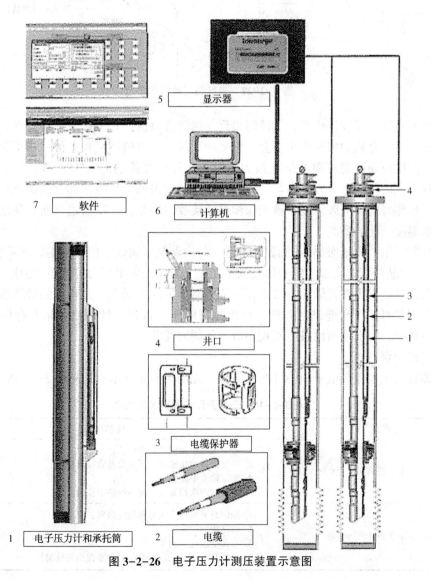

5　显示器

7　软件　　6　计算机

4　井口

3　电缆保护器

1　电子压力计和承托筒　　2　电缆

图 3-2-26　电子压力计测压装置示意图

压力数据，也可以以图表的形式进行温度、压力随时间变化规律的显示。

电子压力计测压系统主要由地面部分(数据采集系统)和井下部分(井口穿越器、井下电缆、电缆护箍、电子压力计、电子压力计承托筒)组成。

(3)光纤测压装置。

采用光纤测压装置进行监测是近几年发展起来的新技术。其基本原理是波动光学中平行平面反射镜间的多光束干涉，利用光纤法布里干涉仪对微小腔长变化的敏感性感知测量外界压力变化，如图3-2-27所示。

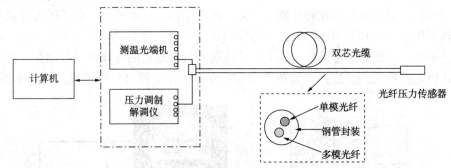

图3-2-27　光纤测压装置示意图

光纤本身就是温度传感器，可即时得到连续温度数据，其工作原理是光在介质中传播时，由于光子与介质的相互作用，会产生多种散射，主要包括瑞利散射、布里渊散射及拉曼散射，其中拉曼散射对温度信息最为敏感。光纤中光传输的每一点都会产生拉曼散射光，并且产生的拉曼散射光是均匀分布在整个空间角内的，其中一部分会被重新沿光纤原路返回，称作背向拉曼散射光，被光探测单元接收。因此，可以通过判断其强度的变化实现对外部温度变化的监测。

光纤监测系统由地面部分(测温光端机、压力调制解调仪、信号采集处理系统)和井下部分(钢管封装的双芯高温光纤一体化测试光缆、光纤法布里压力传感器)组成。

测温光端机发出激光脉冲，收集光纤传感器传来的散射光，并将光强转换成温度；压力调制解调仪对干涉光谱进行处理，得出相应的压力数据。计算机收集并存储监测井温度、压力数据。一套地面设备可实现多口井的同时监测。

(4)优缺点对比。

毛细管测压装置、电子压力计测压装置、光测压装置技术对比见表3-2-18。

表3-2-18　三种测压装置技术对比表

| 监测方法 | 技术对比 |
| --- | --- |
| 毛细管测压装置 | 1. 井下无电子元器件，寿命长；<br>2. 主要设备均在地面，不需要动管柱维修；<br>3. 测试精度不高；<br>4. 需要定期吹扫氮气，现场维护工作量大 |
| 电子压力计测压装置 | 1. 能同时测取单点压力和温度数据；<br>2. 精度相对较高；<br>3. 寿命受温度影响大；<br>4. 一旦井下电子元器件损坏，需要提出管柱维修 |

续表

| 监测方法 | 技术对比 |
|---|---|
| 光纤测压装置 | 1. 能同时测取全井段温度分布和单点压力数据；<br>2. 井下无电子元器件，耐温性能好，不受地磁影响，精度高；<br>3. 现场安全性高；<br>4. 成本相对较高 |

### (二) 腐蚀、结盐及水合物防治技术

天然气水合物是在一定压力、温度条件下，天然气中的自由水和烃类气体构成的结晶状复合物。

**1. 水合物的生成条件**

水合物的生成除与天然气的组分、游离水含量有关外，还需要一定的热力学条件，即一定的温度和压力。概括起来，生成水合物的主要条件有：

(1) 天然气的温度必须等于或低于天然气中水汽的露点，即气体处于水汽的过饱和状态，有自由水存在。

(2) 有足够高的压力和足够低的温度。

(3) 在具备上述条件时，水合物有时还不能形成，还必须要求一些辅助条件，如压力波动、气体扰动、高流速、存在酸性气体($H_2S$ 和 $CO_2$)，晶核诱导等。

水合物生成的临界温度是水合物存在的最高温度。高于此温度，无论压力多高，也不会形成水合物。但随着压力的增加，气体形成水合物的临界温度也增加。如图 3-2-28 所示为某天然气水合物生成曲线。

**2. 水合物生成条件的预测**

天然气水合物的生成温度和压力与天然气的组分有关。目前，有许多可供选择的确定天然气水合物生成压力和温度的方法，常用的有查图法和经验公式法。

**1) 查图法**

查图法是矿场实际应用中非常方便和有效的一种方法。根据预测图版，将天然气的实际温度与临界温度相比较，当天然气温度低于水合物的生成温度(临界温度)时，有可能生成水合物，如图 3-2-29 所示。

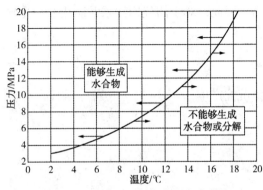

图 3-2-28 某天然气水合物生成曲线

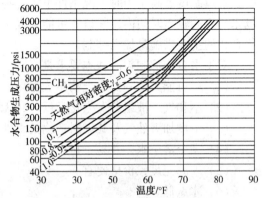

图 3-2-29 天然气水合物温度-压力预测图版

2) 经验公式法

波诺马列夫对大量实验数据进行回归整理，得出不同密度的天然气水合物生成条件方程：

当 $T > 273.1K$ 时：

$$\lg p = -1.0055 + 0.0541(B + T - 273.1) \tag{3-2-16}$$

当 $T \leqslant 273.1K$ 时：

$$\lg p = -1.0055 + 0.0171(B_1 + T - 273.1) \tag{3-2-17}$$

式中　　$p$——压力，kPa；

$T$——水合物临界温度，K；

$B$、$B_1$——与天然气密度有关的系数。

计算时，根据天然气组分求得天然气相对密度 $\gamma_g$，采用内插法得到 $B$ 和 $B_1$，见表 3-2-19，利用经验公式计算某一压力下形成水合物的临界温度，或某一温度下形成水合物的临界压力。

表 3-2-19　$B$ 和 $B_1$ 系数表

| $\gamma_g$ | 0.56 | 0.60 | 0.64 | 0.66 | 0.68 | 0.70 | 0.75 | 0.80 | 0.85 | 0.90 | 0.95 | 1.00 |
|---|---|---|---|---|---|---|---|---|---|---|---|---|
| $B$ | 24.25 | 17.67 | 15.47 | 14.76 | 14.34 | 14.00 | 13.32 | 12.74 | 12.18 | 11.66 | 11.17 | 10.77 |
| $B_1$ | 77.4 | 64.2 | 48.6 | 46.9 | 45.9 | 44.4 | 42.0 | 39.9 | 37.9 | 36.2 | 34.5 | 33.1 |

除上述两种方法外，也有利用相平衡计算法或统计热力学计算法进行水合物生成条件预测的。

3. 预防水合物生成的措施

在现场实际操作中，为防止水合物生成的常用措施主要有以下四种：

（1）把压力降低到低于给定温度下水合物的生成压力。

（2）保持气体温度高于给定压力下水合物的生成温度。

（3）气体脱水，把气体中的水蒸气露点降低到操作温度以下。

（4）往气体中加入防止水合物生成的抑制剂，降低水合物的生成温度。

根据水合物生成条件预测及现场实际运行情况，目前，国内储气库注采井在正常生产时，井口温度远高于当时工况条件下水合物生成的临界温度。只是在生成初期，井筒温度场未建立的较短时间内，井口有可能生成水合物。因此，对于储气库注采井防止井口生成水合物的主要措施是加入抑制剂。

对于水合物抑制剂的基本要求是：

（1）尽可能大地降低水合物生成温度。

（2）不和气、液组分发生化学反应，无固体沉淀产生。

（3）不增加天然气及其燃料产物的毒性。

（4）完全溶于水，并易于再生。

（5）来源充足，价格便宜。

（6）冰点低。

目前，常用的水合物抑制剂有甲醇、乙二醇、二甘醇等。应用抑制剂防止水合物的生成要解决好两个问题：一是抑制剂作用下水合物生成临界温度下降幅度的定量关系；二是所需抑制剂的量。

经对比，甲醇一般不能回收，损失量较大，对环保有不利影响，大量注入时一般不采用。乙二醇可以回收，工艺成熟，投资低，可同时达到脱水和防冻的目的，操作灵活、可靠。目前，大港储气库注采井均采用注乙二醇作为抑制水合物生成的措施。

## （三）注采井油套环空保护技术

注采管柱下入生产套管内，封隔器坐封后，油套环空内应加注保护介质，用以保护环空内套管、油管、井下工具等，以利于延长注采井寿命，同时能平衡封隔器上、下压力，以利于封隔器稳定工作。

保护介质可以是惰性气体，油基保护液或水基保护液。目前，现场应用最广泛的是水基保护液。该保护液具有很好的杀菌、缓蚀、阻垢作用，价格便宜，现场操作安全，便于施工。

### 1. 腐蚀因素分析

#### 1）溶解氧腐蚀

碳钢在无溶解氧的纯水中，几乎不发生腐蚀，而在含有溶解氧的水中极易发生电化学腐蚀，主要是由于金属管道各处的结构不同，套管内壁形成很多腐蚀微电池，阳极部分的铁以 $Fe^{2+}$ 形式进入溶液中，在此阳极反应中，碳钢表面剩下自由电子，它沿着金属导体流往阴极部分，而溶解氧在阴极区吸收自由电子形成 $OH^-$，进入溶液中，即 $O_2 + H_2O + 2e \longrightarrow 4OH^-$，这时，从阳极部分进入溶液中的 $Fe^{2+}$ 与阴极区形成的 $OH^-$ 相互作用生成 $Fe(OH)_2$，随后它又被溶解氧氧化为 $Fe(OH)_3$，其反应如下：

$$4Fe(OH)_2 + O_2 + 2H_2O \Longrightarrow 4Fe(OH)_3$$

这就是水中溶解氧对钢铁的腐蚀过程。溶解氧的腐蚀特点主要是形成点蚀，易造成油套管穿孔，危害性极大。

#### 2）溶解盐的腐蚀

水中随着盐类浓度的增加，水溶液的导电性增大，对油管和套管的腐蚀性也增大，但是，当盐浓度增大到一定量后，腐蚀速率开始下降，这是由于盐浓度增加时，溶液中氧的溶解度降低而造成的。

#### 3）微生物的腐蚀

水中微生物种类有很多，但对钢铁易形成腐蚀的主要是硫酸盐还原菌、腐生菌和铁细菌。

（1）硫酸盐还原菌。硫酸盐还原菌在没有空气或较少空气的条件下才能生存，它是一种厌氧菌，能把水中的硫酸根离子的硫元素还原成 $S^{2-}$，进而生成 $H_2S$，引起腐蚀，同时 $S^{2-}$ 还能和腐蚀出来的 $Fe^{2+}$ 生成 FeS 沉淀。硫酸盐还原菌是成群附在管壁上的，易产生点蚀，危害性极大。

（2）腐生菌。腐生菌是好气异养菌，它能在固体表面产生致密黏液，为硫酸盐还原菌提供生长、繁殖的条件。大量存在时，还可形成氧的浓差电池，引起腐蚀。

（3）铁细菌。水中有铁离子存在时，就容易引起铁细菌的繁殖。铁细菌依靠铁和氧进行生存和繁殖，依靠亚铁离子氧化成铁离子放出来的能量来维持生命。当铁溶解时，大量的亚铁离子即储存在细菌体内，在细菌表面上生成氧化后的三价铁的氢氧化物的棕色黏泥。黏泥下的金属表面因缺氧而生成浓差电池，产生局部腐蚀。

2. 保护液腐蚀性能评价

鉴于以上产生腐蚀的原因，在进行保护液配方研究时，有目的地从杀菌、除氧、缓蚀、阻垢等方面进行药剂的筛选复配实验。

采用《水腐蚀性测试方法》（SY/T 0026—1999）中的静态失重法，计算腐蚀速率的公式为：

$$P = 8.76 \times 10^4 m / (At\rho) \tag{3-2-18}$$

式中　$P$——腐蚀速率，mm/a；

　　　$m$——试样失重，g；

　　　$A$——试样暴露面积，$cm^2$；

　　　$t$——实验时间，h；

　　　$\rho$——试样材料密度，$g/cm^3$。

通过大量的室内实验研究，根据钢材腐蚀率要求的最低标准，推荐保护液性能指标为：腐蚀速度不大于 $0.01g/(h \cdot m^2)$；pH 值不小于 9；密度为 $1.00 \sim 1.05 g/cm^3$；悬浮固相杂质质量分数不大于 1.0%。

将保护液与清水（大港自来水，碳酸氢钠水型）的腐蚀结果进行比较，见表 3-2-20。表 3-2-21 为不同材质钢片在保护液内的腐蚀实验数据。

表 3-2-20　L80 试片的腐蚀实验数据

| 试片编号 | 腐蚀介质 | 密度/($g/cm^3$) | pH 值 | 腐蚀速度/[$g/(h \cdot m^2)$] |
|---|---|---|---|---|
| 238 | 自来水 | 1.0 | 7 | 0.086 |
| 222 | 自来水 | 1.0 | 7 | 0.080 |
| 259 | 环空保护液 | 1.03 | 9.5 | 0.004 |
| 244 | 环空保护液 | 1.03 | 9.5 | 0.005 |

表 3-2-21　不同材质钢片在保护液内的腐蚀实验数据

| 序　号 | 腐蚀前试片质量/g | 腐蚀后试片质量/g | 试片面积/$cm^2$ | 腐蚀速度/[$g/(h \cdot m^2)$] | 腐蚀速率/（mm/a） | 备注 |
|---|---|---|---|---|---|---|
| 1 | 10.9192 | 10.9189 | 13.5378 | 0.0031 | 0.0034 | L80 试片 |
| 2 | 10.8612 | 10.8608 | 13.4960 | 0.0041 | 0.0046 | |
| 3 | 10.8409 | 10.8405 | 13.4884 | 0.0041 | 0.0046 | |
| 4 | 10.9178 | 10.9176 | 13.5572 | 0.0021 | 0.0023 | P110 试片 |
| 5 | 10.7893 | 10.7890 | 13.5036 | 0.0031 | 0.0034 | |
| 6 | 10.8331 | 10.8328 | 13.5116 | 0.0031 | 0.0034 | |

结果表明，两种钢片的腐蚀速率远低于标准规定的 0.076mm/a。

储气库注采井使用寿命长，使用后期不可避免地会有少量含有 $CO_2$ 和 $H_2S$ 的气体泄漏进入环空，产生的氢离子消耗部分氢氧根后，离子保护液中的缓冲溶液根据液体 pH 值的变化，可自动补充氢氧根离子，保持保护液的 pH 值稳定，从而减少对油管和套管的腐蚀。其原理是电离平衡原理，随着外来氢离子的加入，消耗部分氢氧根离子后，反应向生成氢氧根离子的方向移动。

### （四）气密封螺纹检测技术

螺纹的气密封性是影响井筒气密封的关键因素之一。除了利用扭矩仪严格控制上扣扭矩外，目前国内储气库常用的做法是利用氦气检测螺纹密封性。

1. 检测原理及工艺

利用氦气分子直径小，能在气密封螺纹中渗透的特点，检测螺纹的气密封性。在管柱内下入有双封隔器的测试工具，向测试工具内注入氦、氮混合气，加压至规定值，通过高灵敏度的氦气探测器在螺纹外探测有无氦气泄漏，来判断螺纹的气密封性。

（1）检测管径范围：3/4~20in（19~508mm）。

（2）探测器氦气检测的灵敏度为 5ppm❶。

如图 3-2-30 所示为气密封检测工艺及配套工具示意图。

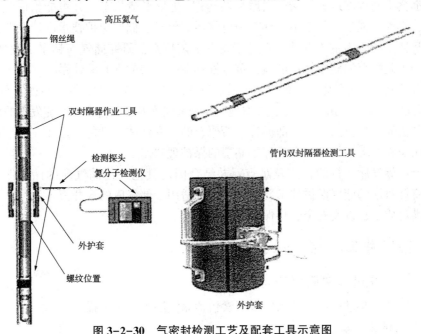

图 3-2-30　气密封检测工艺及配套工具示意图

2. 主要设备

气密封螺纹检测设备主要包括动力部分（发动机、高压水泵、液压泵、空气泵及附件）、绞车部分（绞车及控制台）、检测工具（油管封隔器、气体注入管线及工具连接管线等）、储能器（储能器本体、控制阀、氦气瓶、氮气瓶）及氦气检漏仪。

3. 检测压力及质量的确定

检测压力按照储气库运行上限压力的 1.1 倍或油管、套管抗内压最大载荷的 75%确定。

---

❶　$1ppm = 10^{-6}$。

在一定的检测压力下，当泄漏率大于某一规定值时($1.0×10^{-7}Pa·m^3/s$)，就判定螺纹气密封性不合格。为保证检测结果的准确性，在发现氮气检测仪检测结果为不合格时，应该对同一螺纹进行再次检测，方可判定此螺纹气密封不合格。螺纹气密封性能不合格的管柱不能入井，必须加以整改，再次检测合格后方可入井。

# 第三节　储层保护技术设计

## 一、储层保护技术设计原则

一般情况下，用于改建地下储气库的枯竭油气藏都有一个共同特点，就是被开采多年或是被废弃的枯竭油气藏储层压力亏空严重。由于储层压力亏空严重，如果没有很好的保护措施，将会严重伤害储层，造成注采井达不到设计的注采能力，严重影响储气库的生产运行。建库过程中，在钻开储气层、注水泥、射孔试油、酸化、注采、修井等不同的施工环节中，都会不同程度地破坏储气层原有的物理-化学平衡状态，并可能给储气层带来伤害。因此，必须加强建井各个施工环节中对储层的保护，储层保护技术设计原则为：

（1）坚持以预防为主的方针，立足于现有工艺技术，研究储气库钻采工程伤害特点，提出与现场工艺配套的储层保护措施，重点推荐保护储层的入井液体系。

（2）分析储层伤害的内因，即根据地质资料认识储层潜在的敏感性。根据岩心敏感性流动实验，定量判断地层的敏感程度，确定地层在未来建库及运行过程中可能发生的伤害。

（3）分析储层伤害的外因，即通过分析原有的入井液体系性能、施工工艺、现场实施等情况，认识在枯竭油气藏开发过程中储层的保护现状。

（4）分析储气库运行的特点及难点，并结合国内其他已建储气库的储层保护成功经验，提出有针对性的储层保护技术要求，并形成适用于储气库的入井液体系。

（5）满足质量，以及安全、环保、健康的要求。

## 二、钻完井工程储层保护技术

### （一）钻完井过程中储层伤害因素

在储气库钻完井过程中，储层伤害因素包括储气层内因及工程因素。

1. 储气层伤害内因

通过开展岩心敏感性实验，结合储层地质、化验资料，分析其潜在敏感性，研究确定储气层伤害内因。

1）潜在敏感性分析

（1）储层潜在水敏。以大港储气库为例，储气层的岩性主要为岩屑长石粉砂岩和细砂岩，胶结物中泥质含量约占1/2，胶结类型以接触式为主。储气层中黏土矿物蒙脱石相对含量高，若遇到外来液体与之不配伍，可能引起黏土水化膨胀伤害储层。另据X衍射分析，大港储气库的黏土矿物为蒙脱石型，其次为粒间高岭石和粒表伊利石、绿泥石（具体数据见表3-3-1），具有潜在水敏特性。对于中、低渗储层，在发生水敏伤害后，有效渗透率降低。

表 3-3-1 储层黏土矿物含量表

| 层 位 | 黏土矿物相对含量/% | | | | | | 黏土矿物总量/% |
|---|---|---|---|---|---|---|---|
| | S | I/S | I | K | C | 混层比 | |
| 板Ⅱ₁ | 57.1 | 6.6 | 2.5 | 21.9 | 11.9 | 78 | 6.53 |

大港板南储气库，储层孔隙度为 $10.2\% \sim 29.3\%$，一般为 $20\% \sim 25\%$，渗透率一般为 $15.4 \times 10^{-3} \mu m^2$。物性较好的岩性最大连通孔隙半径达 $10.62 \mu m$，平均喉道半径为 $6.49 \mu m$，物性中等的岩性最大连通孔隙半径为 $3.1 \mu m$，主要喉道半径为 $1 \sim 5.4 \mu m$，物性最差的岩性最大连通孔隙半径为 $0.88 \mu m$。由于岩石孔喉较小，根据架桥理论，钻井液中固相颗粒（即使黏土颗粒粒径也大于 $20 \mu m$），难以进入孔喉深部，因此，其主要伤害因素为滤液在高压差下的侵入。而滤液侵入后，由于储层岩石本身特性，可能导致水敏伤害发生。

（2）局部中、高渗储层潜在漏失伤害。大港板 876 储气库，孔隙度平均为 21.1%，渗透率平均为 $164.5 \times 10^{-3} \mu m^2$，最高可达 $2489 \times 10^{-3} \mu m^2$（据 K2-4 井岩心分析），钻遇该高渗层段时，如果防漏措施不当，容易发生循环漏失，导致固相和聚合物侵入诱发深部伤害。

2）岩心敏感性实验评价

（1）岩心常规敏感性评价。实验结果见表 3-3-2。

表 3-3-2 储层敏感性实验数据表

| 类 别 | 水速敏 | 油速敏 | 水 敏 |
|---|---|---|---|
| 伤害指数 | 0.19~0.63 | 0.07~0.11 | 0.8361~0.8357 |
| 伤害强度 | 弱—中等 | 弱 | 强 |

实验结果表明，水速敏指数为 0.19~0.63，伤害强度为弱—中等；以煤油作驱替液，测得速敏指数为 0.07~0.11，表明速敏强度较弱；水敏指数为 0.8361~0.8375，进一步验证了储层岩石呈强水敏特性。

（2）岩心水锁伤害实验。通过水锁实验分析水相侵入对储气层岩心渗透率的影响。实验结果见表 3-3-3。

表 3-3-3 岩心水锁伤害实验数据表

| 岩心基本数据 | 岩心编号 | 38-15 | 39-9 |
|---|---|---|---|
| | 岩心尺寸(长×宽)/cm | 4.689×2.54 | 6.17×2.54 |
| 气测渗透率受水侵程度的影响 | 含水饱和度/% | 气相渗透率/$10^{-3} \mu m^2$ | 气相渗透率/$10^{-3} \mu m^2$ |
| | 0 | 2.2959 | 3.3416 |
| | 15 | 1.0415 | 2.254 |
| | 35 | 0.3645 | 1.9464 |
| | 55 | 0.2489 | 1.0402 |
| | 伤害率 | 0.89 | 0.69 |

实验结果表明，模拟储层被干气饱和后，为潜在中等偏强水锁伤害。

（3）固相伤害模拟实验。室内进行含固相钻井液体系模拟伤害岩心实验（岩心气测渗透率低于 $100×10^{-3}\,\mu m^2$，伤害样品为硅基防塌钻井液），以研究固相侵入对气层渗透率的伤害情况。伤害模拟结果见表3-3-4。

表3-3-4　固相伤害模拟实验数据表

| 岩样编号 | 初始渗透率/ $10^{-3}\,\mu m^2$ | 伤害后渗透率/ $10^{-3}\,\mu m^2$ | 伤害率/ % | 伤害程度 |
|---|---|---|---|---|
| 44 | 0.7894 | 0.3659 | 53.6 | 中等 |
| 45 | 0.2896 | 0.112 | 61.3 | 中等偏强 |

通过含固相钻井液体系对岩心伤害的模拟实验，在3.5MPa压力条件下，固相在岩心端面聚集形成了滤饼，但不致密。钻井液滤液进入岩心后，用初始压力（测初始渗透率时对应压力）排驱，难以排除岩样中的滤液，排驱压力提高到1.0MPa，排驱72h后，渗透率达到稳定，最终岩心渗透率伤害率高于53%。

实验分析认为，在含固相钻井液体系的固相、液相共同作用下，其最终伤害率弱于水锁伤害，原因可能有两个：一是固相滤饼的形成防止了滤液的大量侵入；二是岩心孔喉小，钻井液固相难以进入岩心，固相堵塞伤害较弱。

因此，对中、低渗透储层而言，固相堵塞伤害程度相对液相侵入造成的伤害弱。

2. 储气层伤害工程因素

1）完井液、水泥浆性能因素

（1）钻井液性能不当将诱发水敏、水锁、化学不配伍及固相堵塞等伤害。

① 当防漏能力不足时，中、高渗储层容易发生循环漏失，导致固相和聚合物侵入，诱发储层深部堵塞伤害。

② 当钻井液滤饼质量不佳，不能有效控制滤液侵入时，因其与储层岩石不配伍，而在中、低渗储层中诱发水锁、水敏伤害。

③ 钻井液滤液与储气层中流体不配伍，可诱发无机盐沉淀、处理剂不溶物、发生水锁效应、形成乳化堵塞及细菌堵塞；对于中、低渗储气层，随着侵入深度的增加，该类伤害会显著降低储层渗透率。

（2）水泥浆对储气层造成水锁、碱敏、固相颗粒侵入及化学不配伍伤害。

固井作业中，在钻井液和水泥浆液柱与储气层孔隙压力之间压差作用下，水泥浆通过井壁被破坏的滤饼进入储气层，对储气层造成伤害。水泥浆对储气层的伤害原因主要包括以下两个方面：

① 固井水泥浆中固相颗粒在压差作用下进入储气层孔喉中，堵塞油气孔道，该伤害还取决于钻井液滤饼的质量。根据报道，水泥浆固相颗粒侵入深度约2cm。但如果固井中发生井漏，水泥浆中的固相颗粒就会进入储气层深部，造成严重伤害。

② 水泥浆滤液与储气层岩石和流体作用而引起的伤害。由于水泥浆密度远远高于地层压力系数，在亏空储层侵入深度大，容易诱发碱敏、水锁、化学不配伍等液相伤害。

（3）射孔液性能不当，其中固相、液相侵入孔眼将降低油气层的绝对渗透率和油气相对渗透率。如果射孔弹已经穿透钻井伤害区，此时射孔液不但进一步伤害钻井伤害区，还将使钻井伤害区以外未受伤害的地层也受到射孔液的伤害。

2）工程因素

（1）钻井工程因素导致固、液两相侵入储层深部，加重储层伤害。

① 压差因素。高压差直接影响钻井液滤液的滤失量和侵入深度，使得固相颗粒更容易侵入储层；钻井过程中，钻井液抑制性差导致井壁掉块、坍塌现象出现时，不得不提高钻井液密度来解决发生的复杂事故，从而使得钻井液液柱压力与地层压力之差随之增高，使伤害加重。

② 浸泡时间。浸泡时间越长，钻井液中固相和液相侵入量越大。

③ 环空返速。环空返速越大，钻井液对井壁滤饼的冲蚀越严重，钻井液的动滤失量越大，固、液两相侵入深度随之增加。

考虑到后期完井方式多为射孔完井，射孔后可能穿透钻井伤害带，解除近井伤害，因此，钻井过程中伤害程度主要与伤害深度有关，而伤害深度与上述工程因素有密切关系。

（2）固井质量因素导致系列入井流体不配伍，诱发各种伤害。

固井质量的主要技术指标是环空封固质量，而环空的封固质量直接影响储气层在今后各项作业中是否会受到伤害，其原因有以下几点：

① 环空封固质量不好，油、气、水层易相互干扰和窜流，能诱发储气层中潜在的伤害因素，如形成有机垢、无机垢、发生水锁作用、乳化堵塞、细菌堵塞、微粒运移、相渗透率变化等，从而对储气层产生伤害，影响产量。

② 环空封固质量不好，当注采井进行增产作业时，工作液（如酸液）会在层间窜流，对储气层产生伤害。

③ 环空封固质量不好，易发生套管损坏和腐蚀，引起油、气、水互窜，造成对储气层的伤害。

（3）射孔完井过程参数不合理带来附加伤害。

① 成孔过程中，在孔眼周围大约 12.70mm（0.5in）厚的破碎带处，形成渗透率极低的压实带（其渗透率 $K_{ux}$ 约为原始渗透率 $K_e$ 的 10%），极大地降低了射孔井的产能。

② 射孔参数不合理（孔密过低、穿透浅、布孔相位角不当等），在孔眼及井底附近产生附加压降，降低射孔井的产能。

③ 射孔压差不当，导致孔道被堵塞，过压射孔会降低射孔通道周围地层的渗透率，并使射开孔眼被射孔液中的固相颗粒、破碎岩屑、子弹残渣所堵塞。

## （二）钻完井工程储层保护措施

1. 钻井过程中储层保护措施

钻井过程中储层保护措施主要从钻井工程设计、钻井液性能控制及钻井工程管理等方面入手。

（1）由于储气库储层亏空严重，建库前地层压力系数低，压差因素对储层的伤害影响较大，因此在钻井工程设计方面应做好压力预测，优化井身结构，设计合理的钻井液密度，避免高密度、高压差条件下钻井液滤液的深部伤害。

（2）在钻井液方面，着重从体系的筛选及应用入手。为了防止钻井液固相颗粒及滤液侵入伤害，对钻开储气层前钻井液的性能要求如下：

① 钻井液密度必须与储层孔隙压力相适应，控制合适的钻井液密度，防止出现井喷、井漏、井塌事故。

② 增强钻井液的抑制性，推荐添加无机盐或有机小分子防膨剂。

③ 控制储层段钻井液的滤失量，防止高渗层的漏失。

④ 储层段控制钻井液 API 滤失最小于 5mL；钻井液含砂量小于 0.3%；HTHP 滤失量小于 12mL；MBT 小于 60g/L。

⑤ 采用屏蔽暂堵技术保护储气层。根据储层孔喉半径的大小，选用与之相匹配的钻井液类型及暂堵剂，体系中加入 2%~3% 复合油溶暂堵剂。钻遇储层后及时补充储层保护材料，保持其浓度稳定。

⑥ 用好固控设备，清除无用固相，保持钻井液的清洁。

（3）进入储层前，检查钻井设备，保证设备运转正常，准备好所需的各种材料和工具，做好各项工序的衔接工作，提高机械钻速，快速钻穿储气层，优化测井项目，减少对储层的浸泡时间。

（4）建立健全储层保护监督体系，全体施工人员必须树立保护储气层的意识，保证各项措施的实施。

2. 固井过程中储层保护措施

固井过程中，储层保护措施主要从固井方式、施工参数及水泥浆性能等方面入手。

（1）储气库注采井要求固井水泥浆必须返至地面，因此要选择好固井方式，详细计算固井时的循环压力，防止水泥浆漏失，造成储层伤害。大港储气库注采井生产套管固井均采用了两级固井工艺，根据压力预测及固井模拟测算，将分级箍（回接筒）与储气层的距离尽量缩短，降低固井时水泥浆对储层的正压差，保证了固井时既不压漏储层，又将水泥浆返到了地面。

（2）为了既保证固井施工的顺利进行，又不压漏地层，模拟计算固井时的循环压力，限制固井时的排量和泵压，防止循环压力过大而储层压漏。

（3）为了防止水泥浆滤液侵入储气层深部，引发与地层水不配伍、结垢等伤害，应加强水泥浆失水量的控制，水泥浆游离液控制为 0，滤失量控制在 50mL 以内。

3. 射孔过程中储层保护措施

射孔过程中储层保护措施主要从射孔工艺、射孔参数和射孔液性能等方面优化入手。

1）射孔工艺选择

射孔过程一方面是为油气流建立若干沟通储气层和井筒的流动通道，另一方面又会对储气层造成一定的伤害。因此，射孔工艺对注采井产能的高低有很大影响。如果射孔工艺选择恰当，可以使储气层的伤害程度降到最低，而且还可以在一定程度上缓解钻井、固井过程中对储气层的伤害，从而使注采井产能恢复甚至达到天然生产能力。采用负压差射孔工艺，并选择合理的射孔负压差值，可确保孔眼完全清洁、畅通，因为在成孔瞬间由于储气层流体向井筒中流入，对孔眼具有清洗作用。

大港储气库注采井采用了油管传输负压射孔工艺，通过选择合理的负压值达到保护储气层的目的。

2) 射孔参数优选

射孔参数的选择直接决定了储气层与井筒之间的连通形式。在前期钻井、固井过程中，保护储气层措施非常有效的情况下，储气层的完善程度在很大程度上取决于射孔效果。射孔参数的优选是决定射孔效果的最重要因素，因此参数优选就决定了储气层的完善程度。

射孔参数主要有孔深、孔密、孔径、相位角等。随着科技水平的进步，关于射孔参数对产能的影响研究也逐步深入，所采用的研究方法概括起来主要有两种：一种是电解模型模拟方法；另一种是数值模拟方法。

美国人 Mcdowell 和 Muskat 于 1950 年根据水电相似原理，建立了一个理想均质油藏中心一口射孔完井的模型，应用电解模型模拟的方法，推导了在稳定流的条件下，孔深、孔密对产能的影响。西南石油大学也应用该方法对各种射孔参数对产能的影响进行了系统研究，除考虑孔深、孔密外，还研究了钻井伤害、压实伤害、布孔格式等因素对产能的影响。

美国人 M. H. Harris 于 1966 年建立了描述理想射孔系统的数学方程，采用有限差分法数值模拟，应用计算机研究了孔深、孔密、相位角及孔径对产能的影响。之后国内外的专家学者又分别采用有限元方法，建立三维有限元模型，考虑紊流作用的影响，得出了实际流动条件下各个参数的相关关系，推导出各个参数与产能关系的定量回归计算公式，并依此编制了射孔优化设计软件，使射孔参数与产能关系的研究从理论研究走向了实际应用，极大地推动了我国射孔优化设计工作的步伐。

3) 射孔液优选

射孔液是指射孔施工过程中采用的工作液，有时也用于完井作业。射孔液对储气层的伤害包括固相颗粒侵入和液相侵入两个方面。侵入的结果将降低储气层的绝对渗透率和油气相对渗透率。如果射孔弹已经穿透钻井伤害区，此时射孔液的不利影响比钻井液更为严重。因此，要保证最佳的射孔效果，就必须研究筛选出适合储气层及流体特性的优质射孔液。

射孔液的基本要求是保证与储气层岩石和流体配伍，防止射孔作业和后续作业过程中，对储气层造成进一步伤害，同时又能满足射孔施工工艺要求，并且成本低、配制方便。

(1) 射孔液性能要求。枯竭油气藏型储气库建库时储气层压力系数低，射孔液的设计重点为控制滤失、防止水敏、提高携岩性能。要求具有如下特点：

① 具有强触变性，以携带射孔后炮眼的碎屑或其他杂质，利于液体返排和炮眼清洁，增强射孔效果。

② 防膨性能强，防止二次伤害。

③ 与负压射孔工艺配套，减少射孔液侵入深度，有效减轻水锁、水敏和结垢伤害，有利于注采井产能恢复。

(2) 推荐射孔液体系。目前，常用的射孔液体系主要包括无固相盐水体系、无固相聚合物体系、聚合物暂堵体系、油基射孔液体系及酸基射孔液体系等。根据大港储气库储气层的地质特点和储层伤害机理研究，本着经济、适用、有效的原则，推荐射孔液体系为水基触变型射孔液。

该体系优点：具有较强的触变性，能在静止状态下保持高黏，形成高强度滤膜，从而增加岩石自吸阻力，阻止液体进入储层，防止水锁发生；同时，在剪切应力下保持较好的流动性，可以携带射孔后炮眼的碎屑或其他杂质，利于液体返排和炮眼清洁，增强射孔效果。具体技术参数如下：

① 岩心粉的线性膨胀率低于 1.0%。

② 表观黏度为 10~30mPa·s。

③ 静切力 $\tau_{10s}$ 为 2~4Pa，$\tau_{10min}$ 为 3.5~6Pa。

④ 密度为 1.00~1.02g/cm³。

### （三）钻完井工程储层保护应用效果分析

大港储气库实践证明，在钻完井过程中各个环节都要注重储层保护工作，采取切实可行的储层综合保护技术，可以避免储层伤害。通过试井分析对钻完井工程的储层保护应用效果进行现场评价，分析数据显示，表皮系数为负值，说明储层保护效果明显。

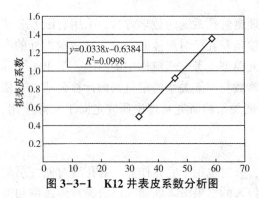

图 3-3-1　K12 井表皮系数分析图

K12 井是大张坨储气库中的一口注采井，采用电子压力计进行压力恢复试井，以了解该井的边界特征及储层物性，分析边水推进情况。利用关井时间-压力数据通过计算求得 3 次不同产气量条件下的拟表皮系数分别为 0.487、0.921 和 1.36，画出拟表皮系数和产气量的关系直线，导出真表皮系数为 -0.64，如图 3-3-1 所示。

## 三、修井作业储层保护技术

### （一）修井作业过程中储层伤害因素

在储气库下完井管柱、更换完井管柱、补层补孔等作业中，为了保证安全施工，通常需要用压井液压井，而作业过程中的储层伤害主要与储层敏感性、压井液性能、施工工艺（包括作业方式、作业时机、作业后返排方式）等因素有关。

1. 与储层性质有关的伤害因素

（1）储气库流动介质主要为气相，修井过程中容易受水相侵入，在近井地带形成水相圈闭造成水锁伤害，降低气相渗透率。

（2）储层岩石为敏感性砂岩的储气库，发生作业滤失或漏失后，容易形成固相堵塞或乳化堵塞，诱发水敏、润湿反转、盐敏、碱敏等多种敏感伤害，伤害储层渗透性。如大港板中北储气库，根据实验分析结果，水敏指数 0.8361~0.8375，水敏伤害后渗透率降低 80% 以上；固相堵塞后，岩心渗透率降低 50% 以上。

（3）储层为碳酸盐岩的储气库，如永 22 储气库，其主要渗流通道为裂缝时，潜在固相堵塞及随着注采气循环引发的应力敏感伤害。

（4）压井液性能与地层不配伍时，会加重上述伤害，如滤液与储层岩石的化学不配伍（水化分散、膨胀），以及防漏能力不足导致的固相和乳化堵塞，从而严重伤害储气库的注采能力。

2. 与工艺有关的伤害因素

（1）压井漏失伤害。由于储气库运行方式、作业时机和作业方式等方面的特殊性，压井作业容易发生漏失：其一，储气库注采井经过周期性注采运行，孔喉得以有效沟通，渗透性相对较好，如大张坨储气库，岩石渗透率大多高于 $200 \times 10^{-3} \mu m^2$，普通压井液容易侵入储层深部；其二，修井作业一般选择采气结束后进行，压力系数低至 0.5 左右，压井过程正压差相对较高（按照普通的水基压井液体系，即使在压力系数恢复至 0.8 时，正压差可达 6MPa），容易发生压井液漏失。压井漏失不仅危害作业安全，还会诱发其他多种储层伤害。

（2）作业后，返排压力、返排时间不足，可能造成压井液滤液或固相杂质在近井地带滞留。

## （二）修井作业储层保护措施

储气库不同于油气田开发，伤害一经发生，将难以补救。对于油田开发，即使发生修井液伤害油层，也可以通过补孔、补层、酸化、压裂、提高生产压差等措施，改善油层渗透性；对于储气库而言，其作业风险大、作业成本高、作业时机少，一旦储气层受到伤害很难得到改善。因此，为避免储气库作业过程中发生储层伤害，需要从优化压井液性能、提高作业工艺水平、选择适当作业时机、提高返排效率等着手，才能有效保护注采井产能。

1. 压井液的设计原则

压井液的设计主要包括压井液的类型、配方、密度、配制地点、设备、配制液量等。

1）压井液的类型

主要依据施工目的、施工工艺和注采井井况来选择合适的压井液体系和类型，满足作业顺利、不喷不漏的要求，并起到保护储层的作用。

2）配方

配方成分满足与地层流体配伍性能好、在井底温度下正常工作、环保、成本合理等要求。配方要求与地层流体配伍，不能产生结垢、水敏、沉淀、絮凝等现象，而且其中聚合物组分也要与配方基液配伍，不然聚合物将难以溶胀而失效；要求配方组分中暂堵剂颗粒与地层孔喉匹配且软化点与地层温度匹配；配方中各类添加剂不能使用对人体和环境有害的化学品，满足环保健康要求；配方中各类添加剂的选择尽量做到成本合理，不宜使用过高成本的材料，选择性价比较高的产品。

3）密度的确定

确定原则是根据注采井压力系数进行确定，压井液密度在注采井压力系数的基础上附加 $0.07 \sim 0.15 g/cm^3$。对于低压漏失井，应选用防漏压井液，根据防漏压井液的承压能力，合理选择其密度。

4）压井液配制地点和设备要求

为了压井液性能能够得到很好的保障，压井液配制地点原则上在配液站配制，配液站拥有良好的配液设备和有经验的人员，包括搅拌机、搅拌罐、投料设备、加料漏斗、过滤设备、检验设备、稳定的水源、电力等。

现场配制压井液费时费力，且压井液性能无法得到有效保证。

5）压井液配制液量

压井液的配制液量一般是井筒容积的1.5~2.0倍，可根据现场实际情况合理调整配制液量。

2. 低压储层防伤害压井液的性能要求

压井液应满足如下性能要求：

（1）密度可调，气井作业期间能防漏、防喷、防气侵，保证施工安全。

（2）防漏失能力：承压6~8MPa，作业时间15天不漏失。

（3）储层保护性能好：易返排，作业后压井液容易返排出井筒；岩心伤害率低于15%。

3. 低压储层压井液配方研究与性能优化

综合储层的伤害特点、现场作业条件，推荐选用可降解暂堵型压井液体系用于低压注采井作业。优化研究可降解暂堵型压井液的具体配方和性能，主要包括基液、聚合物增稠剂、降失水剂、暂堵剂、稳定剂等的优化选择。

1）基液优选

压井液基液的选择既要满足防膨要求，与地层配伍性好，又要与配方中其他添加剂配伍性好，发挥添加剂应有的作用，共同维护配方的整体性能，同时密度满足地层压力要求。

在室内进行了3%KCl溶液的黏土膨胀实验，结果表明，3%KCl溶液的防膨率为65%~70%，说明使用KCl作为基液和防膨剂简单、易行。另外，作为基液，KCl溶液具有以下优势：

（1）作为一价化合物，具有极小的结垢可能性。

（2）KCl溶液呈中性，不会造成碱敏伤害。

（3）与一般的聚合物和添加剂相溶性好。

（4）在常温下，KCl盐水体系密度在1.02~1.20g/cm³可调节，可以满足注采过程中不同储层压力情况下的密度要求。

2）主要添加剂优选

针对低压注采气井，可降解暂堵型压井液在正压差作用下会在井壁上形成滤饼，在形成有效滤饼前损耗的液体即初滤失液，基本上取决于压井液滤膜的稳定性及承压能力。压井液研究应该要保证初滤失液低而且滤饼稳定，暂堵效率高，从而控制终失水，减轻水锁伤害，这就需要选择合适的降失水剂、稠化剂和暂堵剂。一方面，降失水剂、稠化剂等添加剂具有提黏、悬浮能力；另一方面，它还可以协同暂堵剂控制滤失。

压井液在井壁上形成滤饼后，液体施加于滤饼壁上的剪切应力和滤饼的屈服应力大小控制着滤饼厚度的增加范围，进而控制初滤失量。当液体剪切应力等于滤饼的屈服应力时，滤饼停止增长；当液体剪切应力大于滤饼的屈服应力时，滤饼开始消蚀。而滤饼的屈服应力取决于滤饼中聚合物的浓度和压力梯度，剪切应力则依据液体的流变性和地层面上的剪切速率而定。因此，需要优化压井液配方，合理添加添加剂，结合变形粒子的使用，保证压井液具有适当的屈服值，从而减弱由于冲刷造成的滤饼破坏，形成高强度滤膜，减少滤失。

（1）增稠剂优选。目前，国内外使用的增稠剂较多，有纤维素类、聚丙烯酰胺类、瓜尔胶类、黄原胶类等。这些聚合物在3%KCl盐水中具有较好的增稠作用，但是考虑到抗盐、抗温、流变性、降滤失性、配伍性、储层保护、成本等综合因素，优选出HXC作为压井液的增稠剂。

从配方的研究指标出发，评价配方的黏度、失水、悬浮性，确定增稠剂的合理加量。室内以3%KCl为基液，分别添加浓度为0.3%、0.4%和0.5%的HXC，进行黏度、失水及悬浮性测试实验，见表3-3-5。

表3-3-5　HXC加量筛选表

| 配方组成 | 黏度/<br>mPa·s | API失水量/<br>（mL/30min） | 悬浮性 |
|---|---|---|---|
| 0.3%HXC+3%KCl | 200 | 37 | 12h有少量分层 |
| 0.4%HXC+3%KCl | 320 | 26 | 24h无明显分层 |
| 0.5%HXC+3%KCl | 410 | 20 | 48h无明显分层 |
| 备　注 | 30r/min，3# | 0.7MPa | 添加1.5%暂堵剂 |

在配方中添加1.5%暂堵剂，观察混合后的分层情况来进行悬浮性评价。根据现场作业要求，确定配方稠化剂HXC的加量为0.4%~0.5%。

（2）降失水剂优选。大港储气库储气层中存在部分高渗透区域，在这种情况下，聚合物和固相添加剂能够穿透多数孔隙喉道形成内部滤饼。但面临的问题是，外部滤饼上的压降较小，导致外部滤饼易受到修井工作液的剪切降解破坏，微粒容易被剪切下来而不容易到达岩石壁上，严重影响降滤失能力。

采用可变形的微粒，在应力和压力作用下能够变形，堵塞或充填于岩石孔喉中，有利于形成低渗透滤饼，与其他油溶性堵剂复合应用既可降低初滤失量，又可以形成低渗透滤饼。这两种微粒，前者既可以自然降解，也可以选择氧化剂降解；后者既可以热降解，也可以油溶降解，从而达到防止二次伤害储层的目的。

实验表明，加入降失水剂DF与1-IXC复配后体系的初始失水得以控制，见表3-3-6。

表3-3-6　加量筛选表

| 配方中聚合物组成 | 塑性黏度/<br>mPa·s | 初始失水量/<br>（mL/min） | 备　注 |
|---|---|---|---|
| 0.5%HXC+DF | 12 | 1 | 测试条件：0.7MPa；<br>添加2.0%复合暂堵剂 |
| 0.5%HXC+瓜尔胶 | 13 | 3 | |
| 0.5%HXC+HPAM | 14 | 3 | |

从实验结果看，添加 0.2%～0.3%降失水剂 DF 可以较好地控制初始失水量，当 DF 加量增至 0.5%～0.8%时，可以显著降低 API 和 HTHP 失水量。具体配方根据储层孔渗性、井温及作业时间适当调整。

（3）暂堵剂的优选。控制水锁伤害是减轻压井液伤害的关键措施之一。作业过程中，压井液向岩石基质滤失，进入岩石孔隙空间。由于地层岩石的不均质性，有些聚合物被过滤出来留在低渗透性岩石表面；在高渗透层位，聚合物和添加剂能够穿透多数孔隙、喉道形成内部滤饼。聚合物和添加剂微粒在岩石表面构成了层状物，即滤饼，其渗透率比一般地层渗透性要低得多，如果体系中含有适当大小的微粒，这些微粒容易堵塞孔隙空间并有助于形成高效滤饼。根据储层的情况研究储层孔渗结构，可以实施大范围的有效封堵。

另外，基于漏失危害主要来源于储层大孔道、大孔喉，因此，压井液中主要暂堵剂的粒径应针对主要连通的大喉道半径设计，这是成功架桥实施暂堵的关键。

暂堵剂根据其溶解性分为油溶性、水溶性、酸溶性三类，考虑到储气库注采井主要是干气循环，可能含有少量油和水，选择复合型暂堵剂，其中的柔性成分作业完毕后容易返排，刚性暂堵剂在高压差下可以返排或通过措施解堵。对 5 种暂堵剂进行评价后，主要性能见表 3-3-7。

表 3-3-7　暂堵剂性能表

| 名　　称 | ZC-1 | ZC-2 | JHY | JBA | TBD-2 |
|---|---|---|---|---|---|
| 外观 | 白色 | 棕黄 | 棕黄 | 浅黄 | 浅黄 |
| 主要粒度/目 | 100～400 | 80～120 | 100～120 | 100～120 | 120～200 |
| 软化点/℃ | | 80～120 | 80～120 | 100～120 | 95 |
| 油溶率/% | | 70 | 75 | 90 | 95 |
| API 失水量/（mL/30min） | 20（1.5%） | 18（1.5%） | 15（1.5%） | 16.8（1.0%） | 13（1.0%） |

通过对 5 种暂堵剂的评价，从产品的 API 失水量、粒度、软化点等各项指标综合考虑，选择 ZC-1 和 TBD-2 暂堵剂作为压井液用暂堵剂，但根据现场情况和储层孔喉大小，可以调整暂堵剂颗粒尺寸，以满足架桥暂堵要求。

在满足与储层孔喉匹配的前提下，根据配方失水量的大小来评价暂堵剂的加量。室内通过正交实验获得合适配比的暂堵剂加量，结果见表 3-3-8。

表 3-3-8　暂堵剂加量筛选表

| TBD-2/% | 1.0 | 2.0 | 3.0 | 0 | 0 | 0 | 0.5 | 1.0 | 0.5 | 1.0 | 1.5 |
|---|---|---|---|---|---|---|---|---|---|---|---|
| ZC-1/% | 0 | 0 | 0 | 1.0 | 2.0 | 3.0 | 1.0 | 1.0 | 1.5 | 1.5 | 1.5 |
| API 失水量/（mL/30min） | 13.0 | 11.1 | 11.5 | 16.8 | 14.9 | 14.2 | 12.5 | 10.6 | 11.0 | 8.8 | 8.6 |

（4）稳定剂的优选。室内实验表明，不加任何添加剂的聚合物 HXC 在室温下放置 1d 即变质，黏度下降 40%～50%。实验中通过添加 0.05%～0.1%稳定剂放置 7d 后，常温溶液黏度基本不变；添加 YDC 和 YBC 作为牺牲剂后，高温下抗氧化降解能力增强，90℃条

件下静置 12h 黏度保持在 50% 以上。

3）压井液性能测试（表 3-3-9）

（1）流变性。流变性参数表明该流体具有很好的剪切稀释性，触变性强，黏度适中，既有利于悬浮固相颗粒，又有利于作业后液体的返排，可以满足现场施工要求。

表 3-3-9　暂堵压井液基本参数表

| 密度/(g/cm³) | 1.02 | 塑性黏度/mPa·s | 7~10 |
|---|---|---|---|
| API 失水量/(mL/30min) | 10 | 表现黏度/mPa·s | 14.5~18 |
| 高温失水量/(mL/30min) | 20 | 动切力 YP/Pa | 15 |
| $n$ | 0.463 | 静切力 $\tau$/Pa | 4.5 |
| $K$ | 526.7 | | |

（2）热稳定性。高温稳定性实验结果如下：配方在 90℃ 时，3.5MPa 下失水量为 20mL/30min，而且在 90℃ 下、12h 内暂堵剂无明显分层现象，悬浮稳定。

如图 3-3-2 所示，配方主体成分在 90~110℃ 时的黏度仍保持初始黏度 50% 以上，说明在 100℃ 以内的条件下该体系可以保持良好的工作状态，热稳定性良好。

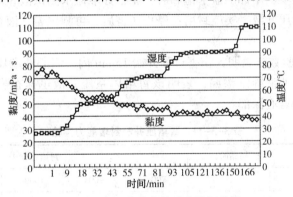

图 3-3-2　压井液主体成分黏温曲线

（3）滤液与地层的配伍性。对滤液与 $NaHCO_3$ 水型的地层水进行 2∶8 和 5∶5 比例混合，常温下放置 5d 无不溶物和沉淀物产生，在高温 90℃ 时，24h 内无明显不溶物产生，说明该基液与地层水配伍，不会造成化学沉淀等伤害。

下文的实验用于评价压井液的抗水敏能力，评价指标为皂土（或岩心粉）遇到滤液后的线性膨胀率，线性膨胀率越高，表明皂土与流体充分接触后水敏性越强。该静态实验利用页岩膨胀仪，通过测定岩心粉末与流体全面接触一定时间后的线性膨胀率，一般为 24h。计算公式为：

$$E = \Delta h / (L_o - H_o) \times 100\% \tag{3-3-1}$$

式中　$\Delta h$——膨胀增量，直接从仪器上读数可得，mm；

$L_o$——常数，取 50.1mm；

$H_o$——岩心粉柱放入筒中后测出的未充满段长度，mm。

膨胀率实验结果见表 3-3-10。

结果表明，压井液的抑制性优于 3%KCl 盐水，相对于清水对岩石的膨胀率降低了 42%~44%，说明该压井液可以抑制黏土膨胀，减轻或消除潜在的水敏伤害。

**表 3-3-10  线性膨胀率实验**

| 岩样来源 | 液 样 | 膨胀率/% | 膨胀率降低率/% |
|---|---|---|---|
| 皂土 | 暂堵压井液 | 50.12 | 42 |
| | 3%KCl | 56.53 | 34 |
| | 清水 | 86 | — |
| 岩心粉 | 暂堵压井液 | 1.8 | 44 |
| | 3%KCl | 2.86 | 10 |
| | 清水 | 3.2 | — |

（4）防漏性能。采用两种实验方法模拟压井液对储层井壁的封堵，测试压井液的防漏性能。

实验一：采用天然岩心进行岩心流动实验，模拟测试压井液对岩心的暂堵率。

先将天然岩心烘干，用标准盐水饱和后，驱替标准盐水测试液相渗透率，然后模拟地层伤害，同方向挤入压井液，实施封堵；停止伤害后，再测试岩样液相渗透率，得到压井液对岩心的暂堵率。

表 3-3-11 中实验数据表明，伤害过程开始 15min 内，岩心两端压力从 0.15MPa 升至 5.8MPa，30min 内无滤液继续渗漏，表明该暂堵体系压井液迅速在岩心表面形成致密滤饼，阻止压井液进入岩心深部。

**表 3-3-11  暂堵压井液封堵能力实验**

| 参 数 | 初始阶段 | 封堵过程中 | | | | |
|---|---|---|---|---|---|---|
| 驱替时间 | 2h | 700s | 900s | 1000s | 1100s | 1200s |
| 压力/MPa | 0.15 | 5.6334 | 5.8178 | 9.1012 | 11.1583 | 10.4680 |
| 液相渗透率/$10^{-3} \mu m^2$ | 25.0542 | | 2.0498 | 1.2510 | 1.2545 | 1.1765 |
| 暂堵率/% | | | 91.8 | 95.0 | 95.0 | 95.3 |
| 滤液量/mL | | 0.13 | 1.08 | | | 1.69 |

实验二：采用人工砂床进行砂岩漏失模拟，测试压井液的防漏效率。

室内采用钻井 3 级堵漏材料实验装置，在装置内分 3 层混合 20~40 目、40~60 目石英砂和地层砂以模拟砂岩漏失层。实验前，加入清水加压 5.0MPa 将砂床压实，然后分别以清水和压井液为介质，测定不同压力下的渗漏速率。其中，以清水作为初始值；以暂堵压井液（2L）为介质时提高压力至最高 8MPa，对比前、后渗漏速度，评价压井液在不同压力下的防漏性能，见表 3-3-12。

表 3-3-12　暂堵压井液防漏性能评价实验数据表

| 样品号 | 试验过程 | 介 质 | 压力/MPa | 不同时间段砂床渗漏情况模拟参数 | | | |
|---|---|---|---|---|---|---|---|
| 1 | 初始 | 清水 | 0.6 | 时间/min | 5 | | |
| | | | | 渗漏速率/(mL/min) | 142.5 | | |
| | | | | 折算渗透率/($10^3\ \mu m^2$) | 40 | | |
| | 防漏 | 暂堵压井液 | 5.0 | 时间/min | 5 | 30 | 60 |
| | | | | 渗漏速率/(mL/min) | 5.17 | 2.29 | 1.53 |
| | | | | 防漏效率/% | 96.4 | 98.4 | 99 |
| 2 | 初始 | 清水 | 0.3 | 时间/min | 5 | | |
| | | | | 渗漏速率/(mL/min) | 420 | | |
| | | | | 折算渗透率/$10^{-3}\ \mu m^2$ | 235 | | |
| | 防漏 | 暂堵压井液 | 8.0 | 时间/min | 5 | 30 | 60 |
| | | | | 渗漏速率/(mL/min) | 2.6 | 1.47 | 0.98 |
| | | | | 折算渗透率/$10^{-3}\ \mu m^2$ | 99.4 | 99.7 | 99.8 |

　　实验结果表明，在加压的情况下(5.0~8.0MPa)，压井液中暂堵剂在漏层表面迅速形成低渗屏蔽带，与清水相比，在 5min 后漏层漏失速率下降96.4%以上，30min 可达99%左右，说明暂堵压井液具有很好的防漏性能；评价实验压力达到 8.0MPa，说明配方在易漏失层实施暂堵可承压 8.0MPa。

　　(5) 对岩心的伤害分析。在进行岩心动态流动实验中，先将天然岩心烘干，正向驱替氮气测初始气体渗透率，然后反向驱替压井液，模拟地层伤害，实施封堵，观测滤液的滤失情况；停止伤害后，再正向驱替氮气，测试不同返排压差下的岩样气相渗透率。

　　实验结果表明(表 3-3-13)，随着返排压力增加，解堵率不断提高，0.2MPa、5h 后压井液解堵率可以达到89.1%。暂堵压井液表现为弱伤害，岩心伤害率低于15%。

表 3-3-13  暂堵压井液解堵实验

| 参　数 | 伤害前 | 伤害后返排过程 | | | | |
|---|---|---|---|---|---|---|
| 压力/MPa | 0.2 | 0.05 | 0.1 | 0.15 | 0.2 | 0.2 |
| 气测渗透率/$10^{-3}\mu m^2$ | 227.95 | 156.1 | 185.25 | 194.21 | 201.05 | 203.10 |
| 驱替时间/h | | 1 | 1 | 1 | 1 | 5 |
| 解堵率/% | | 68.5 | 81.25 | 85.18 | 88.18 | 89.10 |
| 备　注 | 岩样来源：双坨子泉三段 1-14，长度 3.90cm，直径 2.52cm | | | | | |

实验过程中发现，图 3-3-3 中恢复渗透率对应的返排压力为 0.3MPa，从曲线上可以看出，同一返排压力下，随着时间的延长解堵率快速提高。

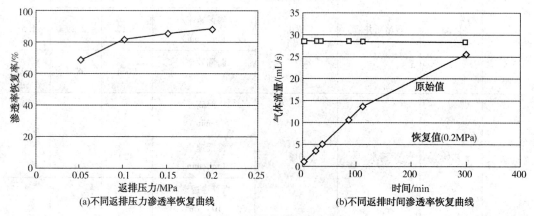

(a)不同返排压力渗透率恢复曲线　　　　(b)不同返排时间渗透率恢复曲线

图 3-3-3  压井液解堵实验

解堵实验结果表明，该压井液作业后通过自然返排可以实现解堵，解堵率约为 90%。

（6）腐蚀性。室内采用静态挂片法（P110 钢片）测定压井液腐蚀性，见表 3-3-14。

表 3-3-14  暂堵压井液腐蚀性评价实验数据表

| 腐蚀条件 | 腐蚀液体 | 腐蚀时间/h | 腐蚀速度/ $[g/(m^2 \cdot h)]$ | 腐蚀速率/ (mm/a) |
|---|---|---|---|---|
| 高温常压 90℃ | 暂堵压井液 | 24 | 0.059 | 0.066 |

在 90℃时，压井液腐蚀速率为 0.066mm/a，满足行业标准（腐蚀率不大于 0.076mm/a）的要求，说明该配方对生产设备腐蚀程度小。

4）可降解暂堵型压井液技术指标

（1）密度可调：1.00~1.30g/cm³。

（2）API 失水：≤15mL。

（3）表观黏度：18~35mPa·s。

（4）压井液承压防漏能力：暂堵率≥95%（8MPa，30min）。

（5）岩心粉线性膨胀率：≤1.0%。

（6）岩心渗透率恢复值：≥5%。

## （三）修井作业储层保护应用效果分析

大港储气库群运行 10 余年后，由于油管柱泄漏、工具失效等原因，有的注采井进行了修井作业。实践证明，注采井更换管柱时，采用可降解暂堵型压井液保护储层，效果明显，作业前、后注气量相当，见表 3-3-15。

**表 3-3-15 注采井作业前、后注气量统计表**

| 序 号 | 作业时间/d | 作业前日注气量/ $10^4 m^3$ | 作业后日注气量/ $10^4 m^3$ | |
| --- | --- | --- | --- | --- |
| | | | 第一天 | 第二天 |
| 1 | 13 | 19.98 | 3.82 | 19.59 |
| 2 | 11 | 21.38 | 9.40 | 22.73 |
| 3 | 10 | 38.60 | 3.17 | 36.26 |
| 4 | 13 | 27.99 | 5.12 | 28.58 |
| 5 | 12 | 32.05 | 1.90 | 32.65 |

统计分析进行修井作业施工的 5 口井，压井液密度为 1.20~1.25g/cm³，按照垂直井深 2720m 计算，对地层的正压差可达 6.25MPa，最长作业时间 13d，液面保持稳定，修井液未发生漏失。作业后放喷返排 4h 后投注，注气量恢复迅速。实践表明，作业后能否及时、彻底地将井筒内压井液进行返排，关系到储层保护的效果，应在条件允许的情况下，尽量延长返排时间。

# 第四节 老井评价与处理技术

## 一、老井评价与处理基本原则

枯竭油气藏型地下储气库是利用已枯竭或接近枯竭的油气藏改建而成的。这类枯竭油气藏在开发过程中钻有很多探井和生产井，这些井大多年限较长，井筒情况复杂且其质量受到影响，甚至有的井本身就是事故井或工程报废井。储气库建成之前如不及时、有效地处理这些老井，无法保证储气库的整体密封性，同时埋下了巨大的安全隐患。因此，储气库老井处理技术是地下储气库建设过程中的一项关键技术。

对储气库建库区域内的老井，首先应进行评价。根据评价结果，符合储气库技术要求的可以作为储气库的监测井或采气井再利用，其余不符合要求的要进行封堵处理。

1. 评价所需资料

利用枯竭油气藏改建储气库时，原有的老井大多处于停产、报废状态，在其生产期间射开多套油层进行生产，部分油层还进行过防砂、压裂、酸化等措施改造，长期生产过程中可能存在井下落物、套管变形、腐蚀穿孔等诸多复杂情况，且地面环境也会发生较大改变。因此，正确掌握老井资料是评价认识老井的第一步。

首先，要对老井钻井资料进行详细复查，确认老井井身结构、套管组合、固井质量及钻井事故的处理经过等。其次，对老井开采期间的生产情况进行调研，包括试油资料、生产资料以及历次作业情况，详细了解停产前的射孔数据、各层生产数据及作业过程中套管损坏记录、井底落物记录等。最后，进行现场踏勘，踏勘时需要确认老井位置、老井井口状况、周边自然环境及作业井场和进出井场道路等多项资料，为老井处理作业提供准确的资料。

对老井目前井况进行评价的相关资料至少应包括以下内容：

（1）老井周边环境。老井周边的自然环境，以及是否具备符合作业要求的井场等。老井所处周边环境会直接影响老井处理的施工作业，从而关系到储气库能否建设。例如，若老井紧邻高速公路、铁路或位于建筑群、河道、水库、堤坝内，将给储气库的建设带来巨大的困难。

（2）老井井口情况。老井井口位置及井口状况，例如，井口是否可见、井口装置是否齐全、套管头等井口附件是否完整等。

（3）井筒情况。老井属于正常生产井，还是工程或地质报废井；老井井筒是否存在补钻、套变、落鱼、套管错断等复杂情况，是否有井下落物或封隔器、桥塞等井下工具，井筒内原有水泥塞的具体位置等。

（4）管外固井质量。老井固井质量测井资料，以及固井第一、第二界面的胶结情况。

（5）老井历史资料。钻井井史、完井报告、试油射孔总结、历次修井作业资料、相关生产资料等。

（6）其他相关地质资料。包括储气层位的孔隙度、渗透率、温度、压力，以及各老井所处构造位置等相关地质资料。

2. 老井评价与处理基本原则

在全面掌握老井资料的基础上，根据老井不同井况进行分类，并针对不同类型老井制定相应的处理措施。老井评价与处理的基本原则如下：

（1）掌握全面、准确的所有待评价老井的相关工程、地质资料，并重点排查是否存在以目前修井工艺技术无法进行有效处理的老井（如裸眼井、侧钻井、工程报废井等）。这些老井可能成为影响库址筛选的决定性因素，有时会因此类井的存在而影响储气库的建设。

（2）与地质方案相结合，初步筛选可以再利用的老井。筛选、确定再利用老井时，除了需要考虑老井所处建库区块的构造位置外，还需要满足以下三个条件：

① 储气层及盖层段水泥环连续优质胶结段长度不小于25m，且以上固井段合格胶结段长度不小于70%。

② 按实测套管壁厚进行套管柱强度校核，校核结果应满足实际运行工况要求。

③ 生产套管应采用清水介质进行试压，试压至储气库井口运行上限压力的1.1倍或套管剩余抗内压强度的80%，以30min压降不大于0.5MPa为合格。

经过评价，确认老井管外水泥胶结质量或套管质量不能满足上述要求，该老井将不能进行再利用，而进行永久封堵处理。

（3）针对不同待封堵井的井况特点，分别制定相应的封堵处理措施，制定的封堵措施必须遵循如下原则：

① 防止天然气沿井筒内、外窜至井口，以保障储气库对周边环境的安全。

② 采取必要的措施，使储气层与其他层之间不窜，确保储气库整体密封性，减少天

然气由储气层窜向其他非储气层造成的损失及带来的安全隐患。

③ 老井封堵效果必须长期有效，满足储气库多个注采周期、高低交变应力运行工况特点的要求。

## 二、老井评价内容及方法

储气库老井处理前的评价内容，主要包括井口坐标及井眼轨迹复测、管外水泥胶结质量评价、套管剩余强度及承压能力评价等。通过评价，可以掌握老井目前状态，有利于制定有针对性的处理措施，而且为建设数字化储气库，留存库区内老井的相关过程资料。

### 1. 井眼轨迹复测

储气库老井在处理之前应重新测量所有老井的井眼轨迹，这既是建设"数字化储气库"的要求，同时也为新钻注采井井眼防碰提供了可靠依据。复测方法通常有陀螺测井和连续井斜方位测井等。

陀螺测井技术是以动力调谐速率陀螺测量地球自转角速率分量和石英加速计测量地球加速度分量为基础，通过计算得出井筒的倾斜角、方位角等参数，绘制井身轨迹曲线。该技术广泛应用于井身轨迹复测、钻井定向和侧钻井开窗定向等方面。

连续井斜方位测井主要依靠连续测斜仪完成，其井下部分一般由一个测斜仪和一个井径仪组成。它能测量井斜的角度和方位，以及两个相互垂直且互不影响的井径信号，可用来确定井眼的位置和方向，并根据测得的方向数据，计算出真实的垂直深度。

### 2. 管外水泥胶结质量评价

储气库老井在处理之前需要对管外水泥胶结质量进行评价，一方面判别该井是否满足老井再利用条件，另一方面通过固井质量评价结果为封堵井提供处理依据。

#### 1）管外水泥胶结质量测定方法

管外水泥胶结质量的测定有多种方法，如声幅（CBL）测井技术、变密度（VDL）测井技术、扇区水泥胶结（SBT 和 RIB）测井技术、超声波成像测井技术（IBC）等。上述各种测井技术精度差别很大：CBL 测井曲线只能在一定程度上探测水泥与套管（第一界面）胶结的好坏，而无足够的检查水泥与地层（第二界面）胶结情况的信息；CBL 与 VDL 测井配合使用，可提供两个界面胶结情况的信息，但没有完全克服声幅测井的缺点，没有提高纵向分辨率，对第二界面只能作出定性评价，固井质量评价结果也会出现一定程度的偏差；扇区水泥胶结测井（SBT 和 RIB）不受井内流体类型和地层的影响，可确定井内绝大多数纵向上窜槽的位置，直观显示不同方位的水泥胶结状况，无须进行现场刻度，不受井内是否有自由套管的限制，识别精度比 CBL 和 VDL 有很大提高；超声波成像测井技术是最近几年新兴的一项测井技术，具有较高的精度，处理结果更加直观，能精确识别 CBL 或 VDL 等不能识别的水泥胶结缺陷。

测井方法的选择必须以老井对固井质量的识别精度要求为依据，并结合再利用井类型合理选用测井方法，如一般封堵井，目前常用 VDL 测井对固井质量进行复测，如果待处理老井需要再利用为监测井，应选用扇区水泥胶结测井的方法；如再利用为采气井，则应选用识别精度最高的超声波成像测井方法。

2）管外水泥胶结质量评价方法

管外水泥胶结质量的评价主要以固井质量的复测结果为依据。以扇区水泥胶结测井为例，其胶结质量可以根据解释成果图进行评价：将管外水泥胶结质量分为 5 个级别，以分区声幅的相对幅度 $E$ 为标准，当 $E$ 值为 0~20%，灰度颜色为黑色时，表示水泥胶结优质；当 $E$ 值为 20%~40%，灰度颜色为深灰时，表示水泥胶结良好；当 $E$ 值为 40%~60%，灰度颜色为中灰时，表示水泥胶结中等；当 $E$ 值为 60%~80%，灰度颜色为浅灰时，表示水泥胶结较差；当 $E$ 值为 80%~100%，灰度颜色为白色时，表示管外无水泥胶结。

经过评价，老井管外水泥胶结质量在储气层及盖层段水泥环连续优质胶结段长度不小于 25m，且以上固井段合格胶结段长度不小于 70%，则该井能够满足再利用井对固井质量的要求，如经过评价，老井管外水泥胶结质量在储气层顶界以上环空水泥返高小于 200m 或连续优质水泥胶结段小于 25m，则封堵该井时需要进行套管锻铣作业，锻铣段长度不小于 40m，锻铣后对相应井段扩眼，并注入连续水泥塞封堵。

3. 套管剩余强度评价

当储气库老井需要再利用时，必须进行生产套管剩余强度评价，其目的是确定再利用井管柱强度是否满足储气库运行工况的要求，评价的主要依据是套管壁厚及内径的变化情况。

1）套管壁厚及内径检测方法

套管内径的变化可以通过多臂井径仪测得，目前常用四十臂井径成像测井技术，通过 40 条测量臂来检查套管的变形、弯曲、断裂、孔眼、内壁腐蚀等情况。与传统的井径测井仪器相比，其测量数据大，能够比较准确地对套管进行检测，并且形成立体图、横截面图、纵剖面图及套管截面展开图，可以更直观地了解套管的腐蚀、错断、变形等情况。

套管壁厚变化主要通过电磁探伤测井直接反映。电磁探伤测井技术属于磁测井技术系列，其理论基础是法拉第电磁感应定律，原理是给发射线圈供一直流脉冲，接收线圈记录随不同时间变化产生的感应电动势。当套管厚度发生变化或存在缺陷时，感应电动势将随之发生变化，通过分析和计算，在单套、双套管柱结构下，不仅可判断管柱的裂缝和孔洞，而且得到管柱的壁厚数据。

值得注意的是，电磁探伤测井只是利用套管厚度的变化对套管伤害进行定量解释，但厚度反映的是套管四周的平均值，难以反映局部的损伤，不能直接监测套管内径及圆度变化。因此，该方法与多臂井径配合使用效果更好。

2）套管剩余强度评价方法

套管剩余强度评价需要从井史资料入手，对相关测井数据进行分析处理，然后进行模拟实验并对实验数据进行分析，通过计算机模拟软件分析计算套管柱剩余强度，确定薄弱点（带）分布位置，并依据《石油天然气工业套管、油管、钻杆和用作套管或油管的管线管性能公式及计算》（GB/T 20657—2011）、《石油天然气工业油气井套管或油管用钢管》（GB/T 19830—2011）、《石油天然气工业做套管及油管螺纹连接实验程序》（GB/T 21267—2007）、《套管和油管选用推荐做法》（SY/T 6268—2008）和《地下储气库套管柱安全评价方法》（Q/SY 1486）等相关行业标准进行分析评价，最终得出该井套管柱适用性结论。

进行套管强度评价时，需要收集或录取的资料如下：

（1）井史资料。包括钻井设计、地质设计、钻井日志、完井日志（完井地质资料）、生产日志（试油地质总结）、气/液分析化验报告等。

（2）老井再利用检测资料。包括试压报告、固井解释报告、四十臂井径成像+电磁探伤测井所测得的套管柱几何尺寸（直径和壁厚）等测井资料，测井数据应能反映全井段同一横截面多点套管直径与壁厚的变化数据、全井段套管裂纹、腐蚀坑数据等。

（3）从同一区块废弃井中取出的套管（长度2~3m），通过室内实验准确掌握长期服役后套管材料强度的真实变化。

收集完上述资料后，由专业研究评价单位按照行业标准，开展老井生产套管柱的强度评价工作，评价内容主要包括以下5个方面：

（1）测井数据处理。全井段测井数据处理，将所测直径和壁厚值校正至同深同截面。

（2）几何尺寸分析。依据GB/T 19830和Q/SY 1486进行全井段测量数据的直径、壁厚、椭圆度及不均度的计算分析，寻找套管柱尺寸和变形的薄弱点（带）。

（3）抗内压和抗外挤强度分析。依据GB/T 20657、SY/T 6268和Q/SY 1486标准进行全井段套管柱强度分析，确定套管柱结构抗内压和抗外挤强度弱点（带）位置。

（4）老井套管材料强度的折减。依据前期套管试验成果或同区块老井套管室内实验数据，对年代久远的老井套管的服役强度进行折减分析，使管柱强度分析结果更接近目前状况。

（5）API螺纹的气密封性能分析。依据GB/T 20657和GB/T 21267标准对套管柱的气密封能力进行评价。

4. 套管承压能力评价

储气库老井处理时，需要对套管承压能力进行评价，套管承压能力评价主要以套管试压值为依据。对于封堵井而言，通过套管承压能力评价：一方面可以查找套漏点或未知射孔层，确认套管目前状态；另一方面也可以为封堵施工时最高挤注压力确定提供依据。对于再利用井而言，通过套管承压能力评价，可以确定其套管质量是否满足储气库运行工况要求。

当老井再利用为采气井或监测井时，需要对老井生产套管用清水试压至储气库运行时最高井口压力的1.1倍，或套管剩余抗内压强度的80%，如试压结果满足要求，则允许将老井再利用，否则需要转为封堵井。

在现场实际操作时，要注意试压工艺的选择。笼统试压工艺简单，现场操作简便，但某些情况下，不能采用笼统试压方法。如建库储气层位较深，若试压至储气库井口最高运行压力的1.1倍时，虽然满足相关标准要求，但井底套管将承受超高压力，造成套管损坏，甚至可能会超过套管的抗内压强度。此时，需要采用分段试压的方法，即用封隔器对不同井段套管分别以不同压力值进行试压，各试压压力值与井筒内液柱压力相加达到储气库井口最高运行压力1.1倍压力值。

以某储气库为例，该气库设计井口运行压力为9~20MPa，根据标准须对再利用井套管试压至22MPa。某井为该储气库一口再利用监测井，井深2500m，储气层位深度2200m，油层套管为$\phi$139.7mm，已完钻30年。对该井分段试压方法如下：

（1）将封隔器坐封于 500m 处，反挤清水 22MPa 对上部套管进行试压，此时作用在 500m 处套管的压力为 27MPa，可以满足生产套管试压至储气库井口运行上限压力的 1.1 倍的要求，判断 0~500m 套管承压能力是否满足要求。

（2）将封隔器下放至 1000m 再坐封，反挤清水 17MPa 试上部套管，此时 500m 处套管承压值为 22MPa，1000m 处套管最高承压 27MPa，可以判断 500~1000m 套管承压能力是否满足要求。

（3）封隔器下放至 1500m 再坐封，反挤清水 12MPa 试上部套管，此时 1000m 处套管承压值为 22MPa，1500m 处套管最高承压 27MPa，可以判断 1000~1500m 套管承压能力是否满足要求。

（4）以此类推，直至完成全部井段套管试压。

采用分段试压的方法对再利用井套管目前承压能力进行评价，可以保证评价结果的准确、客观，同时直观判断再利用井套管质量是否满足设计要求。

# 三、老井封堵工艺技术

储气库老井的风险点主要集中在井筒、储层以及管外环空，因此老井封堵应由井筒封堵、储层封堵和环空封堵三个重要部分组成。井筒封堵通常采用 G 级油井水泥注井筒水泥塞的处理措施，而储层封堵和环空封堵主要采用高压挤堵的处理措施，所用堵剂体系主要是以超细水泥为主体并复配多种水泥添加剂的复合体系。

## （一）井筒封堵技术

1. G 级油井水泥堵剂体系

储气库老井井筒封堵通常采用密度为 1.85g/cm³ 左右的 G 级油井水泥浆注长度不小于 300m 连续井筒水泥塞的方法。G 级水泥浆固结后，水泥石的渗透率和抗压强度将直接决定储气库老井井筒密封效果。

1）常规水泥石抗气渗能力

常规水泥石的抗气渗能力可以通过渗透率测定仪测定。将密度 1.75~1.90g/cm³ 的 G 级油井水泥浆在 20MPa 压力条件下养护 72h 后，用渗透率测定仪分别测定不同密度岩心的气相渗透率和水相渗透率，结果见表 3-4-1。

表 3-4-1　常规 G 级水泥抗气渗、水渗能力实验数据表

| 水泥心 | 岩心描述 | 长度/cm | 直径/cm | 气相渗透率/$10^{-3}\mu m^2$ | 水相渗透率/$10^{-3}\mu m^2$ |
|---|---|---|---|---|---|
| A | G 级水泥，密度 1.75g/cm³ | 3 | 2.5 | 0.2075 | 0.0271 |
| B | G 级水泥，密度 1.80g/cm³ | 3 | 2.5 | 0.0912 | 0.0145 |
| C | G 级水泥，密度 1.85g/cm³ | 3 | 2.5 | 0.0465 | 0.0056 |
| D | G 级水泥，密度 1.90g/cm³ | 3 | 2.5 | 0.0325 | 0.0032 |

由表 3-4-1 可以看出，随着水泥浆密度增加，各岩心气体渗透率和水相渗透率均呈下降趋势。实验数据同时说明，常规 G 级油井水泥在密度 1.85g/cm³ 的情况下，其固化后的

气相渗透率为 $0.0465 \times 10^{-3} \mu m^2$ 甚至更低，可以满足储气库对堵剂体系气相渗透率小于 $0.05 \times 10^{-3} \mu m^2$ 的相关规定要求，表明该密度下 G 级油井水泥石抗气渗能力较强，可以对老井井筒起到密封作用。

2）常规水泥石强度分析

水泥石的抗压强度直接决定着储气库老井的承压能力，若水泥石本体抗压强度不能有效承受井筒内的交变应力，将无法保证老井的封堵效果。为此，需要对常规 G 级油井水泥浆固化后的抗压强度进行评价。实验中，将不同密度的 G 级水泥浆制成标准模块，置于 25MPa 环境下养护 1~3d，分别测定其抗压强度值，实验结果见表 3-4-2。

表 3-4-2　常规水泥石抗压强度实验数据表

| 水泥浆密度/ | 抗压强度/MPa | | |
| （g/cm$^3$） | 1d | 2d | 3d |
| 1.75 | 11 | 15.8 | 18.6 |
| 1.8 | 12.7 | 16.6 | 19.2 |
| 1.85 | 16.2 | 18.3 | 21.4 |

注：养护温度 90℃，压力 25MPa。

由表 3-4-2 可以看出，当水泥浆密度为 1.85g/cm$^3$ 时，常规 G 级油井水泥在 90℃、压力 25MPa 环境下养护 1d 其抗压强度可以达到 16.2MPa（大于 14MPa 的相关规定要求），养护 3d 抗压强度达到 21.4MPa，可见 1.85g/cm$^3$ 的常规 G 级油井水泥具有较高的抗压强度。抗压强度在一定程度上可以反映出水泥石自身的抗水、气突破的能力。因此，常规水泥石本身具有较好的抗气体突破能力。

需要指出的是，水泥石的强度会随时间发生变化，一般认为，水泥抗压强度随时间的变化而逐渐衰竭，衰竭的速度受井筒环境的影响，即受到井温、酸碱度及矿化度等的影响。在中低温、中性环境及较低矿化度的条件下，水泥石强度的衰竭速度很低。

2. 井筒封堵工艺

储气库老井井筒封堵主要包括两个部分：一是储气层射孔井段底界至人工井底段的生产套管的密封处理；二是储气层射孔井段顶界以上的生产套管的密封处理。这两部分井筒的封堵均采用 G 级油井水泥循环注井筒水泥塞的工艺方法。前者注塞井段一般要求为人工井底至储气层射孔井段以下 10~20m，后者则要求储气层射孔井段以上至少 300m，一般注塞至生产套管水泥返高以上 300m。

通过注井筒水泥塞，可以在井筒内形成有效屏障，防止注入的天然气通过井筒上窜至井口或下窜至其他非目的层，保障储气库安全运行，同时避免天然气地下窜流造成气体损失。

## （二）储层封堵技术

### 1. 堵剂体系及添加剂的优选

储层封堵的核心技术是堵剂体系，堵剂体系的综合性能将直接影响储层的封堵效果。因此，必须通过一系列室内实验筛选、调整、优化堵剂体系及各种添加剂的合理配比，以保证最佳封堵效果。

因储气库具有高低交变应力、多注采周期、长期带压运行的工况特点，老井封堵体系目前仍以超细水泥为主。主要原因是超细水泥注入性能好，可以顺利挤入地层，此外其固化后强度高，能够满足储气库注采循环交变压力要求。但是，必须合理添加一定比例的添加剂，以优化超细水泥浆整体性能，才能保证封堵效果。

1）封堵体系优选原则

（1）堵剂体系配制简单，需要具有较好的可泵送性，便于现场施工。

（2）堵剂体系需要具有良好的注入性，可有效封堵地层深部，保证封堵质量。

（3）堵剂体系需要具备可控的稠化时间，可根据不同井况特点及施工时间预期进行调整。

（4）堵剂体系固化后具有较高抗压强度，满足储气库注采交变应力的长期作用。

（5）堵剂体系需要具备优良的防气窜性及抗气侵性，可有效防止储气库注气后气窜、气侵现象的发生。

（6）强度抗衰退性能好，老化时间长，满足储气库长期运行要求。

2）堵剂体系性能指标

老井封堵所用堵剂体系在保证施工安全的前提下，必须满足以下性能要求：

（1）堵剂体系游离液控制为0，滤失量控制在50mL以内。

（2）堵剂体系气相渗透率小于$0.05\times10^{-3}\mu m^2$。

（3）沉降稳定性实验堵剂体系上、下密度差应小于$0.02g/cm^3$。

（4）堵剂体系24~48h抗压强度应不小于14MPa。

3）堵剂体系粒径的选择

表3-4-3列出了常用800目超细水泥的粒径分布范围，可以看出，其最大粒径小于$30\mu m$，平均为$7.34\mu m$，而常规G级水泥平均粒径达到$53\mu m$。因此，超细水泥更容易进入储气层孔隙和裂缝当中；超细水泥比表面积大，达到$16240cm^2/g$，而常规G级水泥比表面积只有$3300cm^2/g$。水化反应的程度要比常规水泥高，而水化程度的高低反映了水泥石微观结构的密封性好坏，常规水泥颗粒较大，水化程度低，水泥颗粒之间存在不完整结合，在一定程度上影响了常规水泥石的密封性。

表3-4-3　超细水泥粒径分布表

| 水泥类型 | 超细水泥 | 高细水泥 | G级水泥 |
|---|---|---|---|
| 粒径 | 最大粒径<$30\mu m$；<br>90%以上的粒径<$14.41\mu m$；<br>50%以上的粒径<$6.52\mu m$；<br>平均为$7.34\mu m$ | 最大粒径<$35\mu m$；<br>90%以上的粒径<$21.4\mu m$；<br>50%以上的粒径<$10.2\mu m$；<br>10%以上的粒径<$4.2\mu m$ | 最大粒径>$90\mu m$；<br>平均为$53\mu m$ |
| 比表面积/($cm^2/g$) | 16240 | 6500 | 3300 |

超细水泥粒径范围将直接影响老井封堵效果，若选择粒径范围较大，水泥颗粒在注入过程中极容易堵塞储气层孔隙、孔道，不能实现深部封堵，无法保证封堵效果；若选择粒径范围太小，水泥颗粒在注入压差的作用下被推送至地层深部，无法建立起有效封堵屏障，完全封闭储层。卡曼-可泽尼方程可以近似计算出孔喉直径，为选择合适粒径范围的堵剂提供参考。

卡曼–可泽尼方程表述如下：

$$D_c \approx 0.18(K/\phi)^{1/2} \qquad\qquad (3-4-1)$$

式中 $D_c$——孔喉直径，$\mu m$；

$\quad K$——储层渗透率，$10^{-3}\mu m^2$；

$\quad \phi$——储层孔隙度。

此外，超细水泥的比表面积过大，水化速度快，容易出现"闪凝"现象，施工过程需要添加合适配比的缓凝剂及其他添加剂来控制堵剂体系的初凝时间，确保施工的安全性。

4) 堵剂体系添加剂的优选

为确保堵剂能够顺利地挤入地层，除要求堵剂粒径与地层孔喉直径相匹配外，还要求堵剂本身具有良好的悬浮性能和流动性，静失水小；要有足够的稠化时间和较高的抗压强度，另外添加适量的助流剂、增韧材料、防气窜纳米材料，可以使配制的堵剂具有更好的流动性，提高其注入性能，可以有效地防止气窜、气侵现象的发生，显著提高封堵效果。

(1) 降失水剂的优选。水泥浆在压力下流经渗透性地层时将发生渗滤，导致水泥浆液相漏入地层，这个过程通称为"失水"。如果不控制失水，液相体积的减少将使水泥浆密度增加，稠化时间、流变性偏离原设计要求，大量液体流入地层使水泥浆变得难以挤入地层，影响封堵效果。因此，通常在堵剂中加入具有降失水性的材料，从而控制水泥浆的失水量。

目前，主要采用具有吸附、聚集及提高液相黏度双重作用的多功能悬浮剂作为堵剂体系的降失水剂。该体系的降失水性能可以通过实验进行评价。具体评价方法为：将多功能悬浮剂与超细水泥颗粒按 $1:2.0\sim1:1.2$ 水灰比配制成封堵浆液，搅拌均匀后倒入 100mL 比色管中，放置到常温下静置 1h，观察体系的析水量。实验结果见表 3-4-4。

表 3-4-4 多功能悬浮剂能评价实验表(常温)

| 多功能悬浮剂：超细<br>水泥(水灰比) | 静置 1h 后<br>析水量/mL | 多功能悬浮剂：超细<br>水泥(水灰比) | 静置 1h 后<br>析水量/mL |
|---|---|---|---|
| 1:1.2 | 2.5 | 1:1.8 | 0 |
| 1:1.4 | 1.0 | 1:2.0 | 0 |
| 1:1.6 | 0 | | |

从实验结果可以看出，在相同降失水剂加量的情况下，随着水灰比的提高，水泥颗粒对自由水的包覆能力增强，水灰比达到 $1:2.0\sim1:1.6$ 比例后，常温条件下静置 1h，其析水量均为 0。这表明，多功能悬浮剂对较高水灰比的超细水泥颗粒悬浮性能好，有效地降低堵剂的静失水量，保证现场堵剂配制的质量。

(2) 分散剂的优选。增大堵剂体系中颗粒的浓度，可以大幅提高封堵剂固化后的最终强度，从而提高储气库的承压能力。但随着超细水泥颗粒浓度的增加，堵剂的流动性也随之降低，当流动度降低到一定程度时，会使现场泵送困难。为改善堵剂浆体的流动性能，需要加入一定量的分散剂。

分散剂(又称减阻剂)是油井水泥外加剂中重要的一员，它可以在低水灰比下赋予水泥浆好的流动性和固化后的高强度。目前，已成功应用的油井水泥分散剂主要有 B–萘磺酸甲醛缩合物和磺化丙酮甲醛缩合物。B-萘磺酸甲醛缩合物是以萘为原料，通过磺化、缩合、中和等步骤合成得到，具有良好的分散能力，但产品中含有相当的因中和过量硫酸而生成的硫酸钠，硫酸钠的存在会腐蚀水泥石；磺化丙酮甲醛缩合物是目前国内油井水泥分散剂中的主导产品，它是通过丙酮磺化、甲醛缩合得到的，具有良好的分散能力，使用温度可达150℃，是目前国内最好的高温油井水泥分散剂。

经过对目前常用分散剂如改性木质素聚羧酸、多酰胺类、B-萘磺酸甲醛缩合物和磺化丙酮甲醛缩合物等的筛选及评价，并综合考虑经济、环境及健康安全等各方面的因素，筛选出 FSJ-01 有机分散剂。

通过室内流动性评价实验，堵剂体系中加入一定量的 FSJ-01 有机分散剂可以显著改善堵剂体系的流动性，增加流动度，室内实验结果见表 3-4-5。

表 3-4-5　堵剂体系流动性评价实验表

| | 分散剂加入量/% | 流动度/cm |
|---|---|---|
| 水灰比 | 0 | 8.0 |
| | 0.5 | 9.5 |
| | 1 | 11.5 |
| | 1.5 | 15.5 |
| | 2 | 21.0 |
| | 2.5 | 23.5 |
| | 3 | 24.0 |

（3）缓凝剂的优选。目前，油井水泥缓凝剂主要包括单宁衍生物、褐煤制剂、糖类化合物、硼酸及其盐类、木质素磺酸盐及其改性产品、羟乙基纤维素、羧甲基羟乙基纤维素、有机酸、合成有机聚合物等。为满足老井封堵施工过程对堵剂体系稠化时间的要求，保证堵剂顺利挤入地层，避免出现堵剂过早稠化造成的工程事故，综合经济、安全、环保等各方面的因素，通过对目前常用缓凝剂的筛选评价，最终选定 HNJ-01 有机缓凝剂。

在模拟储层温度 80℃，压力 30MPa 条件下进行的稠化实验表明，堵剂体系中添加一定量的 HNJ-01 有机缓凝剂，可以使堵剂体系稠化时间延长至 3h 以上，从而满足老井封堵现场施工时间的要求，并且加入 HNJ-01 有机缓凝剂的堵剂体系还具有直角稠化的性能，可以有效避免堵剂体系固化过程中气侵现象的发生，保证老井封堵效果，实验结果如图 3-4-1 所示。

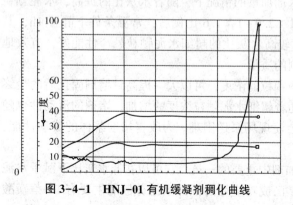
图 3-4-1　HNJ-01 有机缓凝剂稠化曲线

（4）防气窜剂的优选。井筒内堵剂如果在凝固过程中体积收缩或是当堵剂注入环空后，环空堵剂液柱静压力开始下降，当传递的压力低于地层气体压力时，气体就易于进入水泥浆内，使堵剂凝固后本体气相渗透率相对较高，为今后储气库的运行带来隐患。为避免此类问题，需要在堵剂中添加适量的防气窜材料。目前，主要有三种防气窜材料：水泥膨胀类材料，如无水磺化铝酸钙、硫酸钙等；水泥发泡类材料，如三氧化二铝、各种活性发泡剂等；水泥填充类材料，如二氧化硅、橡胶粉等。

通过对目前常用防气窜剂的筛选及评价，并综合考虑成本、安全性等因素，筛选出FQC-01 纳米防气窜剂，其主要是通过在颗粒材料中添加适量的纳米材料，填充颗粒之间的空隙，来改善堵剂的孔隙结构和致密性，降低堵剂的渗透性，从而提高固化后堵剂体系的防气窜性。

室内研究中可以将添加纳米防气窜剂的堵剂与普通堵剂在相同压差、不同密度条件下分别测定其固化后的气相渗透率，以此评价堵剂体系的防气窜性能，实验结果见表3-4-6。

表 3-4-6　水泥石防气窜性能评价实验表

| 样品名称 | 密度/ (g/cm³) | 试样尺寸 | | | 抗压强度/ MPa | 压差/ MPa | 气相渗透率/ 10⁻³μm² |
| --- | --- | --- | --- | --- | --- | --- | --- |
| | | 长度/ cm | 直径/ cm | 截面积/ cm² | | | |
| 堵剂+防气窜剂 | 1.65 | 2.53 | 2.49 | 4.87 | 26.88 | 35 | 0.0252 |
| 堵剂+防气窜剂 | 1.75 | 2.53 | 2.49 | 4.87 | 27.95 | 35 | 0.0183 |
| 堵剂 | 1.65 | 2.53 | 2.49 | 4.87 | 25.26 | 35 | 0.2305 |
| 堵剂 | 1.75 | 2.54 | 2.50 | 4.91 | 26.42 | 35 | 0.1565 |

注：养护温度90℃，压力25MPa，抗压强度为72h测定值。

从实验结果可以看出，在相同密度条件下，添加纳米防气窜材料后的堵剂的气相渗透率可以降低两个数量级以上，固化强度稍有增加，表明堵剂体系中添加纳米防气窜材料，可以在增加堵剂体系的固化强度的同时显著提高堵剂体系的防气窜性能。

（5）增韧材料的优选。水泥类堵剂固化后形成的水泥石为具有一定微观缺陷的脆性材料，并且其抗拉强度低。随着所受应力的增加，一旦断裂强度因子大于材料的断裂韧性，裂纹将迅速扩展，继而产生宏观的裂纹和裂缝，造成储气层内的气体沿着水泥塞裂纹或裂缝上窜。因此，改善水泥类堵剂的力学性能，增加水泥石的韧性和弹性，对防止井筒内水泥塞产生裂缝，消除储气库运行的安全隐患有重要的意义。

根据断裂力学原理和复合材料理论进行堵剂体系配方的设计，并通过一系列的室内实验，对常用的水泥增韧材料进行综合评价。研究发现，有机富硅纤维和有机弹性颗粒作为复合增韧剂可以显著提高超细水泥固化后的抗折强度。表3-4-7为典型的堵剂体系柔韧性评价实验结果。

表 3-4-7　堵剂体系柔韧性评价实验表

| 样品名称 | 密度/ (g/cm³) | 试样尺寸 | | | 抗折强度/ MPa | 抗压强度/ MPa |
| --- | --- | --- | --- | --- | --- | --- |
| | | 长度/ cm | 宽度/ cm | 高度/ cm | | |
| 堵剂 | 1.65 | 16 | 4 | 4 | 4.5 | 25.26 |
| | 1.75 | 16 | 4 | 4 | 5.1 | 16.42 |

续表

| 样品名称 | 密度/<br>（g/cm³） | 试样尺寸 | | | 抗折强度/<br>MPa | 抗压强度/<br>MPa |
|---|---|---|---|---|---|---|
| | | 长度/<br>cm | 宽度/<br>cm | 高度/<br>cm | | |
| 堵剂+复合增韧剂 | 1.65 | 16 | 4 | 4 | 5.5 | 24.45 |
| | 1.75 | 16 | 4 | 4 | 6.2 | 25.34 |

注：养护温度90℃，压力25MPa，抗折强度、抗压强度均为72h测定值。

从实验结果可以看出，与未添加复合增韧材料的堵剂体系其抗折强度可提高约20%，但其抗压强度稍有降低。这是因为添加的复合增韧材料为塑性材料，堵剂体系的柔韧性会有大幅提高，相对而言，抗压强度会受影响，但抗压强度下降值仍在可控范围之内，通过对堵剂体系性能的综合优化，其抗压强度仍然可以满足储气库运行压力的要求。

2. 堵剂体系综合性能评价

研究筛选堵剂体系的合理配比时，需要以建库储气层位的温度、压力、孔隙度、渗透率等储层物性等为依据，通过稠化时间、抗压强度、岩心实验和封堵性能评价等一系列室内实验对堵剂体系的综合性能进行评价。

经室内研究优化，在实验温度90℃条件下，堵剂体系的标准配比为：1000g超细水泥+556g多功能悬浮剂+16.68mLFSJ-01+11.12mLHNJ-01+30gFCQ-01。若实验温度发生变化，只需要合理调整上述配比中HNJ-01有机缓凝剂的加入量即可。

1）稠化时间评价

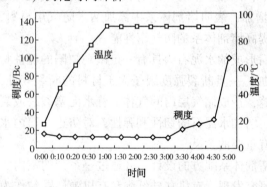

图 3-4-2　堵剂体系稠化曲线图

稠化时间是指在特定实验温度条件下，配制成的堵剂体系稠度达到100Bc所用的时间，稠化时间的长短直接决定着老井封堵过程的施工安全。在90℃实验温度，25MPa实验压力条件下，将上述堵剂体系进行高温高压稠化实验。评价结果如图3-4-2所示。

从实验结果可以看出，在90℃实验条件下，上述堵剂体系稠化时间可以达到5h以上，可以使堵剂在浆体稠化之前顺利挤入地层，满足现场施工时间要求。从稠化曲线上还可以看出，该体系具备直角稠化性能，可在一定程度上防止气侵。

2）抗压强度评价

堵剂体系固化后的强度是保证储气库老井长期、有效封堵的关键指标，固化强度越高，堵剂所承受的交变压差越大，发生气窜的可能性就越小，有效期就越长。

室内研究中将上述堵剂体系制成标准试块，置于温度90℃、压力25MPa环境条件下进行养护。养护结束后，分别测定1d、3d和28d的堵剂体系的抗压强度，以此评价堵剂体系的承压能力。实验结果见表3-4-8。

表 3-4-8　抗压强度评价实验表

| 养护时间/h | 抗压强度/MPa | | | | |
|---|---|---|---|---|---|
| | 1# | 2# | 3# | 4# | 平均 |
| 1 | 18.95 | 18.88 | 18.76 | 18.29 | 18.72 |
| 3 | 25.75 | 26.06 | 26.26 | 26.87 | 26.23 |
| 28 | 28.62 | 28.54 | 28.33 | 28.46 | 28.49 |

注：养护温度90℃，压力25MPa。

从实验结果可以看出，该堵剂体系养护3d后平均抗压强度达26.23MPa，远远高于常规 G 级油井水泥21.4MPa 抗压强度值，表明该堵剂体系固化后承压能力较强，可以有效保障储气库运行时的高低交变应力变化产生的生产压差。

3）注入性及封堵性评价

在老井封堵施工过程中，如果堵剂注入性差，就会造成施工压力过高，堵剂不能按设计量进入地层而导致措施有效期短，影响封堵效果。因此，堵剂的注入性是保证堵剂可顺利挤入地层的一项重要指标。此外，堵剂固化后的封堵性能是决定储气库气密封性的关键，直接决定着储气库的使用寿命。

室内研究中采用岩心模拟评价仪对上述堵剂体系的封堵效果进行室内模拟、评价。在注入排量不变的前提下，分别测得不同渗透率范围的模拟岩心的注入压力、注入深度、气测渗透率等参数，以评价堵剂体系的注入性及封堵性。实验流程如图3-4-3所示，实验结果见表3-4-9。

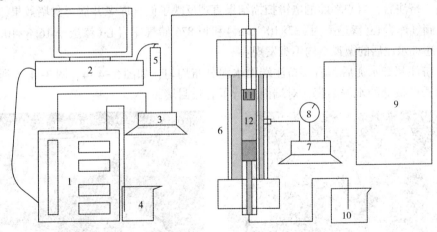

图 3-4-3　堵剂注入性及封堵性实验装置示意图

1—平流泵；2—采集控制计算机；3—六通阀；4—水；5—压力传感器；
6—岩心夹持器；7—环压表；8—环压泵；9—试管；10—增压片；11—水泥；12—岩心

表 3-4-9　堵剂体系注入性评价实验表

| 岩心编号 | 堵前气测渗透率/$10^{-3}\mu m^2$ | 注入压力/MPa | 注入排量/(mL/min) | 注入深度/cm | 堵后气测渗透率/$10^{-3}\mu m^2$ | 下降率/% |
|---|---|---|---|---|---|---|
| 1A | 47.5 | 18~22 | 6 | 5.5 | 6.53 | 86.3 |
| 1B | 46.9 | 18~22 | 6 | 5.8 | 6.17 | 97.1 |

| 岩心编号 | 堵前气测渗透率/$10^{-3}\mu m^2$ | 注入压力/MPa | 注入排量/（mL/min） | 注入深度/cm | 堵后气测渗透率/$10^{-3}\mu m^2$ | 下降率/% |
|---|---|---|---|---|---|---|
| 2A | 75.4 | 8~14 | 6 | 7.6 | 5.85 | 92.4 |
| 2B | 73.2 | 8~14 | 6 | 7.9 | 5.76 | 92.1 |
| 3A | 149.3 | 6~11.5 | 6 | 25.5 | 8.41 | 94.3 |
| 3B | 147.8 | 6~11.5 | 6 | 27.8 | 8.32 | 94.4 |

从实验结果可以看出，该堵剂体系对不同渗透率范围的岩心均有良好的注入能力，随着渗透率的增大，注入深度明显增大。通过对比前、后气测渗透率的变化程度不难发现：挤注后的岩心气测渗透率下降明显，并且原始渗透率越高，下降幅度越大，表明该堵剂体系对气相介质具有很好的封堵性能，可以保证储气库老井的气密封效果。

3. 储层封堵工艺

储气库老井储层的封堵主要采用高压挤堵、带压候凝的施工工艺，即通过井口加压，将堵剂有效挤入封堵层，随后带压关井直至候凝期结束，这样可以避免在堵剂候凝过程中水、气对堵剂的侵蚀，有效提高封堵质量。

通过高压挤注堵剂，可以在射孔层位附近获得一定的处理半径，堵剂固化后形成一道致密屏障，有效阻止注入天然气外泄。此外，高压挤注过程对管外水泥环和第一、第二界面的裂隙进行有效弥补，从而提高了管外密封效果。

经高压挤注后，岩心端面的电镜扫描结果直观反映了储气库老井储层封堵效果。通过观察板中北储气库岩心（渗透率为 $137\times10^{-3}\mu m^2$）和板 876 储气库岩心（渗透率 $16.8\times10^{-3}\mu m^2$），高压挤注超细水泥后的微观结构不难发现：

（1）挤注超细水泥后，岩心挤注端面水泥分布均匀，如图 3-4-4、图 3-4-5 所示，均形成了渗透性极低的水泥结膜，对端面进行了有效封堵。

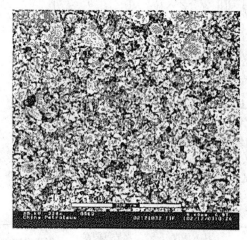

图 3-4-4　板中北储气库岩心挤注端面情况

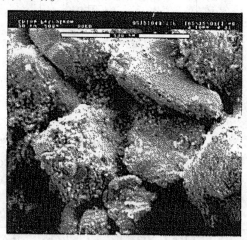

图 3-4-5　板中北储气库岩心挤注端面 0.5cm 的微观情况

（2）相对板 876 储气库岩心而言，超细水泥更容易挤入板中北储气库岩心，如图 3-4-6、图 3-4-7 所示，说明其更容易进入中、高渗透岩心内部，并对岩心造成永久性堵塞。

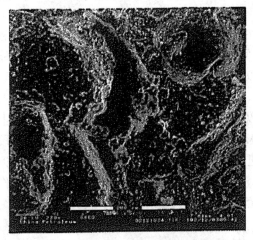

图 3-4-6　板 876 储气库岩心挤注端面情况

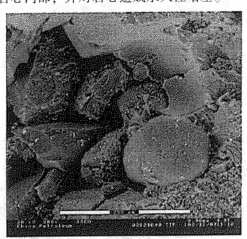

图 3-4-7　板 876 储气库岩心挤注端面 0.5cm 的微观情况

#### 4. 环空封堵技术

储气库范围内的老井大多数已有几十年历史，水泥环长时间经历压力、温度及矿化度的影响，水泥环与地层及水泥环与套管之间的胶结程度有所降低，容易在套管与水泥环、地层与水泥环之间出现微裂缝和微裂隙，尤其是在射孔层附近，受到射孔弹的剧烈冲击，射孔层附近水泥环会产生放射性裂缝。环空出现裂隙或裂缝主要在套管与水泥环、地层与水泥环的胶结面上，同时水泥内部也有少量的微裂隙存在。

#### 1) 堵剂体系挤注裂缝性能

堵剂体系能否顺利挤入管外水泥环的微裂缝，直接影响了其对管外环空的封堵效果。实验中，将超细水泥堵剂、G 级水泥和 H 级水泥分别挤入 0.15mm 人造窄缝，计量通过体积，以此评价堵剂体系挤注窄缝的性能。实验结果见表 3-4-10。

表 3-4-10　堵剂体系通过 0.15mm 人造窄缝能力实验表

| 样品 | 类型 | 添加剂 | 水泥浆体积/cm³ | 通过的体积/cm³ | 通过率/% 体积 | 通过率/% 质量 |
|---|---|---|---|---|---|---|
| 1 | 超细水泥堵剂 | 未添加 | 140 | 134 | 96 | 93.6 |
| 2 | 超细水泥堵剂 | 1%分散剂 | 140 | 137 | 98 | 96.7 |
| 3 | 超细水泥堵剂 | 2%分散剂 | 140 | 138 | 99 | 97.4 |
| 4 | G 级水泥 | | 140 | 23 | 16 | 16.3 |
| 5 | H 级水泥 | | 140 | 19 | 14 | 12.2 |

从实验数据可以看出，即使未添加分散剂的超细水泥堵剂，其通过 0.15mm 窄缝的体积分别达到了 96%，添加 2%分散剂后该数值达到了 99%，而普通 G 级和 H 级水泥通过体积只有 15%左右，说明超细水泥具有很好的挤入裂缝能力。在挤注过程中，一部分超细水

泥浆进入环空裂缝中，能够彻底封堵炮眼和因射孔或其他因素在储层周边形成的微细裂缝，从而对管外环空进行有效封堵。

2）环空封堵工艺

储气库老井管外环空封堵主要依靠高压挤注堵剂封堵储气层的同时，对管外水泥环和第一、第二界面的裂缝、裂隙进行有效弥补来实现。因超细水泥堵剂具有较强的穿透能力，在向储气层高压挤注堵剂的同时，堵剂可以沿管外固井质量较差井段的微间隙上下延伸，从而提高了管外环空的密封效果。

若老井管外固井质量较差，环空封堵还可以通过锻铣套管来实现。当储气层顶界以上环空水泥返高小于200m或连续优质水泥胶结段小于25m时，应对储气层顶界以上盖层段进行套管锻铣，锻铣长度不小于40m，锻铣后进行扩眼并注入连续水泥塞。但是，应谨慎采取锻铣套管工艺封堵，套管锻铣后井筒的完整性遭到破坏，不利于今后的应急抢险作业，尤其是对于大斜度井在钻塞抢险作业时，套管锻铣段容易划出新眼，使井况复杂化。

# 四、老井封堵工艺方法及参数优化

储气库老井的安全隐患主要有两个方面：一是注入的天然气沿固井水泥环第一和第二界面向上（下）运移，或沿着射孔孔眼窜入井筒，向非储气层位和井口运移，使天然气向非目的层或井口泄漏；二是封堵后的老井在储气库运行过程中由于应力的高低交替变化，造成固井水泥环、水泥塞破坏，使注入的天然气发生泄漏。因此，不管采用何种封堵工艺，均要求处理后的老井可以彻底封堵住注气层位、非注气层位、管内井筒及管外环空，有效防止层间窜气、井筒漏气及环空窜气，保证储气库的整体密封性。

1. 老井处理施工流程

储气库老井特点及封堵质量要求决定了其处理流程不同于常规井下修井作业施工流程。储气库老井处理施工过程严格遵循"由地面到地下，由井口至井筒，先测试后封堵"的处理原则。处理流程包含以下内容：

（1）修复井口。对于地面井口装置遭破坏的井，需要首先进行井口的修复，以满足安装井口装置和后续作业要求。

（2）处理井筒。指采用通井、刮削和各种大修工艺（如套铣、磨铣、钻铣、打捞等），将老井井筒进行清理的过程，一般需要将井筒清理至储气层以下20~30m。

（3）测井评价。按要求进行井口坐标复测、陀螺（或连续井斜）测井、固井质量测井、套管壁厚及套管内径检测、电磁探伤测井等项目。

（4）综合评价。对拟再利用井的套管剩余强度、固井质量、套管承压能力等进行综合评价，以评估老井目前状况是否满足储气库运行工况的要求，如评价结果不理想，则取消该井作为再利用井的方案，将其进行封堵处理。

（5）处理老井。对于需要弃置的老井进行有效封堵；对于再利用老井按用途下入相应的完井管柱。

（6）恢复井场。对井口及作业井场按要求进行处理。

2. 老井封堵施工工艺

目前，所应用的老井封堵工艺方式多种多样，归纳起来主要有以下几种：

（1）循环挤注工艺。循环挤注工艺是将油管下到封堵层位的底界，将堵剂循环到设计位置，然后上提管柱，洗井后，井口施加一定压力使堵剂进入储气层的施工工艺。使用该工艺时，堵剂与地层接触时间较长，对堵剂整体性能要求高，施工过程也较为繁琐，不适合跨度较大的多层段地层的封堵。

（2）吊挤工艺。吊挤工艺是将油管下至待封堵层位顶界，施工过程先将堵剂顶替至油管内一定位置，然后关闭套管阀门，在油管内施加一定的压力，将堵剂完全挤出油管，挤入地层；而后，为保证施工安全，再关闭油管阀门，打开套管阀门，继续反挤一定量液体，循环洗井后，关井候凝。该工艺虽施工中避免了起管柱，但对堵剂用量的控制必须相当精确，稍有不慎便会出现"插旗杆"或"灌香肠"等井下事故，且施工过程中不可避免地会引起堵剂的返吐，不能实现带压候凝。另外，也不适合跨度较大的多层段地层的封堵。

（3）插管式封隔器（桥塞）挤注工艺。插管式封隔器（桥塞）挤注工艺是将插管式封隔器（桥塞）坐封在待封堵层位的上部，然后下入带插管的油管，将插管插入封隔器（桥塞），此时单流阀开启，可对储气层进行高压挤注，挤注完成后，提出插管，封隔器的单流阀自动关闭，使挤注层段实现带压候凝，反循环洗井后，关井候凝。该工艺施工工序简单，针对性强，可实现带压候凝，有效防止堵剂返吐，提高封堵质量，但其对插管式封隔器（桥塞）胶筒的耐温性及抗老化性要求较高，尤其是在高温、高压条件下应用时，对胶筒及其整体性能要求更为严格。

（4）电缆（钢丝）输送打塞工艺。电缆（钢丝）输送打塞工艺是一种新兴工艺方法，其是将特制的注水泥器用电缆或钢丝输送至目的层位，用机械或爆炸点火的方式打开注水泥器，将堵剂准确输送至目的层位的施工工艺。该施工工艺能显著缩短施工时间，节约成本，且注塞位置精确，施工过程中不引起井内液面的变化，适合漏失井施工。另外，对于小夹层的封堵优势明显。

根据储气库的运行特点及对老井封堵质量的要求，储气库老井封堵施工工艺应该优选循环挤注工艺和插管式封隔器（桥塞）挤注工艺，具体来说：对于单独射开储气层的井，如果储气层间跨度不大、层间非均质性不严重，应选用循环挤注工艺；对于储气层与非储气层共存的井，如果各射孔层段之间跨度较大、储气层间非均质性严重或是射孔层位以上套管存在套损等，此时应选用插管式封隔器（桥塞）挤注工艺。

3. 老井封堵施工步骤

储气库老井封堵总体施工步骤如下：

（1）压井。选用合适密度及类型的压井液压井，要求压井后进、出口液性能一致，井口无溢流及无明显漏失现象。

（2）安装防喷器。根据地层压力情况选用合适级别的防喷器，并按相关标准对防喷器进行试压，保证其处于良好工作状态。

（3）起原井管柱。如果井内有原井管柱（油管及抽油杆等生产管柱），则将原井管柱提出，起管过程中须严格控制速度，并根据井控要求及时灌注压井液，保持井内压力平衡，井口无溢流。

（4）通井。根据套管内径选用合适的通径规进行通井，确认目前井筒状况，落实有无套变、落鱼等复杂井况。若井筒内有复杂井况，则采取相应的大修处理工艺（如套铣、磨铣、钻铣、打捞等），将老井井筒进行清理，一般需要将井筒清理至储气层以下 20~30m。

（5）刮削。根据套管内径选用合适规格的刮削器进行井筒刮削，并在封隔器及桥塞坐封位置反复刮削 3 次以上，直至悬重无变化。

（6）清洗井壁。用清洗剂（主要是油溶性表面活性剂）对套管内壁附着的油污进行清洗，要求干净、彻底；如清洗不彻底，套管壁残余油污会影响后期堵剂的胶结，使固化后的堵剂在套管壁附近形成微环空或缝隙，存在井筒气窜的风险。

（7）套管试压。将封隔器坐封在封堵层位上部 5~10m，对上部套管进行试压，试压值应达到或超过最高挤注压力值，避免挤注堵剂过程中对上部套管造成破坏，同时验证上部套管的抗压强度。对于再利用井，须对老井生产套管用清水试压至今后储气库运行时最高井口压力的 1.1 倍。

（8）资料录取。采用 GPS 重新测定井口坐标；陀螺或连续井斜测井复测全井井眼轨迹；CBL/VDL、SBT 和 RIB 等常用测井手段进行全井固井质量检测，对于再利用井，需要加测四十臂井径和电磁探伤测井，并进行套管质量综合评价。

（9）确定封堵体系。根据封堵目的层孔喉半径选取合适粒径范围的堵剂，并根据目的层的温度、压力等参数进行室内稠化模拟实验，确定堵剂配方。

（10）确定堵剂用量。根据挤注半径、射孔层位厚度、目的层有效孔隙度及井筒内堵剂留塞高度来确定堵剂用量。

（11）确定封堵工艺。根据不同井况特点选取合适的封堵工艺。

（12）确定最高挤注压力。最高挤注压力通常设定为地层破裂压力的 80%，且不超过油层套管抗内压强度极限值，地层破裂压力可根据破裂压力系数进行推算。

（13）挤注目的层。根据确定的堵剂体系、封堵工艺及施工参数封堵目的层，候凝结束后，应采用正向试压与氮气（液氮或汽化水等）掏空后反向试压相结合的试压方式验证封堵效果。

（14）注井筒水泥塞。采用循环注塞工艺和带压候凝方式注井筒水泥塞，储气层顶界以上管内连续水泥塞长度应不小于 300m，一般来说应注到生产套管水泥返高位置以上。

（15）锻铣套管。如果前期固井质量检测管外水泥环不能满足要求，在盖层位置选取合适的井段锻铣油层套管 40m 以上，扩眼后加压挤注堵剂进行封堵。

（16）灌注保护液。为延缓套管腐蚀速度，同时提供液柱压力，以避免漏失气体直接窜至地面，水泥塞上部井筒灌注套管保护液。

（17）下完井管柱。为保留弃置井应急压井功能，确保出现井筒窜气等异常情况时能快速压升，弃置井封堵完井时，应下入一定数量的油管作为压井管柱。

（18）封堵收尾。恢复井口采油（采气）树，油层套管、技术套管环空安装压力表，以便巡井观察。

（19）标准化井场。为了规范储气库弃置井的管理，保障储气库安全，同时确保当出现紧急情况时可实现应急作业，储气库封堵井井场和进场道路均需要保留，并进行井场标准化。

（20）建立定期巡井制度，定期记录油层套管、技术套管带压情况，做好备案。

**4. 老井封堵工艺参数优化**

老井封堵施工中各相关参数设计是否合理，直接决定着老井的封堵质量。施工之前，必须对各关键参数进行优化设计，以确保老井封堵质量达到设计要求。这些参数包括挤注压力、封堵半径、堵剂用量、井筒水泥塞长度等。

1）挤注压力的确定

挤注压力直接影响老井的封堵效果，如果设定的挤注压力太低，堵剂不能完全挤入地层，将会降低封层效果；如果设定的挤注压力太高，易使生产套管破裂，无法准确向目的层挤注堵剂，严重时还会压裂地层，造成堵剂大量漏失，无法保证封堵效果。

原则上，最高井底压力不应该超过地层的破裂压力，为安全起见，通常设定井底压力为地层破裂压力的80%，且不超过油层套管抗内压强度极限。最高挤注压力可通过式(3-4-2)确定：

$$P_{挤} = P_{井底} - P_{液柱} + P_{摩阻} \tag{3-4-2}$$

式中　$P_{挤}$——最高挤注压力，MPa；

　　　$P_{井底}$——最高井底压力，MPa；

　　　$P_{液柱}$——井内压井液液柱压力，MPa；

　　　$P_{摩阻}$——压井液与套管壁之间的摩擦阻力，MPa。

因挤注施工一般用清水，而且以低排量进行挤注，故摩阻压力可以忽略不计。

2）封堵半径的确定

从理论上说，封堵半径越大，其封堵效果越好，但封堵半径受地层物性和工程因素的制约。要设计合理的封堵半径还必须综合考虑以下几点因素：

（1）封堵目的层的孔隙度、渗透率等原始地层物性情况。

（2）固井时，第一和第二界面可能存在弱胶结情况，为获得较大处理半径而采用高压挤注时，存在破坏第一、第二界面的风险，影响整体封堵质量。

（3）由于长期开采，目前地层压力比原始地层压力要低得多，地层孔隙会有一定程度的闭合，孔隙度、渗透率会降低，造成堵剂不易进入地层深部。

综合考虑上述因素，为保证堵剂能顺利挤入地层，起到有效封堵目的层的作用，一般设计封堵半径为0.5~0.7m。这与实际统计的部分储气库老井实际封堵半径是一致的，表3-4-11为国内部分储气库老井挤注半径统计情况。这些储气库均已运行多个注采周期，迄今还未发现老井漏气现象，这说明0.5~0.7m的设计处理半径是合理的，可以保证储气库的整体密封性和运行安全要求。

表3-4-11　部分储气库老井挤注半径统计表

| 区　块 | 井　号 | 最高施工压力/MPa | 挤入堵剂量/m³ | 封堵半径/m |
|---|---|---|---|---|
| 板中南、板中北 | 板深5-1 | 20 | 2.7 | 0.67 |
| | 板856 | 20 | 8.3 | 0.74 |
| | 板845 | 20 | 6.5 | 0.56 |
| | 板810 | 19.5 | 5 | 0.74 |

| 区　块 | 井　号 | 最高施工压力/<br>MPa | 挤入堵剂量/<br>m³ | 封堵半径/<br>m |
|---|---|---|---|---|
| 板808、板828 | 板806 | 20 | 9.8 | 0.7 |
| | 板829-7 | 20 | 5.4 | 0.6 |
| | 板852-4 | 23 | 8 | 0.55 |
| | 板852-1 | 17 | 10.5 | 0.65 |
| | 板808-1 | 23 | 9 | 0.65 |
| 京58 | 58-3 | 20 | 4.9 | 0.86 |
| | 58-8 | 20 | 4.0 | 0.76 |
| | 58-19x | 20 | 5.8 | 0.85 |
| | 58-22x | 20 | 5.3 | 0.81 |
| | 58-28 | 20 | 3.6 | 0.62 |
| | 58-6 | 18 | 3.8 | 0.83 |
| | 58-14 | 20 | 2.9 | 0.87 |
| | 58-16 | 19 | 3.5 | 0.79 |

3）堵剂用量的确定

老井封堵施工中，堵剂用量的确定须根据挤注半径、射孔层位厚度、地层有效孔隙度及井筒内堵剂留塞高度来确定。堵剂的理论用量可以根据式（3-4-3）确定：

$$V_{剂} = \pi(R-r)H\phi + \pi r^2 h \qquad (3-4-3)$$

式中　$V_{剂}$——封堵施工所需堵剂的理论用量，$m^3$；

　　　$R$——封堵半径，m；

　　　$r$——井筒半径，m；

　　　$H$——射孔层位有效厚度，m；

　　　$\phi$——射孔层位有效孔隙度，%；

　　　$h$——井筒内堵剂留塞高度，m。

现场确定用量时，一般还应附加30%~50%，并且根据封堵目的层吸收量的大小对计算用量进行优化调整。

4）井筒留塞高度的确定

封堵射孔井段时，目前国内没有统一的井筒内留塞高度标准。美国有关报废井作业的标准中规定，对有套管的废弃井用水泥封堵射孔井段时，井筒内水泥塞的位置从射孔井段以下15.24m至射孔井段以上15.24m。初期，国内储气库废弃井封堵射孔井段时，井筒内留水泥塞高度不小于50m。近年来，国内实际施工中，射孔层位以上连续水泥塞的高度一般执行"储气层顶界以上管内连续水泥塞长度应不小于300m"的规定。

# 五、储气库老井处理技术应用效果

文23储气库依托已建榆林—济南输气管道、中原—开封输气管道、山东液化天然气

(LNG)项目输气管道、天津液化天然气(LNG)项目输气管道，拟建新疆煤制气外输管道、鄂尔多斯—安平—沧州等周边数条天然气长距离输气管道配套建设，承担大华北地区(北京、天津、河南、河北、山东、江苏、山西)和新疆煤制气外输管道下游天然气目标市场的季节调峰、应急供气重要任务。

## (一) 井况调查

为提高气井利用与封井工程设计编制的针对性与科学性，结合气井特点和储气库工程要求，从井身结构、固井质量、井筒状况、射孔层位、完钻时间五个方面开展了全面、系统的气井井况调查。

### 1. 井身结构

文 23 气田主块气井以表层套管、技术套管、油层套管三层套管完井为主，油层套管以 5½in 套管为主。

按油层套管统计：在 57 口气井中，5½in 套管 41 口井，5½in 套管悬挂 4in 套管 9 口井，全井 4in 套管 2 口井，全井 5in 套管 1 口井，9in 套管悬挂 7in 套管 1 口井，特殊井身结构 3 口井(文 31 井、文 4 井、文 103 井)，见表 3-4-12。

表 3-4-12　文 23 气田主块气井油层套管调查统计表

| 油层套管 | 井数/口 | 井　号 |
|---|---|---|
| 全井 5½in | 41 | 文 23 井、文 23-1 井、文 23-2 井、文 23-3 井、文 23-4 井、文 23-5 井、文 23-6 井、文 23-7 井、文 23-8 井、文 23-9 井、文 23-11 井、文 23-13 井、文 23-14 井、文 23-15 井、文 23-17 井、文 23-18 井、文 23-19 井、文 23-22 井、文 23-25 井、文 23-26 井、文 23-28 井、文 23-29 井、文 23-30 井、文 23-31 井、文 23-32 井、文 23-34 井、文 23-35 井、文 23-36 井、文 23-38 井、文 23-42 井、文 23-43 井、文 23-44 井、文 23-46 井、新文 23-7 井、文新 31 井、文 61 井、文侧 105 井、文 108-1 井、文 108-5 井、文 109 井、文古 3 井 |
| 5½in 悬挂 4in | 9 | 文 23-侧 16 井、文 23-23 井、文 23-侧 33 井、文 69-侧 3 井、文 69-侧 10 井、新文 103 侧井、文 104 侧井、文 106 侧井、新文 106h 井 |
| 全井 4in | 2 | 文 22 井、文 64 井 |
| 全井 5in | 1 | 文 23-37 井 |
| 9in 悬挂 7in | 1 | 文 23-40 井 |
| 特殊结构 | 3 | 文 31 井(3½in 油管管外固井)、文 4 井(油套 2354.96m、技套 2729.22m)、文 103 井(无油套，技套 2683.62m) |
| 合计 | 57 | |

### 2. 固井质量

开展固井质量调查的目的主要是评价技术套管和油层套管的管外水泥环对储气库目的层的封隔可靠性，分析是否存在管外窜气的可能性。

资料调查分析表明，57 口井中，技术套管下深至沙四段地层的有 8 口井，这 8 口井的技术套管固井质量均为合格；钻遇中生界地层的有 9 口气井，中生界井段的油层套管固井质量均合格。因此，老井固井质量调查评价的主要对象是油层套管(尾管)。

以评价水泥环能否对储气库目的层形成有效的封隔为目的，对老井油层套管(尾管)固井质量的调查，主要围绕沙四段上部盐层及沙二段、沙三段油层所对应的井段而展开。除文103井固井资料缺失无法评价外，根据调查分析，将油层套管(尾管)固井质量分为两个类别，见表3-4-13。

**表3-4-13　文23气田主块气井油层套管固井质量调查统计表**

| 固井质量 | 井数/口 | 井　号 |
|---|---|---|
| 合格 | 45 | 文4井、文22井、文23井、文23-1井、文23-2井、文23-3井、文23-4井、文23-5井、文23-6井、文23-7井、文23-8井、文23-9井、文23-11井、文23-13井、文23-14井、文23-17井、文23-18井、文23-19井、文23-22井、文23-23井、文23-26井、文23-28井、文23-29井、文23-30井、文23-31井、文23-32井、文23-34井、文23-35井、文23-36井、文23-38井、文23-40井、文23-42井、文23-43井、文23-44井、新文23-7井、文新31井、文61井、文64井、文69-侧3井、新文103侧井、文104侧井、文侧105井、文106侧井、文108-5井、文109井 |
| 不合格 | 11 | 文23-15井、文23-侧16井、文23-侧33井、文31井、文69-侧10井、新文106h井；存在胶结中等连续段：文23-25井、文23-37井、文23-46井、文古3井、文108-1井 |
| 不明 | 1 | 文103井(资料缺失) |
| 合　计 | 57 | |

(1) 固井质量整体评价合格的井有45口。

(2) 固井质量整体评价不合格的井有11口。其中，文23-25井等5口井固井质量整体评价虽然不合格，但在沙四段上部存在部分胶结中等的连续段，分析认为，这些胶结中等的连续段在气库层与上部油层之间能够起到可靠的管外封隔作用。

3. 井筒状况

井筒状况的调查统计包括套管状况和井筒情况(落物、砂面等)两个方面。

(1) 套管状况。统计历史上气井套管检测和修井作业过程验证情况，在57口气井中，已经发现存在井况问题的有20口井。其中，10口井套管严重腐蚀或穿孔，4口井套管变形(文23-31井变形点在盐层段，另外3口井变形点在射孔段)，2口井套管断裂，2口井套管头渗漏，2口井无套管头，见表3-4-14。

**表3-4-14　文23气田主块气井套管状况调查统计表**

| 套管状况 | 井数/口 | 井　号 |
|---|---|---|
| 腐蚀/穿孔 | 10 | 文23井、文23-1井、文23-2井、文23-4井、文23-5井、文23-6井、文23-8井、文61井、文108-1井、文109井 |
| 变形 | 4 | 文23-3井、文23-9井、文23-11井、文23-31井 |
| 无套管头/渗漏 | 4 | 文古3井(环空渗)、文23-40井(管内渗)、文103井(无)、文23-14井(无) |
| 断裂 | 2 | 文4井(技套破裂)、文23-7井(盐层段错断) |
| 合　计 | 20 | |

（2）井筒情况。调查表明，57 口气井中，有 48 口井井下存在落物、砂面或塞面，见表 3-4-15。2 口井落物鱼顶在射孔段顶界以上（文 23-19 井、新文 103 侧井），其他井的落物及砂面均在射孔段内。

表 3-4-15　文 23 气田主块气井井筒情况调查统计表

| 井　况 | 井数/口 | 井　号 |
|---|---|---|
| 砂面 | 32 | 文 22 井、文 23-2 井、文 23-4 井、文 23-6 井、文 23-8 井、文 23-13 井、文 23-15 井、文 23-17 井、文 23-18 井、文 23-22 井、文 23-25 井、文 23-26 井、文 23-28 井、文 23-30 井、文 23-32 井、文 23-34 井、文 23-35 井、文 23-36 井、文 23-37 井、文 23-38 井、文 23-42 井、文 23-44 井、文 23-46 井、文 61 井、文 106 侧井、文 23-侧 33 井、文 69-侧 10 井、文 36-侧 3 井、新文 106h 井、文侧 105 井、文新 31 井、新文 23-7 井 |
| 塞面 | 3 | 文 23-9 井、文 23-7 井、文 23-14 井 |
| 落物 | 2 | 文 23-19 井、文 31 井 |
| 砂面/塞面 | 4 | 文 109 井、文 23-43 井、文 108-5 井、文 23-5 井 |
| 砂面/落物 | 4 | 文 23 井、文 23-1 井、文 23-11 井、新文 103 侧井 |
| 塞面/落物 | 2 | 文 4 井、文 103 井 |
| 砂面/塞面/落物 | 1 | 文古 3 井 |
| 合　计 | 48 | |

4. 射孔层位

在 57 口气井中，文 23-7 井盐层段套管错断后打悬空塞封堵气层，上返 $Es_3$ 油层采油；文 23-侧 16 井完钻后未投产；其余 55 口井的投产层位均在 $Es_4^{1-8}$ 含气层范围内。其中：

（1）2 口工程报废探井钻开部分 $Es_4$ 气层，但套管未下至 $Es_4$ 气层。

（2）2 口井开展过底水层试气，文 23-5 井底水射孔层段已注水泥封堵，文 23-23 井已下 4in 套管进行了重新固井。

（3）开展过中生界试气的文 23-9 井、文古 3 井两口井，中生界试气后，均已对中生界地层实施注水泥封堵。

综合分析认为，4 口井的底水层或中生界地层射孔段对气库层的密封性不会产生负面影响。因此，本次方案设计与施工均无须考虑底水层、中生界气层影响，见表 3-4-16。

表 3-4-16　文 23 气田主块气井射孔情况调查统计表

| 射孔层段 | 井　数 | 备　注 |
|---|---|---|
| $Es_4^{1-8}$ 气层 | 55 | 文 4 井、文 103 井裸眼部分打开 $Es_4$ 段，文 23-5 井、文 23-23 井开展过底水层试气，文 23-9 井、文古 3 井开展过中生界试气，均已实施注水泥封堵 |
| $Es_3$ 油层 | 1 | 文 23-7 井（目前生产层位，已封堵 $Es_4$ 气层） |
| 未投产 | 1 | 文 23-侧 16 井 |
| 合　计 | 57 | |

5. 完钻时间(井龄)

按完钻时间统计：57 口气井中，1990 年前完钻的老井有 17 口，1991~1999 年完钻的有文 23-11 井 1 口井，2000 年以后完钻的新井和侧钻井有 39 口，见表 3-4-17。

表 3-4-17　文 23 气田主块气井完钻时间调查统计表

| 完钻时间/年 | 完钻井数/口 | 井　　号 |
| --- | --- | --- |
| 1977~1990 | 17 | 文 23 井、文 22 井、文 23-1 井、文 23-2 井、文 23-3 井、文 23-4 井、文 23-5 井、文 23-6 井、文 23-7 井、文 23-8 井、文 23-9 井、文 31 井、文 61 井、文 108-1 井、文 109 井、文 4 井、文 103 井 |
| 1991~1999 | 1 | 文 23-11 井(1997 年) |
| 2000~2011 | 39 | 新文 23-7 井、文 23-13 井、文 23-14 井、文 23-15 井、文 23-侧 16 井、文 23-17 井、文 23-18 井、文 23-19 井、文 23-22 井、文 23-23 井、文 23-25 井、文 23-26 井、文 23-28 井、文 23-29 井、文 23-30 井、文 23-31 井、文 23-32 井、文 23-侧 33 井、文 23-34 井、文 23-35 井、文 23-36 井、文 23-37 井、文 23-38 井、文 23-40 井、文 23-42 井、文 23-43 井、文 23-44 井、文 23-46 井、新文 103 侧井、文 104 侧井、文侧 105 井、文 106 侧井、新文 106h 井、文 108-5 井、文新 31 井、文 64 井、文古 3 井、文 69-侧 3 井、文 69-侧 10 井 |
| 合　　计 | 57 | |

## (二) 分类评价

根据气井井况调查统计结果，因无须考虑底水层和中生界气层的影响，综合考虑井身结构、固井质量、井筒状况与完钻时间四个方面的情况，对 53 口气井井况及其可利用性开展了评价，分别提出了利用与废弃封井井号。

1. 评价原则

根据射孔层位调查结论，底水层和中生界气层的影响无须考虑。因此，评价主要考虑了井身结构、固井质量、井筒状况与完钻时间四个方面的情况。根据储气库长期运行的特点，确定了如下评价分类原则。

为防止储气库层上、下窜漏，保证储气库长期安全运行，对存在下列情况之一的气井，实施废弃封井处理：

(1) 1999 年以前完钻的气井。除文 23-11 井完钻于 1997 年外，其他 14 口井均完钻于 1990 年以前，相对于 20~30 年的普通气井寿命和储气库至少 30 年的设计寿命而言，这些井的利用价值已不高。

(2) 小套管完井的气井。一是 4in 以下套管井；二是悬挂 4in 套管井。此类气井的井筒内径小，无法满足储气库强注强采生产管柱设计要求。

(3) 固井质量差的气井。尽管除文 31 井外，其他井在历史上均未发生过管外窜气现象，但在储气库注采运行过程的周期性交变应力作用下，固井质量差的气井与上部沙三段油层存在管外窜通的可能。

(4) 套管状况差的气井。发现套管腐蚀、套漏、变形或错断的气井。

其余的气井，作为拟利用井，开展进一步的井况检测评价。对评价合格的井，分别作为储气库采气井或观察井予以利用。

2. 评价结果

根据井况调查结果，按照上述评价原则，对 57 口气井开展了综合评价，提出废弃封堵井 35 口，拟利用井 22 口，见表 3-4-18。

表 3-4-18　文 23 气田主块气井井况调查评价分类统计表

| 评 价 | 井数/口 | | 井 号 |
|---|---|---|---|
| 拟利用井 | 22 | | 文 23-13、文 23-17 井、文 23-18 井、文 23-19 井、文 23-22 井、文 23-26 井、文 23-28 井、文 23-29 井、文 23-30 井、文 23-32 井、文 23-34 井、文 23-35 井、文 23-36 井、文 23-38 井、文 23-40 井、文 23-42 井、文 23-43 井、文 23-44 井、文侧 105 井、文新 31 井、新文 23-7 井、文 108-5 井 |
| 废弃封堵井 | 35 | 套管状况差 | 14 口 | 文 23 井、文 23-1 井、文 23-2 井、文 23-3 井、文 23-4 井、文 23-5 井、文 23-7 井、文 23-6 井、文 23-8 井、文 23-9 井、文 23-11 井、文 23-31 井、文 61 井、文 109 井 |
| | | 固井质量差 | 2 口 | 文古 3 井、文 108-1 井 |
| | | | 4 口 | 文 23-15 井、文 23-25 井、文 23-37 井、文 23-46 井 |
| | | 小套管 | 5 口 | 文 23-侧 16 井、文 23-侧 33 井、文 31 井、文 69-侧 10 井、新文 106h 井 |
| | | | 7 口 | 文 22 井、文 23-23 井、文 64 井、文 104 侧井、文 106 侧井、文 69-侧 3 井、新文 103 侧井 |
| | | 报废井 | 3 口 | 文 4 井、文 103 井、文 23-14 井 |
| 合 计 | 57 | | 注：1999 年以前完钻的 18 口井，因为全部存在一项或两项井况问题，完钻时间作为评价认定依据，在表中不再单列 |

从废弃封堵井评价认定的主要依据看，在 35 口废弃封堵井中，套管状况差的 14 口井，固井质量差的 4 口井，小套管的 7 口井，套管及固井质量均较差的 2 口井，小套管且固井质量差的 5 口井，报废井 3 口。

### （三）废弃井封井工艺

针对文 23 气田高温、低压、井下结盐结垢、储气库目的层内部连通性好，以及上部有油层分布的特点，结合现场废弃封井经验，对封井工艺讨论如下：

1. 基本思路

因 $Es_4^{3-8}$ 气层层间连通性好，气库目的层段范围内挤堵原则上不分层；不影响气库层封堵效果的井筒砂面、灰面和落物一般也不予处理。

2. 封堵工艺

注水泥封堵施工是整个封井工程的关键环节，一般分为顶替法和挤注法两种方式。其中，顶替法注水泥简便易行，但要求注水泥及候凝过程中，井筒必须能够保持静态平衡状态。因此，对于高压或漏失严重，难以保持井筒静态平衡的封堵井，行业规范《废弃井及长停井处置指南》

(SY/T 6646—2006)推荐采取水泥承留器等井下工具或注入堵漏材料的方式挤注水泥。

文23气田主块目前地层压力系数仅0.15左右，近年来实践表明，作业施工过程中地层漏失严重。如果采用顶替法注水泥，井筒难以保持静态平衡，不但会导致堵剂与套管壁胶结程度降低，影响封井效果，而且会造成"插旗杆"事故风险的大幅增加。在天然气产销厂实施顶替法注水泥封堵的气井中，曾经发现新部1-1井、文古1井、文108-3井等井出现井口渗油和渗水的现象，大港储气库早期实施顶替法注水泥封堵的部分井也发现了这种情况。

因此，文23气田封堵井施工推荐采用挤注法封井，结合单井实际情况，可分别采取水泥承留器或屏蔽暂堵工艺实现挤注目的，提高封堵效果。

（1）水泥承留器挤堵。该工艺可达到保压候凝的目的，挤堵效果相对来说最好。但根据现场经验，在实施承留器投送、坐封、插管等作业时，经常出现承留器失效问题。而一旦失效，就必须进行磨铣施工，将大幅度增加作业成本。因此，水泥承留器挤堵主要推荐在需要实施高压挤堵、保压候凝的封堵井上应用。

（2）屏蔽暂堵。该工艺通过对漏失地层实施屏蔽暂堵，改善地层层间差异，降低气层漏失，可以在提高气层光油管挤注封堵效果的同时，降低"插旗杆"事故风险，推荐在不需要实施高压挤堵、保压候凝的封堵井上应用。

3. 堵剂选择

综合对比普通水泥堵剂、超细水泥堵剂和硫、铝酸盐膨胀堵剂的特点，以及现场应用经验，针对文23气田地层温度高，气井普遍结盐，井壁、炮眼和井周存在盐垢的特点，气层挤堵和井筒注水泥推荐选用硫、铝酸盐膨胀堵剂体系。

与常规水泥堵剂体系相比，硫、铝酸盐膨胀堵剂体系具有良好的耐温和抗高矿化度性能，胶结强度和耐压强度高，不但能够较好地保证地层挤堵效果，而且具有微膨胀性，更加适应文23气田气井的特点，对保证井筒水泥塞与套管壁的契合度，防止井壁渗漏也有积极的作用。

4. 塞面设计

井筒注水泥塞面深度设计以有效防止井筒渗漏为主要目的，一般要求塞面深度设计在沙二段—沙三段油层顶界以上100m。对于套漏井或水泥承留器挤堵井，塞面深度应同时满足高于套漏点或水泥承留器位置100m的要求。

## （四）废井封井方案

1. 设计思路

以有效封隔储气库目的层，保证储气库目的层与其上部和下部油气层管外不窜气，井筒不漏气为基本要求，根据气井特点，分别采取有针对性的封堵工艺和措施，对封堵井实施废弃封井。

2. 封堵技术分析

1）套管状况差的井

该类井有25口，其中老井井况调查发现14口，拟利用井检测发现11口，均为5½in油层套管井，主要问题是套管变形或渗漏。尽管套管状况较差，但固井质量多数较好。其中，文23-7井虽然上返采油，文23-31井等4口井虽然存在套变，但固井质量合格。因此，从资料分析评价看，这些井都不存在明显的气库层管外窜层风险，无须考虑管外封固性问题。同时，因 $Es_4^{3-8}$ 气库层间连通性好，也无须考虑实施分层封堵，光油管合层挤堵就可以达到封堵气层的目的。其中，文 23-7 井需要钻塞至套管错断位置，对油层底界以下井筒注水泥或挤堵。

2）固井质量差的井

该类井共有 4 口，目前套管状况均正常。

文 23-25 井虽然固井质量整体评价为不合格，但是在沙三段—沙四段有 190m 连续的固井质量优质段，对气库层具有可靠的管外封隔作用，无须采取二次固井措施，可采取光油管合层挤堵。

文 23-15 井全井段固井质量较差，必须采取措施改善油层套管的管外封固性。该井射孔层位 $Es_4^{1-6}$，井段 2822.6～3038.4m，其中 $Es_4^{1-2}$ 射开井段 2822.6～2877.5m，16.4m/14 层。分析认为，因为 $Es_4^{1-2}$ 不是储气库目的层，在该井封井作业中，只需要实施分层挤堵，保证 $Es_4^{1-2}$ 射孔井段的井周挤堵效果，即可达到气库层与 $Es_4^{1-2}$ 层系和沙三段油层不窜层的目的。为了保证 $Es_4^{1-2}$ 射孔段的管外挤堵效果，论证采用水泥承留器高压挤堵保压候凝工艺，分别对 $Es_4^{1-2}$ 和 $Es_4^{4-6}$ 射孔井段分别实施承留器分层挤堵。

文 23-37 井、文 23-46 井沙三段—沙四段无连续的固井质量优质段，未防止套管外窜气，在挤堵射孔段的基础上，在沙三段—沙四段选择合适的井段锻铣套管后实施承留器合层挤堵。

3）小套管井

该类井有 7 口，包括 5½in 套管悬挂 4in 套管井 5 口，全井 4in 套管井 2 口。因该类井固井质量全部合格，分析认为，不存在气库层管外窜层风险，且受油层套管/尾管内径的限制，也只能实施合层封堵。其中：

（1）5 口 5½in 套管悬挂 4in 套管侧钻井（文 23-23 井、文 104 侧井、新文 103 侧井、文 69-侧 3 井、文 106 侧井），可下管柱至悬挂器上部，实施光油管合层挤堵。

（2）2 口全井 4in 套管井（文 22 井、文 64 井），因井筒内径小，下 2⅜in 挤堵管柱，实施光油管合层挤堵。

4）套管状况与固井质量都差的井

该类井有 2 口（文 108-1 井、文古 3 井）。但两口井固井质量整体评价虽然较差，但在沙四段上部有胶结中等的连续段，对气库层有可靠的管外封隔作用，不存在气库层管外窜层风险，也无须考虑实施分层封堵，可实施光油管合层挤堵。

5）小套管且固井质量差的井

该类井共有 5 口。其中，特殊结构井 1 口，5½in 套管悬挂 4in 套管井 4 口。鉴于射孔工程进行二次固井的工艺有效率低、可靠性差的缺点，故采用锻铣套管，实施合层封堵措施。

对已射孔投产的 3 口悬挂 4in 套管侧钻井，在合层封堵的条件下，为尽可能改善 4in 套管的管外封固质量，先采用光油管挤堵射孔段，后锻铣套管，采用水泥承留器高压挤堵保压候凝工艺，实施承留器挤堵，提高套管外的密封效果。

对于文 31 井（5½in 套管内下 3½in 油管管外固死），因井筒内径小，无法下入挤堵管柱，采取空井筒合层挤堵。

未投产的文 23-侧 16 井，采取光油管合层挤堵（井筒注水泥）。

6）报废井

该类井共有 3 口。除地质报废井文 23-14 外，历史上都实施过复杂大修处理却未成功，修井处理难度都很大，具体的修井封井措施，需要进一步开展深入的专题研究论证。初步意见如下：

（1）文 4 井由于技术套管破裂，钻具在技术套管 2377.57m 井深处被卡，进行打捞解卡处理后井筒内剩余 φ73.02mm 油管 197.2m，φ127mm 钻杆 + 7¾in 钻头，钻杆顶部 2381.47m，2010 年井筒注两级悬空水泥塞封井。该井气层段未下油层套管，钻塞后套铣打捞遇卡管串，采用光油管合层挤堵。

（2）文 103 井下套管途中井漏，于井深 2820.47m 处卡钻，钻具拉断。打捞钻具过程中突发井喷，套管和钻杆之间的环形空间用水泥封固，套铣打捞已封固钻杆和下部遇卡管柱后，采取光油管合层挤堵。

（3）文 23-14 井为地质报废井，2007 年井筒注两级悬空水泥塞封井。该井固井质量合格，油层套管无异常，目前问题仅是原封井方式不符合储气库封井要求。钻塞处理井筒后，采用光油管合层挤堵。

7）盖层监测井

为了监测气库储气层上覆盖层的封闭性，从封堵井中选择 3 口井作为储气库观察井予以利用，为确保井筒的密封性，挤堵施工采用承留器合层挤堵。

8）压裂对封堵效果的影响分析

废弃井封堵的目的是保障井筒内、外的密封，防止气沿套管上窜，由于文 23 主块储层的块状特征，地层内部的气体运移对气库的运行无影响。压裂对气井的影响可能有两个方面：一是由于施工压力波动的影响，导致油层套管的固井质量发生变化；二是由于人工裂缝的延伸，挤堵过程中可能出现堵剂锥进或大量漏失的情况。

自 2010 年开展储气库论证工作以来，文 23 主块气井采取控制开发的管理思路，2011 年 3 月文 23-46 井压裂后，所有的气井均未再实施压裂措施，目前主块所有的气井压裂后开发时间均在 5 年以上。根据文 23 开发资料和试井资料统计，压裂后人工裂缝有效期一般都在 3 年左右，超过这个时间后裂缝一般都处于闭合状态。挤堵过程中不会因为人工裂缝的影响导致出现堵剂锥进或大量漏失的情况。

文 108-1 井压裂后 3 年 2 个月进行压力恢复试井，文 23-22 井压裂后 2 年 7 个月进行压力恢复试井，从试井解释曲线分析，地层为均匀介质，无人工裂缝显示，如图 3-4-8 所示。

文 23 主块老井几乎均实施过压裂措施，压裂后开发过程中均未发现井口管外窜漏的现象。文 23 先导工程老井固井质量复测结果显示，老井固井质量整体变好。主要原因可能有以下两点：一是原始固井质量是在固井48h 后测试，水泥可能未完全胶结，测试结果不能完全反映管外水泥胶结情况；二是水泥返高面以上空间钻井泥浆长时间的压实与沉积，导致管外密封性能变好，见表 3-4-19。

9）储层物性对封堵效果的影响分析

通过对文 23 主块 4 个区块气井储层物性的统计，各井虽然存在差异，但差异不大，在挤堵施工时对堵剂性能要求基本一致。采用屏蔽暂堵的方式减少地层低压漏失和层间差异对挤堵效果的影响，可有效改善整个射孔段的封堵效果，见表 3-4-20。

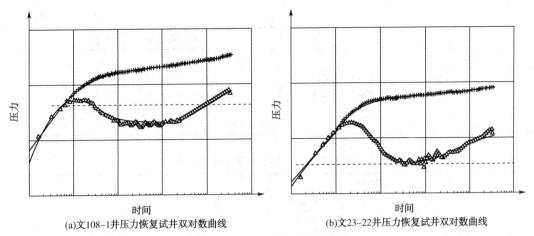

(a)文108-1井压力恢复试井双对数曲线　　　　　(b)文23-22井压力恢复试井双对数曲线

**图3-4-8　压裂井试井曲线图**

**表3-4-19　拟利用井固井质量复测与原固井质量对比表**

| 井　号 | 时　间 | 测量井段/m | 固井质量/m | | | 合格率/% |
|---|---|---|---|---|---|---|
| | | | 优 | 中 | 差 | |
| 文23-13 | 原始 | 557.0~2100.0 | 497.5 | 205.5 | 1800 | 28.0 |
| | 复测 | 228.0~2985.0 | 2529.1 | 41.8 | 90.4 | 97.0 |
| 文23-28 | 原始 | 1421.4~3065.0 | 799.5 | | 544.1 | 59.5 |
| | 复测 | 1255.0~2910.0 | 912.9 | 116.4 | 367.2 | 73.7 |
| 文23-36 | 原始 | 1530.0~3050.0 | 100 | 527 | 893 | 41.3 |
| | 复测 | 1678.0~2926.0 | 1208.7 | | 39.3 | 96.9 |
| 新文23-7 | 原始 | 1675.0~3097.0 | 1369.5 | | 52.5 | 96.3 |
| | 复测 | 1549.0~2922.0 | 1338.9 | | 33.6 | 97.6 |
| 文23-19 | 原始 | 1780.0~2959.0 | 679.5 | 130 | 369.5 | 68.7 |
| | 复测 | 1570.0~2952.0 | 1350.4 | 9 | 22.6 | 98.4 |
| 文23-44 | 原始 | 150.0~3032.0 | 1958 | 445 | 479 | 83.4 |
| | 复测 | 172.0~2922.0 | 2298.6 | 241.8 | 209.5 | 92.4 |
| 文23-38 | 原始 | 1335.0~3118.0 | 129 | 367 | 2027 | 19.6 |
| | 复测 | 1393.0~3039.0 | 384.9 | 46.1 | 1215 | 26.2 |
| 文侧105 | 原始 | 710.0~3200.0 | 1426 | 654.5 | 409.5 | 83.5 |
| | 复测 | 1510.0~3057.0 | 535.2 | 357.9 | 648.9 | 58.0 |
| 文108-5 | 原始 | 1813.0~3267.0 | 802.5 | 293.5 | 419 | 72.3 |
| | 复测 | 1700.0~3028.0 | 197 | 55.5 | 1075.5 | 19.0 |
| 文23-34 | 原始 | 1250.0~3072.0 | 1782 | 40 | | 100 |
| | 复测 | 2265.0~2932.0 | 366.3 | 38.4 | 262.3 | 60.7 |
| 文新31 | 原始 | 735.0~3053.0 | 1202.6 | 237.6 | 132.6 | 91.6 |
| | 复测 | — | 1979.7 | 18.5 | 72.8 | 96.5 |
| 文23-32 | 原始 | 654.0~3040.0 | 1540m以下固井质量相对较好 | | | |
| | 复测 | 503.0~2995.0 | 1518.8m以下固井质量相对较好 | | | |

| 井　号 | 时　间 | 测量井段/m | 固井质量/m | | | 合格率/% |
|---|---|---|---|---|---|---|
| | | | 优 | 中 | 差 | |
| 文 23-30 | 原始 | 506.0~3095.0 | 2370.0~3095.0m 固井相对较好，其他差 | | | |
| | 复测 | 400.0~3062.0 | 2028.0~2828.0m 固井质量较好，其他差 | | | |
| 文 23-26 | 原始 | 1647~3073 | 649 | 337.5 | 393 | 71.5 |
| | 复测 | 全井段的固井质量好，合格率为100% | | | | |

**表 3-4-20　不同区块储层物性对比表**

| 井 区 | 井　号 | 孔隙度/% | 渗透率/$10^{-3}\mu m^2$ | 井 区 | 井　号 | 孔隙度/% | 渗透率/$10^{-3}\mu m^2$ |
|---|---|---|---|---|---|---|---|
| 文 106 井区 | 文 106 | 10.90 | 1.94 | 文 23 井区 | 文 23-11 | 12.90 | 2.56 |
| | 新文 106 | 13.10 | 3.99 | | 文 23-2 | 18.00 | 17.97 |
| | 文 23-29 | 10.40 | 29.10 | | 文 23-19 | 12.80 | 2.40 |
| | 文 69-侧 3 | 13.60 | | | 文 23-13 | 12.70 | 2.84 |
| | 文 23-32 | 10.40 | 3.06 | | 文 22 | 11.10 | 1.70 |
| | 平均 | 11.68 | 9.52 | | 文古 3 | 11.30 | |
| 文 103 井区 | 新文 103 | 13.80 | 4.14 | | 文 23-15 | 12.40 | 2.90 |
| | 文 23-28 | 13.40 | | | 文 23-6 | 16.20 | 10.14 |
| | 新文 103 侧 | 12.50 | | | 文 23-26 | 10.50 | |
| | 文 23-40 | 11.90 | | | 文 61 | 13.10 | 3.71 |
| | 文 23-43 | 12.7 | 7.72 | | 文 23-3 | 15.60 | 7.81 |
| | 平均 | 12.86 | 5.93 | | 文 23 | 15.70 | 11.56 |
| 文 109 井区 | 文 23-31 | 9.90 | | | 文 23-23 | 13.40 | 3.48 |
| | 文 23-30 | 11.05 | 4.19 | | 文 23-8 | 13.80 | 3.83 |
| | 文 23-9 | 12.70 | 2.62 | | 文 108-1 | 13.10 | 2.60 |
| | 文 23-18 | 11.30 | 1.50 | | 文 108-5 | 12.80 | 3.00 |
| | 文 31 | 12.20 | 3.68 | | 新文 23-7 | 13.60 | 4.29 |
| | 文 23-22 | 11.80 | 2.30 | | 文 105 | 8.20 | 0.88 |
| | 文 109 | 15.40 | 7.85 | | 文 23-37 | 14.8 | 13.42 |
| | 文 23-16 | 12.20 | 2.10 | | 文 23-5 | 13.39 | |
| | 文 23-1 | 17.40 | 17.08 | | 文 23-14 | 12.00 | 2.10 |
| | 文 23-25 | 11.90 | | | 文 23-侧 33 | 14.00 | |
| | 文 23-17 | 11.50 | 1.60 | | 文 23-36 | 11.7 | 4.5 |
| | 文 64 | 12.10 | 32.00 | | 文 23-34 | 12.2 | 5.97 |
| | 文 23-4 | 18.50 | 25.38 | | 文 23-35 | 12.6 | 6.74 |
| | 文新 31 | 12.02 | 5.51 | | 文 23-38 | 10.9 | 3.80 |
| | 平均 | 12.86 | 8.82 | | 文侧 105 | 14.5 | 13.64 |
| | | | | | 平均 | 13.08 | 5.73 |

3. 封井方案

综合上述封堵技术分析，按照封堵工艺思路相同或相近的原则，将46口废弃封堵井分为了5类，并分别制定了封井技术方案，见表3-4-21。主要包括光油管合层挤堵井36口、合层挤堵+锻铣承留器挤堵井5口、承留器合层挤堵井3口、承留器分层挤堵井1口、空井筒合层挤堵井1口。

表3-4-21　文23气田废弃封井方案分类汇总表

| 类　别 | 井数/口 | 井　号 | 特　点 | 封井技术方案 |
|---|---|---|---|---|
| 光油管合层挤堵 | 36 | 文23-1井、文23-2井、文23-4井、文23-5井、文23-6井、文23-7井、文23-8井、文23-11井、文23-14井、文23-18井、文23-22井、文23-23井、文23-25井、文23-28井、文23-29井、文23-31井、文23-35井、文23-38井、文23-42井、文61井、文108-1井、文109井、文古3井、文104侧井、文106侧井、新文103侧井、文22井、文31井、文64井、文23-侧16井、文4井、文103井、文古3井、文108-1井、文108-5井、新文23-7井 | 固井合格、无管外窜层可能的井 | 下光油管挤堵管柱至井筒塞面设计深度，一次性完成对全井段射孔层的合层挤堵和井筒留塞，上提管柱关井候凝 |
| 合层挤堵+锻铣承留器挤堵 | 5 | 文23-37井、文23-46井、文69-侧10井、新文106h井、文23-侧33井 | 固井不合格、有管外窜层可能 | 下光油管挤堵射孔段，锻铣套管，下水泥承留器对锻铣段进行合层挤堵，上提管柱保压候凝，注水泥至井筒塞面设计深度 |
| 承留器合层挤堵 | 3 | 文23井、文23-3井、文23-9井 | 固井合格、无管外窜层可能的井，作为盖层监测井 | 下水泥承留器挤堵管柱至挤堵目的层上部坐封，完成对全井段射孔层的合层挤堵，上提管柱保压候凝，注水泥至监测射孔段深度以下20m |
| 承留器分层挤堵 | 1 | 文23-15井 | 固井不合格、有管外窜层可能、可以分层挤堵的井 | 分别下水泥承留器挤堵管柱至挤堵目的层上部坐封，依次对$Es_4^{1-2}$和$Es_4^{3-6}$气层实施分层挤堵，上提管柱保压候凝，注水泥至井筒塞面设计深度 |
| 空井筒合层挤堵 | 1 | 文31井 | $5\frac{1}{2}$in套管内下$3\frac{1}{2}$in油管管外固死 | 直接从井口挤注堵剂实施挤堵 |
| 合　计 | 46 | | | |

# 参 考 文 献

[1] 丁国生，李春，王皆明，等. 中国地下储气库现状及技术发展方向 [J]. 天然气工业，2015，35（11）：107-112.

[2] 周志斌. 中国天然气战略储备研究 [M]. 北京：科学出版社，2015.

[3] 贾承造，赵文智，邹才能，等. 岩性地层油气藏地质理论与勘探技术[M]. 北京：石油工业出版社，2008.

[4] 徐国盛，李仲东，罗小平，等. 石油与天然气地质学[M]. 北京：地质出版社，2012.

[5] 蒋有录，查明. 石油天然气地质与勘探[M]. 北京：石油工业出版社，2006.

[6] 周靖康，郭康良，王静. 文23气田转型储气库的地质条件可行性研究[J]. 石化技术，2018，25（5）：175.

[7] 胥洪成，王皆明，屈平，等. 复杂地质条件气藏储气库库容参数的预测方法[J]. 天然气工业，2015.1：103-108.

[8] 李继志. 石油钻采机械概论[M]. 东营：石油大学出版社，2011.

[9] 孙庆群. 石油生产及钻采机械概论[M]. 北京：中国石化出版社，2011.

[10] 刘延平. 钻采工艺技术与实践[M]. 北京：中国石化出版社，2016.

[11] 金根泰，李国韬. 油气藏型地下储气库钻采工艺技术[M]. 北京：石油工业出版社，2015.

[12] 袁光杰，杨长来，王斌，等. 国内地下储气库钻完井技术现状分析 [J]. 天然气工业，2013，11（2）：61-64.

[13] 林勇，袁光杰，陆红军，等. 岩性气藏储气库注采水平井钻完井技术 [M]. 北京：石油工业出版社，2017.

[14] 李建中，徐定宇，李春. 利用枯竭油气藏建设地下储气库工程的配套技术 [J]. 天然气工业，2009，29（9）：97-99，143-144.

[15] 赵金洲，张桂林. 钻井工程技术手册 [M]. 北京：中国石化出版社，2005.

[16] 赵春林，温庆和，宋桂华. 枯竭气藏新钻储气库注采井完井工艺 [J]. 天然气工业，2003，23（2）：93-95.

[17] 丁国生，王皆明，郑得文. 含水层地下储气库 [M]. 北京：石油工业出版社，2014.

[18] 许明标，刘卫红，文守成. 现代储层保护技术 [M]. 武汉：中国地质大学出版社，2016.

[19] 张平，刘世强，张晓辉. 储气库区废弃井封井工艺技术[J]. 天然气工业，2005，25（12）：111-114.

[20] 丁国生，王皆明，郑得文. 含水层地下储气库 [M]. 北京：石油工业出版社，2014.